国际电气工程先进技术译丛

风力发电机组技术与应用

（美）Ahmad Hemami　编著
张春朋　戚庆茹　　　等译

机 械 工 业 出 版 社

本书讲述了风力发电机的基本概念，解释了风中蕴含的能量以及风力机如何捕获这些能量，从而推动发电机产生电能。然后，详细介绍了风力发电机的关键零部件，分为机械部分和电气部分两类，分别包括基础、塔架、机舱、叶片、轮毂、齿轮箱和发电机、变压器、换流器等。在此基础上，又重点讲述了风力发电机的控制技术。除了介绍技术内容外，本书还讨论了风力发电项目的经济性和基本的财务评估方法。

本书没有深奥的理论内容，而是偏重于实际应用的介绍。因此，既可以为专业技术人员提供一定的参考，又可以作为非专业人员的入门性读物，尤其适用于正在从事或打算从事风力发电方面工作的读者。

译 者 序

您对风力发电感兴趣吗？您考虑找一份风力发电行业的工作吗？其实，风力发电机虽然不像家电那么简单，但也并没有那么神秘，风力发电正在深入到我们每个人的生活中。随着电网的不断智能化，以及绿色建筑理念的不断普及，在不久的将来，风力发电系统会成为我们生活中的重要元素。近年来，已经有不少企业或者个人专门从事这个领域的经营、安装、服务、咨询等业务。

然而，风力发电机方面的入门书籍非常少。因此，机械工业出版社与圣智学习出版（CENGAGE Learning）公司联系，决定引进本书，希望将本书翻译成中文后出版，便于大众能够对风力发电机有基本的了解。本书译者多年来从事电力系统和电力电子相关领域的研究工作，对可再生能源发电技术非常感兴趣，也希望推动可再生能源发电在配电网的普及应用，因此很愉快地承担了本书的翻译工作。由于本书没有深奥的技术理论，而是偏重于实际应用的介绍，所以是非专业人员不可多得的入门性读物。衷心希望本书能够为国内可再生能源技术的推广贡献一份绵力。

本书第 1 ~ 7 章和第 16 ~ 17 章由张春朋翻译，第 8 ~ 15 章由戚庆茹翻译。另外姜齐荣、刘阅春、魏应冬、王亮、洪芦诚、杜威、田钰笙、刘国伟、张曼、王成福、林飞、马莉、莫昕、魏鹏环、吕恭祥、戚广艳、李宁波、黄慧明等人也参与了部分翻译与修改整理工作，在此一并表示感谢！为了尽量保持原书的风格，书中部分文字符号和图形符号并未完全按照国家标准统一，这点请广大读者注意。同时，需要特别指出的是，译者严格遵照原书展开翻译工作，书中内容并不代表译者及其所在单位的观点。另外，正如原书前言所说，本书配有教师资源光盘，有需要的老师可与我们联系，联系的 E-mail 地址是 buptzjh@163. com 或 43737605@ qq. com。

由于译者水平有限，翻译中错误之处在所难免，希望读者批评指正。

原书前言

本书介绍了风能和风力发电机，旨在为四年制或两年制的大一学生提供一本通俗易懂的教科书，他们通常尚未学习相关的电气和机械的基础课程，而这些课程却是学习后续新课程所必需的。本书也会成为那些意欲丰富本课程知识的人们的基本自学材料。在假定本书的读者之前没有接触相关课程的情况下，本书阐述了风能技术和风力发电机工作的原理。

风力发电机是一种复杂的机电系统。为了理解其运行的基本原理，读者应当了解一些机械和电力方面的内容。考虑到不具备这些知识的高中毕业生或者热衷于风能的人，有关的内容会在各章独立阐述。与机组技术相关的较新知识将作为主要内容来讲，具有预备知识的读者无需一字不落地阅读每章的全部内容，而对于需要巩固和温习前期知识的读者，则可以通读每章而无需再去找其他学习资料。这样，便于学生对相关内容获得充足的背景知识，从而很好地理解本书的主题。

要较好地了解风力发电机技术，需要熟悉很多内容，比如电力和电气元部件、机械学和动力学、液力学以及控制系统，本书避免涵盖所有这些内容而变成一本过多主题的合集。

尽管在本书的开头部分采用了较为简单的方式涉及了所需的最少的数学知识，不过相关的数学公式还是在所难免的。随着本书的逐步进展，希望读者具有更强的适应能力，尤其是学生读者，因为本书与其他的技术教程将同步开展。在很多章的末尾部分，会有标着“进阶学习”的单独一节，这是面向那些想更深入了解该章内容或者选题的读者的。

虽然公制测量系统是风力发电机技术所选用的，但美制测量系统也总是与公制系统一起使用的。

补充

本书配有教师资源光盘。光盘中的内容包含每章后面复习题的答案要点，标出各章重点内容的 PowerPoint™ 讲稿幻灯片，有 ExamView ® 计算机测试题库，以及含有本书图片电子版的图库。

原书致谢

作者和出版者要感谢以下教育工作者，在改善本书内容的过程中，他们给予了有益的和建设性的评论与建议：

Craig Evert，艾奥瓦社区学院

Donnin Custer，西艾奥瓦技术社区学院

George Lister，德克萨斯州州立技术学院西德克萨斯分校

Chad Kurdi，邓沃迪技术学院

Lucas J. Chavey，克劳德郡社区学院

作者特向 Craig Evert、Lucas J. Chavey 表示感谢，他们为本书提供了图片；同时也要向为本书提供照片的个人、公司和研究所表示衷心的感谢。另外，我要感谢手稿的编辑们，他们做出了高品质、专业的工作。特别感谢我的妻子，她给予我一贯的、切实的支持。

量纲转换

长度

1ft = 0.3048m

1in = 0.0254m

1m = 3.28084ft

1m = 39.37in

1mile = 5820ft

1mile = 1609.34m

1m = 1000mm

1ft = 304.80mm

面积

$1ft^2 = 0.0929m^2$

$1m^2 = 10.764ft^2$

体积

$1ft^3 = 0.02832m^3$

$1m^3 = 35.3174ft^3$

质量

1lb = 0.453kg

1kg = 2.208lb

力

1lbf = 4.444N㊀

1N = 0.2250lbf㊁

速度

1mile/h(mph) = 1.4667ft/s

1mile/h(mph) = 0.4470m/s

1ft/s = 0.682mile/h(mph)

1m/s = 2.237mile/h(mph)

1km/h = 0.27778m/s

1km/h = 0.6214mile/h(mph)

密度

$1lb/ft^3 = 16.0185kg/m^3$

$1kg/m^3 = 0.06243lb/ft^3$

压强

$1lbf/in^2$（psi） = 6888 帕 = 6.888kPa㊂

$1Pa = 0.000145lbf/in^2$(psi)

力矩

1lbf · ft = 1.3545N · m㊃

1N · m = 0.73827lbf · ft㊄

功率

1ft · lbf/s = 1.3545W㊅

1W = 0.73827ft · lbf/s㊆

1W = 1N · m

1hp = 550ft · lbf/s

1hp = 746W

㊀ 原书有误，1lbf = 4.44822N。——译者注

㊁ 原书有误，1N = 0.2248lbf。——译者注

㊂ 原书有误，$1lbf/in^2$ = 6894.76Pa = 6.89476kPa。——译者注

㊃ 原书有误，1lbf · ft = 1.35582N · m。——译者注

㊄ 原书有误，1N · m = 0.73756lbf · ft。——译者注

㊅ 原书有误，1ft · lbf/s = 1.35582W。——译者注

㊆ 原书有误，1W = 0.73756ft · lbf/s。——译者注

目　　录

第 1 章 简　介

关键术语

AWEA（American Wind Energy Association, 美国风能协会）
调度系统
分布式发电系统
EWEA（European Wind Energy Association, 欧洲风能协会）
水平轴
峰值小时数
发电厂
智能电网
垂直轴
风电场

目标

学过本章后，读者将能够：

- 更专业地谈论风能；
- 自信地使用一定数量的技术术语；
- 解释可再生能源为何是非常重要的；
- 明白在住宅照明时产生了多少温室气体；
- 了解过去 30 年中风力发电机技术的发展；
- 谈论风电场以及风电场是什么；
- 解释为何基于单个观测无法判断风能质量；
- 描述为何有了好风还不足以开发风电场；
- 了解风暴天气对风力发电机来说是不好的，它并不意味着更多的能量。

1.0 引言

与十年前相比，今天的风力发电机非常巨大，而且有制造更大机型的趋势。虽然看不出来，但是风力发电机的控制是复杂的，尤其是对于需要高效、高性能的场合。要保证这些机器的安全和高性能，必须依靠技术进步，包括控制系统、电子、通信等，以及将它们按照机械学的一些定律集成到一起，这些定律能够控制这些机器的行为。

“懂得风力发电机技术”是指，理解风力发电机的本质规律和行为，以及如何按照要求对其运行进行调控。这个学科需要各种类型的专业知识，了解这些知识将能够理解风力发电机的运行并研究它们，以及对其功能开展进一步的研究和开发。

与风力发电机相关的资料很丰富。在过去的 30 年间，人们围绕相关的课题开展了大量的工作，无法全部纳入到一本书中。有不少这方面的好书已经出版，有些就列在本章的参考文献中[1-8]。不过，如您所想，每本书都是为某一个特定的目标而写，面向某一类读者。本书面向大一的学生，他们之前对所需的相关内容没有或者几乎没有背景知识。本书也意在服务于那些从事其他学科的、没有工程背景的读者。

1.1 历史背景

风和水长时间以来一直是人类两种主要的能源。水车和风车曾用于磨麦子和灌溉，不然的话就得让动物来出力。在发明蒸汽机以及用燃煤和后来的石油转换能量之前，要进行长距离的海洋运输，运用风能可能是惟一可行的方式。

垂直轴
具有垂直的旋转轴。

水平轴
具有几乎水平的旋转轴。

早期的报告和**垂直轴**（旋转轴是垂直的）波斯风车的残骸可以追溯到 1000 年前。著名的荷兰风车从 12 世纪就已经存在了，它们具有**水平轴**（旋转轴是水平的）。

关于风力机从远古时代的机器到现代风力发电机的演化和历史，参考文献［8］给出了非常好的描述，此处不再赘述。

风力机用来发电激发了人们的兴趣，这个新的时代始于 20 世纪 70 年代，爆发于 1972 年的石油危机是一个有力的刺激。欧洲国家受到的影响比其他国家更甚，因此他们把全部注意力都放在了可再生能源上面。直到 1992 年，商用风力机还很小

(225kW)，但是到2002年年底，风力机规模已经扩大了10倍，这是技术进步的结果。欧洲国家开发的陆上和海上风电场越来越多，于是北美对于可再生能源的注意力又被吸引回来了。

随着一个6183MW的风电场（风力发电的场所，有大量的风力机安装于此）于2005年完成装机，风能实现了欧洲委员会制定的到2010年装机容量为40000MW的目标，比预计提前了5年。2005年，丹麦依靠风力提供了其电能总需求的20%。2000~2008年，美国的风电产业每年增长29%，其中2007年装机容量为5249MW，2008年装机容量为8500MW。与其他领域市场类似，这个产业在2009年遭遇了重创，但是仍然可以预见，到2030美年风能将能够为国提供20%的电能[⊖]。

AWEA
美国风能协会

根据**EWEA**的数据，2009年欧洲有8个新的风电场并网运行，它们由199台海上风力发电机组成，发电容量共为577MW。

EWEA
欧洲风能协会

可再生能源的重要性 1.2

地球就像一块五彩斑斓的大理石，有着数不清的自然美景，从植物、花卉、树木、鸟类等到水下的奇妙世界。尽管美景很多很多，但是地球的大小是有限的，并且没有哪一种东西是取之不尽的。除了来自太阳的能量——阳光，是从地球之外获得的，其他所有资源都是地球自身的。如果我们不精心利用这些资源并维持其平衡，那么地球上的所有美景总有一天会消失殆尽。作为这个星球的居民，我们有责任保持它的清洁与健康。

古时候，人口数量不大，而且人们的迁移也并不多，所以污染是有限的，燃烧木材和煤炭所导致的环境变化也不明显。不过，在人口较多的地区，森林也在逐渐消失，而且到了今天，每年都会破坏更多的森林。此外，为了取暖、交通运输和制造而燃烧煤炭、石油和天然气所造成的污染，使得空气和水变得污浊，地球的温度上升，我们的健康受到侵扰。如果像过去50年的这种状况持续下去的话，人类最终会窒息于这种污染之中。“为什么人类要对自己这样做?”是一个大问题。现在，警报已经拉响，这是敦促人们在太迟之前行动起来的警钟。

植物吸收CO_2并释放氧气。人类和动物产生的所有CO_2，以及人们燃烧木材、煤炭以及后来的石油和天然气所产生的CO_2，

⊖ 来源：**AWEA**。

大自然会通过这种方式来平衡。但是我们所拥有的植物渐渐地越来越少，而 CO_2 和其他污染物越来越多，我们必须与大自然一起来维持平衡。CO_2 叫做温室气体。

关爱环境，减少污染，匹夫有责。

人类的生活需要能源：取暖、制冷以及交通运输和制造。但是，如果这些活动导致缺氧，那么我们的生活将会是什么样子？今天的我们也许不会缺氧，但长此以往，我们的后代会。过度地开发环境和地球资源而不顾及后果，最终将会导致缺氧。关爱环境，减少污染，匹夫有责。

能量可以来自于煤炭、石油和其他能源，但我们也拥有丰富的、不会产生污染的风、阳光和其他自然能源。我们用千瓦时（kWh）来衡量使用了多少能量，1kWh 相当于一盏 100W 的灯泡在 10h 中所消耗的能量。如果用所产生的 CO_2 来衡量污染，那么煤炭的污染是 0.712kg/kWh（或 1.57lb/kWh）。这就是说，如果能量来自于燃煤电厂，那么每一只 100W 灯泡仅仅亮 10h 就要产生 1.57lb 的 CO_2。在我们的家里，有电视机、电冰箱、火炉和暖气，它们当中有一些设备的能耗远远超过一只灯泡。

可再生能源的重要性显而易见。它清洁、与自然相和谐，来自于大自然又不产生污染。而且，可再生能源既充裕又免费，比如风能和太阳能。使用这些能源是明智的选择。

如果能量来自于燃煤电厂，那么每一只 100W 灯泡仅仅亮 10h 就要产生 1.57lb 的 CO_2。

1.3 技术问题

虽然风能是一种丰富的能源，同样太阳能也是如此，但是请牢记，它们并非一种具有恒定供给的连续性能源。从这个意义上说，我们不能期望，至少目前不能，单靠风能就能满足我们的能源需求。任何可再生能源都受制于两种主要的不足：是低位能；也不能连续获得。既然是低位能，那就意味着我们不能指望一台风力发电机具有与火电厂相同的容量。一个火电厂（汽轮机和燃气轮机）能够用一台或者几台机组达到 500MW 或者更高的容量，而对于这个容量，我们可能需要 200 台陆上风电场的风力发电机。此外，500MW 的火电厂通常能够连续地输送这么多功率，然而风力发电机的产能却依赖于每天的不同时段以及每年的不同月份中风的波动。

如果一台风力发电机的额定功率为2MW，那么这就是它在有足够风的条件下能够输出的最大功率。由于风的特点及其所在地区的情况，风力发电机在24h内的平均产能超不过其额定容量的33%。在很多地区，33%是最大值，甚至还要低。平均来说，每兆瓦的风电装机可以为300个美国家庭供电。[⊖]

尽管存在这些不足，但是风力发电机在应用方面已经取得的进展和正在取得的进展还是相当令人鼓舞的。当前，已有2.5MW的陆上风力发电机，也有4MW的海上风力发电机。北美曾用风力发电机来泵水（该技术在20世纪30年代就不用了），与那时的技术相比，现在的风力发电机在外形尺寸及电机的控制方式方面已经有了显著的进步。图1.1和图1.2给出了从典型的12桨叶美式风车到1.65MW的三桨叶现代风力发电机的规模增大情况。

虽然前述可再生能源的两种不足确实存在，但是并不会因此而阻止风能在未来成为电能100%的来源。目前的事实是，技术和设备都还不太到位。在一个幅员辽阔的国家，一个地区不刮风，另一个地区也会刮风。虽然在一个国家内按地区进行发电效率较高，但并不是非得这样做。事实上，国家之间可以建立互连的电力线，比如美国和加拿大之间就有互连线路。

图1.1 美式风车（40ft，12m高的塔架）

⊖ 这是一个大致的数据，因为用电量与地区和季节以及其他因素有关。不过这仍不失为一个有用的参考。

图 1.2　现代 1.65MW 的风力发电机（270ft，81m 高的塔架）

是否有足够的风能来满足需求，这是一个问题。换句话说，风能是否足以满足一个国家的全部电力需求？对于很多国家来说，回答是肯定的。例如，在魁北克北部（努纳维克）的多风地区，风能足以产生加拿大 40% 的用电量。加拿大还有许多其他多风的地区，因此加拿大风能容量能够为美国提供相当部分的电能需求。所以，问题并不在于风能而是在于缺乏输电线路以及监控能量在可变参数的大型配电系统（见 1.5 节）中流动的技术。

1.4　风电场开发

风电场

一块安装了一定数量的风力发电机并产生电能的区域，也叫做风电站。

发电厂

产生电能的工业单位。

风电场，有时也叫风电站，其风能等同于传统**发电厂**。发电厂是产生电力的地方，不过与化石燃料发电厂或水电站相比，风电场所含的风力机数量相当大。风力机的数量决定了风电场的容量，而且将来能够继续增加以实现风电场的扩容。

对于风电场来说，首要的条件是有良好的风，且适合风力机的安装。要检验这一条件，要先采集风数据。一块地方可能看起来刮风很多，似乎是一个开发风电场的好地方，但对于一个要投资数亿美元的项目来说，只是靠观察是不够的。大致的风数据可以根据历史数据和风资源地图获得，风资源地图会给出一个国家中不同地区的平均风速。要开展进一步的、详细的风监测，则应该在那片被认定为风电场的可能场址的地块上进行。

开展风监测有必要进行气象学研究。气象塔上安装有能记录风速和风向的测量装置，从而采集和记录风数据。气象塔（Meteorological Tower，缩写为 Met Tower）是一种独塔，与通信塔类似，由牵引索固定，顶端装设了测量装置。这种塔的高度从 10m（33ft）到 70m（230ft）不等。如果一个地区没有相关数据，那么为了得到较好的、较可靠的监测结果，这种研究可能要持续 3 年。根据该地区的历史数据，研究可以缩短为 2 年或者 1 年。基于对这些数据的分析以及对项目成本的经济分析（如第 14 章所述），可以做出开展项目的决策。

要确保的第二个条件是要有输电线路。实际上，这不单是一个输电线路的有无问题，而更是一个线路容量和接入裕量的问题。已经达到最大容量的输电线路是无法再用于新的项目的，即使是这条线路确实存在。

风电场施工前的其他一些工作是与管理部门签署正式的协议，涉及航空、广播、与公路的距离、与居民区的距离等事宜；如果土地不属于开发商（常常是这种情况），还要与土地所有者签署协议。因为风电场开发商通常不同于公有企业，所以电能购买协议的谈判也是施工前的工作之一。

如果一个地方成为风电场的备选场址，就要对其进行土壤研究，从而为风力发电机设计合适的地基。场址设计、风力发电机选型以及与电网互连都是项目工程工作的一个部分。

第 14 章将详细阐述，开发风电场的基建投资很高。因此，为了降低公司参与的难度并说服他们投资于风电场，政府以“税收减免”和“加速成本回收”的方式引入了一些激励政策。这些机制刺激了可再生能源领域的投资，如果没有这些机制，可再生能源发出的每千瓦时电能的成本会高于非可再生能源电厂。

1.5 风力发电机的选址

风力发电机选址的意思是基于风特性、风容量以及其他判据对安装风力发电机和开发风电场的地址进行评估。要由其他判据进一步支持的主要决策是风质量。如果有风资源地图，那么它会给出一个国家中各个地区风质量的一般性指示。表 1.1 中按照分级定义了风质量。

表 1.1 50m（164ft）高度时风力等级的定义

风力等级	风速/(m/s)	风速/(mile/h)
边际	5.6~6.4	12.4~14.3
中	6.4~7.0	14.3~15.7
好	7.0~7.5	15.7~16.8
良	7.5~8.0	16.8~17.9
优	8.0~8.8	17.9~19.7
超优	8.8~11.1	19.7~24.8

如前所述，仅靠风资源地图进行决策是不够的。特定地点的风质量如何还要看地形和海拔的情况。将在第 2 章中了解到，风速随着海拔而增加，也就是说，离地面越远，风速越高。风速的测量在某个标准高度进行，比如地面以上 10m、30m、50m 和 70m。任何风资源地图都必须指明测量的高度。

特定地区的风力等级可以用来确定该处的风容量、风力发电机一年能够发多少电以及投资在多长时间内能够回本，它也有助于风力发电机的设计或者针对某种风况匹配某种风力发电机。在第 14 章将会看到，风力发电机的经济性与多种因素有关。因此，即使是具有中等风力的地点，也有可能不适于开展风电场项目。另外，一种风力发电机对某个风力等级来说可能不是一种好的选择，而对于另一个风力等级来说却是可以接受的。

对风电场来说，必须研究的其他资料还包括严重风暴的频次以及飓风的概率。恶劣天气和强阵风会损坏甚至损毁风力发电机。风暴未必意味着更多的能量，因为在风暴期间风力发电机会停机并起动制动。

在一个地点的风质量被认定是适合开发风电场之后，还要调研其他一些事情，而且该地还必须满足相关条例和管理部门所设定的标准。其中大部分是关于环保的（见第 15 章），例如，不允许风电场有不良影响以及干扰居民、周边地区、生态系统、航空、通信系统等，亦或引入危及临近居民、建筑和野生动、植物的因素。其他要满足的标准或条件如 1.4 节中所述。

1.6 新技术与未来技术

前面已提到，电能必须从发电的地方传输到用电的地方。输电线路就像是传输电能的高速公路，它们有一个最大容量，一旦达到这个容量，就不能再进一步增加电荷，否则会引起过载、低效和破坏。

在工业化的国家，视其大小不同，会有一个或者多个电网将所有的发电机互相连接起来，所有的用户也都接入到这个网络中。**调度系统**（从调度中心到某次行动的所有参与者以无线电、传真及类似手段进行通信）把发电量的水平和计划告知每个发电节点（发电厂）。电能需求大的时段称为峰值小时，许多小型发电厂要么在**峰值小时**期间增加其发电量，要么每天仅在峰值小时期间一起运行几个小时。峰值小时是24h中电能需求最大或在最大值附近的那个时段。

随着风电工业的增长以及新输电线路的架设，就有可能使得任何一个地方刮风都可以产生电能并被送往有即时需要的地方。这样，就算电能需求所在的地方没有刮风，电网也总能从发电的地方把所需电能供给过来。这要求电网的各个支路具有空间和容量以满足所有所需电能在该支路上通行，这样的能力也要求对相关的发电厂进行自动、智能地监测和监控。然而，调度系统还没有完全自动化，其技术也还没有达到能可靠处理很多个发电厂（尤其还包括风电场）的水平。

风电场存在一些风能所特有的问题，出现这些问题是因为一个区域的风是随时间变化的。也就是说，不论是风速还是刮风的时间，都不在我们的掌控之中。不过，如果考虑很多个相互距离很远的风电场，那么它们所提供的总体能量的波动就很小了。其中一个能量变小的时候，会有其他的别的地方的风电场能量变大。这些在电网中互连的风电场，称为**分布式发电系统**（许多较小的在不同地点的发电厂，而不是集中的较大型的发电厂）的发电节点。当它们一起运行时，需要进行适当的控制，这就需要一种新的技术进步，称之为**智能电网**。

调度系统
一套通信系统，借助这套系统把运行情况告知所有的参与者。最常见的例子就是城市出租车公司用的系统。

峰值小时
24h中用电量最大的那些时段（通常就几个小时）。

分布式发电系统
包含不止一个发电厂的发电系统。

智能电网
具有附加智能能力（测量元件、控制元件、开关元件等）的电网。

1.7 本书的内容安排

本书内容的组织，可以让那些具有相关领域预备知识的读者跳过相应的章节。第2~4章比较通用，包含风中的能量、如何捕获风能的基础知识，以及对各种风力发电机的讨论。从第5章开始，内容更多的是关于螺旋桨型的风力发电机，许多人的心目中认为风力发电机应该是这个样子。

第5章讲述了螺旋桨型风力发电机的各个部件，后续的几章则有进一步的解释。风力发电机是一套机电系统，利用机械和电气部件将机械能转换为电能。第 6 章关注发电和电源如何互连，特别是对风力发电机来说，许多发电单元必须互连到一起然后接入电网。

第 7 章讨论（螺旋桨型）风力发电机的运行特性，将会讲到风力发电机输出功率的方式是可控的，以及如何计算风力发电机一年的发电量。第 8 章的内容是并网的基础知识，重点是理解功率、功率关系以及需要满足的电网条件。关于并网的进一步内容，比如风力发电机实际中是怎么接入电网的，以及如何控制风力发电机以匹配电网的要求，这将在第 11 章中讲述。此章也会讲解不同类型的风力发电机通过不同的方式接入电网。

第 9 章专门讲述风力发电机的机械系统。最值得注意的是，除了风轮和塔架，在风力发电机中最重要的机械系统就是齿轮箱。齿轮箱已经成为许多风力发电机中麻烦不断的部件，其更换或维修的成本过高。此章带领读者认识齿轮箱恰当运行的重要性，包括振动、冷却和效率以及齿轮和齿轮失效的一般性问题。

第 10 章集中介绍如何控制风力发电机。控制风力发电机只需几种控制动作。不过，因为风力发电机是复杂的电机，所以通过恰当的控制实现最佳性能和最高效率是必要的，这必须基于精准的控制策略。本章关注风力发电机机械侧功率输入和输出的功率平衡，对电气方面的考虑是第 11 章的内容。

风力发电机包括许多辅助元件。第 12 章讲述了风力发电机中的主要电气辅助元件。读者会熟悉变压器的功能与基本原理和所用到的术语，没有变压器，电能就没法使用。另外，此章还会讲解在许多现代风力发电机中使用的电力变换器的原理结构。

第 13 章包含了一些关于风力发电机主要部件的机械结构和机械强度的内容，以及与其功能相关的一些问题，对桨叶的载荷、机舱和塔架，以及振动和疲劳等问题进行了讨论。

风力发电机的经济性是任何单机或大型风电场的驱动力。失去营利性，任何风力发电机项目都不能运转。第 14 章带给读者这个事实，并介绍了足够的经济学知识和风力发电机成本分析。这样，如果拿到足够的数据，读者就能够对风力发电机项目及其经济性做出较好的分析。

由于商业化的风电场越来越普遍，尤其是在欧洲，引发了许多风力发电机对环境影响的关注。关注较多的问题是噪声、有损自然景观、破坏风景、致鸟类（和蝙蝠）死亡，以及导致广播和通信信号畸变。于是，已开展了许多工作来研究风力发电机是否真的有负面影响。第15章讲述了所有环境方面的考虑，在风电行业工作的人应该对其真实情况有足够的了解。

关于风力发电机及其运行必然要了解的其他方面，都包含在第16章中。排在首位的是风力发电机的安全，其他问题还有温度变化的效应与寒冷地区的结冰、闪电的影响，以及可能在居民区和市区采用风力发电机。

最后一章安排的内容是在风力发电机上工作时的安全问题。对于攀爬和/或在风力发电机上工作的人来说，安全与遵守安全规程是至为重要的。通常，雇主会为有可能在风力发电机上工作的人提供安全和救援方面的培训课程。

本章小结 1.8

- 古时候的人们就已经把风作为一种能源。
- 波斯风车是垂直轴的，可以追溯到1000年前。
- 荷兰风车是水平轴的，可以追溯到12世纪。
- 过去的30年在风力发电机方面开展了许多研发工作。
- 早期的风力发电机比现在的小得多，现在的风力发电机功率可达4MW。
- 地球对我们来说虽然很巨大，但是其大小毕竟还是有限的，其资源都不是无限的。只有太阳能来自于地球之外。
- 如果我们不去精心利用地球资源并维持它们的平衡，它们最终会被耗尽。
- 世界上的风能足够供给我们全部的电能需求。
- 电能一般是用千瓦时（kWh）来计量的，1kWh是1000W持续1h，或者100W持续10h。
- 煤炭燃烧产生的CO_2为每kWh能量释放0.712kg（1.57lb）。
- 与常规发电厂相比，风力发电机的容量很小，发电量依赖于风的情况且大小不恒定。
- 风电场的开发有赖于一系列的标准，风好只是其中之一。
- 对有可能用于安装风力发电机的一块场地来说，风监测是一个必要的步骤。
- 风速随着高度而增大，对同一风，在离地50m处测得的风速比离地10m处测得的风速要大。
- 将来，智能电网技术将使得电网随时都能接纳许多在不同地点的风电场的电能，因为这些风电场具有良好的风速。

复习题

1. 地球的能量来自于哪里?
2. 与燃烧化石燃料相比，风能的优势是什么?
3. 与燃烧化石燃料相比，风能的缺点是什么?
4. 为什么可再生能源对地球居民的未来来说是非常重要的?
5. 什么是温室气体?
6. 发出 1kWh 的电能会产生多少温室气体?
7. 借助本书的转换表，考虑 200hp 的汽车每小时会产生多少温室气体。
8. 家庭照明的能源是什么?
9. 为何我们现在不能在所有地方都利用风能来满足所有的能源需求?
10. 选址是什么意思?
11. 什么是风电场?
12. 您见过风电场吗?
13. 风电场是不是我们想建在哪儿就建在哪儿? 为什么?
14. 好的风意味着什么?
15. 如果有一台风力发电机，能否从风暴中获得更大的能量? 为什么?
16. 温室气体为什么是有害的?
17. 植物对温室气体有什么作用?
18. 为什么我们应当减少温室气体的排放?
19. 什么是“电网”?
20. 什么是智能电网?

应用题

1. 一只 100W 的灯泡亮 1h 所产生的 CO_2 为 0.16lb，请计算它 1 年中所产生的 CO_2 有多少磅。
2. 如果在您的家里有一盏灯，晚上亮 4h，然而实际上没有人需要它亮着，其实可以关掉。假如它的功率为 100W，那么它 1 年中消耗多少能量（以 kWh 为单位）?
3. 如果电价为 9 美分/kWh，请说出在题 2 的条件下，您每年浪费多少钱。

4. 计算在题2中的灯泡每年产生多少CO_2。

5. 假如有一百万个家庭都像题2那样，那么请说出总共浪费了多少钱，以及产生了多少CO_2。

项目

在这个项目中，您要得出您家大致的用电量。在一张纸的顶部，写下家庭的类型（比如别墅、公寓等）、卧室的数量，以及日常居住的人数。

制作一个五列的表格。第一列，列出家里所有的电器。第二列，写上它们的序号。第三列，写上这些电器的功率（W）。功率通常标识在电器背后的一块铭牌上，或者印在灯泡上。如果第二列的序号是大于1的，那么您一定要写出所有电器功率的平均值。如果您找不到功率值，可以问问您的老师或者其他人，得到一个近似的值。第四列中，您把这些电器在24h中工作的大概小时数加起来，这或许要您做一些计算工作。比如说，您只在冬天使用电暖气，您就应该弄清楚一年中您使用几个月，然后乘以使用的月数并除以12，从而校正您的数据。

第五列写上第三列和第四列的乘积除以1000的结果。

把第五列所有的数字加起来，这就是您家里的平均用电量。您可以用它来计算用电的支出。如果您的电能来自于化石燃料电厂，那您也可以用它来算出产生了多少CO_2（对燃油电厂，取燃煤电厂的一半；对燃气电厂，取燃油电厂的1/4）。

参考文献

[1] Burton, T., D. Sharpe, N. Jenkins, and E. Bossanyi: *Wind Energy Handbook*, Wiley, 2001.

[2] Gipe, Paul: *Wind Power, Renewable Energy for Home, Farm, and Business*, Chelsea Green Publishing Co., 2004.

[3] Hansen, Martin O. L.: *Aerodynamics of Wind Turbines*, Springer Verlag, 2008.

[4] Harrison, R., E. Hau, and H. Snel: *Large Wind Turbines: Design and Economics*, McGraw-Hill, 2000.

[5] Hau, Erich: *Wind Turbines: Fundamentals, Technologies, Application, Economics*, Springer, 2006.

[6] Manwell, J. F., J. G. McGowan, and A. L. Rogers: *Wind Energy Explained: Theory, Design and Application*, Wiley, 2009.

[7] Sathyajith, M: *Wind Energy: Fundamentals, Resource Analysis and Economics*, Springer Verlag, 2006.

[8] Spera, D. A. (Editor): *Wind Turbine Technology*, ASME, 1998.

第 2 章 风中的能量

关键术语

您应当已经知道的术语：
质量、速度、流速和密度
新术语
贝兹极限
能量
动能
气象塔
“met”塔
功率
功率系数
风数据
风能捕获
风速
运行

目标

学习过本章之后，您应该能够：

- 知道风中有多少能量；
- 知道这些能量有多少是可用的；
- 解释为什么这些能量不是全部都可以利用的；
- 解释风速对风能的作用；
- 描述还有其他哪些参数决定着风中的能量多少；
- 理解为什么高度对风力发电机很重要；
- 解释为什么同一台风力发电机在冬季或夏季，以及每天的不同时段会发出不同大小的功率；
- 知道建筑对风的影响；
- 解释为什么风力发电机不能全时发出相同的功率。

引言　2.0

有风的时候，有的东西会被风刮起来，这要看风力有多强。比如，风可以转动一台风力机，所以风中含有能量（请看下面关于能量与功率的文字介绍）。我们需要知道风中有多少能量，以及取决于哪些因素。本章讲述了如何确定风中的能量，以及其中有多少可以被风力机抽取利用。最显而易见的回答是风速和风力机的大小，不过还有更多的因素。

能量与功率

能量是做功的潜能，以不同的形式出现。这里的**功**指的是机械的或其他类型的功，比如当重物被提起或者发动机驱动汽车时，就是在做机械功。电动机可以做机械功，但电池不能直接做机械功，不过它可以驱动电动机来做机械功。这样，电池就具有做功的潜能，它拥有的是电能。把水加热是另一种形式的功，不是机械功，不过可以转化为机械功（考虑一下蒸汽机，它可以做机械功，其蒸汽就产生于热）。从这个意义上来说，热（能升高物质的温度）也是一种能量，叫做“热能”。其他类型的能量还有化学能、太阳能、风能和核能。

现在，假设一台机器或者设备具有能量，那么它有多少能量呢？或者说，它能做多少功？同时，还可以问另外一个问题，如果一台机器能够做一定量的功，那么它要用多长时间来做这么多功？比如说它是用 1min 还是 25min 做完这些功？要回答这个问题，或者要理解不同能源之间的对比，就要先确定功率。**功率**描述的是一个能做功的设备在 1s 内做多少功，用来度量能源的强度。功率也可以用来比较两种或多种设备。比如，较小的电动机的功率低于较大的电动机，也就是说，它在同样的时间内做的功比大电动机少。或者说，与较大的电动机相比，如果在 1s 内较小的电动机做的功较少，那么它在任意多秒内做的功都会较少，比如 1min。

能量
做功的潜在能力。

功
消耗能量的结果。功可以是机械的或电气的，或者可以转换成热。机械功比较容易感受到，当提起重物时，就会做功。将 1lb 的重物提起 1ft，就做了 1ft · lb 的功。

功率
电动机、发动机等机械在 1s 内做的功的多少。

运动物体中的能量　2.1

任何运动的物体都有能量，这种能量叫做**动能**。例如汽车、

动能
与运动的物体相关的一种机械能，其大小取决于该物体的质量和速度。

自行车或者球，移动的时候都具有动能；如果停下来，它们的动能就消失了。对运动的空气来说，也是同样的道理。运动物体的能量多少取决于两个因素：质量和速度。采用恰当的质量和速度单位，运动物体的能量可以根据如下的关系式确定：

$$能量 = \frac{1}{2}(质量)(速度)^2 \tag{2.1}$$

这个方程说明，如果质量增大一倍（也就是说，如果有两个物体，其中一个的质量是另一个的两倍，且两者速度相同），那么能量也增大一倍。但是，如果速度增大一倍（有两个物体，一个的速度是另一个的两倍），那么能量增大四倍。理解式(2.1) 所给出的关系，非常重要。

这种能量可以转化为功，或者说它可以做功（参见本章关于能量和功率的文本框，理解功的技术含义）。

2.2 运动流体中的能量

描述运动流体（气体或者液体）中的能量的方式与固体相同，不过必须考虑两点区别：首先，对于运动中的流体，因为不存在具有明确质量的固体，所以用体积来定义运动的质量；其次，对于运动中的流体来说，整体都在运动。

先考虑一种较为简单的情况，流体被限制在某个界限之内，例如在管道中流动的情况，然后考虑流体没有界限限制的情况。

2.2.1 在管道中运动的流体

这种情况下，运动的质量用管道的尺寸和流量来表示。流量是每秒或每分钟内流过的液体的体积。根据管道的尺寸，可以知道流体的速度。下面的例子能更好地描述这个概念。

例 1：

一根圆形管道的截面积为 $3ft^2$（这对应着直径为 24in 的管道），如果在该管道中水的流量为 $2ft^3/s$，那么该管道中水的流速是多少？

解：本例中，管道的尺寸是其截面积，即 $3ft^2$，水的流量为 $2ft^3/s$，那么管道中水的流速是 $2 \div 3 = 0.667(ft/s)$，也就是 8in/s。图 2.1 画出了这根管道。

可以想象，在图 2.1 中由 ABCD 表示的一段水沿着管道移动，经过一小段时间，它从之前的位置到了一个新的位置，用 A′B′C′D′来表示（实际上，管道中的情况并非如此，不过这样可以表述水的移动)。对于任何其他的液体或气体,情况是一样的。如果流体从 ABCD 运动到 A′B′C′D′花费了 1s,那么流体的速度就是从 A 到 A′的线段的长度(与 BB′、CC′和 DD′相等)。

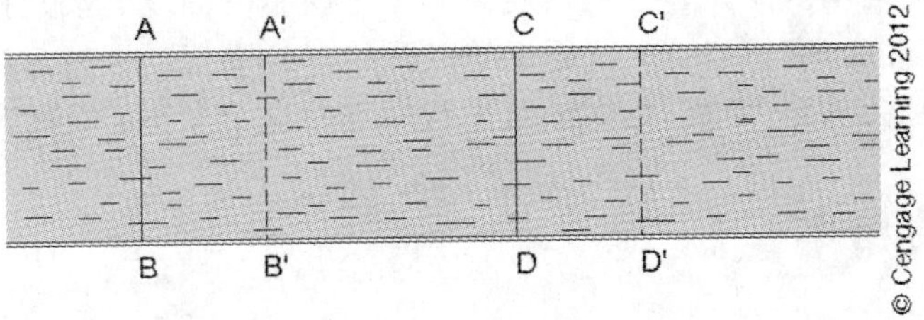

图 2.1 1s 内液体在截面 AB 上的所有粒子都移动到截面 A′B′

如前所述,为了弄清楚管道中运动的水具有多少能量,就要知道在管道中运动的水的总体积。那么,能量的大小就要取决于管道的全长以及其他因素,所以考虑能量的大小没有任何意义。不过,倒是能够确定运动流体的功率。

重要:对于运动的流体,考虑能量没有什么意义,因为能量是整体运动的结果,并且依赖于管道的全长。确定运动流体的功率反而是更有用的。

无界限运动的流体 2.2.2

当流体无界限运动时,特别是风的情况,沿着其运动通道的物体实际上就形成了一条虚拟的界限。用图 2.2 可以更好地理解这一概念。

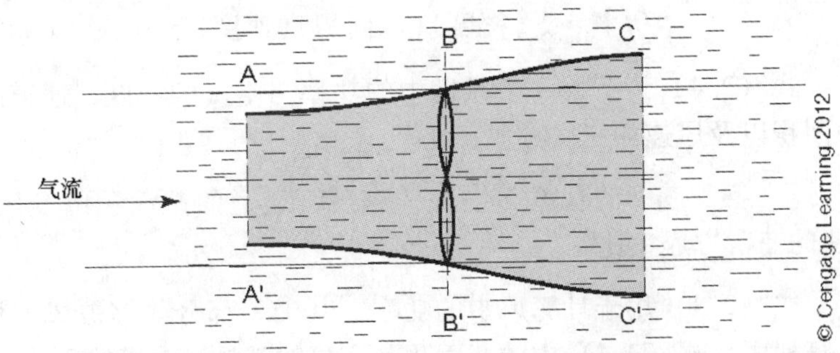

图 2.2 在气流路径中的物体(位于 BB′截面)

考虑如图 2.2 所示的气流,其中用 BB′标识的截面处有一个阻挡气流的物体,它可以是一台风力机。为简单计,假设它是圆的。顺着风的方向,假设有一个虚拟的圆柱体,其直径与障碍物的尺寸相同。在图 2.2 中,用两条顺着风向的平行线表示这个圆柱体，并可以假想这就是一条管道的界限。不过，在无界限流动时，流体的界限并非这个圆柱体，而是图 2.2 中所示的近似圆锥的形状。其原因是，当流动受到物体阻挡时，流体的粒子就开始向外围运动。于是，它们沿着图 2.2 中所示的曲线运动，而不是径直向前。它们自 AA′所标识的点开始向外围运动，越过障碍物后，又会从某个点开始继续其平行运动，这个点用 CC′标识。

2.3 风的功率

如前所述，对于风或任何其他运动的流体来说，确定其功率要比确定其能量更可行。从这个意义上说，我们可以在式（2.1）中代入 1s 内流过的空气的质量，从而给出风的功率。注意到：

$$质量=(密度)(体积) \tag{2.2}$$

并注意到对于在管道中运动的流体总是有：

$$1s 内运动的质量=(截面积)(速度) \tag{2.3}$$

将式（2.2）和式（2.3）代入式（2.1），可以得到运动流体的功率，或者说是在管道截面积上 1s 内通过的能量，也可以说是在无界限的开放气流中由物体大小所决定的面积上 1s 内通过的能量：

$$功率=\frac{1}{2}(密度)(截面积)(速度)\times(速度)^2$$

或者

$$功率=\frac{1}{2}(密度)(截面积)(速度)^3 \tag{2.4}$$

式（2.4）说明，一条风道中的功率与空气的密度、通道的截面积以及风速的三次方成正比。

一条风道中的功率与空气的密度、通道的截面积以及风速的三次方成正比。

式（2.4）用于计算风中的功率，其中一部分能够被风力机捕获利用。式（2.4）中的截面积其实指的就是风力机的尺寸。

从式（2.4）可以得到以下结论：

1）对于同一风力机，在同一时刻，如果风速加倍，那么风的功率增大 8 倍。

2）对于同一风力机、同一风速，如果气候寒冷（较大的密度），风可以为风力机提供更大的功率。

3）在相同的气候条件下且风速相同，截面积加倍的风力机所获得的风功率是较小风力机的两倍。

从上面的第 2 条可知，在风速一定时，风力发电机在冬季可以产生比夏季更多的电力，因为天气较为寒冷。相同的结论也可以引申到白天与夜间，如果昼夜温差显著。不过话又说回来，由于气温造成的功率差异并不算大。

风力机吸收的功率　2.4

前面几节中，我们用风速、风力机大小和空气密度来定义气流的功率。风在吹动时，会出现这个功率。风力机不能捕获这个功率的全部，只能捕获其中一部分。捕获的多少要看风力机的类型、效率和其他一些运行条件，这将在后面的几章中会讲到。

为了表明给定的一台风力机所能从风中获取的功率（也就是“**风能捕获**”）的比例，可以在式（2.4）的基础上加一个系数，这样便有

风力机的功率 =（系数）（风的功率）

显然，这个系数必定小于 1，它叫做**功率系数**。

$$风力机的功率 = 1/2（功率系数）（密度）（截面积）（速度）^3 \tag{2.5}$$

功率系数有赖于风力机设计的好坏以及捕获风能的能力，所以它的值可能会大，也可能会小。不过，存在一个最大值，是任何风力机在最佳性能的时候也无法超越的。它可以通过理论计算得出，被称为**贝兹极限**。贝兹极限的大小为 16/27 =0.59。

贝兹极限 =16/27 =0.59

某些风力机的功率系数可以接近贝兹极限，如一个好的设计能做到 0.50。其他一些风力机，这个数值会小一些，比如说 0.25 甚至 0.20。所有宣称系数超过贝兹极限的说法都是站不住脚的，也会受到驳斥。

风能捕获
利用风力机捕获风能。

功率系数
一个永远小于 0.59 的数，决定了风力机从气流中捕获了百分之多少的功率。

贝兹极限
风力机功率系数的最大值，为 16/27 或 0.59。

风速的变化　2.5

我们已经学过，风速是影响风力机产生功率多少的最重要的因素。实际上，对于任何风能项目，风速是决策的首要因素。风的本质特点是可变化性，比如其方向、速度和温度都会变化，这

种变化可能是每分钟都在发生，甚至每秒都在发生。因此，研究风速的变化是很有趣的，也是很有必要的。

我们要研究的风速变化有四种类型：

1）风速随时间的变化；

2）风速随高度的变化；

3）风速随地形的变化；

4）风速随地域的变化。

2.5.1 风速随时间的变化

风速随时间的变化分为三类：暂时性变化、日变化和季节性变化。

风的产生，是由于两个地方的空气存在温度差，所以它受到日光加热以及地球上某个区域环境温度的影响。我们时常能清楚地感到风的这种变化，会注意到风不会以恒定的速度吹动。当记录风速时，可以清楚地看到这种暂时性的变化。图2.3就给出了一个短时风速记录的例子。

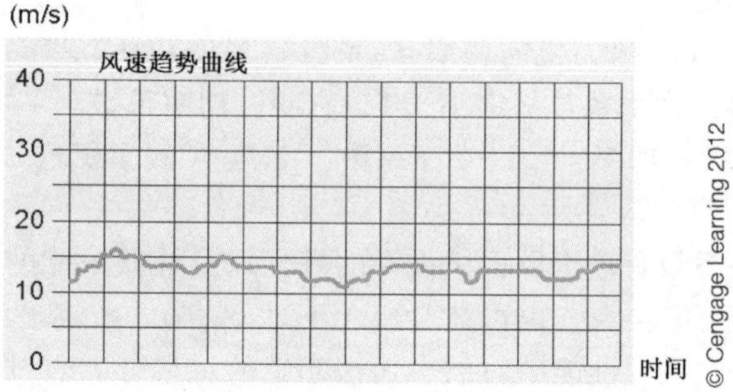

图2.3 风在2min内的典型变化

在图2.3中，水平轴的每段刻度为8s，纵轴的单位为m/s。风速在10m/s上下，也就是大约33ft/s或者22.4mile/h。图2.3中给出了2min内风速的变化。

风速的日变化，顾名思义，就是风速在24h内的变化。比如，某个时刻在一个地方的风速达到最高，而在另一个地方的风却小一些，甚至不刮风。换句话说，对于一个地方在一天中不同时间的风，我们能用特定的模式来识别。对风向来说，也是如此。

风资料
包含某个地区风的统计数据（速度、频次、持续时间、方向等）。

风的季节性变化是指一年当中风的变化。同样，可以用特定的模式来识别一年中各个月份的风速。比如大家都知道，许多地区春季和冬季的风比夏季要大一些。这些信息必须从风的历史统计数据中提取出来，这些数据称为**风资料**。

这些信息也告诉我们，不能期望一台风力发电机在一年的不同季节里发出同样多的电能。

风速时时刻刻都在变化，这就是暂时性变化。一天中，风速也在变化。每天的同一时间，风速都会达到最高，这完全依赖于所处的地域。风速的长期变化是按年考虑的，意味着某些季节的风比其他季节要多一些。

风速

某一时刻风吹动的速度。

风速的日变化在任意地区都可以进行研究。这种数据非常重要，可用于评估一台风力机在 24h 内能够吸收的能量。风速的变化模式可以用一条曲线来表示，与图 2.4 类似。图 2.4 中，用两条曲线表示两个不同地区，分别用 A 和 B 标识。可以看出，曲线 B 比曲线 A 要窄。而在这两个地区，平均风速均为 16.8mile/h（约为 7.5m/s），即两条曲线的顶端。这个速度具有最大的可能性，也就是说无论什么时候刮风，风速为 16.8mile/h 的概率比其他风速都要大。不过实际上，风速可能会比这个速度高，也可能会比这个速度低。在曲线 A 所代表的地区，刮风时风速会平缓增加或者降低，即变化比较小。在另一个地区，风速会较快达到 16.8mile/h，而当风速进一步增大时，更高风速的持续时间却并不长。

从这些曲线中，还可以提取出一些另外的信息。比如，可以看到当 A 地区刮风时，风速为 16.8mile/h 的概率为 10%（对应纵轴的 0.1），而 11.2mile/h 的概率为 7.8%，比 10% 略低一点。在 B 地区，风速为 16.8mile/h 的概率约为 18.5%，而 11.2mile/h 的概率只有 5% 左右，要低得多。读取风速与曲线的交点所对应的纵轴上的数值，就可以得到上述信息。对任何一个地区，都可以利用风模式的历史记录来得到相应的曲线。如果没有历史记录可用，那么也可以利用该地区的平均风速来近似。图 2.4 中的数据可以用表格的形式列出来，见表 2.1。

表 2.1 图 2.4 中 A 地区的风速数据举例

风速/(m/s)	1.00	2.00	3.00	4.00	5.00	6.00	7.00	7.50	8.00	9.00	10.00
风速/(mile/h)	2.24	4.47	6.71	8.95	11.19	13.42	15.66	16.78	17.90	20.13	22.37
该速度时的时间百分比（%）	0.42	1.25	3.33	5.83	8.33	8.75	9.17	9.58	9.17	8.75	8.33
每 24h 内持续的小时数	0.10	0.30	0.80	1.40	2.00	2.10	2.20	2.30	2.20	2.10	2.00
风速/(m/s)	11.00	12.00	13.00	14.00	15.00	16.00	17.00	18.00	19.00	20.00	更高
风速/(mile/h)	24.61	26.84	29.08	31.32	33.56	35.79	38.03	40.27	42.50	44.74	更高
该速度时的时间百分比（%）	6.67	5.00	3.96	2.75	2.29	2.00	1.50	1.04	0.83	0.63	0.42
每 24h 内持续的小时数	1.60	1.20	0.95	0.66	0.55	0.48	0.36	0.25	0.20	0.15	0.10

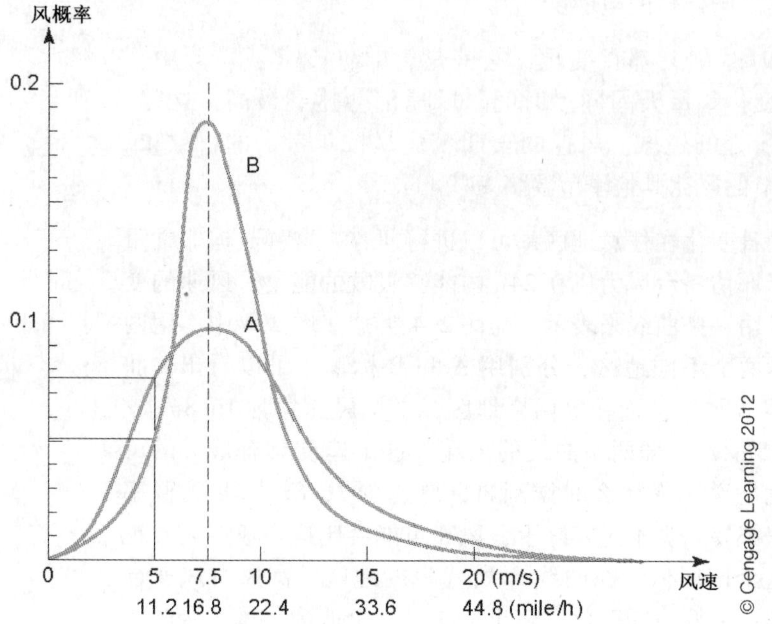

图 2.4 两个不同地区的风速模式

在表 2.1 中，第一行给出了风速，单位为 m/s；第二行也给出了风速，单位为 mile/h。m/s 和 mile/h 之间的换算关系为

$$1\text{m/s} = 2.237\text{mile/h}$$

只不过，在表 2.1 中所有的数值都被归到小数点后一位。第三行给出了特定风速出现的百分比概率，这与在图 2.4 中以图形方式表示的 A 地区的信息是一致的。最后，第四行给出了 24h 内风在该速度下维持的时间。例如，在 24h 内，有 2.4h 或者说 2h 24min，风以 16.8mile/h 的速度吹动。还有，在 24h 内，风以 35.8mile/h 的速度吹动了 30min。此外，风速很少超过 44.7mile/h，超过的时间仅仅持续了 6min（0.1h）。

2.5.2 风速随高度的变化

风速除了随时间变化外，当高度不同时，风速也不同。当远离地球表面时，风速越来越高。比如，在地面附近（距地面 10ft）测量风速为 2mile/h，在地面以上 200ft 测量，则会达到 10mile/h，也就是说 5 倍多（这些数字只是个例子）。这种随着高度的变化并非在所有的地区都相同，也就是说，在另一个地区，如果距地面 10ft 处的风速为 2mile/h，那么距地面 200ft 处的风速可能高于 10mile/h，也可能低于 10mile/h，这都取决于当地地表的特点。或者说，与地形的粗糙程度有关，下面将进行这方面的讨论。

风速与高度之间的关系不是线性的。这个意思是说，如果在距地面 10ft 处测得的风速为 2mile/h，距地面 100ft 处测得的风速为 10mile/h，不能就说在 55ft 高度（10ft 和 100ft 之间的中点）的风速是 6mile/h。能肯定的是，在地表附近的风速比离地相对较远的地方（比如说 600ft）的风速要低，并且高度越高，风速也越高。不过，越过某个高度之后，气流会有一个一致的速度，不再有明显的变化。

在地表附近的风速比离地相对较远的地方（比如说 600ft）的风速要低，并且高度越高，风速也越高。不过，越过某个高度之后，气流会有一个一致的速度，不再随高度变化。

风速随地形的变化 2. 5. 3

风吹动时，其方向和速度会受到其路径上障碍物的影响。离开地面足够远后，风向和风速就不再受到影响，气流比较稳定。风吹过的所有障碍物，都会降低风的速度。因此，城市中有很多建筑物，对风速的削弱作用更强。相反的，在农作物很矮的农场或者湖面上，就没有这么多降低风速的障碍物。

下面的例子可以帮助您更好地理解这个现象。例子中的数据都是计算得到的，不过所用到的公式超出了本书的范围，所以略去不提。

例 2：

假设在一个有风的日子，在高度为 660ft 的自由（未扰动的）气流中的风速为 44mile/h，在同一地区的市区中距地 10ft 处的风速为 1mile/h，而在距离市区足够远的一块长满草的平地上，距地 10ft 处的风速为 26. 2mile/h。

您从这个例子中还会注意到，但凡测量风速，总是提到测量时的高度，否则这些数值就无法相互匹配。风的测量通常在气象站里并在一些标准高度上进行，测量装置安装在塔顶，这些塔叫做**气象塔**或者简称“met”塔。

气象塔
装有研究风和气候的仪器的塔

图 2. 5 给出了建筑物对风的影响。请注意，整体的风速因建筑物或其他障碍物的存在而降低，但是在屋顶这个局部，风速却更高了，因为更多的空气不得不通过一个更狭窄的空间。在屋顶上方的那些间距较小的剖面线描述了这个现象。

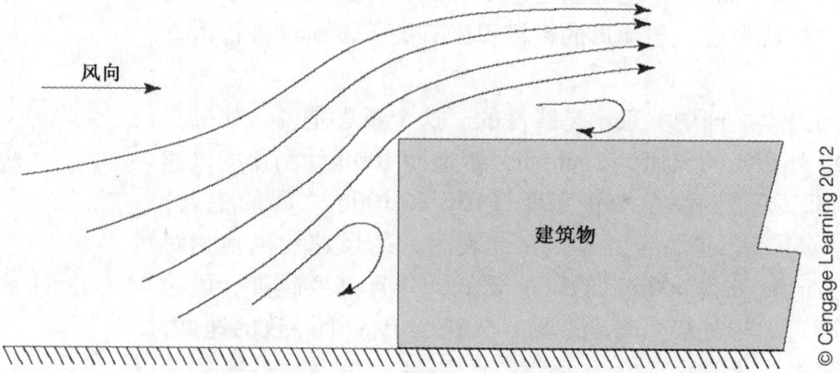

图 2.5 任何建筑物都是对风流动的阻碍（其作用的结果是风速降低）

图 2.6 给出了遇到较大的山坡时的情形。风从左侧吹到山坡上并越过山顶到了右侧之后，速度有所加快。这种情况下，山坡的右边是安装风力发电机的最佳地点。

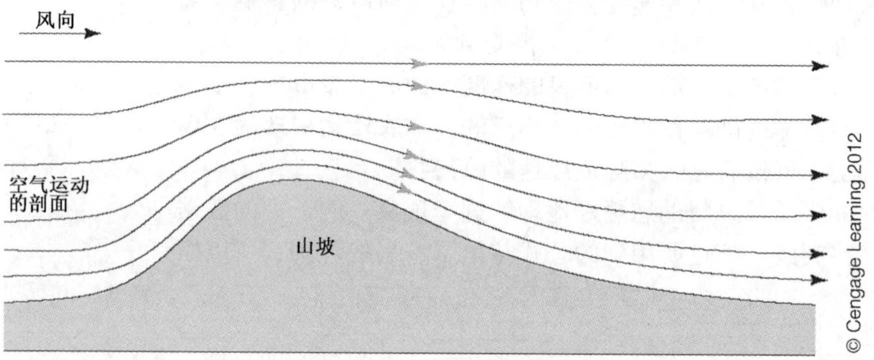

图 2.6 风经过山坡时的剖面

2.5.4 风速随地域的变化

最容易观测到的就是每个地方的天气都不一样。风的形成，受到空气温度（于是，还有压力）变化的影响。一个地区的降温或升温有赖于一系列的因素，但它们都与地理位置有关。例如，一个地区是否靠海或者是否被群山环绕，以及是否受到强风暴影响等，决定了该地区风的特性。一个地区的风比其他地区更多，比如一个地区的平均风速是 24mile/h，而另一个地区仅有 10mile/h。后面将会看到与平均风速相关的信息是风力发电机安装选址时的一个关键问题。

2.6 本章小结

- 能量是做功的潜力，能以不同的形式存在。
- 任何运动的物体都携带有一些能量。
- 这种能量的大小依赖于物体的质量及其运动的速度。
- 类似地，流动的液体也包含能量，能量的多少依赖于运动液体的体积。
- 对于液体，我们定义一个截面来限定其面积，比方说管道的面积。
- 对于自由运动的空气（风），必须为我们所关心的区域面积定义一个截面，比如风力机扫过的面积（或者说叶片旋转时扫过的面积）。
- 对于风和液体，功率比能量更有意义，因为没有明确的运动质量。
- 对于风和液体，考虑其 1s 内运动的质量，这给出了 1s 内的能量。
- 1s 内的能量叫做“功率”，或者说功率是 1s 内能量的多少。
- 能量等于功率乘以时间。
- 风力机捕获的功率依赖于风功率和风力机的功率系数。
- 任意风力机的功率系数最大值是贝兹极限。
- 贝兹极限等于 16/27，即 0.59。
- 风力机捕获的功率与空气密度有关。
- 风力机捕获的功率与风速的三次方成正比。
- 风力机捕获的功率与叶片所划出圆形的面积成正比。
- 风速不是恒定的。
- 风速每小时都在变化，每个季节也都在变化。
- 风速随高度变化，离开地表越远，风速越高。
- 在任一地区，通过研究风速在一天中各个小时的变化，可以得到风速的模式。
- 风速模式可以用图表示，描述一个地区风较多还是较少。
- 风速随地形变化，在建筑物多的地区风速会下降，因为风受到了来自建筑物的阻力。
- 山顶的风速比山谷的更高。

进阶学习

运动物体的能量

运动物体的能量可以由下式计算得到：

$$E = 1/2mv^2$$

式中 E——能量；

m——质量；

v——速度（或速率）。

如果 m 的单位为 lb，v 的单位为 ft/s，那么 E 的单位就是（ft · lb），它是测量能量和功的一个单位。

注意到在英制测量单位中，lb 可以用来测量力（lbf，磅力）或者质量（lbm，磅质量）。如果不用质量而用物体的重量（单位为 lb），那么上式的结果必须除以 32. 17。

例：

一个钢球的质量为 2lb，如果它以 3ft/s 的速度运动，那么它具有多少能量？

解：

$$E = 1/2\ (2)(3)^2/32.17 = 0.28\text{ft} \cdot \text{lb}$$

风的功率大小有赖于风速和风道的面积（如果不定义其面积，那么结果毫无用处），由下式确定：

$$P = 1/2\rho Av^3$$

式中 ρ——空气的密度；

A——风吹过的面积；

v——风速。

在英制测量系统中，ρ 的单位是 lbm/ft^3（磅质量每立方英尺）。空气密度随着温度变化（因为受热会膨胀），所以其数值在每个温度下都略微有点不同。在一个大气压下，空气密度在 70℉时大约为 0.075lb/ft^3，这也是 1ft^3 空气的重量（若给定磅的数值却没有说明它指的是质量还是力，那么重量作为力的一种是必须要被考虑的）。因此，在公式中除数 32. 17 是必要的。如果 ρ 的单位是 lb/ft^3，A 的单位是 ft^2，v 的单位是 ft/s，那么所给出的 P 的值就是以 ft · lb/s 为单位的。

ft · lb/s 是测量功率的单位之一，其他的还有 W 和 hp。

1hp = 550ft · lb/s。

例：

如果风吹动的速度为 25ft/s，环境温度是 70°F，那么在 $100ft^2$ 的面积里，空气的功率是多少？

解： $100ft^2$ 的面积是边长为 10ft 的正方形的面积，或者是直径为 11.3ft 的圆形的面积（换句话说，圆的直径要大于正方形的边长）。在上述温度下，空气的密度是 $0.075lb/ft^3$。与前一个例子相同，要计算功率，必须除以 32.17，于是有

$$功率 = 1/2(0.075)(100)(25)^3/32.17 = 3642.76ft \cdot lb/s$$

复习题

1. 什么是能量？
2. 定义功与能量之间的关系。
3. 说明能量与功率之间有何区别。
4. 运动物体中的能量是什么类型？
5. 如果运动的物体停下来，那么它的能量去哪里了？
6. 为什么风中的能量依赖于风道的面积？
7. 为什么空气中的能量不能被风力机全部利用？
8. 什么是贝兹极限？
9. 为什么贝兹极限很重要？
10. 贝兹极限的值是多少？
11. 说明在风力机中的“功率系数”是什么含义？
12. 功率系数能是 1.2 吗？
13. 对于一台设计良好的风力机，功率系数一般是多少？
14. 说明都有哪些因素决定着风速。
15. 任何时候都会有风吗？
16. 风在较高的地方吹得是快一些还是慢一些？
17. 建筑物对风速有何影响？
18. 风总是按照相同的速度吹动吗？
19. 如果一个地区的平均风速是 10ft/s，那么风吹动的速度会高于这个值吗？
20. 风速对风的能量有什么影响吗？
21. 能说在一定的风速下，风力机在晚上或者白天产生的能

量会多一些吗？

应用题

1. 如果风速是 32mile/h，那么是多少 ft/s？

2. 如果空气密度是 $0.08lb/ft^3$，风速是 28ft/s，请算出在一个直径为 100ft 的圆形面积内风的功率是多少。

项目

在表 2.1 中，把第 4 行的数全加起来，得到多少？这是您所期望的吗？

现在，再把第 3 行的数全加起来，又得到多少？与您的老师讨论一下这个结果。

基本知识

第3章

关键术语

您已经掌握的术语：力、压力

新术语

空气动力
翼型
攻角
有弧度翼型
弦
弦线
阻力
阻力系数
前缘
升力
升力系数
中弧线
lb/in²(psi)
力矩
后缘
矢量

目标

学习过本章之后，您应该能够：

- 认识风给物体的作用力；
- 理解风对气流中的物体如何产生力；
- 知道翼型是什么样的；
- 说明翼型的几何结构；
- 说明翼上的空气动力是什么样的，以及是如何产生的；
- 理解什么是力的矩；
- 理解力如何引起旋转；
- 知道阻力和升力的含义；
- 理解并认识阻力和升力之间的差别；
- 理解合力的含义；
- 学习升力系数和阻力系数。

3.0 引言

风吹动时会对所有被触及的物体施加作用力，某些情况下，这些作用力的方向和大小是很显然的，能够很容易观察到。例如，风会使得树木倾斜以及卷起轻的物体，但是我们看不出风吹到坚固的墙上会有什么结果。在本章中，您将学习风对静止物体的两种主要作用力，即升力和阻力。升力和阻力是总的风力的两个分量，它们决定飞机是否能飞行或者风力机是否能够旋转。关于这两个力的知识是理解风力机的基础。另外，还有两个与这两个力分量有关的系数。上述这些在本章都会讲到。

3.1 来自于风的力

一个处于风道中的物体要受到两个来自于风的力。物体处于其他任何运动的流体中时也是如此，比如处于管道内的水中或者河流中。为了集中精力研究风，在这里我们就不考虑一般的情况了，而是把重点仅仅放在来自于风的力上面。一个物体的形状和大小都是任意的，我们开始研究的最简单的情况是矩形的平板。图 3.1 给出了一张处于风道中的平板，它与风向呈一定的夹角。

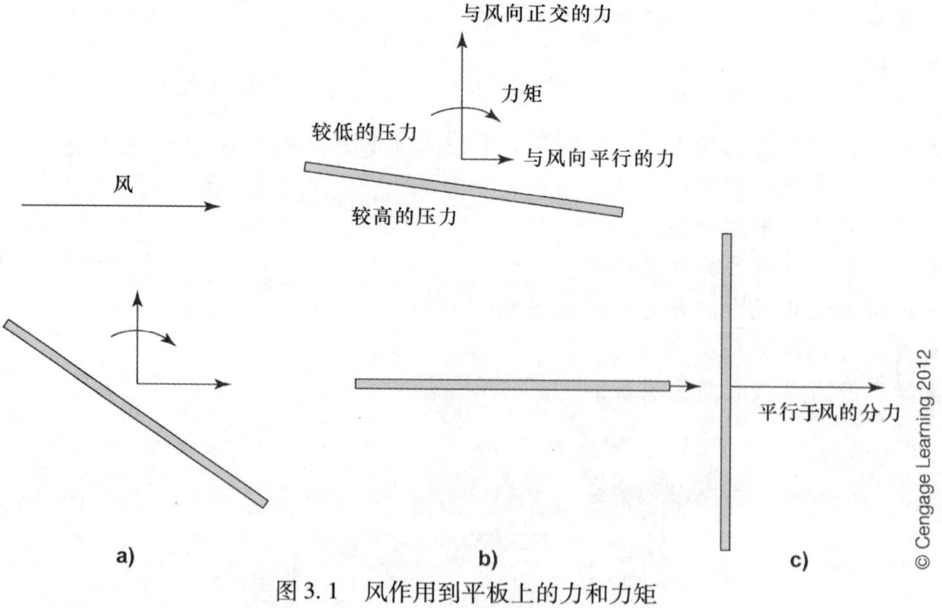

图 3.1　风作用到平板上的力和力矩

a）一般情况：三个物理量都有　b）叶片平行于风向：没有正交分量，没有力矩，平行分量很小

c）叶片与风向正交：没有正交分量和力矩，只有平行分量

图3.1中的风向是从左到右的。如图3.1中的上半部分所示，当风吹动时，就推动平板，这是因为平行于风向的一个分力在起作用。另一方面，当风经过时，平板与风向之间的夹角会导致平板两侧的压力不同，这个压力差是一个将平板推向一侧的力（在图3.1中平板被推向上方）。这个推力是从压力较大的一侧向压力较小的一侧。较大或较小的压力的出现，是由于风速受到了平板的干扰。除了上述两种分力外，风的作用还会引起平板的旋转，这是由于**力矩**的作用。

力矩

力使得物体围绕一个点转动的作用，该作用使得物体远离施加力的那条线，这也叫做力对点的矩。

图3.1给出了三种情况，每种情况中的平板与风向的夹角都不同。图3.1a中是一般情况，三个物理量都有——两个分力和一个力矩。图3.1b中平板平行于风向，所以板的两侧没有压力差，也就没有侧向的力和力矩，仅仅在沿着风吹的方向上有一个很小的推力。第三种情况，图3.1c中平板与风向正交（垂直），这时也没有侧向力或者力矩，只有风向上的推力。

力和力矩

力作用在一个物体上时，会引起物体沿着力的方向运动。与（直线）运动由力产生一样，旋转运动是由力矩产生的。比如，电动机在轴上产生力矩，带动轴旋转。

另一方面，力能够产生力矩，如图3.2所示。一个力所产生的力矩的大小取决于力的大小以及力到轴线之间的距离。

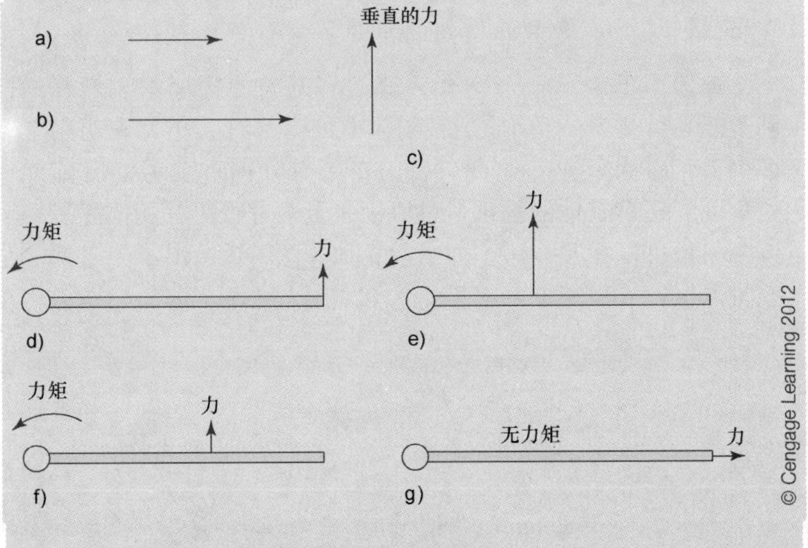

图3.2 力和力矩

用箭头来表示一个力，箭头的长度表示力的大小，方向指出力的方向，如图 3.2a、b和 c 所示。图 3.2b 中力的方向与图 3.2a 相同，但大小是其两倍。图 3.2c中给出的是向上的垂直的力。在图 3.2d ~ g 中，有一根柄连接到左侧的轴上。在各种情况下，柄都受到一个力。在其中的三种情况中，力产生了力矩。力矩用弯曲的箭头表示，指出力矩的方向（但并不表示其大小）。

如果力的单位是 lb，距离的单位是 ft，那么力矩的单位就是 lb · ft，或者也可以用 ft · lb。

攻角
翼或者薄板与气流之间所形成的夹角。

阻力
空气动力中沿风向方向的分量。

升力
处于气流中物体两侧的压力差所产生的垂直于气流方向的力。

矢量
既有大小又有方向的物理量，如力；矢量与标量相对，标量只有大小，如温度。

有一个重要的问题，就是要认识平板的角度对力的作用，这个角度叫做**攻角**。为了更好地理解它，请参见图 3.4。在图 3.4 中，还采用了两个分力的正确命名。平行于风向的分力称为气动阻力，简称**阻力**；垂直于风向的分力称为气动升力，简称**升力**。知道这两个术语及其含义是非常重要的。需要注意的是，升力不一定是向上的，要看攻角的大小。

当攻角较小时，升力大于阻力。随着角度增大，升力减小而阻力增大。当攻角为 90°时，升力为零（对这个平板）而阻力达到最大。阻力是空气对在空气中运动的某个物体所产生的阻挡作用，或者是风吹过一个物体时对其产生的作用力。另一方面，升力是将物体移动到一侧（可以向上的）的作用力，如维持飞机飞在空中的力就是作用在机翼上的升力。

矢量

矢量用于表示一个既有数值又有方向的物理量，最好的例子就是"力"。任何施加在物体上的力都有大小，表明用了多少力，是大还是小。此外，矢量还有方向，表示力所施加的角度。还有其他的物理量可以用矢量来进行更好的描述。

矢量可以相互作用，如可以相加。图 3.3 给出了矢量的一些特点以及如何相加。

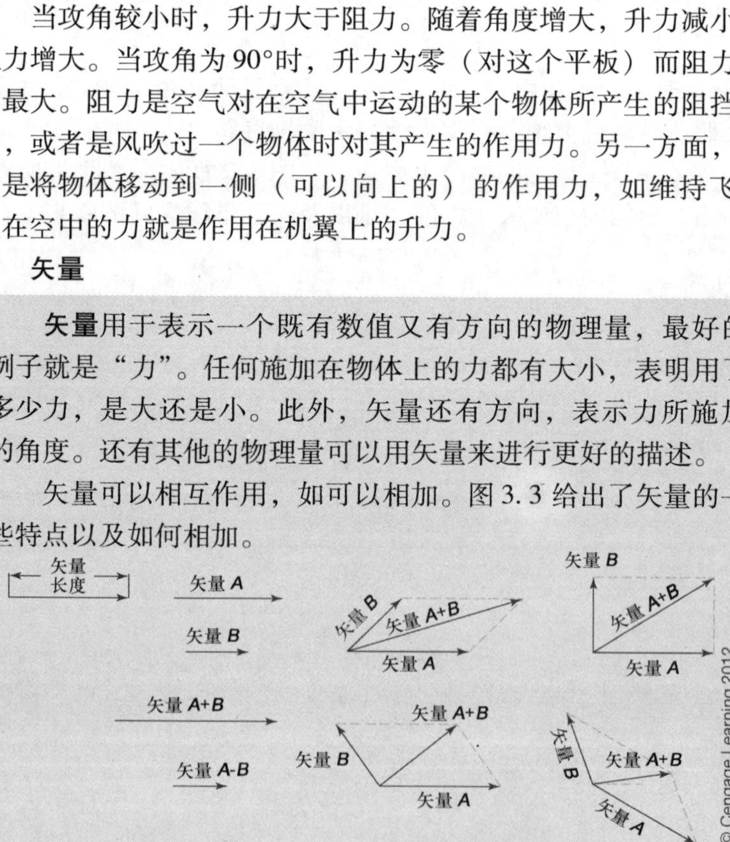

图 3.3 矢量的一些特点以及如何相加

空气动力 3.2

空气动力
由运动的空气或其他任何气体施加在气流中物体上的力。

上一节研究的风对平板的作用力称为**空气动力**，将两个空气动力的分量叫做升力和阻力。实际上，任何一个力都可以被分解为两个分量。本节中的升力和阻力是作用在所关心的平板上的空气动力的两个分量。两个分量相互垂直，也就是说，两者的夹角为90°，如图3.1所示。

回想施加在一个表面（在我们的讨论中，是平板的表面）的力，总是表面的面积与压强的乘积，即

$$力=(面积)(压强) \tag{3.1}$$

这样，如果已知平板的面积（当平板的形状和尺寸已知时），还需要知道风的压强，并将其乘以平板面积从而得到空气动力。

您也许会猜到，风的压强本质上取决于风速和当时温度下的空气密度，精确的关系是

$$风的压强=1/2(密度)(风速)^2 \tag{3.2}$$

请注意，为了得到正确的结果，密度和风速必须用正确的单位来表示。

如果得到了压强的大小，再乘以表面的面积，那么风对任何物体的作用力就知道了。除了力的大小，其方向也是重要的。对于平板这种简单的情况来说，力的方向是垂直于平板的。

力和压强

为了复习力和压强之间的关系，及其测量单位，考虑下面的例子：

例：

一块矩形水泥块的尺寸为1ft×0.5ft(12in×6in)，重量为10lb。当把水泥块放在地面上时，它对地面的压强是多大?

解：请记住一个物体的重量就是地球对该物体的引力。当水泥块放在一个平面（地面）上时，施加在该平面上的力就是重力，因此有

$$力=重量=(面积)(压强)=10\text{lb}$$

$$面积=(12)(6)=72(\text{in}^2)$$

于是

psi
在英制测量系统中的一个用于测量压强的单位。

压强 $=10/72=0.14(\mathrm{lb/in^2})=0.14\mathrm{lb/in^2}=0.14\mathrm{psi}$

请注意术语 **psi** 代表的是 $\mathrm{lb/in^2}$。

在下面的例子中，算出了作用在一块矩形平板上的空气动力，有助于认识力的数值。

例 3.1：

一块 3ft×1ft 的矩形平板处于气流中，与风向垂直。如果环境温度是 70°F（对应的空气密度为 $0.075\mathrm{lb/ft^3}$），风速为 25ft/s，请算出风对平板的作用力。

解：首先，借助图 3.4 来观察升力和阻力的数值。空气动力的两个分量取决于攻角的大小，这里攻角为 90°，所有的空气动力表现为阻力：

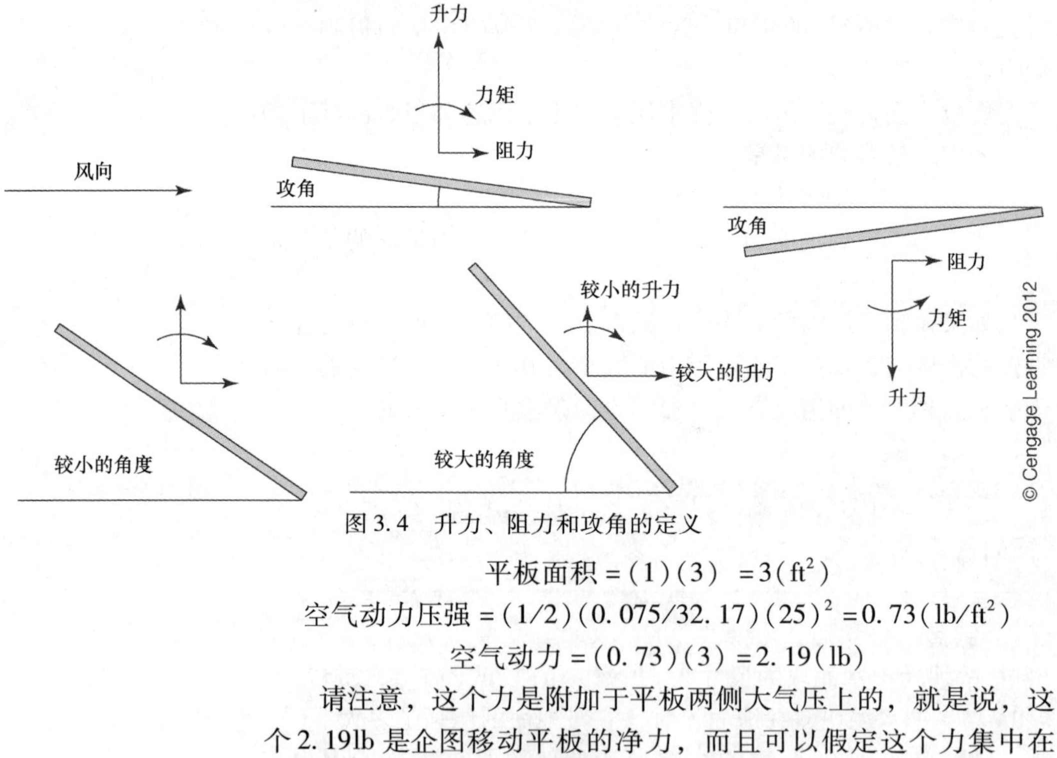

图 3.4　升力、阻力和攻角的定义

$$平板面积=(1)(3)=3(\mathrm{ft^2})$$

$$空气动力压强=(1/2)(0.075/32.17)(25)^2=0.73(\mathrm{lb/ft^2})$$

$$空气动力=(0.73)(3)=2.19(\mathrm{lb})$$

请注意，这个力是附加于平板两侧大气压上的，就是说，这个 2.19lb 是企图移动平板的净力，而且可以假定这个力集中在物体的中心（此处为几何中心）。

3.3 升力系数和阻力系数

在前面的几节中，已经学习了空气动力以及升力和阻力，后两者是风中物体所受空气动力的两个分量。同时也学习了升力和阻力的数值不是恒定的，而是会变化的。本节中，将定义另两个术语，用来计算给定物体（比如一块平板）的升力和阻力分量，以及它们的比值（通常是升阻比）。后面会看到，这些概念是很重要的。这两个新术语是**升力系数**和**阻力系数**。

升力系数
升力与引起这个升力的空气动力之间的比值，取决于物体的轮廓而非尺寸。

升力和阻力的大小依赖于攻角（见图3.4），而对于每个角度它们的数值可以用空气动力来定义，即

$$升力=升力系数\times空气动力 \tag{3.3}$$

$$阻力=阻力系数\times空气动力 \tag{3.4}$$

式中，空气动力依赖于物体的形状。基于上述公式，升力系数和阻力系数的定义如下：

$$升力系数=\frac{升力}{空气动力} \tag{3.5}$$

$$阻力系数=\frac{阻力}{空气动力} \tag{3.6}$$

阻力系数
阻力与引起这个阻力的空气动力之间的比值，取决于物体的轮廓而非尺寸。对于某些一致形状的阻力系数，可参见附录B。

虽然“升力”和“阻力”系数随着攻角变化，但实际上它们还高度依赖于物体的形状，而且相同形状的物体具有相同的系数，因为它们是两个物理量的“比值”。例如，考虑一块1ft×6ft的平板，其升力系数和阻力系数与一块2ft×12ft的平板相同。从这个意义上说，如果在既定的风速和攻角下，第一块平板的空气动力为10lb、升力为8lb、阻力为6lb，那么升力和阻力系数分别为8/10(=0.8)和6/10(=0.6)。现在，如果较大的平板相对气流具有相同的攻角，且其气动力为50lb，那么利用两块平板的升力和阻力系数相同的特点，会从下式得到升力和阻力：

$$升力=(50)(0.8)=40(\text{lb})$$

$$阻力=(50)(0.6)=30(\text{lb})$$

3.4 翼型

阻力和升力的重要意义在于它们对风力机运行中主动动作的贡献。至此，已经讨论了一般情况下的某个物体，以及特殊情况下的一块平板处于气流中的问题。下一章将看到，在某些风力机中阻力推动风力机，而在其他风力机中推动力为升力。在前面的章节已经学过，空气动力依赖于物体的形状和大小，以及在任意攻角下如果升力和阻力系数已知，那么物体上所承受的升力和阻力就能够计算出来。

在风力机中，我们期望在各种风速下都抽取最大的功率。因

此，如果风力机基于升力运行，就希望升力远远大于阻力。反之，如果风力机基于阻力运行，那么就希望阻力远远大于升力。您将会看到，基于升力运行的风力机比那些基于阻力运行的风力机更高效、更受欢迎。

这里值得一提的是，飞机是靠机翼上的升力飞行的。当飞机飞行时，可以看作飞机是静止的，而空气在它周围流过，与前述气流中的物体类似。对于飞机来说，阻力会阻碍飞机的飞行，是不利因素，所以它的值必须越小越好。相反，升力用来将飞机维持在空中，所以希望它的数值越大越好。

翼型

机翼或者风力机叶片外部轮廓的剖面形状，特性表现为具有大的升力系数和很小的阻力系数。

为了增加升力而减小阻力，机翼采用了**翼型**而非平板。机翼如此，大多数风力机的叶片也是如此。翼型的剖面如图 3.5 所示。不仅翼型的剖面是这样，还有许多各不相同的设计也是这样，它们有着不同的特性。

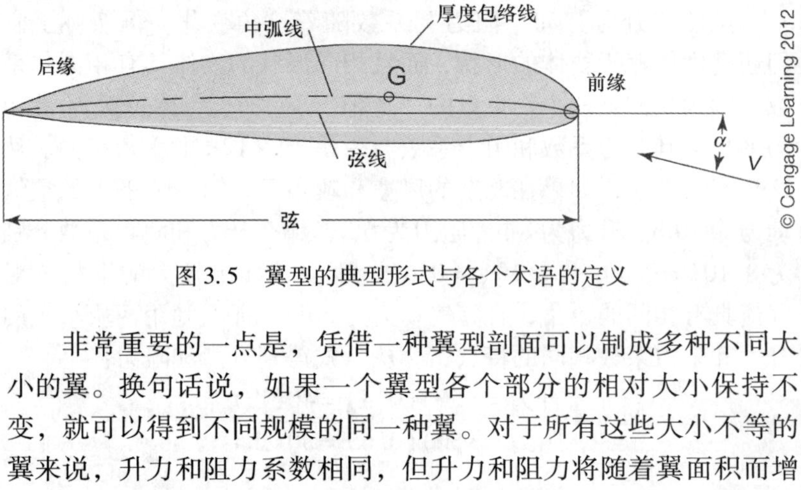

图 3.5　翼型的典型形式与各个术语的定义

非常重要的一点是，凭借一种翼型剖面可以制成多种不同大小的翼。换句话说，如果一个翼型各个部分的相对大小保持不变，就可以得到不同规模的同一种翼。对于所有这些大小不等的翼来说，升力和阻力系数相同，但升力和阻力将随着翼面积而增大。如果面积加倍，空气动力也加倍，于是升力和阻力也加倍（在相同的温度、气压和空气速度的情况下）。

图 3.5 所示的是翼型的剖面。可以想象在一块平板上加上一部分，将其变为曲面。这些曲面显著改变了平板的空气动力特性，这个薄的平板位于**前缘**端点到**后缘**端点之间，这两个端点之间的连线叫做**弦线**，即连接前缘到后缘的直线。前缘是平滑的曲线，而后缘是一个尖锐的点。翼型可以是对称的，即两侧具有相同的曲线，或者上部的曲线不同于下部的曲线。对于后一种情况，翼型是有弧度的，叫做**有弧度翼型**。

前缘

运动的空气最先撞击到翼时的那个边沿。

后缘

运动的空气离开翼时的那个边沿。

在图 3.5 中可以看到，上表面和下表面共同形成了一个截面，确定了翼型的形状。沿着弦线上的不同点处，翼型的厚度各不相同。在某一个点，截面达到最厚。将翼型截面上部曲线和下部曲线之间的中点连成一条线，形成**中弧线**，即连接前缘和后缘的一条曲线。中弧线与弦线则围成了一块区域，这块区域可能很薄也可能较厚，它的薄度（或厚度）会影响翼型的空气动力特性。图3.5也给出了翼型截面的重心（点G）。

弦
翼的前缘与后缘之间的距离。

弦线
翼中连接前缘与后缘的直线。

有弧度翼型
一种不对称的翼型（两侧的截面曲线不同），与对称翼型相对。

中弧线
翼的前缘与后缘之间的一条曲线，由上部截面曲线各点与下部截面曲线各点连线的中点连接而成。

翼型的重要特性是，在实际中大多数攻角的情况下，升力的值较大而阻力的值较小。该特性通常用升力系数和阻力系数以及升阻比来表示，升阻比是升力系数与阻力系数的比值。对于平板来说，这个比值的最大可能值是一个很小的数，然而翼型的这个比值可达20以上。

正是由于翼型有吸引力的空气动力学特性，在有效动力为"升力"的风力机中，叶片的结构都具有某种翼型的剖面。

当具有翼型剖面的风力机叶片处于气流中时，不同部分受到的压力也不同。围绕叶片的所有力的结果，可以等效成一个力 ***F***，该力的一个分量在风的方向上（阻力），另一个分量与风向垂直（升力）。力 ***F*** 作用于叶片的重心，其原理如图3.6所示。

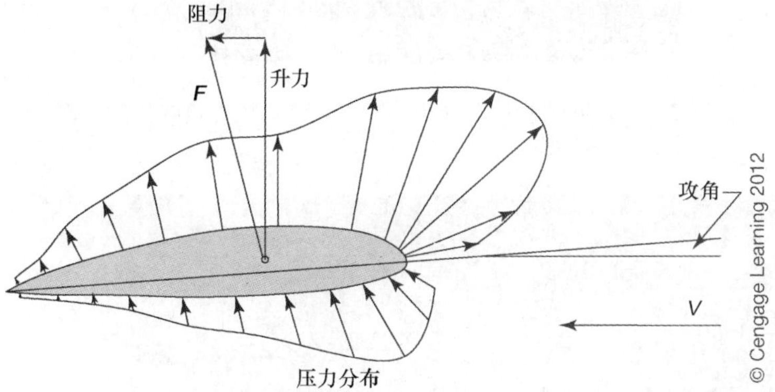

图3.6 翼截面上作用力的典型形式

正是这个升力和阻力，呈现出风对风力机叶片的作用，最终导致风力机的旋转，以及确定了从风中吸取多少功率（见图3.7和图3.8）。

好的翼型必须具有如下特点：

- 渐变的曲线；
- 尖锐的后缘；
- 圆润的前缘；
- 厚度与弦的比值较低；

- 光滑的表面；
- 高升阻比。

图 3. 7　从叶尖看过去的 41m（134. 5ft）风力机叶片的截面

图 3. 8　134. 5ft 叶片的照片（其截面见图 3. 7）

例3.2：

对于具有翼型剖面的叶片，当风速为25ft/s时，作用于叶片上的总空气动力为50lb。在给定的攻角下，该翼型的升力系数为0.95。对于同一攻角，如果风速变为40ft/s，算出叶片上的升力。

解：因为攻角不变，所以升力系数也保持不变，仍为0.95。但是，空气动力与风速的二次方成正比，所以会相应增大［见式（3.1）和式（3.2）］。注意到叶片尺寸没有变化，所以在40ft/s风速下的空气动力可以直接得到，无需知道气动压力和叶片表面积。

$$40\text{ft/s 时的空气动力} = 25\text{ft/s 时的空气动力} \times (40/25)^2$$

$$40\text{ft/s 时的空气动力} = (50)(40/25)^2 = (50)(2.56) = 128\text{lb}$$

$$\text{风速为 }40\text{ft/s 时的升力} = (0.95)(128) = 121.6\text{lb}$$

例3.3：

一台风力机有三个相似的叶片，每个叶片的翼型剖面都与例3.2中的相同。运行条件为升力系数等于0.95且轴上的驱动力矩仅与升力有关。如果风速为25ft/s，且每个叶片长为22ft，算出轴上的力矩。

解：基于例3.2中的信息，在风速为25ft/s时作用于每个叶片上的空气动力为50lb。因为只有升力是推动风力机旋转的，所以首先算出每个叶片的升力：

$$\text{每个叶片的升力} = (50)(0.95) = 47.5(\text{lb})$$

假设每个叶片的重心位于其中点的位置，那么重心到风力机轴的距离为22/2 = 11(ft)。

于是可以算出，每个叶片推动风力机旋转的力矩为

$$\text{每个叶片的力矩} = (47.5)(11) = 522.5(\text{ft} \cdot \text{lb})$$

因为共有三个叶片，每个叶片都产生力矩并推动风力机，所以总力矩为

$$\text{在风力机轴上产生的总力矩} = (3)(522.5) = 1567.5(\text{ft} \cdot \text{lb})$$

3.5 本章小结

- 气流中的任何物体都受到来自风的作用力。
- 物体上的力依赖于物体的形状和大小。
- 力可以产生力矩。
- 力试图推动一个物体，而力矩试图转动一个物体。

• 在英制测量系统中，力的单位是 lb，力矩的单位是 lb · ft（或 ft · lb）。

• 矢量是有方向的量（与没有方向的数字相比）。

• 矢量用来表示力。

• 矢量能够相加，就像数字能够相加一样。

• 对于处于气流中的平板，风产生的力依赖于平板和风向之间的夹角。

• 薄的物体，比如一块平板，风向和物体平面之间的夹角称为攻角。

• 风对物体的作用力称为空气动力。

• 作用于薄的物体上的空气动力有两种效果：沿着风向的阻力和与风向成90°的升力。

• 风对类似薄平板的物体的作用力与物体的面积和空气密度，以及风速的二次方成正比（所以如果风速加倍，力会增加到4倍）。

• 对于一个物体，升力系数是升力对空气动力的比值。

• 对于一个物体，阻力系数是阻力对空气动力的比值。

• 翼是一种长而薄的物体，其截面具有特殊的形状。截面的形状赋予了翼特定的特性，也就是说，升力系数大而阻力系数小。

• 翼型用于飞机的机翼、飞机推进器与风力机叶片，以及其他场合。

• 翼型具有一个运行中面对空气的前缘和一个空气离开处的后缘。

• 翼型的宽度（前缘和后缘之间）比厚度大很多，称为弦。

• 连接前缘与后缘的直线是弦线。

• 好的翼型具有渐变的曲线、圆润的前缘、尖锐的后缘、低的厚度弦比，以及高的升阻比。

进阶学习

空气动力

参考图 3.6 并联系升力和阻力的定义，可知风对于处于气流中的物体还有另一个作用。除了升力和阻力外，风还会在物体上产生力矩（空气动力力矩），并试图使得物体围绕其重心旋转。对于风力机来说，它会推动叶片旋转，而不是推动风力机旋转。从这个意义来说，这个力矩并不增加从风中抽取的能量。

图3.9给出了叶片上的升力、阻力和前述的力矩，并假设它们集中于叶片的重心。请注意，叶片的重心与翼型截面的重心是两回事。叶片的重心是假想叶片的所有重量所集中的那个点，而对于叶片的每个切片，其重心是该翼型切片的重量所集中到的那个点。

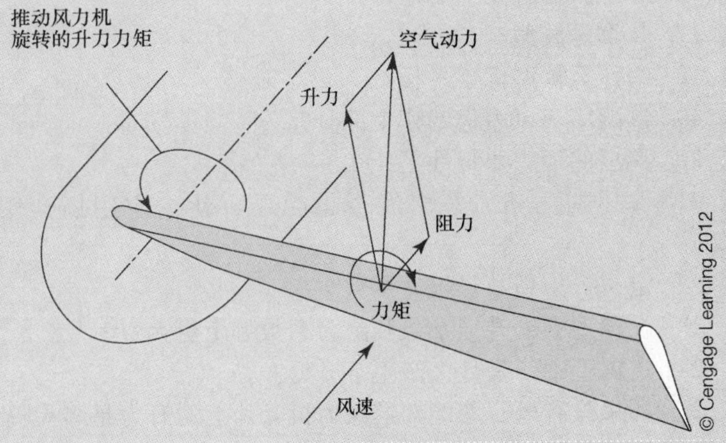

图3.9 叶片上的升力、阻力和力矩

请注意，对风力机旋转惟一有用的是升力力矩。阻力沿着风的方向推动叶片并使之弯曲，（空气动力）力矩扭动叶片（与风向相反）。

复习题

1. 什么是空气动力？
2. 如果一个物体处于静止的空气（不是风）中，它会受到空气动力吗？
3. 空气动力中最重要的参数是什么？
4. 如果一个物体在空气中运动，它会受到空气动力吗？
5. 什么是升力？它有方向吗？
6. 什么是阻力？您何时会感觉到阻力？
7. 升力和阻力是什么的分量？

8. 升力和阻力，哪一个对机翼更重要？
9. 矢量是用来做什么的？
10. 矢量的定义是什么？
11. 如何表示一个力？
12. 力和压强有何区别？
13. 什么是力矩？如何表示？
14. 力总是产生力矩吗？
15. 力矩起什么作用？
16. 您是否曾感觉到力矩？
17. 什么是翼型？
18. 为什么翼型优于平板？
19. 翼型用于风力机的哪个部分？
20. 翼型的最重要特性是什么？
21. 除了风力机外，您能否想起还有什么应用场合用到翼型？
22. 定义升力系数和阻力系数。
23. 在翼型中，升力系数和阻力系数哪个更大？
24. 在翼型中，是什么产生了升力？
25. 如果没有风，您能知道风力机叶片上的升力是多大吗？
26. 翼型的弦是什么？它是一个力、一个长度、一条线还是一个位移？
27. 什么是弦线？
28. 好的翼型要满足什么要求？
29. 什么是中弧线？它是一条直线吗？它会是一条直线吗？
30. 什么是攻角？

应用题

1. 当风速为10ft/s时，风力机的叶片承受着100lb的力。如果其他条件不变，只有风速增加到15ft/s，力会增加到多大？

2. 如果一个翼型的升力系数和阻力系数分别是0.998和0.05，对于具有此翼型剖面的叶片，计算其升力是阻力的多少倍。

3. 如果一架重3200lb的小型飞机的机翼具有如题2所描述的翼型剖面，且在给定风速时每个机翼上受到的阻力为100lb，那么飞机受到的纯升力是多大？

4. 如果一台风力机有三个叶片，每个叶片的压力中心（升力和阻力施加的位置）距离风力机轴 10ft，每个叶片的升力为 100lb，那么推动此风力机的转矩是多大?

项目

这个项目中，您需要一台电风扇。如果手边没有电风扇，就用嘴均匀地吹气，产生一股气流。

从硬纸板上裁下一块 3in × 6in 的矩形，将其在水平方向上稍稍倾斜，放在电风扇气流的前方。请注意，气流试图将纸板推向与气流相同的方向，同时也向上推动。

增加角度，并观察是否能看出什么不同。

接下来，把纸板弄成弯曲的形状（推动两个边使其距离更近，用胶带固定），把纸板放到风扇前面。与平纸板相比，您应该看到更大的向上的力（升力）。

风力机的基本类型：分析和特点

第 4 章

关键术语

您应已掌握的术语：
升力、阻力
新术语
达里厄风力机
阻力型风力机
水平轴风力机 (HAWT)
升力型风力机
螺旋桨型风力机
萨伏纽斯风轮
实度
垂直轴风力机 (VAWT)

目标

学习过本章后，您应该能够：

- 将各种不同的风力机分类；
- 懂得 HAWT 和 VAWT 的含义；
- 了解 HAWT 和 VAWT 的优、缺点；
- 描述风力如何推动风力机旋转；
- 懂得什么是螺旋桨型风力机，以及它如何工作；
- 理解为什么有些风力机的叶片是扭转的而不是平的；
- 解释什么是达里厄机型以及 H 风轮；
- 知道什么是萨伏纽斯风轮；
- 解释不同风力机之间的区别。

引言

4.0

许多人认为，风力机就是装在塔顶的有三个叶片的旋翼，实际上还有其他类型的风力机，也可以从风中捕获能量。本章将介绍其他类型的风力机，学习达里厄机型、萨伏纽斯风轮以及术语 HAWT 和 VAWT。不过，更多内容会放在三叶片的风力机上，进行详细讲解。这种风力机是当前应用最为广泛、最经济、最实用的一种，这也是为什么您听说或看到它比其他风力机要多。

对于任何风力机类型，有些特性是受欢迎的，但其他有些特性就不太好，而且在与其他机型对比时成为不利因素。功率系数高和起动转矩大都属于受欢迎的特性，而实度大则是不利的。对于螺旋桨型风力机，**实度**是叶片面积对叶片扫圆面积的比值。例如，叶片大小相同的条件下，一台三叶片风力机的实度四叶片风力机的要低。要比较不同类型风力机的实度，可以采用重量比。例如，在具有相同功率的两台风力机中，叶片较重的那一台实度较大。

实度
用来计量在风力机旋翼所划出的圆中实度面积所占的百分比；例如，一台四叶片风力机的实度比一台三叶片风力机的要高。

风力机分类

4.1

前面几章讲过，当空气吹过一个物体时，物体受到两个作用力，即升力和阻力。相应地，风力机的运行也基于这两个力之一。于是，风力机通常分为基于升力的（升力型）和基于阻力的（阻力型）。

这种分类是基于推动风力机旋转的有效作用力类型。风力机也可以根据其轴线是水平的还是垂直的来分类。这里的轴线指的是风力机的主轴，它由旋转部件推动。本章将讲到一些类型的风力机只能用水平轴运行，而其他一些则能用水平轴或者垂直轴运行，甚至它们的轴能按照一定的角度安装。从这个意义上说，风力机可以分为水平轴风力机（**HAWT**）和垂直轴风力机（**VAWT**）。

即便没有关于风力机的更多详细信息，我们也能看出 HAWT 和 VAWT 的主要区别。因为在大多数情况下风都是沿水平方向吹动，所以具有水平轴线的 HAWT 对风向是敏感的。而对于 VAWT 来说则不是这样，因为不管风向朝哪儿，这种风力机都能捕获风力。

HAWT
风力机的旋转轴线是水平的或者接近水平。

VAWT
风力机的旋转轴线是垂直的。VAWT 对风向变化不敏感。

VAWT 的另一个优点是发电机、齿轮箱等其他设备无需像 HAWT 那样置于塔顶，因此在需要时就更容易进入。

HAWT 对风向敏感。

4.2 螺旋桨型风力机

螺旋桨型风力机
风力机的叶片与螺旋桨类似，是应用最普遍的风力机。

升力型风力机
这种风力机基于叶片上的升力从风中捕获功率，与阻力型风力机相对。

您所了解的、曾经看到过的应用最普遍的风力机，在杆塔或塔筒顶端有三个叶片，这种叫做**螺旋桨型风力机**，因为它看起来像飞机的螺旋桨。螺旋桨型风力机是**升力型风力机**，因为它是基于叶片上受到的升力来工作的。它的叶片通常有三个，但叶片数量更少或更多，可以靠两个甚至一个叶片工作，它也可以有四个、五个或者更多个叶片。不过，研究表明三个叶片是最佳组合，也就是说，从平衡、效率以及视觉效果和对观察者的影响等其他各方面因素综合考虑最佳。

在螺旋桨型风力机中，风顺着风力机轴的方向吹过，也就是说，风垂直于叶片平面（一个包含叶片的虚拟平面）吹过。因为在开放的空气环境中，风一般是水平方向吹的，所以螺旋桨型风力机轴必须是水平的。因此，螺旋桨型风力机是一种水平轴风力机。如果把螺旋桨型风力机垂直安装在杆塔上，让叶片能够水平运动，那么它们很可能连动都不动。

就风向而言，螺旋桨型风力机有两种安装方式：逆风和顺风，如图 4.1 所示。在逆风配置中，叶片在塔筒的前面；而在顺

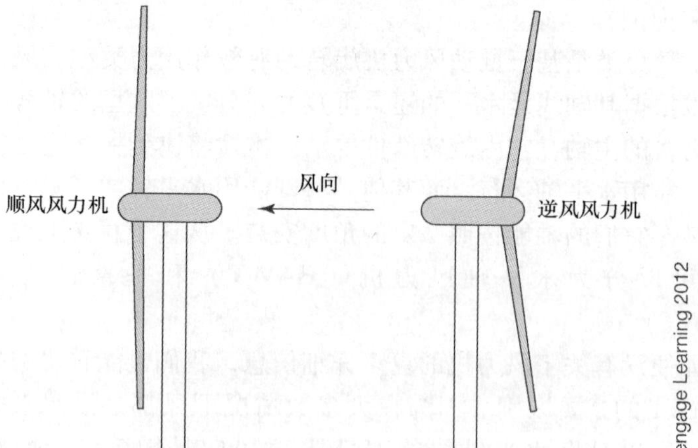

图 4.1　螺旋桨型风力机的两种不同安装设计

风配置中，风在到达风力机叶片前会先碰到塔筒。因为塔筒对气流的影响，导致在使用中这两种配置是不同的。

4.2.1 螺旋桨型风力机叶片和风力

弄明白当风吹向螺旋桨型风力机时是怎么推动它旋转起来的，是一件有意思的事。这与电风扇的动作正好相反。电风扇的叶片旋转时，将空气向前推动，而对于风力机，空气的吹动推动叶片旋转。图 4.2 给出了一个长 131ft（40m）的叶片的照片。

叶尖是叶片距离风力机轴较远的那一端，叶根则是离轴较近的那一端。叶片不是平的，在叶尖与叶根之间是扭转的，后面将解释为什么要这样做。另外，叶尖处比叶根要窄一些。图 4.3 给出了风力机典型叶片的原理图。图中，风力机的叶片被分成不同的部分，每部分宽 1ft。风对每一部分的作用都是一个力，推动该部分的背面，同时将其升起。我们将这些力看作由分力组成的，将分力合起来，就表示风对每一部分的作用力。推动所有部分的全部分力的总作用，就是推动叶片并使其弯曲；提升各个部分的力的总作用，就是推动叶片旋转，如图 4.4 所示。从图 4.3 可以看出，每一部分对叶片旋转的贡献还取决于它到轴的距离。所以，离叶尖较近的部分对叶片旋转有较大的贡献，而离叶根较近的部分则贡献较少。请注意，图中所示的阻力和升力均是在叶片转动的时候，而非静止的时候。

图 4.2　现代风力机的典型叶片

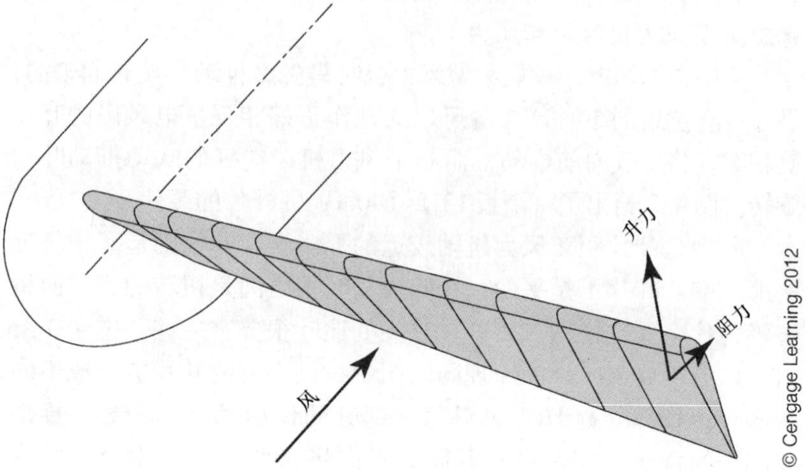

图 4.3 为了便于分析一个叶片可以分成多个部分

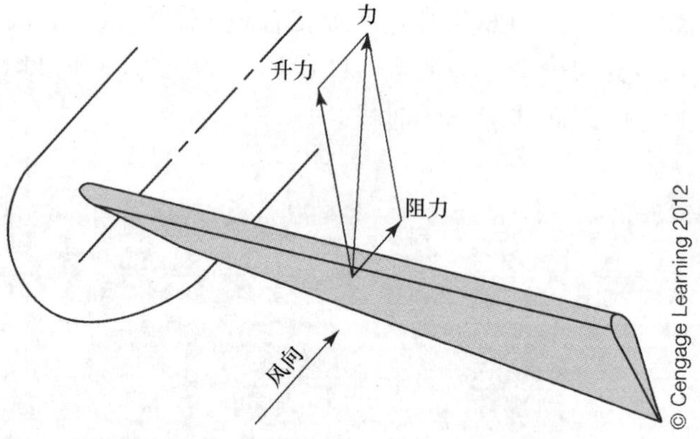

图 4.4 风对叶片的作用力可以分成阻力分量和升力分量

旋转物体上某一点的速度

在所有的机械中，当一个部件固定到轴上并随之旋转时，轴与随其旋转的所有部件具有共同的“角速度”。然而，旋转部件上不同的点却具有不同的“线速度”。每个点的线速度取决于角速度及其与轴线（旋转的轴线）的距离，如图 4.5 所示。

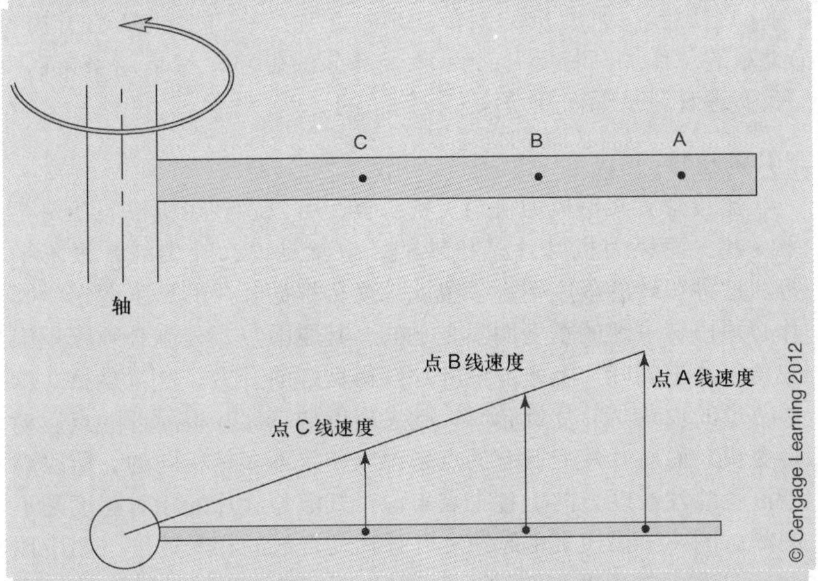

图 4.5　旋转物体上某一点的速度

相对运动和相对速度

风向和风速总是“相对”的量。气流相对于叶片的方向取决于叶片的运动与叶片转速。另外，空气吹过叶片的相对速度取决于叶片的旋转快慢与叶片的相应部分和旋转轴线之间的距离以及风速，如图 4.6 所示。

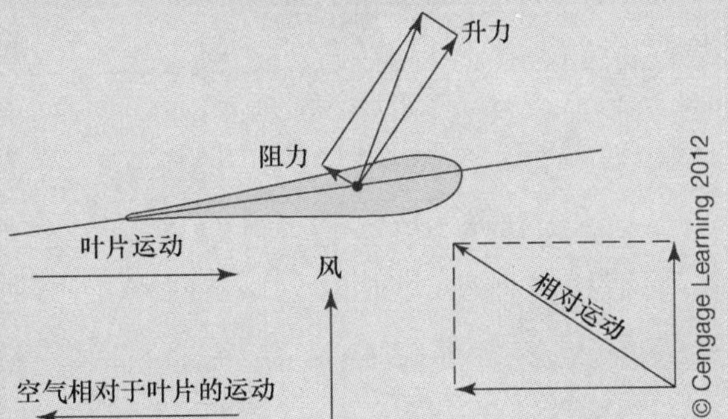

图 4.6　相对运动和相对速度

风对风力机轴的力矩

旋转运动是由力矩引起的。力矩取决于力的大小与力到轴线的距离。对于螺旋桨型风力机，每个叶片都可以分成多个部分。每部分上的升力都对风力机轴产生一个力矩，并试图推动它旋转。风力机的旋转，是各叶片所有部分上所有升力力矩的总作用。将叶片分为多个部分的思路，只是用来帮助我们理解风是如何推动风力机旋转的。

4.2.2 叶片的扭转

比较螺旋桨型风力机与飞机机翼，可以看到飞机机翼相对要平一些，而风力机叶片是扭转的。也就是说，叶尖与叶根不平行。这种扭转的程度不大，也就几度，根据叶片的长度而定。叶片必须扭转一定的角度而不是平的，其原因是，气流必须以正确的角度冲击到叶片上才能使叶片获得良好的升力。这就是第2章学习过的攻角。叶片旋转时，叶尖附近的点比叶根附近的点运动得更快，而对叶片上所有的点来说风速差不多是相同的，所以对于沿着叶片长度方向上各个点来说，气流与叶片的相对速度是不同的。图4.7描述了由风速和叶片运动合成的相对速度，图中用ϕ(phi)表示的角度为攻角。对于叶尖区域、叶片中部、叶根附近的各个部分来说，这个角度是不同的，如图4.8所示。

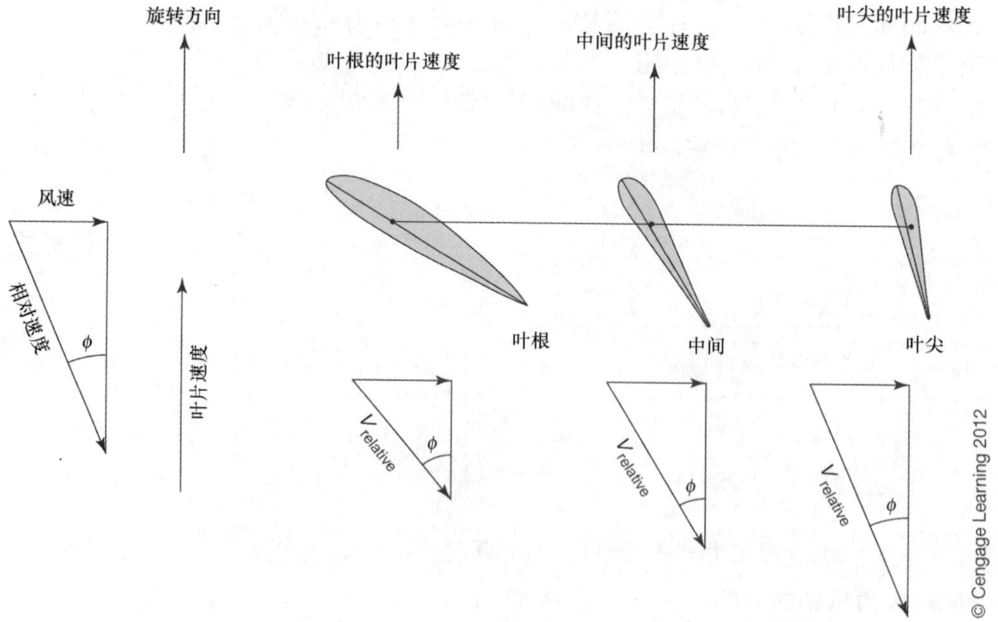

图4.7 气流流过叶片不同部分的相对速度是叶片扭转的原因

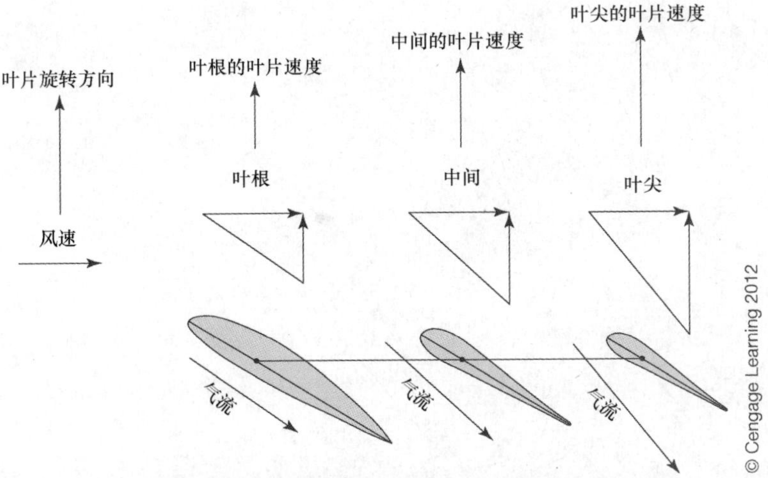

图 4.8　如果叶片在设计时没有扭转就无法维持所期望的正确的攻角

为了让叶片各个部分的攻角差不多相同，这些部分必须以不同的角度与风相迎，如图 4.7 所示。否则，某些部分的攻角就会很不恰当。实际上，对于图 4.7 所示的三个部分，相对速度的方向决定了扭转的角度。在图 4.7 和图 4.8 中，对叶片的视角都是沿着叶片而向着机轴。

图 4.8 给出了叶片没有扭转的情况。这种情况下，叶片各个部分的弦线是平行的，那么叶片某些部分的攻角是正确的，而其他部分的是不正确的。

风力机叶片上各点的速度

虽然叶片上所有部分的角速度是相同的，但是线速度是不同的。图 4.9 给出了一个叶片上不同位置三个部分的速度。

4.2.3 偏航进风或偏航出风

因为螺旋桨型风力机是一种水平轴的风力机，所以它的叶片必须面向风才能捕获最大的风力。如果风力机主体旋转 90°，那么叶片与风向平行，就不会从风中捕获任何能量。由于这个原因，所有的螺旋桨型风力机必须能够围绕塔筒转动，这称为“偏航”运动。每台风力机中必须嵌入相关的控制机制，在运行过程中检测风向并相应地转动风力机。相反的，如果要停止风力机的运行，那么采用相同的机制将风力机偏航出风，也就是说风力机从风向上再旋转 90°，将推动叶片旋转的力降到最低。除了偏航出风，在停运风力机时还必须进行其他一些动作，比如制动，这将在第 10 章中讲到。

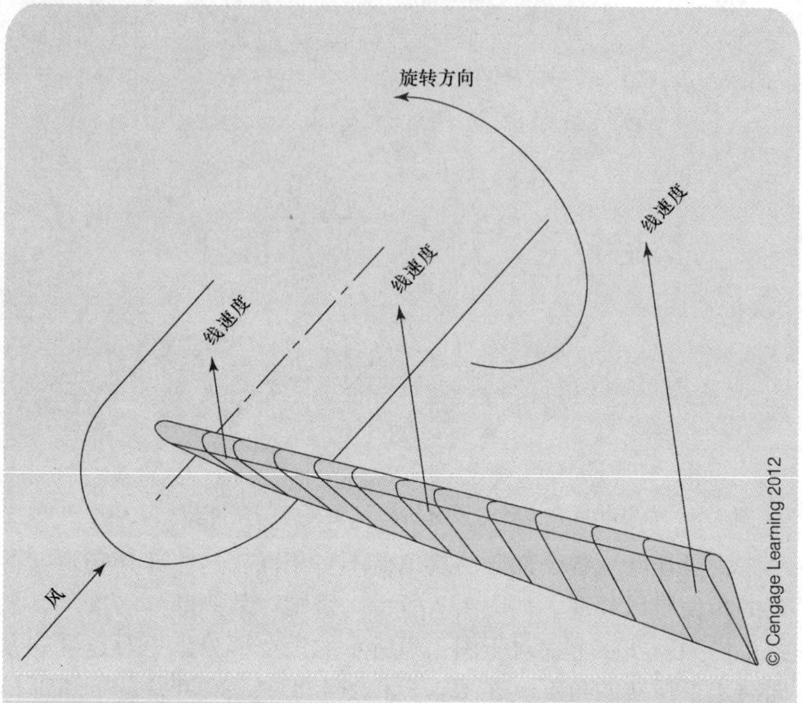

图 4.9 叶片上不同部分的速度依赖于与旋转轴线之间的距离

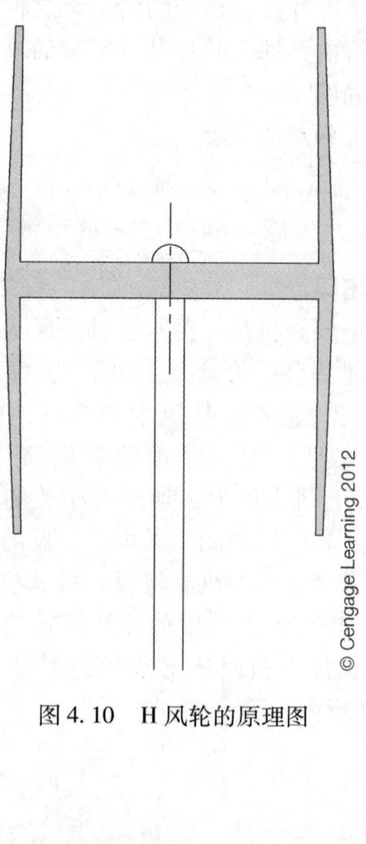

图 4.10 H 风轮的原理图

H 风轮 4.3

H 风轮是一种形状像字母 H 的垂直轴风力机。字母 H 中两个垂直的部分是工作叶片，通过中间部分连接到机轴上。两个叶片为翼型，风力机基于升力工作。图 4.10给出了这种风力机的原理图。因为这种风力机是垂直轴的，所以它对风向不敏感。

H 风轮两个叶片上的两个升力在风力机轴上产生推动风力机旋转的力矩，如图 4.11所示。请注意，运行过程中，一个叶片逆风而另一个顺风。每个叶片在转动时，空气动力的攻角持续发生变化。顺风叶片在逆风叶片之后 180°～360°的尾流区域内运动，所以比另一叶片捕获的能量要少（该区域内的风速有所降低，因为逆风叶片已经抽取了风中能量）。两个叶片会导致 H 风轮的运行产生脉动，因此它可以采用三个（或更多个）叶片以便使其运行更加平滑，如图 4.12 所示。

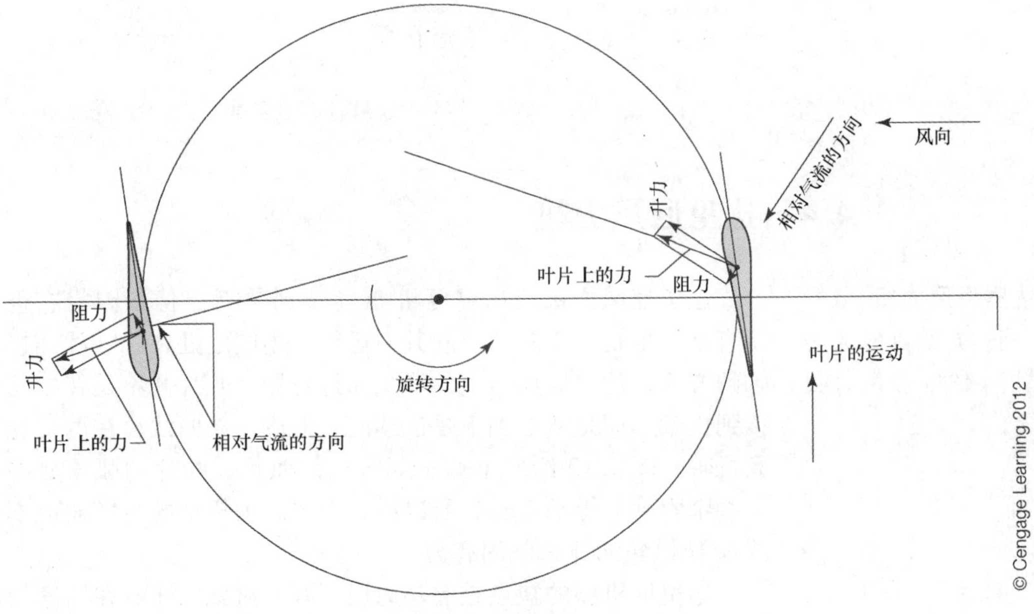

图 4.11 H 风轮叶片上的作用力

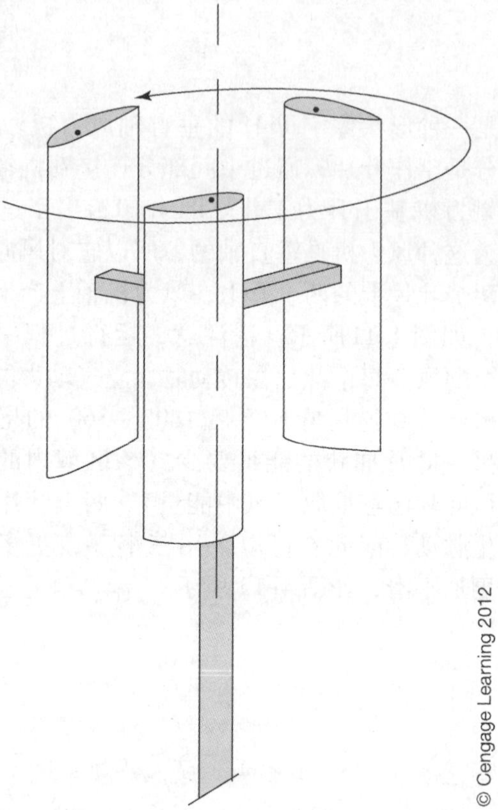

图 4.12 三个叶片的 H 风轮

4.4 达里厄风力机

达里厄风力机
一种垂直轴的风力机，看起来像打蛋器。

达里厄风力机或达里厄机器与 H 风轮有点像，因为它也是垂直轴，也是基于叶片上的升力运行。不同之处在于叶片连接到轴的方式，达里厄风力机的形状像打蛋器。叶片并不是在中间连接到机轴，而是从上到下是连续的，形成一条曲线，在两端连接到机轴。图 4.13 给出了达里厄机型的照片。叶片的弧度允许用一些牵索来支撑垂直轴，所以说，支撑风力机轴的主塔架就不需要像 H 风轮的那么坚固有力。

达里厄机型的缺点是起动力矩不好。这就意味着在风速较低时，它不容易起动。不过，一旦起动起来，它的力矩就变好了，能够持续发电。

即便垂直轴风力机有两个主要的优点（对风向变化不敏感

图 4.13　达里厄机型

以及在地面上就能接触到大多数零部件），但是以前并没有建造太多达里厄机型，现在也没有人制造。从使用看，螺旋桨型风力机更受青睐。

4.5 萨伏纽斯风轮

萨伏纽斯风轮是一种**阻力型风力机**，用其发明者 Sigurd J. Savonius 的名字命名。与前面讲到的风力机相比，它的建造相对简单。最简单的形式是，萨伏纽斯风轮由两个固定在机轴上的半圆柱截面组成，它们的截面形成字母“S”的样子，如图 4.14 所示。任意时刻，一个叶片捕获风能，而另一个叶片迎风运动，从而与风相对抗。推动风力机转动的净力矩等于捕获风能的叶片的力矩减去迎风运动的叶片的阻性力矩。所有的阻力型风力机都是这种情况。

萨伏纽斯风轮
一种阻力型风力机，基本的组成是两个半圆柱拼在一起形成字母 S 形。

阻力型风力机
基于叶片上的阻力运行的风力机。

通过在机轴上增加更多的半圆柱，可以增加风能捕获的容

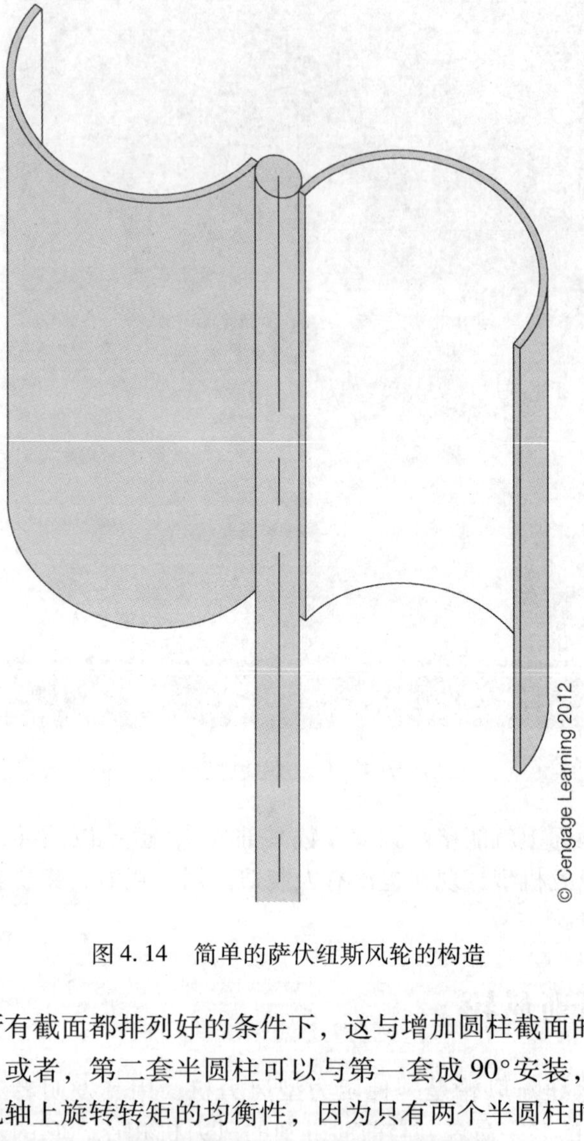

图 4. 14 简单的萨伏纽斯风轮的构造

量。在所有截面都排列好的条件下，这与增加圆柱截面的长度是等效的。或者，第二套半圆柱可以与第一套成 90°安装，这样能够增加机轴上旋转转矩的均衡性，因为只有两个半圆柱时，吸收的功率是脉动的（在风轮转动时表现出不均衡性）。

萨伏纽斯风轮的功率捕获能力是其他类型（基于升力的）风力机的一半左右。这也就是说，它的功率系数在最佳情况下也只能达到螺旋桨型风力机的一半大小。另外，其构造必然要求很大的重量（高强度），这使得它很笨重。

萨伏纽斯风轮的优点之一是它能够捕获低速风的能量且起动力矩较好。另外，它可以垂直安装，也可以水平安装。也就是说，它的轴可以是水平的，也可以是垂直的。如果萨伏纽斯风轮水平安装，那么风向对其运行是有影响的。需要的话，小型萨伏纽斯风力机组可以用于屋顶安装，只要其运行速度较低且房屋结构有足够的强度。关于这方面内容，后面还有更多的介绍（见第 16 章）。

为了增加萨伏纽斯风力机的功率捕获能力，可以在基本设计上进行某些修改。第一项是在两个半圆柱连接的地方让结构上留出一条缝隙，这样空气就能从捕获风能的部分穿过这个缝隙到达顶风的部分，如图 4.15 所示。这有双重益处：风不会兜在捕获风能的叶片内部从而形成更稳定的气流，顶风的叶片获得额外的力来帮助它推动空气。

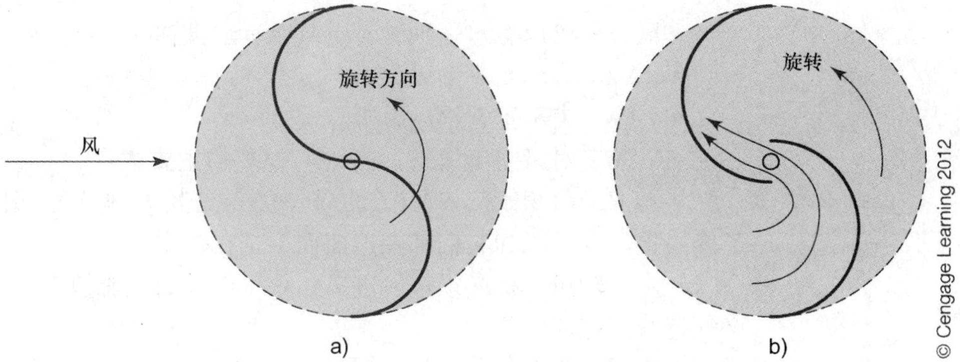

图 4.15　萨伏纽斯风轮的设计变化

a）基本设计　b）中间有缝隙的风轮

另一项设计是让两个叶片能够围绕着一个位于它们外沿的轴线摆动，如图 4.16 所示。这种安排能够显著降低顶风叶片对气流形成的阻力。风力机大小不变的情况下，上述两项设计都能够

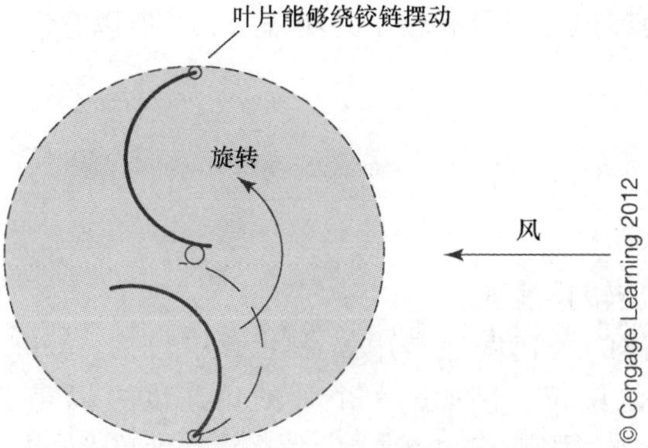

图 4.16　有摆动叶片的萨伏纽斯风轮

增大功率系数，从而增大容量，但也引入了各自的复杂性。

萨伏纽斯风轮的第三项设计变更是扭转各个半圆柱，这有助于捕获的功率更加平稳而不脉动。

虽然萨伏纽斯风轮的结构简单，并且比螺旋桨型风力机还有不少优点，但是其工业级的发电应用还是很有限的，因为它有两个主要的缺点：一是功率系数低；二是笨重。

4.6 本章小结

• 除了我们通常知道的风力机之外，还有其他类型的风力机。

• 风力机可以有水平轴的，也可以有垂直轴的。

• HAWT 表示水平轴风力机。

• VAWT 表示垂直轴风力机。

• VAWT 对风向不敏感，这是 VAWT 的主要优点。

• 与 HAWT 相比，VAWT 的另一优点是其大部分零部件都更容易接触到，因为它们都在地面而不是在空中。

• 水平轴风力机必须偏航进风，获得最大的风能捕获。它们必须持续跟踪风向。

• 应用最普遍的风力机是螺旋桨型风力机，它是 HAWT，基于叶片上的升力运行。

• 达里厄机型和 H 风轮很相像，它们是 VAWT。两者均为升力型风力机，具有好的功率系数，但其起动力矩较弱。

• 萨伏纽斯风轮是一种结构简单的阻力型风力机。它可以作为 VAWT 安装，也可以作为 HAWT 安装。它由至少两个背靠背安装在机轴上的半圆柱组成，两个半圆柱方向相反。

• 阻力型风力机具有较小的功率系数，所以它们比升力型风力机效率低。

进阶学习

角（旋转）速度

旋转体的角速度通常用 ω 表示，单位为 r/min（转每分钟）或其他单位。例如，一个轴的角速度可以是 720r/min。如果一个带轮固定在这根轴上，那么沿着带轮半径上的各个点具有相同的角速度，但（线）速度不同。外沿的点比靠近轴的点运动得更快。如果“速度”前面没有加上“角”字，那么表达的是线速度。带轮上任意点的速度可由下式计算：

$$v = kr\omega$$

式中 v——速度；

r——半径或者该点到旋转轴的距离；

ω——角速度。

系数 k 取决于所采用的单位，如 ω 的单位是 r/min，那么上述公式变为

$$v = 0.105r\omega$$

再如，r 的单位是 in，v 的单位将是 in/s。于是，对于一根以 720r/min 旋转的轴，直径为 10in 的带轮外沿的速度为

$$(0.105)(5)(720) = 378(\text{in/s})$$

如果带轮上有一根传动带，378in/s 就是传动带运动的速度。

复习题

1. 什么是水平轴风力机？
2. 从安装方面考虑，水平轴风力机和垂直轴风力机的区别是什么？
3. 水平轴风力机比垂直轴风力机的优势是什么？
4. 什么是螺旋桨型风力机？
5. 螺旋桨型风力机可以没有塔架吗？
6. 什么是升力型风力机？
7. 什么是阻力型风力机？
8. 一般来讲，升力型风力机比阻力型风力机更好吗？为什么？
9. 螺旋桨型风力机的叶片是平的吗？
10. “偏航进风”是什么意思？
11. 解释 H 风轮。
12. H 风轮和达里厄机型中间的区别是什么？
13. 命名三种不同类型的风力机。
14. HAWT 和 VAWT 是什么意思？
15. 描述萨伏纽斯风轮。

16. 为什么萨伏纽斯风轮应用不广？

17. 为什么其他类型的风力机应用不如螺旋桨型风力机普遍？

18. 萨伏纽斯风轮是水平轴的还是垂直轴的？

19. 螺旋桨型风力机的叶片为什么是扭转的？

20. 扭转12°对您来说意味着什么？

项目

用一张纸、一个大头针和一根棍（可以用吸管代替棍）制作一个大头针风车。当有风的时候，观察它什么时候转动。这个风车是基于升力工作的，还是基于阻力工作的？如果用这种方式制造大型风力机，会有什么问题？

第 5 章 三叶片螺旋桨型风力机及其零部件

关键术语

您应已掌握的术语：叶片

新术语

风速计
异步发电机
双馈感应发电机 (DFIG)
发电机
顺桨
地基
齿轮箱
电网
高速轴
轮毂
感应发电机
桁架式塔架
主轴
机舱
平板变压器
平板安装型变压器
桨距角
桨距控制
行星式齿轮
杆上变压器
风轮
单相
笼型
降压变压器
升压变压器
同步发电机
三相
塔架
变压器
塔筒
伏特
电压
偏航
偏航齿轮
偏航系统

目标

学习过本章之后，您应该能够：

- 知道一般的风力发电机有哪些主要部件；
- 知道什么是机舱以及里面有哪些部件；
- 知道风力机有一个轮毂和三个叶片；
- 知道转子是什么以及叶片能够相对于轮毂活动；
- 解释叶片是由什么制成的；
- 解释为什么叶片不是刚性的；
- 描述不同塔架的区别；
- 知道每种塔架的优点；
- 解释为何在全部风力推动风力机的情况下，它仍然能够保持直立；
- 知道在风力发电机内部以及附近还有什么部件；
- 学习齿轮箱的作用；
- 解释为何风力发电机需要齿轮箱，并知道其类型；
- 学习风力发电机停运时，需要有制动装置防止它旋转；
- 学习各种不同的发电机并知道它们的区别；
- 知道任何风力机必须有一台发电机，用来将风轮从风中捕获的机械能转换为电能；

- 理解变压器所扮演的角色，以及升压或降压变压器的含义；
- 知道每台风力机都有一台变压器；
- 知道什么是风速计。

5.0 引言

上一章，我们学习了各种不同的风力机。不过，由于水平轴、三叶片、螺旋桨型风力机的效率和实用性方面的优势，造就了它在市场上的主导地位，并且在绝大多数新风电场装机中，它是用来发电的惟一机型。

本章中，将讨论这种风力机的主要部件。当然，其中有些部件对所有类型的风力机都是必需的，不过我们在这里集中描述那些技术人员在最通用的风力机上工作时必须要知道的部件。为简单起见，本章以及本书剩余的部分中，会省略术语“螺旋桨型”和“三叶片”，当用到“风力机”时，都是指的三叶片螺旋桨型风力机，它总是以水平轴安装，也是最普遍商业化的风力机。

风力机必须从风中捕获机械能，并转换为电能，所以它既有机械部件又有电气部件。本章仅介绍这些部件，而不做细节讨论。更详细的内容可以在后续章节中看到，对这些设备的全面研究则超出了本书的范围。我们会先描述机械部件，然后是电气部件。两类部件都可以分成主要部件（没有它们风力机就不能工作）和次要部件，次要部件要么比较小，要么可以根据具体的风力机设计方案省掉它。

表5.1对部件做了分类。除了在表中给出的部件/设备外，风力机还有控制系统，否则现代风力机就不能运行。主控制系统包括机械、电气和液压部件，用于控制桨距系统和**偏航系统**⊖。

⊖ 这个分类只是帮助区分不同的部件，其实没有一条严格的界限来区分主要部件和次要部件。比如，如果风速计坏了，风力机就无法继续运行，但与其他设备相比，风速计却又是一个特别小的仪器。

在未来的风力机中，也可能会有所改变。

表 5.1　风力机的主要部件

机械	主要	塔架，机舱，风轮，基础
	次要	齿轮箱，制动装置
电气	主要	发电机，变压器
	次要	风速计，风向标，整流器，逆变器

机械部件　5.1

风力机主要由塔架、机舱、**风轮**（一个**轮毂**和三个叶片）以及看不到的**基础**所组成。叶片连接到中央的轮毂，轮毂与叶片一起旋转，整体称为风轮。风轮与风力机的其他部分在机械上是分离的，因为其他部分不随着风旋转。叶片和轮毂推动**主轴**旋转，主轴在塔架顶端的一个封闭空间内，这个封闭的空间叫做**机舱**。机舱内有齿轮箱、发电机以及其他所有必要的部件，比如热交换器、冷却器和加热器、其他电动机和齿轮等，后面会讲到。

图 5.1 给出了具有塔筒的现代风力机的主要部件中的三个，而第四个，也就是基础，在地面以下，是看不到的。

图 5.1　具有塔筒的典型现代风力机

偏航系统
风力机的偏航运动所用到的整套齿轮和电机。

风轮
风力机的旋转部分。

轮毂
HAWT 的一个部件，叶片均连接于此。

基础
风力机底部被土覆盖的一大块混凝土，利用螺栓把塔架固定在上面。

主轴
风力机齿轮箱的低速轴，与风轮相连。

机舱
风力机塔架顶端的一个空间，内有齿轮箱、发电机和其他设备。

图 5.2 具有桁架式塔架的风力机

5.1.1 塔架

塔架
螺旋桨型风力机的一个必要部件，作用是支撑风轮和机舱，并承受来自于它们的作用力。

桁架式塔架
许多小的金属杆通过焊接或紧固件连接到一起所制成的塔架，如图 5.2 所示。

塔筒
具有圆形结构的塔架，呈圆柱形或者略微收口的圆锥形。

塔架用于支撑其他的零部件并将它们举在空中（离开地面）。所以，塔架必须具有牢固的结构，来承受它所支撑部件的重量；如果塔架不足够牢固，很容易被风力弯曲和折断。在早期的风力机中，采用了**桁架式塔架**。这种塔架跟架空输电线的杆塔类似，用很多金属杆紧固或者焊接制成。根据高度不同，这种塔架会有不同的设计。图 5.2 给出了一排有桁架式塔架的风力机。

新式风力机采用了**塔筒**，由轧钢制成。轧钢被做成圆柱形或者逐渐略微变细形成圆锥形截面。这些塔架通常被做成多个较短的段，便于生产和运输。在建立风力机的过程中，首先把底段固定到塔架的基础上，然后把其他多个段在施工现场用螺栓连接到一起。用于固定底段的螺栓在塔架的外围，如图 5.3 所示，而其他各段在内部连接，这样更容易施工并且外观也更好看。用起重机提起每一段，然后用螺栓将其固定在下面的那一段上。每段塔架的长度为 60 ~ 70ft（18 ~ 21m）。每段的底部都有一个平台，便于人们爬上和爬下塔架，因为平台使得各段之间分隔开来，人们可以在上或下时，进行中途休息。根据经验，风力机塔架的高度与叶片的直径相同。

图 5.3　将塔架固定到基础上的螺栓

塔筒的直径为 10 ~ 14ft（3 ~ 4m）。如果是逐渐变细的塔筒，那么顶端的直径较小。有些塔架中，靠下的段采用混凝土制成，而靠上的段则采用金属（钢材）制成。所有塔筒的底端都有一个入口。从安全角度考虑，这个门必须锁好，只有被授权的人员才能够进入。

根据经验，风力机塔架的高度与叶片的直径相同。

塔筒比桁架式塔架有一系列的优点，其中包括：

• 塔筒形成了一个密闭的空间，对于电气和通信电缆以及提升设备的绞车等其他部件有更好的保护作用，可以抵御天气的影响（下雪、结冰、寒冷、粉尘、日照等）。

• 对于那些为了维护或其他目的而要攀爬风力机的人员来说，有更好的保护作用，避免刮风、寒冷、下雨、下雪等的影响。维护工作也包括定期检查那些将各段塔筒连接到一起的螺栓的紧固力矩。

• 更好的适用任何类型人员的升降设备，比如梯子或其他。新型风力机可以配备一台单人升降梯，更便于维护人员爬上风力机。

• 鸟类不会再被吸引来在塔架上筑巢，而这却时常发生在桁架式塔架上。

• 看起来美观一些。

反过来，桁架式塔架也有一些优点，比如更容易运输（因为零部件是在现场安装的），以及更便于某些维护工作，比如喷漆。

最常用的攀爬风力机的设备是固定在每段塔筒上的梯子，它往往被焊在塔筒的内侧。最新的风力机中，梯子通过磁铁吸附在塔筒上。这样可以减少塔筒制造所需的人力，也可以降低焊接造成的局部应力。图 5.4给出了某一段风力机塔筒的内部，图中有梯子和电缆，电缆用于将发电机的输出从塔顶送到地面。平台将塔筒分隔成多个分段。

图 5.4 塔筒内的梯子和电缆

5.1.2 基础

任何风力机塔架必须能够承受风的各种作用力。风力机与高层建筑类似，要面对很大的重量和风的侧向力。对于任何重的建筑物，基础必须足够牢固才能承受这些力。因为土壤并不牢固，所以大型建筑物的基础都是建造在一些桩子上，而这些桩子则是通过锤击来插入地下。这些桩子深入地下，具有固定到地中的作用，就像在木头上钉钉子一样。

但是，这种方法对风力机来说并不可行，因为塔筒的面积太小了（与高层建筑相比）。风力机塔筒采用的是大而重的基础，从而能够维持风力机直立且经受住各种力。在各个风力机的下面，都有一个相当大的混凝土基础藏于地下，它具有足够的重量来约束整个风力机，防止风力机原地旋转、侧倾、倾覆或者被吹走。图 5.5 给出了典型基础的照片。基础建好后，其大部分会将被泥土覆盖，如图 5.6 所示。

图 5.5　风力机的混凝土基础

图 5.6　一个已完工的基础（尚未安装塔筒）

风力机基础的大小取决于一系列因素，包括风力机大小、当地的气候条件、土壤的类型，以及地形地貌。基础可以是 50ft × 50ft × 30ft 深（15m × 15m × 9m 深）的混凝土块。塔筒用很多螺栓固定在基础上（见图 5.3），这些螺栓很长，直达基础的底部。螺栓只有一部分露出地面，以便安装塔筒。并且，采用塑料帽来保护螺栓，避免雨雪的侵蚀。

5.1.3 风轮（叶片和轮毂）

风轮指的是风力机的所有旋转部件。叶片是风力机用于捕获风能的部件。第 3 章曾经讲过，三个叶片上的升力在风力机轴上产生力矩并推动其转动。后面的章节将讲到，机轴的转速可以较低也可以较高（r/min），以及如何调整这个转速。叶片具有翼的形状，虽然翼型的轮廓可能是相同的，但是翼型的大小却沿着各个叶片长度方向上有所不同。一部分原因是空气动力特性的要求，叶尖必须变小且圆滑；还有一部分原因是机械强度的要求，叶根必须比其他部分更牢固，因此也就比其他部分更大、更厚。您也已经知道（第 4 章），风力机的叶片是略微扭转的。

如果您观察电风扇，就会看到所有的叶片都连接到中央的一个部件上，这就是轮毂，它把叶片束缚在一起，于是所有的叶片就能够一起旋转了。在电风扇中，叶片和轮毂是一件物体，这件物体固定到轴上，于是轴的转动就带动了叶片转动。在风力机中，构造差不多，但是有两项基本的区别。

第一项区别是，因为风力机的尺寸很大，所以叶片和轮毂是能够固定到一起的分立部件。第二项区别则是所有现代商业化风力机存在的。对于较老的风力机（15 年前建造的），叶片通过螺栓固定到轮毂上，叶片和轮毂以及各个叶片之间没有相对运动。较新型的风力机配备了桨距控制，具有**桨距控制**能力的风力机中，叶片不是固定在轮毂上的，而是能够相对轮毂并围绕自身（叶片）的轴线转动。通过这种方式，叶片与轮毂上固定标记之间的角度成为可变的。这个角度，叫做**桨距角**，能够变到 90° ~ 100°。具有这种能力的风力机叫做变桨距风力机。

桨距控制
控制风力机叶片桨距角的动作，目的是改变风力机的性能。

桨距角
叶片围绕自身的轴线旋转时，从参考点开始计算的一个角度。改变风力机叶片的桨距角就改变了攻角，于是也就改变了叶片的风功率容量。

变桨距角的作用是改变风对叶片的升力，从而改变捕获风能的多少。这可用于控制风力机，另一个用处是当风力机要停运时，将叶片上的作用力降到最低。

改变桨距角的所有机制都置于轮毂之内，包括电气和液压电动机，用于推动叶片旋转。正常情况下，全部叶片会一起旋转相同的角度。当叶片转到一定程度，在叶片上没有气动升力时，就称为叶片被**顺桨**了，或者处于顺桨的位置了。当叶片不是顺桨时，就能够捕获风能了。

顺桨

风力机叶片的一个特定位置（相对于风向），具有最小的升力和最大的阻力，或者说最小的气动力。

风力机运行时，轮毂和叶片总是一起转动，推动风力机轴。从风中捕获的所有能量都施加到了风力机轴上。

正如我们在第 2 章讲到的，风力机的大小决定了它能从风中捕获多少能量，这可以转换成叶片的大小。今天的风力机，叶片尺寸比过去要大得多，而且仍然在增长。叶片必须非常牢固，因为所有的力都施加在它们上面。同时，它们也必须非常轻。现在的叶片都是中空的，而且由复合材料制成。这就是说它们的结构是一个中空的壳，进行必要的加固。图 5.7 和 5.8 给出了图 4.2 所示叶片中某一段的内部情况，这是一个 134.5ft（41m）长的叶片。参考图 4.2 时请注意，必须固定在轮毂上的叶根部分是圆形的，而其他部分是翼型的。

图 5.7 给出了叶片的入口。在风力机中，这个入口在轮毂内，必要时可以打开让人进入。您可以根据叶片里那个人的高度来估计叶片这一端的大小。这个高度又被加固板分割成三节，如图 5.7 所示。图 5.8 所示的是中间的那个隔间，比另外两个要大一些。

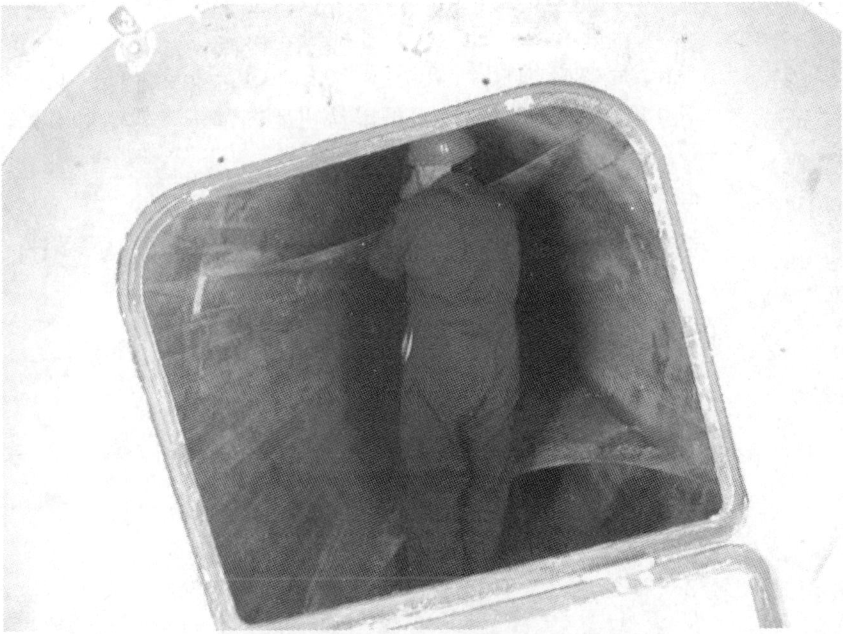

图 5.7　风力机叶片内部（这张照片给出了叶片的入口以及内部的加强板，加强板把内部分成了三个隔间）

图 5.8 风力机叶片内中间的那个隔间（三个中的一个）

图 5.9 给出了轮毂和机舱的一部分，轮毂固定在机舱上。这个轮毂是与图 4.2、图 5.7、图 5.8 中所示叶片相匹配的，不过在这个照片中，进行叶片固定的那几个开口被封住了。对于大多数风力机来说，要从外面才能进入其轮毂。所以，若要进入轮毂和叶片，必须爬到机舱顶上去。Clipper 公司的风力机（见图 5.14）有不同的设计，可以从机舱内部进入轮毂和叶片。

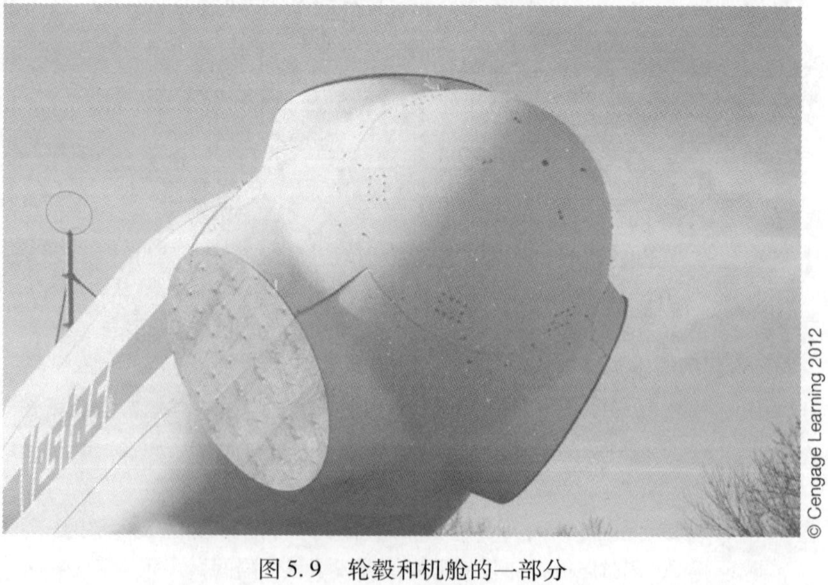

图 5.9 轮毂和机舱的一部分

机舱

如前所述，风力机的旋转部分是风轮（叶片和轮毂）。在风轮和塔筒之间的部分是机舱。机舱不随着风轮转动，但是它必须能相对于塔筒旋转。这种旋转运动，称为**偏航**。为了把风力机对准气流的方向，偏航是必须的，因为风向是不固定的。偏航运动由偏航系统提供，该系统由一系列偏航电动机和一套**偏航齿轮**组成。

转动的风轮伸出的出力轴进入机舱，将机械能传递给发电机，再被转换为电能。在现代的大多数风力机中，这种传递不是直接的，在主轴（风轮输出）和**高速轴**（发电机输入）之间有一个齿轮箱，所以机舱中装设了各种不同的设备。图 5.10 给出了一般机舱的内部情况，指示了主轴、齿轮箱、发电机以及其他部件。图中还示出了架空起重机，在进行维护时，它可以让起吊和放置重物更为简便。

5.1.4

偏航
将风力机对准风向的动作。

偏航齿轮
用于转动风力机实现偏航运动的齿轮系统。

高速轴
风力机齿轮箱的输出轴，必定与发电机轴对齐且耦合在一起。

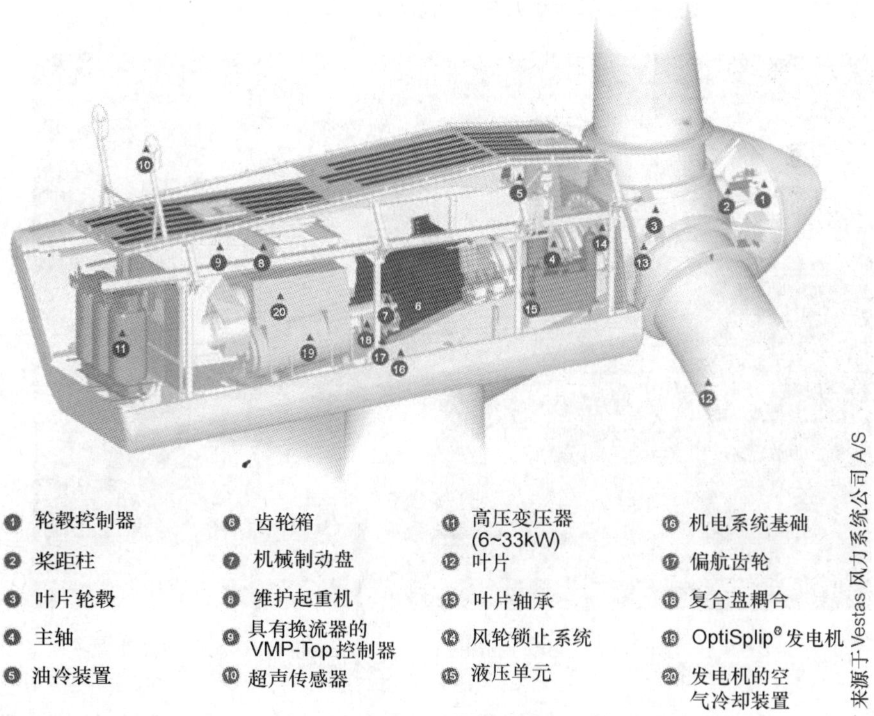

图 5.10　机舱内部

机舱是一个既不固定在塔筒上也不固定在轮毂上的单独空间。这里“不固定”的意思是在两者之间有轴承，允许它们相对运动；也就是说，轮毂和叶片组件相对于机舱旋转，而机舱围绕塔筒的轴线旋转。机舱的作用如下：

1）容纳齿轮箱、发电机、齿轮箱油的冷却装置、冬季的加热器、风力机制动系统、偏航系统的电动机和齿轮、风向和风速测量系统、风力机的供电变压器，以及与风力机设计有关的其他设备。

2）允许风力机偏航，或者说将风力机对准风向。

3）为轮毂和叶片提供配重。

上述第1项中提到的所有设备属于典型风力机的必要部件，根据不同制造商对风力机的特定设计，会有少许差别，我们将在本章和后面几章讲述这些设备。图5.11给出了 Vestas V90 型机舱和轮毂，它安装在一个矮塔上，用于培训。将叶片固定到轮毂上的开口被木板封住了。这张图还给出了 Gamesa 87 型机舱的一部分。背景中的单层建筑可以作为很好的参照物，让人在视觉上感受到现代风力机机舱的大小。

图5.11　安装在矮塔上的风力机机舱和轮毂

机舱可以是机座（平台）型，上面安装所有的设备，再加上一个罩子或者外壳，形成一个封闭的空间。罩子不承受任何载荷，所以可以用很轻的材料制成，比如复合材料。除了平台型，另一种型式是部件自身就是机舱机座结构的一部分，尤其是齿轮箱，它是最大的部件。不管哪种型式，机舱往往很重（包含内部所有的部件），塔筒必须足够牢固才能制成机舱以及旋转部件的重量。图 5. 12 所示为一个机座型机舱。

来源于Vestas风电系统公司 A/S

图 5. 12　具有机座的机舱

图 5. 13 给出了 1. 65MW 风力机的内部情况，其机舱是机座型的。图中，最近的部件是齿轮箱，远端的部件是发电机。风力机的制动系统放在这两者之间，置于（齿轮箱的）高速轴上。在这张图上，只能看到制动部件的外罩。图 5. 14 所示为 Clipper 公司风力机的机舱，这种机舱的结构不同，因为齿轮箱的本体与机舱外壳是结合在一起的。

齿轮箱

当“驱动部件”的旋转速度与“被驱动部件”的旋转速度不同时，就要采用齿轮箱。驱动部件可以是电动机、发动机、燃气轮机、汽轮机等，大多数情况下，其速度高于被驱动部件的速度。当一套或多套齿轮用于这个目的时，所有齿轮置于一个密闭的空间中，这也有利于润滑以及散掉产生的热量。齿轮的组合及其外壳就叫做齿轮箱。图 5. 15 所示是一个典型风力机的**齿轮箱**。

5. 1. 5

齿轮箱

一种机械设备，由一个密闭空间中的各种齿轮组成，用于将输入轴上的旋转速度转换成输出轴上不同的旋转速度。

图 5.13　Vestas V82 型机舱的内部

来源于Clipper Windpower公司

图 5.14　Clipper 公司风力机的机舱

图 5.15 典型的风力机齿轮箱

风力机风轮的旋转速度必须与发电机的相匹配，这通过风力机齿轮箱来实现。风力机是例外情况，因为驱动部件（这里指的是风轮）的旋转速度低于发电机的速度，所以齿轮箱必须将风轮的速度增加到适合于发电机的水平。后面的章节将会讲到，大多数发电机的典型速度介于 900～1800r/min，而现在的风力机的速度介于 12～24r/min。于是，风力机的齿轮箱必须按照大约 75 倍（1800 ÷ 24 = 75）的速度比来增加速度。

从设计的角度讲，75 倍的速度比太高了，只用一套齿轮无法实现。关于齿轮和齿轮箱的详细内容将在本书后面的一章中讲到。现在，值得一提的是风力机中用的更为普遍的一种齿轮叫做**行星齿轮**。

由于齿轮间的摩擦，齿轮箱中会产生大量的热。这些热量无法避免，而且必须从齿轮箱中散出去。否则，齿轮会越来越热，最终会导致过热并损坏部件。鉴于此，同时为了减少摩擦，每个齿轮箱都填充一定的润滑油。润滑油起到双重作用，保护齿轮免受相互摩擦的损伤以及使之冷却。

行星齿轮

一套按照特殊形式组合的齿轮，由中间的太阳轮和一些（往往是 3 个）行星轮组成。行星轮与太阳轮相啮合，且环形齿轮具有内齿。行星轮安装在一个能够独立转动的托架上，该托架叫做臂。一套行星齿轮能接受两个输入速度。行星齿轮也称为周转齿轮。

并非所有的风力机都是相同的设计和类似的部件。图 5.15 中所示的齿轮箱有一个高速轴，带动一台发电机旋转。在 Clipper 风力机中，齿轮箱有 4 个输出轴，同时驱动 4 台发电机，如图 5.16 所示。

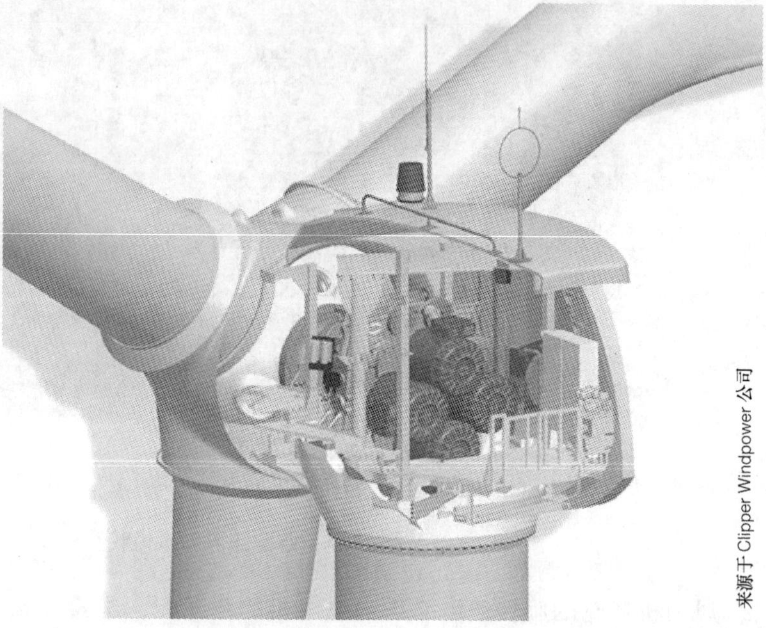

图 5.16　Clipper 风力机中的齿轮箱（同时驱动 4 台发电机）

5.1.6　风力机制动

任何风力机都需要在不同的情况下停机，比如维护工作、强风、某些部件故障等。这与时间、天气条件以及风力机设置无关。所以，每台风力机都需要配备机械制动系统，防止风轮继续转动。风力机在停运的情况下会被偏航出风，叶片全部顺桨，所以推动风轮转动的气动力降至最小。但这还不够，必须通过附加措施确保它固定不动。

风力机通常会配备一套恰当的制动部件，与汽车的制动盘类似，在不运行的时候使用。制动系统往往安装在高速轴上（发电机之前）。除此之外，固定在主轴上的一个盘上有一个孔，当进行维护工作或者风力机要停运一段较长的时间时，就在这个孔里插入一根销子，锁住风轮的位置。这样，风轮就被锁定在机舱的本体上，不能再动了。图 5.17 所示为风力机的制动部件。

图 5.17　典型风力机的制动部件

5.2 电气部件

风力机的主要电气部件是发电机和变压器。还有很多其他不同功能的电气部件，比如偏航运动的电动机、叶片桨距运动的电动机、油循环泵的电动机、机舱内用于冬季加热的空间加热器、照明等。还有，在现代风力机的控制系统中，采用了各种电气、机电和电子设备。所有这些中，我们只进一步阐述发电机和变压器。第 6 章和第 11 章将详细讨论发电机，第 12 章将详细讨论变压器。本章中，简单、扼要地介绍这两种主要部件。

5.2.1 发电机

发电机将机械能转换为电能。就像电动机的大小不同一样，发电机也有不同的大小，与功率成正比。实际上，发电机的构造与电动机相同。也就是说，它可以叫做电机：如果给它供电，它就作为电动机运行；如果转动它（接收机械能），它就作为发电机运行。

发电机　发出电能的机器。

发电机能够产生 DC（直流）电或 AC（交流）电，这与发电机的设计有关。第6章将更多地讲解DC和AC。在这个阶段，您需要知道直流电能够储存到充电电池中，而交流电不行。当然，采用恰当的器件，可以将交流变换为直流，以及将直流变换为交流（见第12章）。

交流电可以是一相（**单相**）的或者三相的。第8章将更详细地讲述相的问题。家电产品，比如冰箱和真空吸尘器，用到的所有电动机都是单相的。所以，如果把这些电动机用作发电机，那么发出的也是单相交流电。工业中使用的大多数电动机，尤其是较大型的电动机，都是三相的。三相的优点是更高效以及更经济、可行。

在商业级发电（也就是说，大型风力机）中，发出的电都是**三相**的。一个三相电气系统实际上就是把三个单相系统放到一起构成的。所以，任何单相电动机和其他负载都能接到三相发电机的某一相上去。

除了直流和交流的分类，要用电的话，电平的高低必须匹配。例如，闪光灯灯泡不能接到家庭插座上面，这是因为电平不同。这个电平叫做**电压**，测量单位是**伏特**（V）。单节电池的电压是1.5V，家庭电力插座的电压是120V。如果您接触两根带了10～12V这样低电压的电线，不会有什么感觉。高一些的电压，比如20～30V，就会产生电击。再高一些的电压，比如120V，就能电死一个人。商业级风力发电机发出的电压可达600V或4000V。

与交流电和交流发电机相关的另一个术语是“频率”，它取决于发电机的旋转速度。不过，它也必须与电力网络（**电网**）的频率相匹配。从频率的角度考虑，交流发电机主要有两种类型：**同步发电机**和**异步发电机**，后者也叫做**感应发电机**。

同步发电机和感应发电机在运行方面的主要区别是同步发电机必须有恒定的转速。所有的发电厂，包括水力的、核燃料的以及化石燃料的，只采用同步发电机，风力发电机是仅有的例外。根据运行的模式（将在第11章中讨论），风力发电机既用到同步发电机也用到感应发电机。而且，感应发电机要么是**笼型**的要么是双馈感应发电机（**DFIG**）[⊖]。现在的风力机更多采用后者，虽然它价格较高，但是能够捕获更多的风能。图5.18给出了风力机发电机，这种发电机有冷却用的鼓风力机。有些发电机采用

单相

交流电的最简形式，用两根线传输；它与三相相对应，三相需要三根或四根线传输。

三相

三相电，传输这种交流电至少需要三根线。每两根线之间的电压具有正弦的波形、相同的频率和最大的幅值，但是三个电压达到各自最大值的时刻之间有固定的延时。

电压

电势差或者电动力（电荷的激活能级，当有路径存在时则推动电子流动）。

伏特

电压和电势差的测量单位。

电网

电力网络。

⊖ 第11章将更详细地讲述这些发电机。

水冷。

图 5.18　发电机示例

5.2.2 变压器

在前面的章节已经讲过，家庭用电的电压为 120V，这可以在家中每一件家电上得到验证，包括灯泡。不过，电能从发出的地点（发电厂，一般在城市之外）传输到使用的地点（城市），电压必须非常高，这是技术上的考虑。发电机的典型电压为 600 ~ 4000V。

就像在旋转机械中成对的驱动部件和被驱动部件的转速必须通过齿轮实现匹配一样，在电力系统中，在多个部件连接到一起的节点上，其电压也必须匹配。出于这个目的，就要采用**变压器**。变压器是一个能够升高或降低电压的器件，使得要连接到一起的节点具有相同的电压，或者说满足对电压的要求。如果变压器升高了电压，就叫做**升压变压器**；如果它降低了电压，就叫做**降压变压器**。

发电机发出的电压通常要升至 11000 ~ 25000V 的水平，以便接入电力网络的其余部分（电网），于是每台风力机都要用到一台升压变压器。大多数风力机中，这样的变压器都位于塔筒的底部，有在塔筒内部的，也有在外部的。因为变压器要安装在一块平面上（比如地上的一块混凝土厚板），所以它的底部有一块平的地脚，由此被叫做**平板安装型变压器**或者**平板变压器**。**杆上安**

同步发电机
一种交流发电机，其转子上有一块或者多块磁体。当转子转动时，定子发出电能。转子必须以恒定的速度旋转，从而发出的电能具有固定的频率。

异步发电机
感应发电机的另一种叫法，不是一种同步发电机，且工作原理也与之不同。

感应发电机
一种交流发电机，其转子电流是感应产生的，而不像同步发电机那样是通电的。

笼型
一种感应发电机的类型，转子上没有绕组。转子不是由绕组构成，而是由粗的铜（或铝）条构成，所有铜条的两端分别通过两个圆环短接到一起，这些金属条形成了一个鼠笼结构。转子不通电。

DFIG
一种感应发电机，其转子用绕组制成，并且需要借助集电环通电。

装型变压器与之相对应，它安装在输电杆的顶部。图 5.19 给出了一个平板变压器的示例。

图 5.19　平板变压器的示例

变压器
一种升高或降低交流电电压的电气器件。其最简形式是，有一个一次绕组与供电电源相接，还有一个二次绕组作为输出端。

升压变压器
用于升高电压的变压器。

降压变压器
用于降低电压的变压器。

5.3　其他部件

其他部件中，有一个是**风速计**。没有这个部件，风力机就无法运行。

风速计用于测量风速，有些型号也可以测来风向。后面我们会看到，要控制风力机，必须知道风速。并且，必须把风力机偏航至风向上，否则风力机不能彻底从风中获取能量，甚至可能会停机。如果不测量风速，或者风速计发生故障以至记录下的风速为零，那么风力机控制器就会认为是处于无风的情况。于是，风力机就不会发出电能。

风速计通常安装在机舱顶上，有两种主要的类型：一种是帽式风速计，转动一个微型风力机从而产生电压；另一种是超声风速计，没有转动部分，其工作原理是基于空气中的声速。后者如图 5.20 所示。第 12 章将会更详细地讲述风速计的运行。

平板安装型变压器
适合于在平整的混凝土厚板上安装的变压器。

平板变压器
平板安装型变压器。

杆上安装型变压器
能够安装在配电杆上的变压器。

风速计
用于测量风速的部件。

图 5.20　超声风速计的示例

本章小结　5.4

在下面的阐述中，风力机指的是“三叶片螺旋桨型风力机”，这是水平轴的风力机。

- 风力机的主要部件有塔架、机舱和风轮。基础也是支撑风力机所必需的。
- 风轮是运动的部分，由叶片和轮毂组成。
- 机舱是塔架顶端的一个封闭空间，它支撑着风轮，并且为齿轮箱、发电机以及塔架顶端的其他部件提供空间。
- 较新型的塔架是筒状的，可以是圆柱形的或者略微有些收口的（圆锥形）。老式的风力机有桁架式塔架。
- 任何风力机都有一个非常重的基础，用来支撑风力机，抵抗所有来自于风和重量的作用力。
- 发电机是风力机中电能的制造者。没有发电机，风力机就只是转动，而不产生任何电能。
- 每台风力机都在底部有一台变压器，其角色是将发电机发出电能的电压变至所要接入的电力线路的电压。该变压器叫做平板安装型变压器。
- 任何风力机都必须有一个风速计，用于测量风向和风速。

没有它，风力机就不能运行。有时，也会利用其他的部件来检测风向。

复习题

1. 说出你在风力机外面所能看到的部件名字。
2. 您知道多少种塔架？
3. 什么是桁架式塔架？
4. 较高的塔架和较矮的塔架哪一个更好？
5. 根据经验，塔架应该有多高？
6. 与桁架式塔架相比，塔筒有什么优点？
7. 桁架式塔架相比塔筒有什么优点？
8. 机舱是什么？
9. 风力机的机舱能起到什么作用？
10. 风力机能够没有机舱吗？
11. 机舱是固定在塔架上的吗？
12. 机舱中的主要部件有哪些？
13. 为什么风力机要有一个基础？
14. 将风力机转动到风向的这种动作叫什么？
15. 为什么风力机叶片是中空的？
16. 叶片变桨是什么意思？
17. 桨距角的重要意义是什么？
18. 顺桨是什么意思？它与叶片的变桨有什么关系吗？
19. 进行维护时，风力机需要停机吗？
20. 进行维护时，是什么来确保风力机保持静止？
21. 齿轮箱的作用是什么？
22. 风力机中，齿轮箱升高或者降低风轮轴的转速吗？
23. 说出两种电力的名称。
24. 说出三种交流发电机的名称。
25. 什么是“电压”？
26. 用变压器的目的是什么？
27. 风力机的变压器是升压变压器还是降压变压器？
28. 什么是风速计？
29. 没有风速计，风力机还能运行吗？为什么？
30. 风速计通常装在哪里？能装在地面上吗？为什么？

第6章 电力和发电

关键术语

您应已掌握的术语：能量，电动机，发电机，电压，直流，交流

新术语
交流发电机
角速度
电枢
电刷
电流方向
切入风速（切入速度）
切出风速（切出速度）
电路
电流
电气负载
电源
电磁体
机电系统
铁质的
频率
赫兹(Hz)
洛伦兹力
磁场
性能曲线
永磁体
原动机
磁阻力
转子
定子
同步转速
通用电动机
风电场
绕线转子感应电机(WRIM)

目标

学习过本章之后，您应该能够：

- 知道什么是发电机；
- 解释直流电和交流电之间的基本区别；
- 知道发电机和电动机具有相同的结构，它们都可以叫做电机；
- 知道不是所有的发电机都一样；
- 解释所有电动机的运行原理；
- 解释所有发电机的运行原理；
- 知道所有的电机都包含某种磁体；
- 知道电机中的磁体可以是永磁体也可以是电磁体；
- 解释感应发电机与同步发电机运行方面的差异；
- 了解频率和同步转速；
- 解释为何有多种不同的发电机可以用于风力机；
- 知道负载和电源的含义；
- 对电流和电压有更好的理解；
- 知道交流电的“频率”；
- 知道直流电动机或发电机中“电刷”的作用；
- 对电功率有更好的理解，它与电流和电压有关；

- 理解“电路”的含义；
- 描述将负载接到直流和交流电源的条件；
- 描述一台发电机单独运行与必须和其他发电机一起运行之间的差别；
- 知道为何发电机必须连接在一起；
- 知道风力机的性能曲线是什么样的；
- 知道孤立风力机和并网风力机之间的差异；
- 理解风力机的功率输出是有限的；
- 理解风力机的功率容量取决于其发电机的最大功率。

6.0 引言

交流发电机
发出交流电流的发电机。

所有工业和家庭用电都来自于发电厂，风电场也是发电厂。第5章中讲到，风力机中产生电能的部分是发电机。除了蓄电池、燃料电池和太阳能板，电能都是发电机产生的。发电机由水轮机、汽轮机、柴油机和风力机驱动。发电厂可以很大也可以很小。说到小的，您可以认为一台汽车发动机舱就是一个发电厂，因为它有一台由汽车发动机驱动的小发电机（**交流发电机**）。这台发电机为车上所有的电气部件提供所需的能量，同时也为蓄电池充电。蓄电池是电能的储存器，当发动机不运行时，用于提供必要的电能，如照明、收音机以及起动发动机。

第5章还讲过，发电机有各种不同的类型，以及我们有直流和交流两种不同类型的电力可以使用。对这些术语的定义，并未做进一步的详细讨论。本章中，我们要学习关于发电机的更多知识，但是这个内容非常宽，我们需要先学习更多关于电力的知识以及一些基本但很重要的与电力实用相关的知识。尤其是，功率是必须好好理解的一个物理量，因为在实际中，许多场合都以它为主要评判依据。

本章没有涵盖一般电力书籍中所涉及的详细内容，但是若不参考一些电力方面的相关议题，又无法理解新的知识，所以需要对某些有关内容至少进行一些最简单的阐述。另外，读者在学习基本的电力知识时，有些要点时常会被忽略，本章会对它们进行强调。特别是，因为风力机要并联起来才能提供更大的功率，所以本章会着重讲述负载连接到发电机以及发电机的并联。

发电机是一个具有旋转部分和静止部分的电机，与电动机类似。也就是说，它与蓄电池或者燃料电池完全不同，是一个机械系统。不过，因为它内部有绕组且带电，所以应该说它是一个**机电系统**。一般地说，如果给一台电机通电，它就会转动，作为电动机运行；相反，如果它转动（比如用发动机或者风力机带动），则产生电力。于是，我们可以给发电机下一个定义——将机械能转换为电能的部件。同样的，电动机就是将电能转换为机械能的部件。在第11章，我们会再讲到这方面的内容，学习更多有关用于风力机的发电机。

机电系统
具有运动的机械部件且利用电能来运行的任何部件或设备，比如电动机。

发电机具有与电动机相同的结构。通常，电动机吸收电能而转动，但如果手动转动它，则会产生电能。

6.1 交流和直流

具有电力的基本知识并且知道交流（AC）和直流（DC）这两个术语之间的区别是很有必要的。正如第5章中讲到的，交流表示交变的电流，直流代表方向固定的电流。交流和直流都是电力，能够用于各种设备。这是电力的两种形式，两者之间有一定的区别。在家里把设备插到墙上的插座中，这种电力是交流电。小型蓄电池或者车载蓄电池中的电力是直流电。

电力是接至电源设备中的电子流。当把一个设备，比如灯泡，接到电源上，就形成了一条电子运动的闭合通路。在直流电中，电子总是沿一个方向运动；而在交流电中，电子做往复运动，也就是说，它们会不停地改变运动方向。

对于某些设备，电子运动方向的变化没有影响，而重要的是运动本身。比如在灯泡中，电子朝哪个方向运动是无关紧要的。只要电子运动，灯泡就会被点亮。反之，其他一些设备则只能用交流电或者直流电工作，一个很好的例子就是收音机依靠电池工作，它需要直流电才能工作。

基于前面的讨论，我们把每样用电设备按照交流或直流分类。同样，也有交流发电机和直流发电机。当然，交流电可以变换为直流电，反之亦然。实际中，直流电和交流电的一个区别是，直流电能够被储存（比如在车上，储存在充电电池中），而交流电不能被储存，除非它先转换为直流电。

直流电能够被储存，但这件事并不能表明直流电比交流电好或者更受欢迎。每种电力都有其优缺点，如对于配电来说，交流电就比直流电有很多优势。我们既使用交流电也使用直流电，必要时就把一种转换成另一种。我们对直流电和交流电都要了解。

发电机是任何一种风力机的主要部件之一，没有发电机，风力机就不能发电。当然，风力机也能输出机械能，如将风力机与泵相连就能抽水。当然，用小型风力机抽水是过去的事情了，现在已经很少这么做了。今天我们一说到风力机，就自然是指发电的用途。

直流电能够储存（如在汽车中，储存在充电电池中），而交流电不能。

6.2 电气参数

风力机是机械和电气系统的结合。如果没有机械运动（如前面几章所讲到的）和电流的基础知识，就不可能弄明白风力机。本节讲述一些电力和电气设备的基本参数。理解好这些参数将有助于理解电气设备是如何工作的以及怎样维修。

6.2.1 电流、电流方向和频率

电流
电力流动的多少，单位为安培。

在开始下面的内容之前，还有其他几个术语必须知道。首先是**电流**，电流用于计量有多少电子一起运动。换句话说，就是电力流动的多少。您可以拿河里或者管道里的水流来类比。河里流淌的水越多，水流就越大。请注意，电流与电子的运动速度无关（因为它们总是以同一个速度运动），与导线的尺寸也无关，不能说较粗的导线中的电流比较细的导线中的电流更大。

较粗的导线中的电流可以比较细的导线中的电流大或者小，或者两者相同。不过，较粗的导线的载流能力大于较细的导线的载流能力，就像较粗的管道的通流能力比较细的管道的通流能力要强一样。简言之，关心电流的目的是比较有多少电力在流动；较大的电流意味着较多的电力潮流，较小的电流意味着较少的电力潮流。还有，电流不是电功率，电功率与电流成正比。也就是说，如果除了电流之外其他因素都不变，那么电流加倍，功率也加倍。

不能说较粗的导线中的电流比较细的导线中的电流更大。较粗的导线中的电流可以比较细的导线中的电流大或者小，或者两者相同。

与电流相关的，还需要知道**电流方向**这个术语。第 5 章讲过，直流电流总是沿一个方向流动。电流方向是一个惯例，利用这个惯例可以使得理解和分析实际问题的过程更加简单。图 6.1 给出了一个例子，标明了电力潮流的方向，图中一个蓄电池为几个灯泡及其他设备供电。每台设备都有一个开关，另外还加了一根熔丝，这是一个保护性元件，用于保护电路及其元器件。可以看到，电流方向是从电池的正极端子指向开关，从开关到灯泡，从灯泡再回到电池的负极端子。本书中的惯例是，电力从正极侧向负极侧流动。

电流方向

电子流动的方向。从物理上讲，在电池的外部，这个方向是从负极端子指向正极端子。不过按照惯例，这个方向认为是从正极端子指向负极端子。

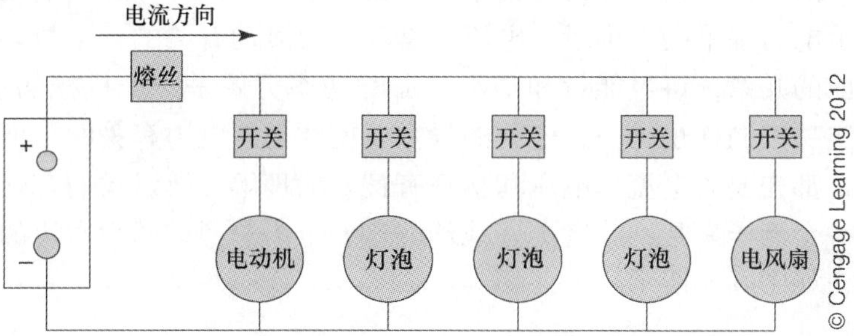

图 6.1　电路中电流的方向

当从事风力机工作时，面对许多诊断性的问题、维修或必须处理的事情，电力流动的方向不是很有所谓。不过在许多情况下，如果考虑电流方向的话，会使得问题的处理和解决时变得更容易。在您的电力课程中，您会看到这方面的例子。

如果电力的流动不是时时刻刻相同的，那么就是交变电流（交流）。在交流电中，电流连续改变其方向。换句话说，可以认为电源的极性在连续变化。这种方向的变化并不是随机的，它是有规律的、循环性的。在每个周波中，电力从右流到左的时间与从左流到右的时间相同。对于家庭用电，这个持续时间通常是零点几秒（1/100s 或者 1/120s）。图 6.2 给出了方向随时间的变化，以及与直流的对比。一个周波就是一个连续重复的形状。1s 内周波重复的次数叫做**频率**，在许多实际问题中都用到了这个术语。例如，北美的频率为 60Hz。频率的测量单位为**赫兹**（**Hz**）。我们可以说，交流电的频率为 60Hz。赫兹与每秒的周波数是同一个含义。

频率

对于循环性现象，1s 内重复的次数。

赫兹（Hz）

频率的测量单位。

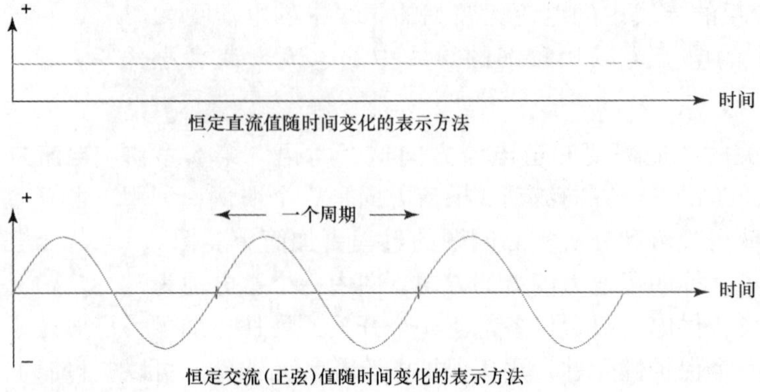

图 6.2　直流与交流值的表示

6.2.2　电压和功率

前面已经简要的讲过关于电压的内容（见第 5 章）。电压是表示电力水平的一个量，电流则是与电力流动有关的一个量。再往前的几章，讲过能量和功率。那时功率更像是一个机械的量，其实功率同样也是一个电气的量。要搞清楚与电力有关的任何事情，都先要对电流、电压和功率有良好的理解，所以我们在这里举一个例子来帮助读者更好地理解这些术语。考虑四种水流的情形，如图 6.3 所示。

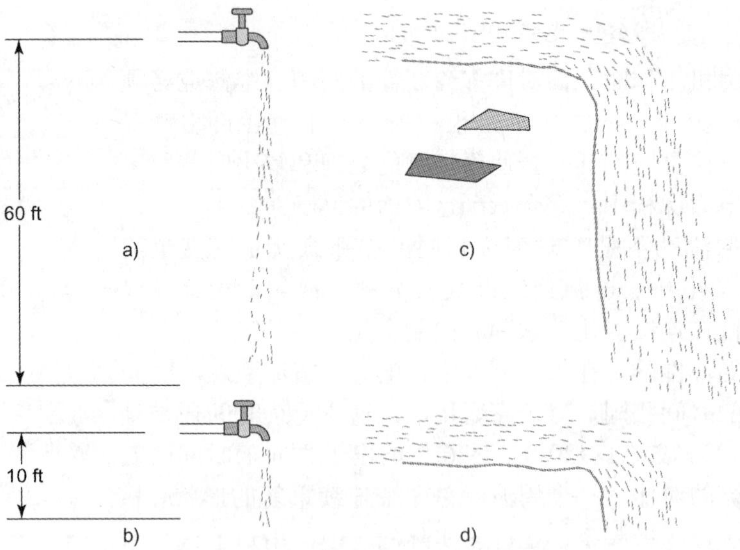

图 6.3　水的高度和流速与电压和电流的类比

a）细水流从 60ft 高度落下　b）细水流从 10ft 高度落下　c）大量的水从 60ft 高度落下
d）同样多的水从 10ft 高的小瀑布流下来

您可以看出，其中有两个变量，即高度和水量，每一种情况都有一大一小两个值。首先要理解的是 4 种情况中的哪一种所表示的功率最大。如果您选择图 6.3c，那么您的推测就是正确的，因为图 6.3c 中的高度和水量都是较大的值。

如果与电力流动相类比，那么在上述的几种情形中，高度是电压，流动的水量是电流。这样，可以有电压高但电流小（情况 a）、电压高且电流大（情况 c）、电压低且电流小（情况 b）以及电压低且电流大（情况 d）等情况，对任何电气设备来说都是如此。此外，电气设备的功率与电压和电流都成正比。

对于电气的情况，如电气设备或者家庭用电，通常电压是固定的。拿北美来说，家庭用电的电压是 120V。再比如，手机中的电池电压为 3.2V。需要理解的另一件事是，虽然许多场合中的电压是给定的（认为是固定的），但功率不是固定的。比如驱动电梯的电动机，其功率取决于电梯中有多少人，人越多，电动机就要消耗更高的功率。

电气设备中，功率与电压和电流都成正比。

应该注意到，因为功率与电压和电流成正比，所以如果电压是恒定的，那么较高的功率意味着较大的电流，而较低的功率表示电流也较小。比如电梯中的电动机电流在梯内有十人上升时比只有一人时要大。

除了功率变化，电动机的最大功率也是要考虑的。电动机不能带动功率超过其容量的负载。例如，如果有 20 人进入了容量仅为 12 人的电梯，电动机就会过载，并引发危险。

6.3 电机

知道了电动机如何运行，就更容易理解发电机的运行。前面曾提到，电动机和发电机基本上是一样的，只不过电动机将电能转换为机械能，而发电机则相反。所以，在研究电动机和发电机时，可以将它们称为电机。但是，直流和交流电机的工作方式是不同的，电动机和发电机也是各式各样的。

本节仅限于讲述电机运行的一些基本知识。本章的余下部分将致力于连接电动机、发电机以及发电机并联条件这些专题。关于风力机中采用的专用发电机，将在第 11 章进行进一步讨论。

6.3.1 电动机

洛伦兹力
载有电流的导线处于磁场中时所被施加的力。

铁质的
属于或者与铁族金属有关。

磁场
磁体两极之间的区域，也是磁力存在的区域。磁场是有方向的；在磁体外部，磁场方向为从北极指向南极。

磁阻力
电磁体企图缩短磁场路径的一种力。

永磁体
具有连续、恒定磁性的磁体，与能够启动和关闭的电磁体相对。

电磁体
由线圈（绕组）和线圈中的铁磁材料的心制成。通电与否就可以启动或关闭这种磁体。

大多数电动机的运行是基于**洛伦兹力**的。图 6.4 描述了什么是洛伦兹力，右图说明了当电流流过绕在**铁质的**材料上的线圈时，会产生一个**磁场**。磁场是磁体周围的一片区域，这里能够看到或者感觉到磁性的存在，也是磁体起作用的区域（离磁体较远的地方，它就不会吸引金属颗粒。也就是说，这里在磁场以外了）。任何磁体，无论什么形状，都具有一个磁场。您可能更多的是看到过条形或者马蹄铁形的磁体。磁场总是有两极，北极和南极。磁场的方向（磁体外部）是从磁体的北极指向南极。图 6.4 的左图给出了洛伦兹力，说明了一根带电导线如果处于磁场之中，那么这根导线就会受到一个作用力，即一个力施加在这根导线上。

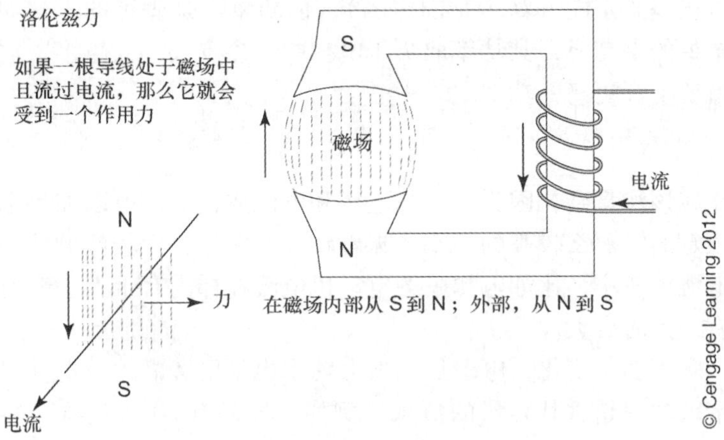

图 6.4　磁场和洛伦兹力

在电动机里，有大量的导线载有电流，每个时刻都处于某个磁体的场中。结果是，它们都受到作用力，这些力合起来在电动机轴上产生一个力矩，推动电动机旋转。

有些电动机基于不同的原理运行。除了洛伦兹力，还有一种**磁阻力**，它是完全不同的一种现象，如图 6.5 所示。如果有一个磁场，那么任何处于其中的铁质材料都会被施加一个力。这个磁场可以是永磁体的磁场，或者可以由通电的线圈产生。您所知晓的以及能买到的磁体是**永磁体**，总是带有磁性。然而，由通电线圈的电流所产生的磁体会在没有电流时失去磁性，这叫做**电磁体**。

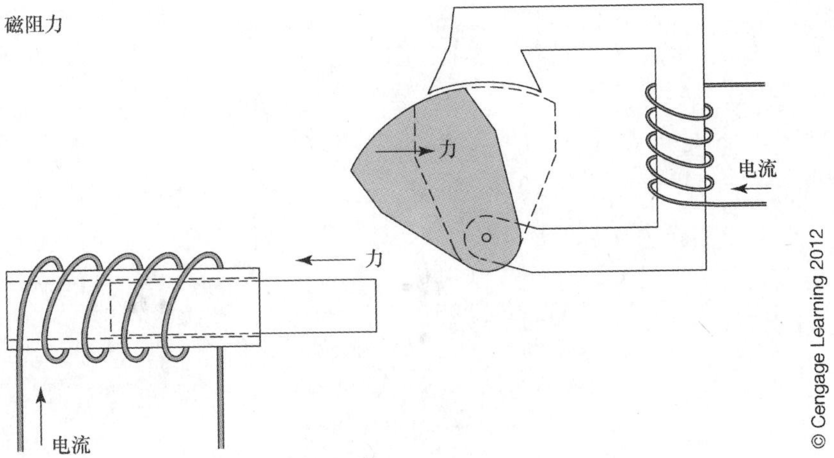

图 6.5　磁阻力

对于流过绕制导线的电流所产生的磁场，还需要知道它的方向。图 6.6 描述了这个方向，图中给出了线圈中的磁场方向，与线圈中有没有金属棒无关。如果通过切换电流的极性或者改变导线绕制的方式而改变了电流方向，那么磁场方向也发生改变。总是能让我们找到磁场方向的一种方法是右手定则。如果右手的手指指向电流方向，那么拇指就会指向磁场的方向，如图 6.7 所示（请注意，在磁体外部，磁场方向是从北到南，而在磁体内部是从南到北）。

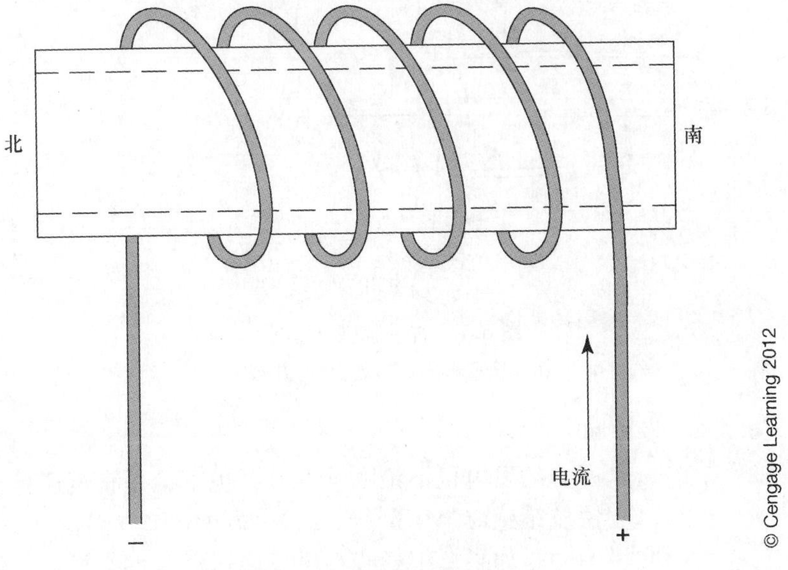

图 6.6　电磁体中磁场的方向

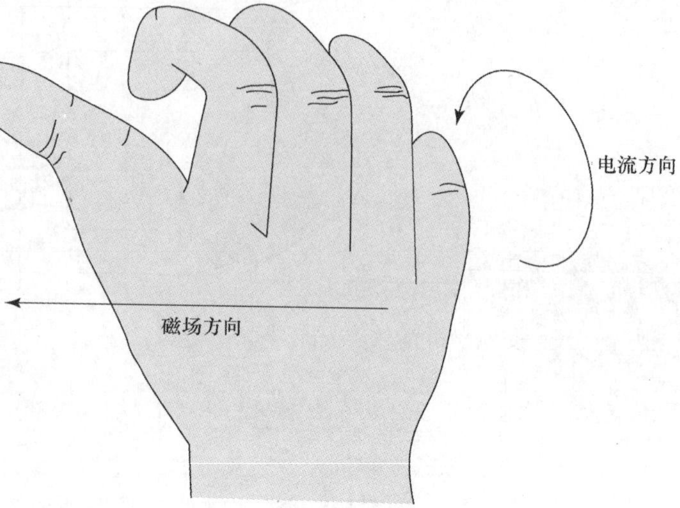

a)

图 6.7　右手定则

a）确定磁场方向

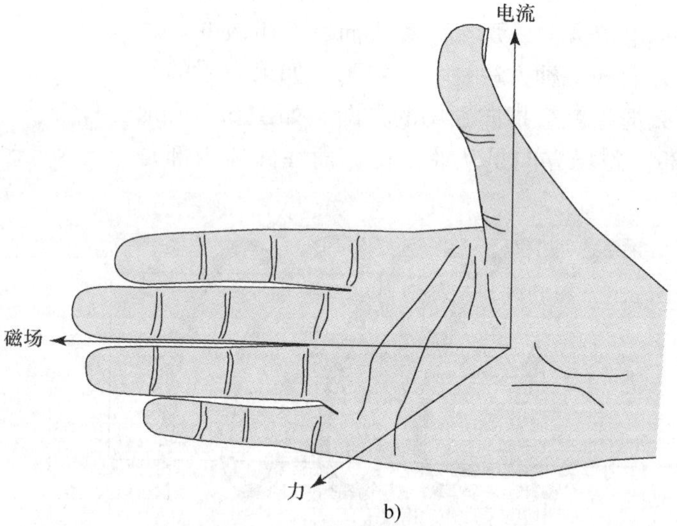

b)

图 6.7　右手定则（续）

b）确定磁场中导线上力的方向

6.3.2　发电机

所有的发电机不论哪种型号，也不论是直流还是交流，都是基于法拉第感应定律运行的。法拉第定律与洛伦兹力定律相反，它说明的是如果一根导线在磁场中运动，那么导线中将会产生电压。如同电动机一样，发电机在旋转时，内部有大量的导线一起运动，于是每根导线中都会产生一个电压，这些电压叠加到一起就成为一个电源，即发电机。所有的导线在发电机内部连接到一起，端点引至发电机外，用于与外部电路相连。

发电机中有一个绕组相对磁场运动。因为这个运动的推动者是**原动机**，如风力机、柴油发动机等，它们都具有旋转运动，所以发电机绕组的运动也总是旋转运动。

原动机
推动发电机的机械功率源。

一般来说，磁场可以由永磁体或者电磁体产生。对于后者，有一个绕组用于产生磁场，还有一个绕组用于产生电力。这两个绕组必须相对运动，可能是磁场绕组保持静止而发电绕组转动，或者磁场绕组转动而发电绕组保持静止。

通常，较小型的发电机用永磁体来产生磁场，而较大型的发电机采用电磁体，磁场由第二个绕组产生。当绕组转动时，导线至外部的连接端子必须借助**电刷**实现。电刷是静止的，它在固定于转动轴上的集电环上滑动。电刷由碳和金属粉末黏合到一起制成。碳能导电且质地较软，所以不会在运动过程中对滑过的那些元器件造成侵蚀。由于耗损的存在，对于任何发电机或电动机来说，电刷都是一个薄弱的环节，而且在运行过程中它们还可能产生火花。

电刷
电机中由碳制成的一个部件，它在导体上滑动，从而让电力从运动部件传送到静止部件上。

直流发电机和单相交流发电机（见 5.2.1 节）都引出两根导线，从这两根线可以获得电力。对于直流发电机，其中一根线是正极端子而另一根线是负极端子。对于交流发电机，没有正或负极端子。

三相交流发电机引出六根导线，每相一对（见第 5 章关于单相和三相交流的内容）。

6.4 直流电机

本节将讲述一些与直流电机有关的一般性知识。本书不想讲述更多关于电机运行和构造的深层次的详细内容，而只是对该学科的介绍，对那些工作对象是电动机和发电机以及风力机的人来说，能够满足最低的要求。

6.4.1 一般性知识

直流电机中，磁场是静止的，旋转部分叫做**电枢**。电枢绕组通过两个电刷与外界相连。图 6.8 给出了具有永磁体的小型电机的构造原理图，其中也画出了电刷的位置，电刷依靠弹簧压在换

电枢
电机中的旋转部分，由一个或多个绕组组成。

向器上。所有的标准直流电机都有电刷和换向器[⊖]，换向器是机械整流器。

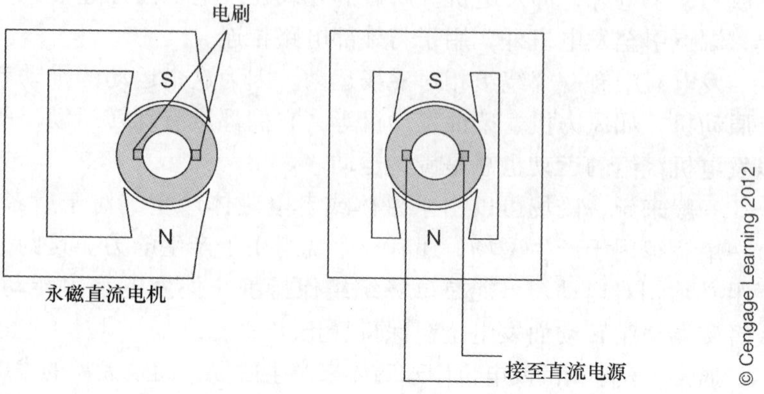

图 6.8　永磁直流电机的原理图

在直流电动机中，如果极性发生改变，也就是说，如果两条连接线互换，电机旋转的方向也就改变了。类似地，对于直流发电机来说，如果旋转方向改变了，那么正极端子就变成了负极端子，反之亦然。

直流电机通常比等效（具有相同功率和规格）的交流电机的体积更大，重量更重。实际上，直流电机是由交流电机再加上额外的部件制成的。如果去掉额外的部件，得到的就是单相交流电机。这里说的额外部分指的是换向器，它将交流整流成直流的方式与电子整流器完全不同。

实际中，只有很小型的风力机才会配备直流电机。在商业化机型中，尤其是并网型的，不会采用直流电机。不过，为了做某些处理，有可能会把交流电转换为直流电（然后再转换回交流电）。本书后续关于运行模式的章节（见第 11 章）将会解释这些内容。

6.4.2　直流电机的实际问题

直流电机能够运行在任何合理的速度。所谓合理的速度，指的是电机能够工作的速度。比如 500 ~ 3000r/min 这种速度就是可行的，而 20r/min 或者 50r/min 就太慢了。直流电机的功率与

⊖　最近有了无刷直流电机（BLDC），但这是交流电机，配备有一台逆变器或者驱动器，请见第 12 章关于逆变器的内容。

其转速成正比。低速时，电机很难产生电力，即使能产生，效率也非常低。任何电机必须高效运行。此外，任何电机都是按照特定的条件设计的，如其转速和温度必须在某个范围内。

互换直流电机的接线端子，旋转方向就会相反。直流电机中，如果旋转方向反过来，那么端子的极性也就发生切换。

理论上，如果直流发电机的旋转方向反过来，那么所产生的电力的极性也就反过来。类似地，如果直流电动机的接线端子反过来，那么它就会朝相反的方向旋转。不过在实际中要实现这种运行状态，电机必须设计成双向的。如果电机没有设计成双向都能工作，那么就不能反向运行，否则会损坏零件或者导致危险情况的发生。运行任何电动机或发电机时，要核实旋转方向，要与电机上的标识或者手册上的说明一致。

如果电机没有设计成双向都能工作，那么就不能反向运行。运行任何电动机或发电机时，要核实旋转方向（通常会在电机本体上标明）。

6.5 交流电机

虽然直流电机和交流电机都是基于洛伦兹力工作的，但其运行方式大不相同。关于电机有很多内容，但受本书范围所限，对现阶段不需要的细节内容就不做介绍了。回忆第5章可知，交流发电机主要是同步的或者异步的（后者也叫感应发电机）。交流电机的旋转部分安装在轴上，叫做**转子**，静止部分叫做**定子**。第11章将讲述更多交流电机的知识。

转子
电机的旋转部分。

定子
交流电机的静止绕组。

6.5.1 一般性知识

我们现在对单相电机和三相电机做一个区分。前面提到过（6.4节），单相交流发电机具有直流发电机的构造，但并非所有的交流发电机都是如此。另外，推动电动机旋转则可以将其用作发电机，所以有必要在这里对交流电动机说几句。

• 同步电动机具有恒定的转速。它操作复杂，运行成本高，所以通常做成大规格的及三相的。另外，同步电机广泛应用于发电领域（也就是说，用作发电机）。除风力机外，几乎所有的电厂都采用同步发电机。

• 笼型电动机是最为普遍和成本较低的一种交流异步电动

机，有三相的，也有单相的。三相笼型电机作为电动机广泛用于所有的工业领域，作为发电机则广泛用于风力机。笼型电机没有电刷。

绕线转子感应电机（WRIM）
一种感应电动机或者发电机，其转子包含绕组，与转子没有绕组的笼型电机相对。

- **绕线转子感应电机**（WRIM）是另一种异步电机，它仅在一些特殊场合用作电动机（它的价格较高）。它往往做成三相的，今天已经被广泛用于新型的风力机。

通用电动机
一种既能依靠直流电工作又能依靠单相交流电工作的电动机。

- 还有一种电动机既能用直流电工作又能用单相交流电工作，这种电机叫做**通用电动机**，它不会制成较大的规格，在电钻、真空吸尘器等设备中能发现这种电机。如果推动它转动，不会产生交流电，而会产生直流电。

基于上述内容，除了通用电动机外，下面的叙述适用于所有的交流电机。交流电机中，定子绕组通电，定子绕组不运动。在同步电机中，转子承载着磁场，并在定子内部旋转。根据尺寸大小，磁场可以由随轴旋转的直流电机产生。较小的电机可以采用永磁体。在笼型电机中，转子转动，但无需通电，所以它没有既要运动又要通电的零件。类似地，在绕线感应电机中，定子也通电，但是其转子绕组也要引出，这是通过集电环和电刷实现的。

6.5.2 交流电机的实际问题

同步转速
同步电机的恒定速度，该速度取决于电源的频率。

任何交流电机的运行速度都与供电频率有关（见 6.2 节）。在交流电条件下研究电动机和发电机时，经常用到同步转速这个术语。**同步转速**是一个标称速度，它与频率［第 11 章中式（11.1）为相应的公式］和任意特定电机的设计有关。60Hz 的频率是北美的电力频率，下述的任意数据都可以代表一种同步转速：3600r/min、1800r/min、1200r/min、900r/min、600r/min、450r/min、225r/min 等。介于上述数字之间的其他任何数字都不是同步转速，比如 1400r/min 或者 1500r/min 就不能认为是同步转速。

在欧洲国家，频率为 50Hz，故同步转速为 3000r/min、1500r/min、1000r/min、750r/min、500r/min、375r/min、187.5r/min 等。

通常，同步电机只有上述速度的其中一种并维持该速度（有的电机能通过改变绕组接法从而适应两种速度），它必须以该速度运转（取决于它被设计成哪一种转速）。感应电动机的运行速度比上述速度略低（它不可能恰好运行在任何同步转速）。例如在 60Hz 的情况下，一台感应电动机可以运行在 810r/min 上，比900r/min低 90r/min（10%），它不可能（除非特意装有附加设备和手段）运行在 910r/min 或者 1000r/min 上。

相反，在 60Hz 的情况下，同样一台电动机作为（感应）发电机运行时，转速必须高过 900r/min。具体能比 900r/min 高多少，将会在第 11 章有关“运行模式”的部分讨论。

与直流电机的情况相反，通过改变接线方式不能改变单相交流电动机的旋转方向。然而，三相电动机有三根导线接至电源，交换其中的任意两根，就可以反转旋转方向。不过前面也曾提到，对于要双向运行的旋转电机（包括发电机），必须按照双向运行来设计，否则电机就只能按照框架上标识的方向运行。

6.6 电路中的电源和负载

到现在为止，已经讲过了发电机是一台能够产生电力的电机，关于直流和交流的基本知识，以及交流电可以是单相的或者三相的。发电机可以看作发出电能的源头，即**电源**。

电源
提供电能的蓄电池或者发电机。

每一个用电设备都要从电源吸收功率，或者说消耗电能，比如家中的灯泡、电视和收音机、冰箱、真空吸尘器、熨斗、洗衣机，诸如此类。这些家电都接到电源插座上，最终接到某一个电源上。电源不在您的家里，有可能离您家很远，您只能看到把电能送到您那里的电线。任何用电设备在通电时都是一个**电气负载**。

电气负载
当置于电路中时，是电能的消耗者，也就是用电设备。

为简单起见，从现在开始我们把所有前面提到过的设备都叫做电气负载，简称负载。电源提供电能而负载消耗电能。本节将讲述负载能够接到电源上的条件。

电路
有电源供电的一套电气元器件。

图 6.1 给出了一个**电路**，其中电源上接入了一些负载。可以有更多的电源，不过最简单的情况是一个电路中只有一个电源和一个负载。这里我们要研究的问题是在什么条件下可以把负载接到电源上，以及怎样才能将电源并联起来。电源并联的一个很好的例子就是**风电场**中的风力机，每台风力机中的发电机都是一个电源，它们全部都并联在一起。

风电场
安装了很多风力机用于发电的一块区域，也叫风电站。

6.6.1 将负载接至电源

在进一步讲述内容前，我们先阐明不同类型的普通负载之间的区别。

1）阻性负载能利用直流电或交流电工作。阻性负载的实例有灯泡、电暖器以及任何具有加热元件的电器。

2）电动机，包括直流电动机和交流电动机，只有通用电动机才既能利用直流电又能利用交流电工作。

3）其他负载，比如计算机、电视和收音机。虽说它们的内部比较复杂，但是从电气的角度，它们被看作一个负载。这些负载既不像阻性负载，也不像电动机。它们如果配备了开关电源，则会在电力线中引发谐波问题（见第8章）。

4）对于交流电，还有感性负载和容性负载。感性负载是包含电感（线圈）或者电动机的电路，容性负载则大多是由于电路中有电容器（同步电机也能引入容性负载）。

任何电气设备都有一块铭牌，上面说明了电气规格，其中有运行电压、电流、功耗，这三个量之间是有一定关系的。给出的数值是电器的额定值，如额定功率、额定电压等。下面的列表归纳了一些关于将负载接至电源的一般性知识：

• 除了阻性负载，直流负载必须接直流电，交流负载必须接交流电。

• 负载的额定电压必须与电源电压相同。

• 负载的额定功率（功耗）必须比电源的低。

• 在交流情况，负载的额定频率必须与电源的频率相匹配。

• 单相交流负载能接单相电源。三相电源可看作三个单相电源。因此，单相负载可以（需要一些条件）接到三相电源中的某一相。

• 三相负载不能接到单相电源。

从前面的列表可以首先看出一件事，直流电和交流电是不能混淆的。如果交流电先被转换为直流电，那么不能跟前面的情况混为一谈，因为这需要附加一些元器件，是不同的。

人们一般不会把电器接错，不过要是没有硬件上的限制，在通电之前又没有认真看额定值，那么多数情况下会导致电器损坏或者故障。

前面说到的几点内容对较大型的设备来说尤为重要，因为它们较为重要或者较为昂贵。比如，在不正确的电压下烧掉一盏灯泡，这没什么大不了。相反，如果一台大型电动机烧掉了，再加上更换所需的时间，可能要为其维修付出几万美元。

需要理解的一个重要内容是功率关系。电源总是能量的提供者，它提供的最大功率是有限的，不能长时间越限。如果负载的功耗超过电源的功率容量，再加上其他一些不利因素，会引起电源中的元器件过热，最终导致永久损坏。

如果负载的功率需求大于电源的功率容量，像元器件过热等不利因素就会出现，可能导致永久损坏。

发电机并联 6.6.2

为了增加电源功率，或者说增加电力容量，可以把发电机并联起来。考虑商业级别的发电，比如所有风力机的发电机都并联在一起向同一个电网（电力网络）馈电。这与几节 1.5V 电池并联在一起是不同的，要把电源并联起来必须：

- 所有电源的电压相同（交流和直流）。
- 所有电源的频率相同（交流）。
- 所有电源是同步的（交流）。

电气负载的串联和并联

电路中，为了满足与电源匹配的条件，负载可以组合到一起。比如有两个差不多的灯泡，其额定电压为 120V，而电源电压为 240V。图 6.9 给出了三个阻性负载依次串联的情况。

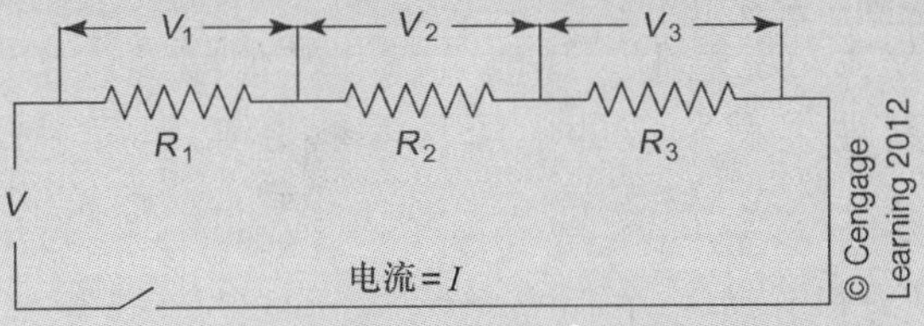

图 6.9 三个阻性负载依次串联的情况

串联电路大多用于电子电路。串联电路中所有串联的负载具有相同的电流。如果串联的负载都是阻性负载，那么电路中的公共电流为

$$I = \frac{V}{R_1 + R_2 + R_3}$$

串联负载无需具有相同的阻值。电源电压根据负载的阻值在它们之间得到分配。还是说灯泡的例子，两个灯泡必须差不多（比如都是 120V/100W），这样 240V 才能在两者上面均分。否则，一只灯泡暗而另一只比正常时要亮一些。

电动机几乎从不这样连接。不过，电阻可以与电动机串联，目的是降低施加在电动机上的电压。

图 6.10 给出了一个并联电路，这是绝大多数灯具和家电的连接方式。所有相互并联的负载上被施加了同一个电压，每

条支路有其自身的电流。如果所有的负载是阻性的，那么

$$I = I_1 + I_2 + I_3$$

其中

$$I_1 = \frac{V}{R_1}; \quad I_2 = \frac{V}{R_2}; \quad I_3 = \frac{V}{R_3}$$

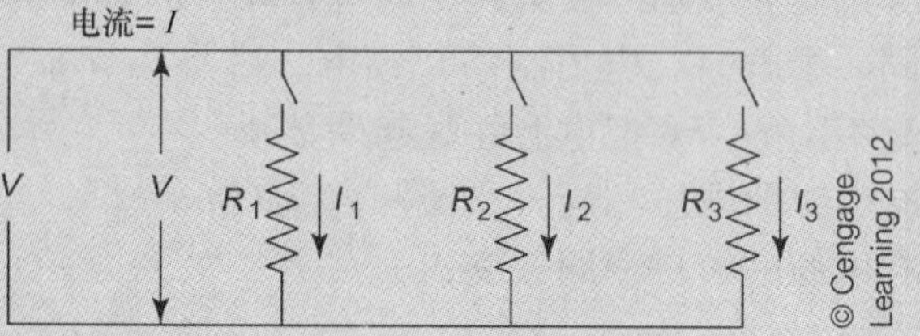

图 6.10　并联电路

虽然阻性负载的电流几乎是恒定的，但是电动机的电流却是取决于电动机的负载，因为其负载经常是变化的。在直流电中，包含电动机的支路电流可以与阻性负载的电流直接相加。但是在交流电中，其他负载和其他问题就来了。在交流电中，其他类型负载的电流关系将在第 8 章中做进一步讨论。

除非风力机作为一个孤立单元运行（也就是说，它是惟一的电源，比如在孤立的偏远地区），以交流方式运行的风力机都会接入电网。实际中通常的情况是，电网已经存在了（电网中有交流电），风力机开始运行（维护或修缮之后，或者因任何原因中断运行后）。根据前述的条件可知，这台风力机的电压和频率条件必须与电网的相匹配。前两个条件满足后，在实施实际的并网前，风力机还必须与电网同步。

同步指的是不同电源的交流电波形在每个周期中都会在同一时刻达到最大值和最小值，对单相或三相交流电都是如此。风力机的同步是由风力机控制器自动实现的，前提是风力机的输出达到了所要求的电压和频率。在三相系统中，如果三相中的一相实现了同步，那么另外两相也就自动实现了。

6.6.3　风力机并联

当发电机并联到一起时，它们共同分担为电路中负载供电的任务。在发电厂中，为了给某一台发电机多分摊一些负载，会给它多输入一些燃料使其速度稍微增加一点。但是对于风力机，这

种技术就不能用了，因为这时的燃料是风力，我们无法控制。所以，我们需要知道靠什么来确保给电网馈入电能的所有风力机都不过载，而每台机器都输送了各自的最大功率（对于每个时刻的风速）。另外，负载在各个风力机之间又是怎么分配的？

每台风力机都有一套控制系统，负责控制风力机的运行，其中包括在任意时刻风力机应该承担多少电气负载。因为还要控制其他一些变量，所以将在后面的章节中再讨论风力机的控制系统。本节中，我们讲解这样一套系统为达到上述目的而采取的机制。

根据讲过的内容我们知道，风力机的风轮是一套机械系统，用于捕获风能并转动。风速越快，风中的能量就越大，风轮就能捕获更高的功率。回想第 2 章我们还可以知道，（风轮能捕获的）功率与风速的立方成正比［式（2.4）］。此外，风轮固定在（在许多风力机中，通过齿轮箱）发电机上。发电机能够输送的最大功率取决于其设计和规格。所以，风力机能够从风中捕获的最大功率受到其发电机功率容量的限制，这也就是说，虽然风力机的机械部分能够捕获更多的功率，但是最大容许的功率捕获受制于发电机。因此，最大功率捕获是有上限的，记住这一点很重要。

> 很重要的一点是要认识到，风力机从风中捕获的最大功率受制于其发电机的功率容量。

还需要注意另外一点，虽然功率捕获随着风速而增大，但是还有赖于风轮的**角速度**（或旋转速度）。角速度增大时，风力机的功率捕获能力下降。这是老式风力机的一种方式，即控制角速度，不过风力机的速度是有上限的。风力机具有无限的功率容量是不可能的。每台风力机都有一条**性能曲线**，定义了其功率相对于风速的变化情况。

图 6.11 画出了一台风力机的典型性能曲线，图中显示了在没有控制器的情况下，风力机在每种风速下能够从风中捕获多少功率。横轴为风速，单位为 m/s 和 mile/h；纵轴为功率，单位为 MW。1MW 为 1000kW。例如，风速为 8.95mile/h（4m/s）时，该风力机能从风中获得 0.1MW（100kW）的能量。类似地，在速度为 17.9mile/h 时，该风力机能获得的功率为 0.8MW。根据这条曲线，就可以找出在每种风速下，该特定的风力机能从风中获取多少能量。

角速度

物体围绕一个轴线转动的旋转速度，单位为 r/min、（转动度数每秒）以及 rad/s。

性能曲线

根据某个主要参数的变化显示某种关系的曲线，与某个元器件、电机或设备的性能有关。性能曲线和特性曲线这两个术语经常可以相互替换。

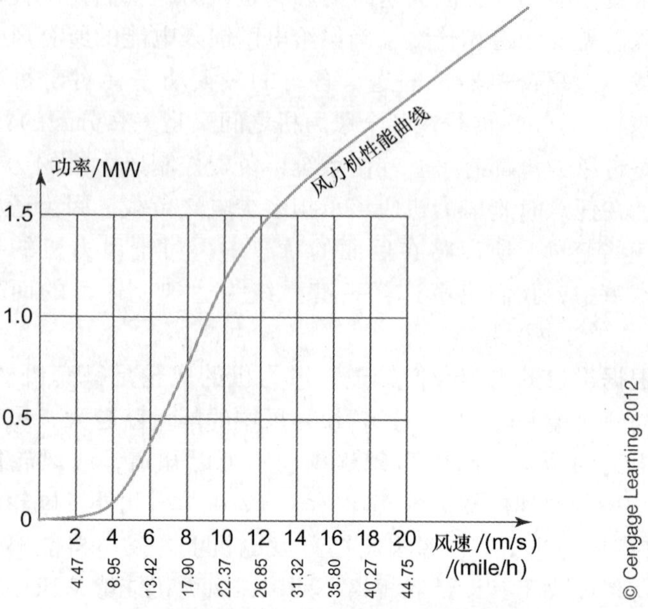

图6.11　典型风力机风轮的性能曲线

切入风速（切入速度）
风速的一种，风力机设计为低于该风速时不发电并从电网中断开。风力机处于自由状态，直到风速超过这个速度并维持某个最短的时间长度。

切出风速（切出速度）
速度的一种，风力机设计为高于该风速时不运行，或者说不能安全运行。风力机停机并从电网断开，叶片都转到顺桨位置，并且实施制动。

风力机的控制器还有其他功能。比如，如果风速特别低，风力机就难以产生功率。因此，当某风力机的风速低于某个值时，就会被停机，也即从电网断开并保持停机，直到风速逐渐增大。通过这种方式停机的风力机会保持待机状态，直到风速重新达到该数值。这个最小风速叫做**切入风速**（切入速度）。

与切入风速类似，也有**切出风速**（切出速度）。您可能会认为，风速越快，能得到的功率就越大，其实这是错误的看法。如果基于这种想法，那么有风暴的时候，风力机就有机会产生大量的电能。前面刚刚讲过，风力机输出功率是有上限的，取决于其发电机的规格。除了发电机，风力机的结构强度也有限值。出现风暴时，风力机必须停机，一定要偏航出风，叶片都要顺桨，而且必须要实施制动。实际上，风速超过一定值时，任何风力机都必须停机，否则发电机和各种机械部件（如齿轮箱）会过载。风力机必须停机的那个风速叫做切出风速。当风力机在切出风速下停机时，必须处于制动位置，直到风速慢至该速度之下。

图6.12画出了与图6.11中同一台风力机的性能曲线，不同之处在于横轴方向上标出了切入和切出风速。对于此风力机，假定这两个速度分别是3.2m/s（大约为7.0mile/h）和21m/s（大约为47mile/h）。此外，图6.12中还画出了风力机控制器的作用，即在风速超过15m/s（33.6mile/h）时限制功率输出。从这

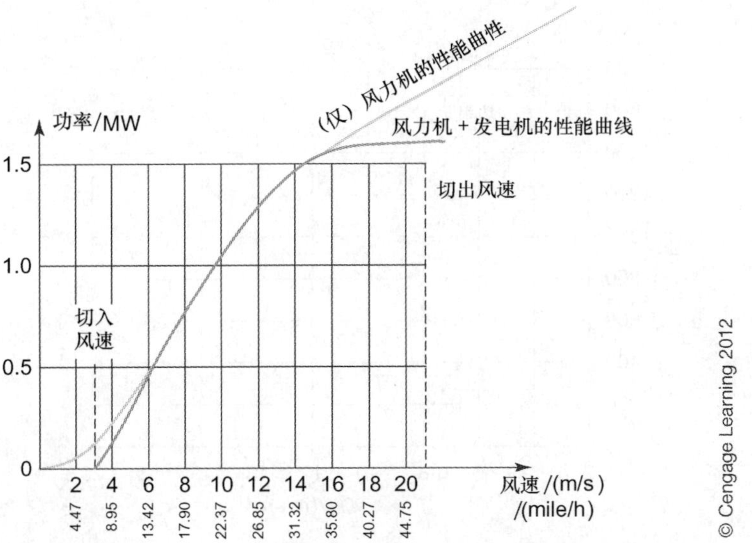

图 6.12　一台 1.6MW 风力机的性能曲线

个意义上说，该风力机在风速低于 7mile/h 和超过 47mile/h 时就不再有功率输出。而且从曲线中可以看出，风速介于 38mile/h 和 47mile/h 时风力机的输出功率固定为 1600kW（1.6MW）。

图 6.12 并不针对任何特定的、真实的风力机，它给出的是性能曲线看起来是什么样子的以及该曲线是如何生成的。图 6.13 所示为一台真实的风力机画出了一条这样的曲线，该曲线属于一台 1650kW 的风力机，条件是空气密度为 1.225kg/m^3（0.0765lb/ft^3）。与特性曲线相对应的数据存储在风力机的控制器内存中，形成一个查询表格，控制风力机在每种风速下的出力不超过该曲线限定的值。

回想第 2 章的内容可知，风力机在较寒冷的地区会产生较高的功率而在较温暖的地区会产生较低的功率（冷空气的密度比暖空气的密度要大）。在风速介于 12 ~ 20m/s（26.85 ~ 44.75mile/h）时，该风力机的最大功率为 1650kW。好的控制器会在算法中考虑到一些参数可能发生变化，比如温度效应。

基于前面的讨论，风力机的控制器除了要全时控制电压和频率以及并网时要实现同步外，还要调节风力机的功率输出不超过风力机的容量。所以，根据风速变化，功率输出的大小会被控制到不发生过载的程度。通过这种方法，任何并网的风力机都为电网贡献功率而不会承担额外的负载。

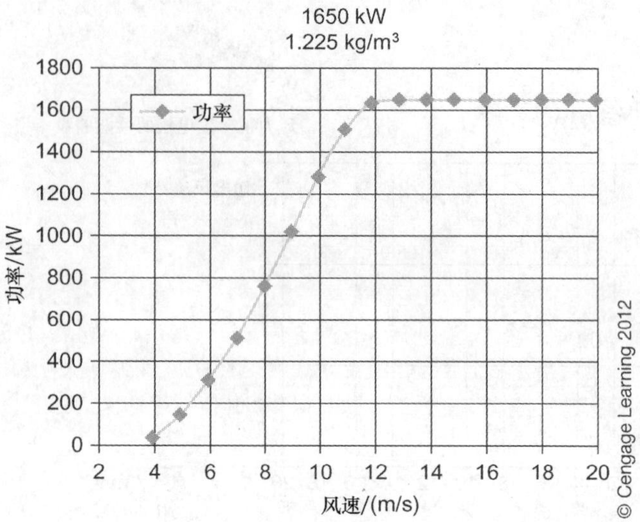

图 6.13 一台真实的 1650kW 的风力机的性能曲线

6.7 本章小结

• 发电机将机械能转换为电能。

• 电动机将电能转换为机械能。

• 发电机和电动机具有相同的结构，都称为电机。所以，如果推动电动机旋转，它也可以发出电能。

• 交流和直流电机不能相互替换运行。交流电机要求使用交流电，而直流电机要求使用直流电。

• 电压是衡量电力水平的尺度，电流是衡量电路中电力流动的尺度。与瀑布类比的话，高度代表电压，水流量代表电流。电压的单位是 V，电流的单位是 A。

• 交流电中，频率是交变周期在每秒内重复的次数，单位是 Hz（赫兹）。

• 在北美国家，用 60Hz 供电；而在欧洲国家，用 50Hz。

• 电路中，电气负载是任何耗电的元器件，电源是任何产生或者提供电能的器件。蓄电池和发电机是电源的实例，灯泡和电动机则是负载的实例。

• 将负载接至电源时，负载和电源的电压必须匹配。

• 电源的功率容量必须大于接至该电源的负载功率。

• 将负载接至交流电源时，频率必须相同。对电动机来说尤为重要，做到这一点才能获得想要的转速。

• 所有电动机的工作基础都是洛伦兹力，它的含义是如果载有电流的导线处于磁场（磁体有效作用的区域）中，就会有一个力施加其上。

• 所有发电机的工作原理是，如果一根导线在磁场内移动，那么其上将会产生电压。

• 如果磁场不会消失，那么这样的磁体就被认为是永磁体。如果磁场是暂时性的，由带电绕线所产生，那么这样的磁体叫做电磁体。

• 右手定则说的是，对于一个线圈，如果我们右手手指保持与电流一致的方向，那么拇指所指的那一侧就是北极。

• 直流电动机可以具有任意的（可接受的）转速。对调直流电动机的接线，其运动方向就会相反。

• 交流电动机所具有的速度在同步转速或者低于同步转速，但比同步转速不会低太多。

• 交流电机的同步转速取决于电的频率。

• 发电机可以并联到一起，在风电场中就是这样做的。

• 交流和直流发电机不能连在一起。

• 要把直流发电机连在一起，电压必须相等。

• 要把交流发电机连在一起，除了电压外，频率也必须相等，它们也必须同步。同步的意思是，它们的电流方向切换的时刻必须精确相同。

• 当把风力机并联到一起时，各机组的功率容量必须始终保持在各自的限值以内。风力机控制器负责实现这些要求。

• 当风速低于切入风速时，风力机不会产生任何功率。风速超过切出风速时，它也不产生电能。

• 在高速的强风期间，风力机必须停止运行，即必须停机且实施制动。

进阶学习

直流电路的功率

任何电气设备的电流可以根据功率和电压来确定。许多设备的运行电压会在设备本体或者铭牌上标明。比如，灯泡的或者电动机都有铭牌，不要把设备接到与铭牌标注有明显不同的电压上（稍微不同是可以的）。

直流电路中，功率、电压和电流的关系是

$$功率=电压\times电流$$

如果电压的单位是 V、电流的单位是 A，那么功率的单位就是 W。也就是说，如果功率的单位是 W、电压的单位是 V，那么电流的单位就是 A。

交流电的频率和周期

在交流电路中，电流改变其方向的时间取决于频率。一个循环的时间长度叫做周期，如图 6.2 所示，在方程中用字母 T 来表示，单位为 s，比如 $T=1/60\text{s}$。频率（记为 f）和周期之间的关系是

$$f=1/T$$

和

$$T=1/f$$

如果 T 的单位为 s，那么 f 的单位就是 Hz。以北美为例，交流电（城市和工业配电）的频率为 60Hz，那么电流和电压和周期为 1/60s 或者 0.017s。所有带电导线中的电子持续着每过半个周期就改变一次方向，即 0.0085s。应注意是，电子在灯丝中的运动加热了灯泡并使之又热又亮。

风速的公制和英制单位转换

要把风速从 m/s 转换到 mile/h，只需要在 m/s 的数值上乘以 2.237。举例来说，风速 10m/s 就是 22.37mile/h。相反，要从 mile/h 变成 m/s 就除以 2.237（或者乘以 0.447）。比如风速 20mile/h 就等于 8.94m/s。

思考题

1. 风力机中产生电能的部件是什么？
2. 没有发电机的话，风力机还能工作吗？
3. 没有发电机的话，风力机还能产生电能吗？
4. DC 表示什么意思？
5. AC 表示什么意思？
6. DC 和 AC 的主要区别是什么？
7. 说出一种既能用直流电又能用交流电的设备。
8. 从什么角度来说，电动机和发电机是类似的？

9. 描述洛伦兹力。

10. 电力中的“负载”这一术语指的是什么？

11. 电力中的“源”是什么意思？

12. 您对电流怎么理解？

13. 什么是负载的功率？

14. “功率”与“电流”有什么关系？

15. 家庭供电的电压是多少？

16. 单节 AA 电池的电压是多少？

17. “A”电池和“AAA”电池的区别是什么？

18. 您的手机电池的电压是多少？

19. 手机电池是交流的还是直流的？

20. 能说一块电池是一个电源吗？

21. 家里的电源在什么地方？

22. 从电力储存的角度考虑，直流电和交流电的区别是什么？

23. 交流电能储存吗？

24. 什么是频率？

25. 直流电有频率吗？

26. 什么是电路？

27. 电路能有不止一个负载吗？给出并解释一个实例。

28. 电路能有不止一个电源吗？给出一个实例。

29. 交流发电机能与直流发电机连接到一起吗？

30. 直流电机中的电刷起什么作用？

31. 要把直流负载接至直流电源，有什么条件？

32. 要把交流负载接至交流发电机，有什么条件？

33. 术语“鼠笼”会让你想起什么？

34. 笼型电机能否是发电机？

35. 同步和异步是什么的类型？

36. 同步转速的含义是什么？

37. 同步和异步之间的主要区别是什么？

38. 异步发电机的另一个名称是什么？

39. 两台直流发电机连接到一起的条件是什么？

40. 两台交流发电机连接到一起的条件是什么？

41. 风力机的功率容量由什么决定？

42. 如果两台风力机并联到一起，它们应该有相同的功率吗？

43. 是什么控制着让风力机不过载的条件？
44. 风力机会始终产生相同的功率吗？
45. 风力机会在风暴过程中产生更多的电能吗？
46. 出现风暴时，应该对风力机做些什么？

应用题

1. 图 6.4 中给出了绕组的电流方向。利用右手定则确定导线上力的方向，导线垂直于纸面且其载流方向为流出纸面。

2. 一台电动机的同步转速为 1800r/min。如果此电动机运行在 1750r/min，那么它的运行速度比同步转速低百分之几？

3. 在北美，电动机运行在 1500r/min，这台电动机可能是什么类型？

4. 6.5.2 节中给出了两组 r/min 的数据，请找出每一对数据之间的关系。

5. 如果一台电动机在北美为 1800r/min，那么拿到欧洲之后，它的速度是多少？

6. 一台电动机接到交流电时会运行。如果搞错了，将其接至直流电，但是看到它用直流电也能运行，那么这台电动机是什么类型的？

7. 根据图 6.12，确定在风速为 10m/s 时风力机所产生的功率。

8. 根据图 6.11 和 6.12，风速为 18mile/h 时，确定风力机产生的功率是多少。该风力机的性能曲线如图 6.12 所示。

9. 根据图 6.12，找出风力机能够产生 1200kW 的风速（单位为 m/s）。用 mile/h 表示的话，该风速是多少？

项目

项目 1

找出家中的电器，如电风扇、真空吸尘器、厨房器具等。找出它们是否有铭牌。

根据铭牌，确定并记下所有运行参数，比如电压、转速、功率、电流等（电压是数值后面标了字母 V 的，电流标了 A，功率标了 W 或 kW）。至少为两件电器做以上工作，比较它们功率的数值。然后，找出一个灯泡并看看能否在灯泡（或者它的盒子）上找到一些参数说明，并比较它们的功率数值。

与您的老师讨论上述内容。

项目2

6.5.2节中，对于每套转速数据，从最前面的（最大的）数据开始，确定每个数据对应的模式。

第 7 章 螺旋桨型风力机的特性

关键术语

您应已掌握的术语：力，力矩，速度，角(旋转)速度

新术语

特性曲线(特性图表)
效率
叶尖速
叶尖速比

目标

学习过本章之后，您应该能够：

- 知道风力机将机械功率最终转化为电功率；
- 确定旋转体的机械功率，比如风力机风轮；
- 知道转矩、速度和功率是如何关联的；
- 理解图所显示的内容以及如何用图形描述数学关系；
- 用图形阐明本章讲过的某种关系；
- 确定旋转体上任何一点的速度，比如风力机风轮；
- 描述什么是叶尖速和叶尖速比；
- 计算叶尖速比；
- 理解角速度的含义；
- 描述风力机旋转速度是如何影响它从风中捕获功率的；
- 明白风力机的功率捕获能力依赖于叶片的桨距角；
- 明白对于定叶片桨距角来说，功率捕获在零和最大值之间变化；
- 明白在某个速度下，风力机只是转动，但不能送出功率；
- 理解对于具有定叶片桨距角的风力机来说，功率捕获是如何随风速变化的；
- 确定风力机的日发电量；

- 确定风力机的年发电量。

引言　7.0

本章将讲述与螺旋桨型风力机特征和性能的更多内容。如前所述，将省略螺旋桨这个词，本章通篇采用“风力机”来表示通常的三叶片水平轴风力机。在学习新知识的过程中，有必要知道一些技术术语和很好地理解某些在科技和工业应用领域中广泛使用的技术。鉴于此，本章的开始主要讨论这些术语和技术。尤其是，在风力机的机械部分，理解“功率”这个术语是很重要的。您还将学到特性曲线（特性图）以及如何用曲线来表示两个或多个变量之间的关系。理解并解释一条曲线的含义以及曲线中包含的信息是很重要的。

机械功率　7.1

风力机由风轮、发电机组成，风轮从风中捕获能量并将其集中到轴上，而发电机则从轴上（往往是通过齿轮箱）接收机械能并转化为电能。第 2 章中讲过风的功率以及并非所有的风功率都能被风力机所用。第 6 章还讲过一些发电机的知识。您大概已经注意到，风的功率取决于风速、风力机的规格以及其他参数（见第 2 章）。

当风功率转变到轴上时，我们应该能够用与轴的运动相关的规范来表达该功率。类似地，当该功率转移到发电机上时，我们则应该能够用电气参数来表达，如电压和电流。本节将讲述直线运动或者旋转（风力机中只有旋转运动，但是兼而学习旋转和直线运动还是值得的）的某个物体的机械功率。

机械功率是用力、速度、转矩等机械参数定义的“功率”。与之相比较，电功率则是用电压、电流等定义的。

7.1.1 直线运动的功率

图7.1给出了一个物体，它受到一个力的作用。假定这个力通过该物体的重心且使得该物体沿着直线路径匀速移动[⊖]。这种情况下，该物体接收功率从而维持运动，或者说为了保持同一速度的运动，必须向该物体提供一定的功率。这个功率定义为

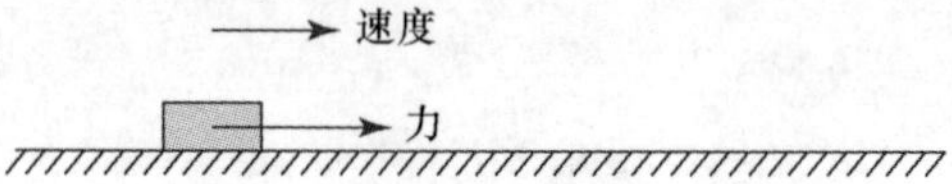

图7.1 一个物体受到力的作用

$$功率=速度\times力 \tag{7.1}$$

功率的这个表达式采用了速度和力这两个量，它们都是与运动相关的机械参数。请注意，力与运动（速度）具有相同的方向。

这里，有必要提几个单位，它们用来计算式（7.1）及关于旋转运动的类似公式中功率的大小。一个量（力、功率等）可以用不同的测量单位描述，这里我们继续使用已经讲过的或者将来使用最频繁的单位。您对计量速度的 mile/h 以及计量角速度（旋转速度）的 r/min 已经很熟悉了，您也知道了力和力矩的单位分别是 lb 和 ft · lb。计量功率的单位是“瓦”，其符号为“W”。因为瓦是一个很小的量，所以更常用的是千瓦（瓦的一千倍），其符号为“kW”。

在式（7.1）中，如果速度值的单位是 mile/h，力的单位是 lb，那么结果的单位不是 W，而需要转换。就是说，要在式子中增加一个恒定的乘数。于是，式（7.1）就变为

$$功率(\mathrm{W})=1.987\times\mathrm{mile/h}\times\mathrm{lb}$$

为简单起见，有

$$功率(\mathrm{W})=2\times速度(\mathrm{mile/h})\times力(\mathrm{lb}) \tag{7.2}$$

在公制单位系统中，如果速度的单位是 m/s、力的单位是 N，那么功率值的单位则直接以 W 表示。

例 7.1：

为了拉动一台小型拖斗，车必须施加 300lb 的力。如果行驶在 25mile/h 速度，那么拉动拖斗的功率是多大？

⊖ 力 F 必须克服摩擦力，才能维持一个恒定的速度。

解：将上述数值直接代入式（7.2）可以得到答案：

$$功率=(2)(25)(300)=15000(\mathrm{W})=15(\mathrm{kW})$$

正如您所知道的，还有其他单位可以用来测量或者计算功率，如 ft·lb/s 和 hp。但是，我们在这里故意想用 kW 来给出功率，因为这也是测量电功率的一个单位。

为了复习功率和能量之间的关系，我们再看个例子。通常我们为能量支付费用，比如我们每个月底支付电能的费用。当我们在泵站支付天然气的费用时，我们也是在为所用能量的多少付费。

例 7.2：

如果拉动例 7.1 中的拖斗并持续 3h，那么会消耗多少能量？

解：根据下述关系式可以得到答案：

$$能量=功率\times时间 \tag{7.3}$$

于是，15kW 持续 3h，能量为

$$15\mathrm{kW}\times3\mathrm{h}=45\mathrm{kWh}$$

注意能量的单位。kWh 是计算电能多少最常用的单位，它也可以用作其他类型能量的单位，本例就是如此。

例 7.2 的目的是引入 kWh，它是计量能量的一个单位。要知道，在住宅中，我们为所用掉的 kWh 数支付费用。比如，在用电账单上，我们为每千瓦时支付 8 美分。

旋转运动的功率 7.1.2

图 7.1 中的物体为直线运动，风力机轴为旋转运动。与直线运动的速度和力类似，旋转运动中有“角速度”和“转矩”两个量。在前面的章节中已经讲过这些术语。

轴在力矩的作用下，以恒定的角速度旋转，功率为

$$功率=角速度\times转矩 \tag{7.4}$$

与我们在式（7.2）中纳入了一套恰当的单位类似，式（7.4）可以写成

$$功率(\mathrm{W})=0.142\times\mathrm{r/min}\times\mathrm{ft}\cdot\mathrm{lb} \tag{7.5}$$

在公制系统中，如果速度的单位是 r/min、力矩的单位是 N·m，那么上式的常数约等于 0.105，这样就得到以 W 为单位的功率。

例 7.3：

为了以 1200r/min 的恒定角速度推动一根轴旋转，固定在这根轴上的电动机必须施加一个 35ft·lb 的恒定力矩。这根轴从电动机获得了多少功率？

解：因为角速度和力矩的单位分别为 r/min 和 ft·lb，我们

直接使用式（7.4）就可以得到所需的功率，且单位为 W，即

$$功率=(0.142)(1200)(35)=5964(W)=5.96(kW)$$

例 7.4：

如果 1kWh 电能要花费 7 美分，那么推动例 7.3 中的轴旋转 8h 要花费多少钱？

解：应计算 8h 中的能量并乘以 7 美分：

$$5.96kW \times 8h \times 7 美分/kWh=333.76 美分=3.34 美元$$

请注意，如果将单位相乘，kW 和 h 这两项被抵消了，只剩下美分这一项。

7.2 图

特性曲线

呈现某种关系的曲线，而该关系对应着某台电机或设备的主要特征，这些特征则用某个主要参数的变化来描述。

图可以表示两个（有时是多个）变量间的数学关系。用图形表示往往可以很方便地阐明那些以数学形式隐含在公式中的信息。另外，有的时候图形可以比绘制该图形所依据的公式发挥更好的作用。如果一张图描述了某种关系，而该关系定义了一台电机或设备的性能，那么这张图就叫做该设备的**特性曲线**或者**特性图**。考虑下面的例子，可以更好地理解图的概念和应用。

7.2.1 第一个例子

特性图

特性曲线的另一种说法。

首先考虑一种简单的情况，即式（7.4）用角速度和转矩所描述的轴上功率的关系，这是一种三个变量之间的关系。请注意，因为有三个变量，所以从该方程可以很容易地得到另两个方程，即一个方程是用功率和转矩来定义角速度，另一个方程用功率和角速度定义转矩。

图 7.2 所示的图形中，横轴为角速度的值，纵轴为功率的值。当转矩保持恒定（或者说不变）时，采用该图表示。根据此图，可以根据一个变量的值读出另一个变量相应的值，而无需计算对应每个角速度值的各个功率值。

此图中，可以看出：① 除了坐标轴外，还有一条“直线”；② 该直线穿过原点。原点是两个变量的值都等于零的地方。虽然这时看到的是一条直线，但仍可以叫做“曲线”，因为这是一种通用的称呼。该曲线（此图中为直线）通过原点的原因是，当角速度等于零时，功率的值也等于零。其他方程未必如此。

请注意，绘制这张图时，转矩的值是（且必须是）恒定的。原因显而易见，我们只有两个变量，一个在横轴上表示，另一个

在纵轴上表示。另外请注意，在每个坐标轴上，除了坐标轴上的变量名外，还标明了其测量单位。没有名称和测量单位的图是没有用的。

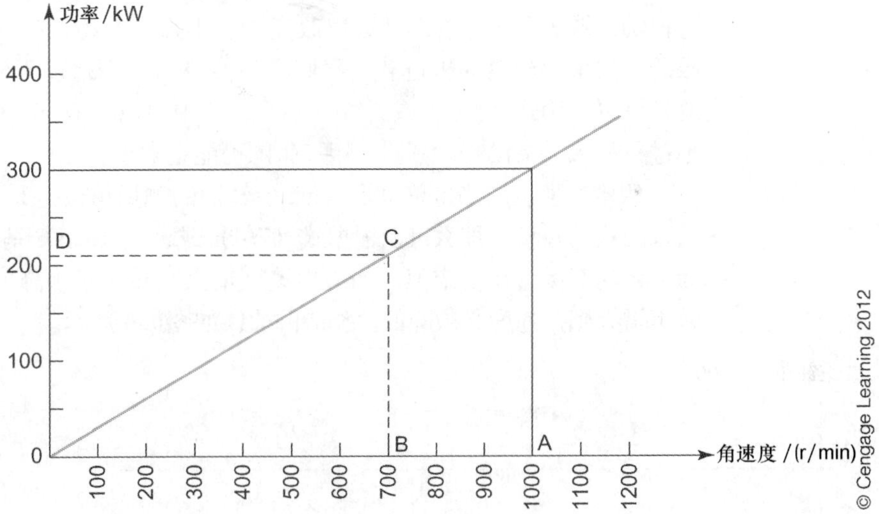

图 7.2　一个简单图的例子

图 7.2 可以表示某个特定的轴，其转矩是恒定的，该图就可以看作这根轴的特性曲线。对于角速度的每一个值，都可以直接读出相应的功率大小，反之亦然。比如，角速度为 1000r/min 时（点 A），相应的功率为 300kW。对于任何其他的值，可以采用与点 A 相同的过程，即从指定的点（点 B）画一条平行于坐标轴的直线直至与曲线相交（点 C），然后再从交点画一条平行于另一坐标轴的直线，则此交点（点 D）就给出了答案，这个答案是 210kW。如果是没有准确标注数值的点，那么可以取其近似值。

没有变量名和测量单位的图是不完整的。

如果某个设备的特性曲线是一条直线，那么就可以说这两个变量之间的关系是线性的。虽然本例中的图是根据已知公式绘制的，但是对于其他一些情况来说，可以通过测量和实验得到，而没有公式。本例中还有两点值得一提：

- 仅给出了设备的角速度和功率变化范围内的值。比如，这根轴的速度最高可以达到 1200r/min 的角速度，所以没有必要把图扩展至超出该速度的值。

- 两个坐标轴的刻度和长度都没有必要相等。

7.2.2　第二个例子

第二个例子仍然考虑一根轴上转矩、角速度和功率的同一种关系。这次我们考虑一种实际中经常发生的情况。假定用电动机驱动一根轴，转矩和角速度都是可以改变的。不过，电动机的容量是有限的，为了不让电动机过载，我们希望使得功率不超过 3.6kW。您总是可以采用式（7.4）或者式（7.5），其中单位为 r/min 和ft · lb，不过，如果手头没有计算器，用一张图可能更省事。

假定角速度的测量单位是 r/min、转矩的测量单位是 ft · lb，我们采用式（7.5），那么可以根据式（7.4）或者式（7.5）马上知道，为了将功率保持在给定值，如果角速度增大则转矩必须降低，如果转矩增大则角速度必须降低。相应的曲线如图 7.3 所示。

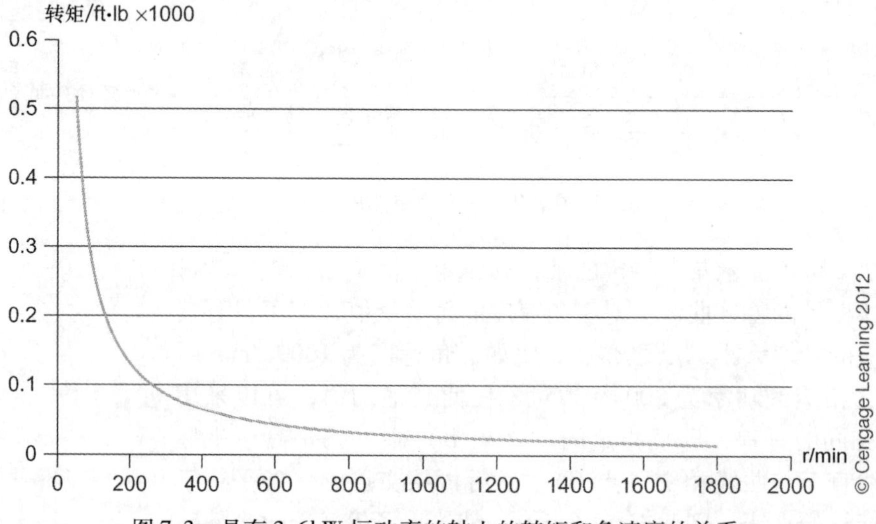

图 7.3　具有 3.6kW 恒功率的轴上的转矩和角速度的关系

图 7.3 中清楚地画出，较小的角速度值对应着较大的转矩值，反之亦然。比如，如果转矩为400ft · lb，则角速度约为64r/min；而对于 500r/min 的角速度，转矩仅为 50ft · lb。请注意，纵轴（转矩）的值乘以了 1000。还要知道，因为在一张图里无法把所有的值都标出来，所以读取的幅值是近似的。此外，用图过程中，尺子是很有帮助的。

7.3　风力机的机械功率

风力机的机械功率是风力机从风中捕获功率的多少。根据第

2 章的内容，我们可以根据风速、空气密度和风力机规格（叶片直径）来确定可捕获功率。不论功率多少，理论上风力机风轮能够捕获的最大比例值为 59% 。实际上，风力机风轮会在 0% 到最大值之间捕获风能，但不会超过 59% 。最大值取决于风轮设计的质量。比如说，对于某个特定的风力机来说可能是 52% 。这是在考虑齿轮箱**效率**之前轴上的能量。后面章节中会讲到，任何设备，像齿轮箱或者发电机，都有一定的效率。所以，经过齿轮箱和发电机之后，风力机最终输出的能量将会更少。

效率

当修改能量的某个参数时，用于测量给到设备或机械的这个能量有多少被消耗掉用于发挥功能。效率是输出能量对输入能量的比值。

效率决定了输入能量中有多少能够反应到输出上。比如说发电机，对于每 100kW 的机械能输入，能输出多少千瓦的电能（肯定少于 100kW，因为过程中部分功率转化成了热量）？

根据前面的讨论可知，风力机风轮捕获的能量在后续的部件中进一步减少。不过本节不打算引入部件效率的作用，我们的目的是研究风力机捕获的功率。尤其是，我们希望知道，当风轮以不同角速度旋转时的各种工况之间是否存在差异。

风力机叶片上某点的速度

第 4 章中讲到，对于绕轴旋转的任何物体，离轴不同距离的点的（线）速度是不同的。据此，我们这里考虑风力机叶片上的点，给出一个公式，从而用到轴线的距离和轴的旋转速度来表述某个点的速度。

速度(ft/s) = 0. 105 × 到轴线的距离(ft) × 角速度(r/min)

这个公式中，如果距离的单位是 ft、角速度的单位是 r/min，那么所确定的速度的单位就是 ft/s。

请注意，“角速度” 和 “旋转速度” 这两个术语是同一个意思，而 “速度” （前面没有任何其他字眼）指的是 “线速度”，为简单起见，通常会省掉 “线” 这个字。

如果不用 ft/s，则希望用 mile/h 来表明速度，用到下式：

速度(mile/h) = 0. 071 × 到轴线的距离(ft) × 速度(r/min)

通常，风力机叶片的叶尖速更让人感兴趣。叶尖这个点到风轮轴线的距离就是风轮的半径，对于给定的风力机，它是一个常数。在风力机中，此点具有最高的速度。

举个例子，考虑 Vestas V82 型风力机的叶片，叶片圆的半径为 41m （134. 5ft）。对于 14r/min 的角速度来说，每个叶片的尖端以 197. 2ft/s 或者说 134. 5mile/h 的速度运动。

当风力机静止时（不运行），捕获的风能为 0% 。这是风力机偏航出风且叶片都顺桨的时候。这种情况下，不希望风力机从风中捕获任何功率。风力机处于偏航出风且叶片都顺桨的位置对应着最小功率捕获。风轮捕获的任何少量的功率都会被风轮制动（为了确保没有风轮运动）抵消掉。

当风力机偏航入风时，叶片捕获风能并在轴上产生力矩。如果桨距可变，那么除了风速、空气密度、叶片规格以及叶片翼型的形式外，力矩的大小还依赖于叶片的桨距角。实际上，改变桨距角可以改变叶片的设计，所以我们需要研究：

1）改变风力机角速度的作用；

2）叶片桨距角的作用。

7.3.1 改变风力机角速度和叶尖速比的作用

回顾第 2 章［式（2.5）］可以知道，风力机风轮的功率捕获与空气密度、风速的三次方、叶片旋转所扫过的面积以及功率系数成正比。我们还理解了风力机的功率系数大小可以达到贝兹极限 16/27。我们之前没有学习过的是，风力机的功率系数是恒定的还是随着某些参数的变化而改变的。

本节中将讲到，风力机的功率系数不是恒定的，而是依赖于角速度的。我们通过曲线的形式来了解这种变化，该曲线可以很好地描述任何特定风力机（风轮）的性能。

> 风力机的功率系数不是恒定的，当角速度变化时，它的值也发生变化。

继续下一步的内容之前，我们要先学习另一个经常用于风力机的术语。再回顾一下，风力机叶片是基于叶片上的升力运行的，该升力依赖于（相对）空气速度。我们还知道，相对空气速度依赖于角速度，以及螺旋桨型风力机的优点之一是叶片可以具有比风速更高的速度。而且，根据第 4 章我们知道，在相同的风轮角速度下，风力机叶片上的各点具有不同的（线）速度。特别是，叶片的尖端具有最高的速度，因为它是距离旋转轴线最远的点。

叶尖速
风力机的叶片尖端的速度。

叶尖速比
风力机叶片尖端的速度与风速的比值。

根据前述的各点我们明白了叶片尖端最高的速度和最大的升力，此升力依赖于旋转速度。叶片尖端的速度称为**叶尖速**。因为我们无法控制风速，所以叶尖速与风速的比值往往更为重要，它定义了一些与风速无关的信息。由此，采用**叶尖速比**这个术语。叶尖速比是一个数值（没有量纲），它定义了叶尖速比风速高出多少倍。比如，叶尖速比为 10，意味着风力机风轮所具有的旋转速度所对应的叶尖速度是风速的 10 倍。叶尖速比为 1 对应着叶尖的旋转速度与风速相同。

叶尖速比是一个（没有量纲的）数值，它确定了风力机的叶尖速度比风速高出多少倍。

例 7.5：

风力机叶片长 130ft，轮毂的直径为 10ft。如果该风力机运行在 15r/min，而风速为 20mile/h，那么叶尖速比是多少？

解：因为轮毂的直径为 10ft，叶片长度为 130ft，所以叶尖到旋转轴线的距离为 135ft。叶片尖端的速度以 mile/h 为单位，所以有（见本章“风力机叶片上某点的速度”的文本框）：

$$0.071 \times 135 \times 15 = 143.78(\text{mile/h})$$

对于 20mile/h 的风速，叶尖速比为

$$143.78 \div 20 = 7.2$$

请注意，因为风速的单位是 mile/h，所以叶尖速也应该用 mile/h 表示，这样相除的两个数字才具有相同的单位。

现在，我们可以利用所学到的关于特性图的知识，来研究风力机功率随风力机角速度的变化而变化。增大叶尖速比（TSR）相当于增大角速度，增大功率系数意味着增大功率。图 7.4 给出了风力机功率系数相对叶尖速比变化的典型形状。从曲线中容易看出，当 TSR 增大时（从零开始，对应着 0r/min），功率系数从零开始，达到最大值，然后又减小到零。对该曲线可这样解释，在 0r/min 时（叶尖速等于 0r/min），风轮不从风中捕获功率；当角速度增大时（叶尖速也增大），功率捕获不断增大，直到在 TSR = 8（不同的风力机可能会有不同的值）处达到最大值。

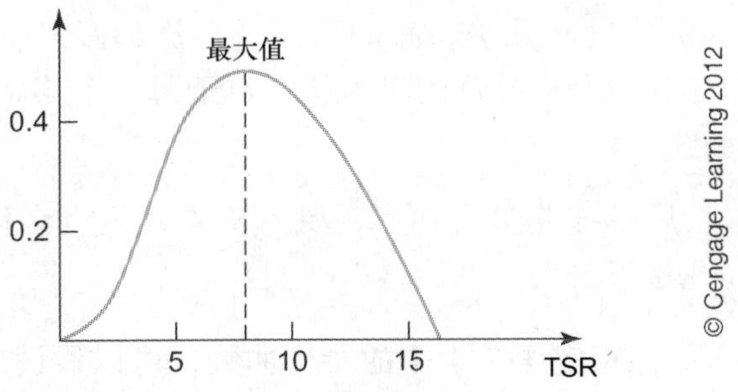

图 7.4　风力机的典型特性曲线

当角速度增大时（TSR也相应增大），叶片上空气动力的变化不会从风中捕获更多的功率（当功率系数为零时，功率也为零）。这个点对应着所有风力产生零转矩的时刻（所产生的转矩相互抵消），于是不产生功率。

图7.4中的特性曲线代表了一种典型曲线。纵轴的刻度描述了功率系数的值，横轴的刻度在零到最大叶尖速比之间变化。每台特定的风力机都有一条看起来与之类似的特性曲线，都通过原点，但最大点的值（对于功率系数和相应的TSR）和TSR的上限（此处功率系数又变为零）会不同。

我们看到增加旋转速度（于是具有更高的TSR）并非总是受欢迎的。这是因为空气动力（从而升力和阻力）随之变化，但不会按照同一比例变化。该曲线还暗示着另一个重要的事实，由于我们希望风力机捕获最大的功率，风力机的旋转速度必须尽可能在功率系数最大的地方。

重要：TSR的值很大并不值得，也不实际。在设计风力机时，必须考虑这件事。TSR的上限为20。对于较老的风力机（较快的风力机），实际可行的值介于14～16；对于现代风力机，则要低一些，为7。

最后所说的这一点意味着，如果希望风力机始终运行在最大功率系数上，就需要根据每一种风速都让角速度做出相应的改变。例如，根据图7.4中的数据，对于每一种风速，叶尖速必须为8倍以上。所以，对于15mile/h的风速，角速度为18r/min（这样叶尖速为144mile/h），而对于30mile/h的风速，就要变为36r/min。

图7.4中的曲线对应着定桨风轮，其叶片的桨距角不能改变。或者，它也可以对应着具有桨距角可调（可控）的风轮叶片的某个特定位置（几乎所有的新型风力机都有桨距角可调的叶片）。对于具有可调叶片的风力机，对于每一个桨距角都有一条这样的曲线。

为了从风中捕获最大功率，风力机必须运行在使功率系数最大（或接近最大）的旋转速度上。

为了更好地理解图7.4中的特性曲线，可以假设风速不变。这种情况下，叶尖速比的任何变化，都反映了角速度的某种变化。也就是说，如果沿着水平轴向右移动，则角速度增大。这样，对于任何风力机来说，当运行速度增大时，功率系数发生相应改变。

改变叶片桨距角的作用　7.3.2

前一节中讲到，要使得风力机始终从风中捕获最大的功率，它的运行角速度必须根据风速可调。但是，在实际中这是很难掌握的，原因在于发电机运行的方式。同步发电机必须运行在恒定的旋转速度，而感应发电机也只能略微偏离同步转速（后续的章节中将会讲到关于风力机运行模式的更多内容）。除此之外，要连续改变风力机的旋转速度不仅需要昂贵的附加控制设备，还会引入诸如额外的冲击和振动等技术困难。所以，还是要找到一种较好的解决方法。

风力机风轮的空气动力性能受到叶片桨距角的影响非常显著。

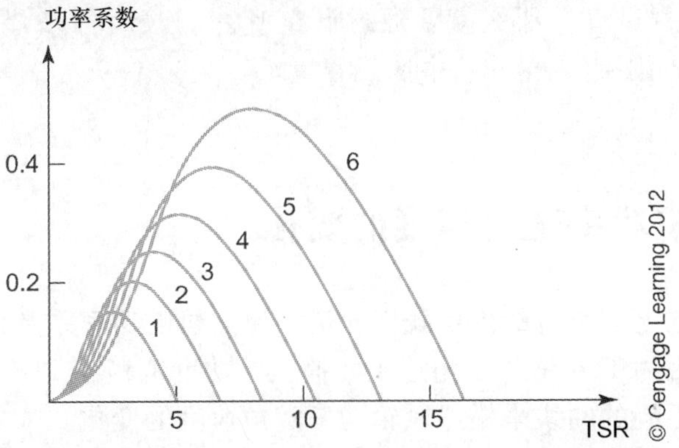

图 7.5　关于风力机叶片不同桨距角的一组特性曲线

为风力机增加调整叶片桨距角的能力意味着要付出额外的成本。不过，桨距角可调所带来的益处可以弥补这些额外的成本并证明是值得的。今天的风力机都配备了用于推动每个叶片围绕其径向轴线旋转以改变桨距角的设备，这种风力机叫做变桨距风力机。通常，变桨距风力机的所有叶片会同时转动且幅度相同（在未来的设计中可能会有所改变）。对于每个桨距角，风轮的性能都会发生变化，也就会有不同的特性曲线来表示其空气动力特性。图 7.5 在同一个坐标系中描绘了一台特定风力机的某些特性曲线。

改变叶片桨距角的效果是降低或者增加风力机的功率系数，也就是说，改变风力机的功率捕获能力。

图 7.5 显示了如何通过改变叶片的桨距角来改变风力机的功

率系数。为了看得清晰，此图中只画出了6条曲线，从1~6编号。每条曲线对应着一个不同的桨距角，从可能的最小值到最大值。曲线6对应着风力机的正常运行，而曲线1（或者在它之前的一条曲线，这里没有画出来）则对应着叶片顺桨的情况，此时捕获的功率不多。这是风力机应偏航出风并停运的时候。

变桨距风力机的所有叶片同时旋转且转动的程度相同。

改变桨距角的另一个用处是限制风力机的功率捕获容量。比如，当风速增大导致风功率超过了风力机的限值（见图6.12），就要降低功率的捕获量。这就需要通过调整叶片的桨距角来实现。于是，虽然风功率较高，但是由于降低了功率系数，所以风轮只捕获了其中较少的部分。

对于变桨距风力机，如果风速增大到捕获的功率会使风力机部件过载，那么就要通过调整叶片的桨距角来降低功率系数从而限制风轮的功率捕获容量。

7.4 风力机功率随角速度的变化

根据上节讲过的内容我们知道，风力机的功率系数随着TSR变化。因为TSR依赖于角速度而捕获的功率依赖于TSR，所以可以定义不同的曲线来描述风轮功率随角速度的变化。

假设风速不变，那么功率只取决于空气密度和功率系数[见式（2.5）]。在某个有限的时间内，风速保持恒定，那么空气密度的变化效应可以忽略。由于功率系数随着角速度变化，所以如果得到不同角速度值对应的风轮功率并画出这些变化，那么就可以获得一条看起来与图7.4中的曲线多少有些类似的曲线。图7.6给出了这样一条曲线，该曲线对应于叶片桨距角的某一个固定值。

图7.6给出了在风速为25mile/h（11.2m/s）的条件下风轮以不同速度转动时所捕获的功率，差别源于功率系数的变化。例如，如果风力机运转在17r/min，其风轮捕获最大功率为1400kW。而在10r/min的速度时，捕获的功率仅为918.4kW。如果风力机一点也不转，那么显然是捕获0kW。此外，如果允许转动特别快，达到32r/min，那么风轮只能转动却不能输出任何功率，因为所有的功率都只能用来推动风轮旋转了（不能在风

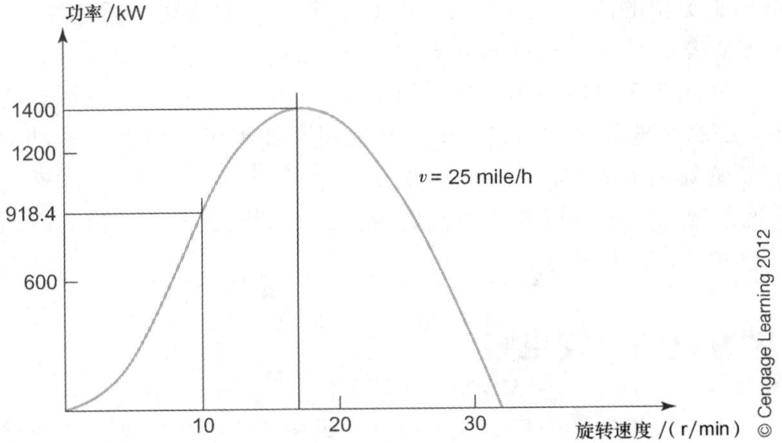

图 7.6　功率捕获相对于风轮角速度的变化
（对于某个固定的桨距角和某个恒定的风速）

力机上连接任何负载）。

最后一种描述也可以给出不同的理解。假设风速低于 25mile/h 且风力机运转在正常速度 17r/min 下。如果由于故障，负载从风力机上脱开（风力机从电网断开），那么风力机就会加速。风力机的速度持续增大直到达到 32r/min。除非为此做出一些反应，否则风力机将以此速度持续运转。这种情形（超速）是不良的，必须避免，否则会导致危险的及破坏性的境地。

因为对于每种风速都能生成一条曲线，所以对于不同的风速可以画出更多条曲线。图 7.7 描述了这样的情况，其中显示了一

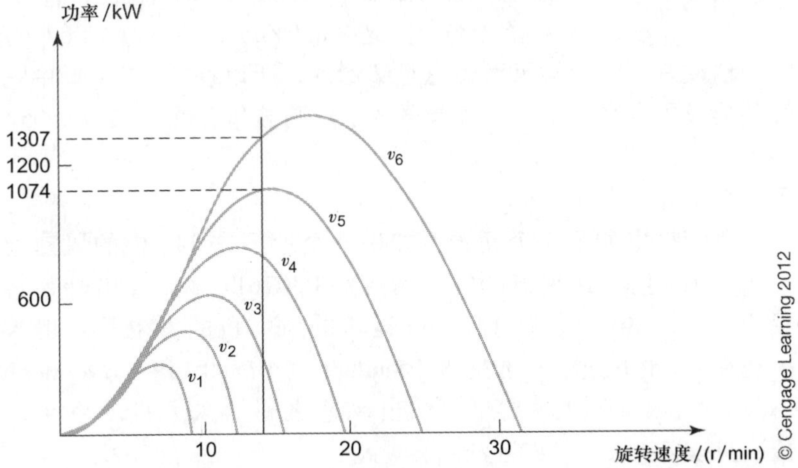

图 7.7　在不同风速下功率捕获相对于风轮角速度的曲线

组样子类似的曲线，每一条对应着某个特定的风速。风速用 v_1，v_2 等来表示，其中 $v_1 < v_2 < v_3 < v_4 < v_5 < v_6$。

从图 7.7 可以看出，如果风力机以 14r/min 转动，且风速为 v_6，那么风轮从风中捕获 1307kW 能量。如果风速降到 v_5，功率捕获则降到 1074kW（假设桨距角不变）。接下来，对于风速为 v_3 的情况，风轮传输的功率就更少了；如果风速为 v_2，风力机就不会再有功率输出了。

7.5 风力机的日发电量

本节将讲述如何确定风力机在一天中产生多少电能。为了更好地理解本节的内容，你可能需要先复习一下第 2 章以及本章前几节的内容。回顾第 2 章我们知道，在一天 24h 中，风不会以恒定的速度吹动，并且风能大小依赖于风速。另外在本章中我们知道，风力机的功率系数不总是相同的值，它依赖于风力机旋转速度和风速。现在，我们将把所有这些信息集合到一起，来描述能够确定风力机日发电量的方法。通过一个描述性的案例，可以给出更好的解释。

出于这个目的，我们要用到式（2.5）。除此之外，还必须要用到给定风力机的相关信息以及该风力机所在区域的风力模式。首先，我们明确式（2.5）的一些单位。如果风力机叶片尺寸用 ft 来表述，风速用 mile/h，空气密度用 lb/ft^3，那么功率的单位就是 W，式（2.5）将有如下的形式：

$$\text{功率(W)} = 0.05 \times \text{功率系数} \times \text{空气密度}(lb/ft^3) \times \text{直径}^2(ft) \times \text{风速}^3(mile/h) \tag{7.6}$$

请注意，因为扫风面积总是圆形的，所以在式（7.6）中它被替换成了直径的平方，而常数（π）则被包含在乘数（0.05）中了。

7.5.1 问题的提出

我们提出如下一个问题：如果一个地区在 24h 内的风速列于表 7.1，且所处季节的空气密度为 $0.076lb/ft^3$，算出叶片直径为 262ft（80m）、以 14r/min 运转的风力机的发电量。切入风速和切出风速分别是 8.95mile/h（4m/s）和 35.8mile/h（16m/s），介于切入风速和切出风速之间的风力机功率系数值，见表 7.2。

表 7.1　所在地区的风况

风速/(m/s)	1.00	2.00	3.00	4.00	5.00	6.00	7.00	7.50	8.00	9.00	10.00
风速/(mile/h)	2.24	4.47	6.71	8.95	11.19	13.42	15.66	16.78	17.90	20.13	22.37
此速度的时间百分比	0.42	1.25	3.33	5.83	8.33	8.75	9.17	9.58	9.17	8.75	8.33
24h 内的持续小时数	0.10	0.30	0.80	1.40	2.00	2.10	2.20	2.30	2.20	2.10	2.00
风速/(m/s)	11.00	12.00	13.00	14.00	15.00	16.00	17.00	18.00	19.00	20.00	更高
风速/(mile/h)	24.61	26.84	29.08	31.32	33.56	35.79	38.03	40.27	42.50	44.74	更高
此速度的时间百分比	6.67	5.00	3.96	2.75	2.29	2.00	1.50	1.04	0.83	0.63	0.42
24h 内的持续小时数	1.60	1.20	0.95	0.66	0.35	0.48	0.36	0.25	0.20	0.15	0.10

表 7.2　介于切入风速和切出风速之间的风力机功率系数值

风速/(m/s)	16	15	14	13	12	11	10	9	8	7	6	5	4
风速/(mile/h)	35.80	33.56	31.32	29.09	26.87	24.61	22.37	20.14	17.90	15.66	13.42	11.19	8.95
功率系数	0.16	0.25	0.32	0.38	0.40	0.44	0.46	0.43	0.39	0.37	0.34	0.30	0.20
TSR	3.64	3.88	4.16	4.48	4.85	5.29	5.82	6.47	7.62	8.32	9.70	11.64	14.55

表 7.1 第 4 行给出了 24h 中各种风速的小时数（或所占比例）。因为第 1 行中的数字是离散的，所以我们可以解释这个表格如下：

1）风吹动的速度介于 0 ~ 2.24mile/h，持续 0.10h（6min）；

2）风吹动的速度介于 2.24 到 4.47mile/h，持续 0.30h（18min）；

3）风吹动的速度介于 4.47 到 6.71mile/h，持续 0.80h（48min）；

4）以此类推。

第 3 行给出的是每个风速范围所持续时间的百分比，不过我们只用到第 4 行。

请注意，表 7.2 中用风速来表述功率系数。因为风力机直径是不变的且风力机以恒定的转速运转，所以这样做是可行的。表 7.2 所给出的功率系数值要比用叶尖速比值来表述更方便。否则，为了得到每种风速下的功率系数，还要进行额外的计算。与表中风速以及 14r/min 的运转速度相对应的 TSR 值，在表 7.2 中则是用单独的一行给出的。

解答 7.5.2

解决此问题的过程是把 24h 分解成多个较小的时间段，然后根据时间长度和该时间段内的风速确定每个时间段的能量，接着把所有能量的数量加到一起。

为了更好地理解，首先假设风速在 24h 内没有变化。这种情况下，调用下式：

$$能量 = 功率 \times 时间 \qquad (重复7.3)$$

对于24h内的能量，用式（7.3）可得到：

$$能量(W \cdot h) = 0.05 \times 功率系数 \times 空气密度(lb/ft^3) \times 直径^2(ft) \times 风速^3(mile/h) \times 24(h) \qquad (7.7)$$

现在，因为在一天24h中风速不是恒定的，所以这个过程将被分解为多个较小的时间间隔。

在开始计算之前，还要注意以下事项：

1）风力机的发电量依赖于空气密度。所以，在所有数据不变的情况下，如果空气密度较大，或者说空气较冷，那么同一台风力机将会产生更多的能量。这就意味着，如果给出的空气密度是夏季的，那么冬季的发电量会略微有所提高。类似地，如果给出的空气密度是冬季的，那么夏季的发电量会略微有所降低。

2）第2章讲过能量和功率。功率是在1s的时间内所做的功（或做功的能力）。功率乘以时间，就得到功或者能量的多少（见第2章关于能量和功率的文本框）。如果功率的单位是kW且时间的单位是h，那么计量能量多少的单位就是kWh（见7.1.1节）。

3）因为表7.1的数值都是基于风速的，所以我们将根据每种风速持续的时间把24h分解为多个段。对于这张表格，无法得到风速变化小于1m/s（2.24mile/h）的时间段，不过可以把几段结合起来对应较大的风速变化，比如2m/s的变化，但这样做会降低精度。

为了理解3）项，我们根据表7.1考虑如下推导过程：

a）风吹动的速度介于0～4.47mile/h，持续0.40h（24min）；

b）风吹动的速度介于4.47～8.95mile/h，持续2.2h（2h又12min）；

c）风吹动的速度介于8.95～13.42mile/h，持续4.10h（4h又6min）；

d）以此类推。

要达到更高的精度，我们将采用较小的时间间隔。

解决此问题的过程是把24h分解成多个较小的时间段，然后根据时间长度和该时间段内的风速确定每个时间段的能量。那么，通过这种方法得到的所有数值之和就是一天内产生的总能量。

用式（7.1）时要注意，对于我们要加在一起的所有时间间隔来说，常数 0.05、空气密度以及直径的平方这几项都是不变的。为简单起见，可以提出这些项，那么能量的产量会变成如下的形式：

$$(0.05)(0.076)(262^2)\{(0.2)(8.95^3)(1.4)+(0.30)(11.19^3)(2.0)+(0.34)(13.42^3)(2.1)$$
$$+(0.37)(15.66^3)(2.2)+(0.37)(16.78^3)(2.3)+(0.39)(17.90^3)(2.2)$$
$$+(0.43)(20.13^3)(2.1)+(0.46)(22.37^3)(2.0)+(0.44)(24.61^3)(1.6)$$
$$+(0.40)(26.84^3)(1.2)+(0.38)(29.08^3)(0.95)+(0.32)(31.32^3)(0.66)$$
$$+(0.25)(33.56^3)(0.55)+(0.16)(35.80^3)(0.48)\}=(260.85)\{200.737+840.701$$
$$+1725.662+3126.077+4020.735+4920.921+7365.786+10298.780$$
$$+10493.190+9280.782+8877.494+6488.722+5197.190+3523.792\}$$
$$=(260.85)(76360.66)=19918677\text{Wh}=19919\text{kWh}$$

于是，如前所述的风力机在 24h 内可产生 19919kWh 的能量。如果把这个数值除以 24，那么平均功率约为 830kW。为了更好地理解这个情况，计算的数值都列在表 7.3 中。

表 7.3　24h 发电量计算小结

风速/(mile/h)	8.95	11.19	13.42	15.66	16.78	17.9	20.13	22.37
功率系数	0.2	0.3	0.34	0.37	0.37	0.39	0.43	0.46
功率/kW	37.4	109.65	214.35	370.65	456.0	583.46	914.94	1343.2
持续时间/h	1.4	2.0	2.1	2.2	2.3	2.2	2.1	2.0
能量/kWh	52.36	219.3	450.14	815.44	1048.8	1283.6	1921.4	2686.4
风速/(mile/h)	24.61	26.84	29.08	31.32	33.56	35.80		
功率系数	0.44	0.40	0.38	0.32	0.25	0.16		
功率/kW	1710.7	2017.4	2437.6	2564.5	2464.9	1915.0		
持续时间/h	1.6	1.2	0.95	0.66	0.55	0.48		
能量/kWh	2737.1	2420.9	2315.7	1692.6	1344.7	919.2		

7.5.3 变桨距风力机

前面的例子中，虽然在提出问题时没有说到桨距角，但是切出风速仅为 35.8mile/h（16m/s）的事实却已经揭示出这是一台老式风力机，没有配置桨距控制能力。在相对较低的风速时，它就会切出，停止发电。而且，对于每种速度的功率系数值都是固定的，见表 7.2。

在现代风力机中，叶片的桨距角可以调节，切出风速也更高。通过调节叶片的桨距角，即使在较高的风速时，功率捕获能力仍然保持在最大功率的水平。从这个意义上说，风力机的性能就像第 6 章的图 6.11 和图 6.12 中的曲线所描述的那样。为了弄清楚发电量的差别，我们将拓展一下前面的例子，在问题描述中增加一个新的条件。于是，新的问题描述如下：

- 某个地区的风速数据见表 7.1，所处季节的空气密度为 0.076lb/ft^3，风力机的切入风速为 8.95mile/h（4m/s）。风力机叶片具有桨距调节功能，在更高风速时能够维持最大功率。如果切出风速为 44.75mile/h（20m/s），那么算出功率系数值见表 7.2 所述且直径为 262ft 的风力机的发电量。

解：上一个例子中的风力机在风速超过 35.8mile/h（16m/s）之后就不再运行了。然而，根据表 7.1 的风力数据，风速能够达到介于 35.8mile/h 和切出风速 44.75mile/h 之间，每天持续将近 1h（根据表 7.1 后 5 列最后一行的数据，更精确地说是 0.96h。把那些列里的时间间隔加到一起就可以得到这个结论）。如果使用上一个例子中的风力机，每天要损失 1h 的发电量，因为风力机无法产生任何能量。

对于本例中的新型风力机，我们需要加上这 1h 的额外能量。这个小时中，风力机的功率捕获处于其最大值。而且，因为该风力机具有桨距调节功能，所以根据第 6 章的图 6.11 和图 6.12 我们可以认为，在达到最大功率后的整个速度范围内输出的功率都维持在最大值。

根据表 7.3，风力机的最大功率为 2564.5kW 且对应着 31.32mile/h 的风速。对于任何超过 31.32mile/h 直到切出风速的任何风速，该风力机都运行在最大功率。也就是说，持续时间为 2.65h（2h 又 39min）。

于是，该风力机产生的能力为

$$
\begin{aligned}
&(0.05)(0.076)(262^2)\{(0.2)(8.95^3)(1.4)+(0.30)(11.19^3)(2.0)+(0.34)(13.42^3)(2.1)\\
&+(0.37)(15.66^3)(2.2)+(0.37)(16.78^3)(2.3)+(0.39)(17.90^3)(2.2)\\
&+(0.43)(20.13^3)(2.1)+(0.46)(22.37^3)(2.0)+(0.44)(24.61^3)(1.6)\\
&+(0.40)(26.84^3)(1.2)+(0.38)(29.08^3)(0.95)+(0.32)(31.32^3)(0.66+0.55\\
&+0.48+0.36+0.25+0.20+0.15)\}=(260.85)\{200.737+840.701\\
&+1725.662+3126.077+4020.735+4920.921+7365.786+10298.780\\
&+10493.190+9280.782+8877.494+26053.2\}\\
&=(260.85)(87204.26)=22747231\text{Wh}=22747\text{kWh}
\end{aligned}
$$

24h 内的总能量多出了 2828kWh，且变桨距风力机的平均功率为

$$22747\div 24=947.8(\text{kW})$$

这比前一台风力机的 830kW 高出很多（或者说，高出 14%）。

表 7.4 给出了这个案例的详细计算结果。不过要说明的是，上个例子中的数据只是为了说明如何计算每天的能量，是出于论述的目的，并非反映某一台真实的风力机。

表 7.4　变桨距风力机的计算小结

风速/(mile/h)	8.95	11.19	13.42	15.66	16.78	17.9
功率系数	0.2	0.3	0.34	0.37	0.37	0.39
功率/kW	37.4	109.65	214.35	370.65	456.0	583.46
持续时间	1.4	2.0	2.1	2.2	2.3	2.2
能量/kWh	52.36	219.3	450.14	815.44	1048.8	1283.6
风速/(mile/h)	20.13	22.37	24.61	26.84	29.08	31.32
功率系数	0.43	0.46	0.44	0.40	0.38	0.32
功率/kW	914.94	1343.2	1710.7	2017.4	2437.6	2564.5
持续时间	2.1	2.0	1.6	1.2	0.95	0.66
能量/kWh	1921.4	2686.4	2737.1	2420.9	2315.7	1692.6
风速/(mile/h)	33.56	35.80	38.0	40.27	42.50	44.74
功率系数	reg'd	reg'd	reg'd	reg'd	reg'd	reg'd
功率/kW	2564.5	2564.5	2564.5	2564.5	2564.5	2564.5
持续时间	0.55	0.48	0.36	0.25	0.20	0.15
能量/kWh	1410.5	1231.0	923.2	641.1	512.9	384.7

年发电量　7.6

一旦理解了计算日发电量的方法，就很容易拓展到年发电量。最简单的情形是，我们假设一年中每天的发电量都是相同的。这样给出的答案是很粗糙的，可能含有很大比例的误差。更为精确的方法是，根据风的可用性和分布情况以及环境温度（空气密度的变化）对一年中各个季节的日发电量重复前述的计算，然后对于每个季节（没必要 4 个，天数相等的季节），用季节的天数乘以日发电量。

上述方法仍然是一种估计。如果能知道关于无风天数的季节性数据，那么在计算时不包括这些天数就会使得估计结果更加精确。还有，如果还有一些天数是计划维护，风力机并不运行，那么这些天数也要排除在外。

现在所有的风力机都能保留主要事件（比如停机和故障）和日发电量的历史记录。这些数据可以用来查看前一年某台风力机的发电量，也可以用来近似预测下一（几）年的情况。

图 7.8 给出了一个风电场在一年的各个月份中的发电量。这个风电场有 50MW 的装机容量，由 25 台 2MW 的风力机组成。

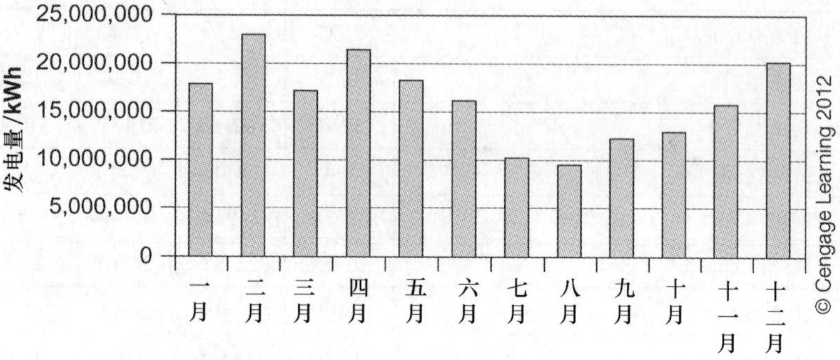

图 7.8　50MW 装机容量在一年中的发电量

例 7.6：

作为案例，我们仍然考虑这样的风力机，它的日发电量由上一节的计算确定。假设前面的计算所针对的是温暖的季节，在寒冷季节中空气密度略微变大，达到 0.0775lb/ft^3（1.24kg/m^3）。另外，为了简单起见，风的模式还被认为全年都是相同的。还有，我们再假设有数据显示一年中有大约 32 天无风并且每年有 9 天风力机被停机，原因是维修或其他。我们希望确定该风力机的年发电量。

解：根据前面的计算，温暖天气时的日发电量为 22，747kWh。首先，我们算出寒冷天气时的日发电量。因为风的模式不变，所以惟一的差别就是空气密度。冬季的发电量高出的比例为 0.0775/0.076（两种空气密度值的比值），也可以说是 1.02 倍或高于 2%。

于是，在前面的图中加上 2% 就得到了冬季的日发电量。

$$22745 \times 1.02 = 23199\text{kWh}$$

如果切除的天数在两个季节里等量分配，那么每个季节里风力机运转（365 - 41)/2 天，也就是 162 天，于是年发电量为

$$162 \times (22747 + 23199) = 7442928\text{kWh} = 7.4\text{MWh}$$

7.7　本章小结

- 图能够描述方程式中两个变量之间的关系。

• 利用图，可以更快地看出两个相关的量相对于对方的变化。

• 对于任何运动的东西来说，都有某个“功率”在推动它。

• 功率与移动某个物体所需的力以及该物体运动得多快（它的速度）成正比。

• 如果（某个物体的）运动是旋转的，功率就与推动该物体所需的转矩和该物体旋转得多快（它的角速度）成正比。

• 风力机从风中捕获的功率受到风力机旋转的多快以及叶片桨距角的影响。

• 风力机的功率捕获与旋转（角）速度之间的关系是非线性的，该关系可用一条曲线来表示（见图 7.6）。

• TSR 表示叶尖速比，它是叶片尖端的速度（当风力机运转时）与风速的比值。

• 风力机捕获的功率依赖于功率系数，风力机的功率系数不是恒定的。

• 风力机的功率系数随着 TSR 而变化，变化的规律与图 7.4 类似。

• 任意时刻的 TSR 都依赖于风速和风力机角速度。

• 风力机必须尽可能运转在让功率系数处于其最大值附近的速度。

• 为了算出风力机的日发电量，必须有 24h 内风力变化模式的数据。

• 把 24h 内风力机功率的各个值（依赖于风速）与风力持续时间（处于这个速度时）所对应的“功率乘以时间”加到一起，可以计算风力机的日发电量。

• 日发电量乘以风力机一年中运行的天数，就可以确定年发电量。对于冬季，需要对空气密度的温度效应做一些校正。

进阶学习

设计 TSR

任何风力机都是针对特定的 TSR 设计的。根据所在地区可能最大的风速（此风速的持续时间最长）和风力机的运转速度（例如，一台风力机可以被设计成运转速度为 15r/min）来确定 TSR。因为风轮尺寸是固定的，所以前面的两个变量

（风速和风力机角速度）就决定了 TSR。

设计过程中，如果画出特性曲线，那么风轮叶片的设计要使得所设计的 TSR 能带来最大的功率系数，如图 7.9 所示。

图 7.9 中，叶片桨距角用希腊字母 ϕ 表示。每条曲线对应着一个恒定的桨距角，其中最大的曲线对应着风力机的常规运行状态。所设计的 TSR 在竖线所指的位置，是处于这条曲线最大值出现的地方，近似为 6。

所有其他的曲线隶属于不同的桨距角 ϕ，它们的最大值都不再所设计的 TSR 处。这些曲线给出了风力机的特性图，在这些情况下，桨距角从常规运行的值被修改为其他值。

文献中，叶尖速比往往用希腊字母 λ 表示，所设计的 TSR 用 λ_d表示，而功率系数则用 C_p来表示。

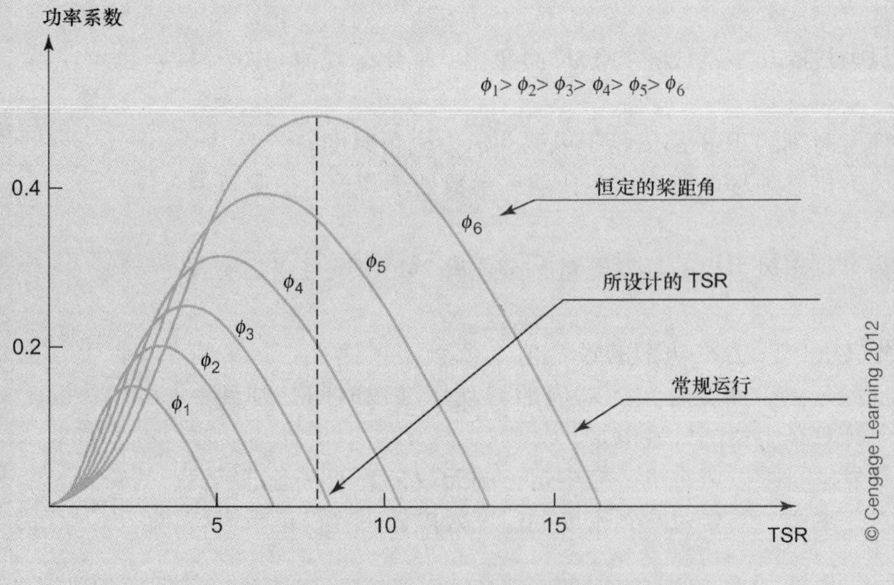

图 7.9 带来最大功率系数的特性曲线

复习题

1. 图有什么用途？
2. 为什么一张图比一个数学关系式更受欢迎？
3. 图有何缺点？

4. 机械功率的含义是什么?

5. 在直线运动的物体中，功率是哪些参数的乘积?

6. 在旋转运动的物体中，用哪两个参数来定义功率?

7. 风力机的功率捕获是恒定的吗?

8. 什么是角速度?

9. 如果风力机旋转得更快一些，那么它会从风中捕获更多的功率吗?

10. 如果已知风力机在某个特定角速度下的功率捕获，您能算出风力机轴上的转矩吗?

11. 如何确定一个点的速度，比如风力机叶片的尖端或者中点?

12. 叶尖速是什么意思?

13. 什么是 TSR?

14. 风力机的特性曲线代表什么?

15. 风力机的 TSR 是恒定的吗?

16. 如果风力机以恒定的（角）速度旋转，且风速增大，那么对 TSR 有何影响?

17. 如果风力机的旋转速度加倍且风速也加倍，那么 TSR 值有何变化?

18. 当风力机制动且不再转动时，TSR 的值是多少?

19. 如果风力机的特性曲线如图 7.4 所示，那么当 TSR 的值为 5 时，功率系数近似等于多少?

20. 如果改变风力机叶片的桨距角，那么最终会是什么发生改变?

应用题

1. 风力机以 18r/min 的恒定速度运行。如果在某个时刻，风轮产生的功率为 1000kW，那么风轮轴上的转矩是多少?

2. 如果推动一台汽车需要 600lb 的力，且引擎供给轮子的功率为 75000W，那么该汽车的速度将是多少?

3. 根据图 7.3（请用一把尺子），确定当轴的速度为 1000r/min 时力矩的大小。将其与已有的计算结果［见式（7.5）］相比较。

4. 一台风力机的角速度为 18r/min，其轮毂的直径为 10ft，每个叶片长 140ft。算出距离叶片尖端 40ft 处的一颗螺钉的速度。

5. 对于问题 4 中的风力机，叶片尖端的速度是多少 mile/h？算出以 ft/s 为单位的速度。

6. 当风速为 25mile/h 时，上一问题中的风力机的 TSR 是多少？

7. 问题 4 中的风力机被用到另一个地点，那里的风速为 18mile/h。如果 TSR 保持相同，算出在该地点此风力机的新的运行转速。

8. 一台风力机被设计成运行在平均风速为 18mile/h 的地区且 TSR 为 8，该风力机具有恒定的旋转速度。如果切入风速和切出风速分别为 9mile/h 和 35mile/h，算出风力机运行期间叶尖速比的最小值和最大值。

9. 某个地区的日风力模式见表 7.5，空气密度为 0.076lb/ft^3。对于特性如图 7.6 所示的风力机，确定其日发电量。切入风速和切出风速分别为 9mile/h 和 35mile/h。假设该风力机的桨距是可控的（具有可调整的叶片），且最大功率出现在速度为 19mile/h 处，在此速度之上，利用桨距控制来维持在最大功率。风轮直径为 270ft，转速为 15r/min。功率系数值见表 7.6。

表 7.5 风况

风速/(mile/h)	3	5	7	9	11	13	15	17	19	21	23	25	27	29	31	33	35	37
持续时间/h	0.2	0.3	0.8	1.4	1.8	2.0	2.1	2.2	2.6	2.1	2.0	1.7	1.5	1.2	1.0	0.7	0.3	0.1

表 7.6 功率系数值（C_p）

TSR	2	3	4	5	6	7	8	9	10	11	12	13	14	15	更大
C_p	0.1	0.2	0.25	0.32	0.39	0.46	0.45	0.4	0.38	0.33	0.3	0.25	0.2	0.15	0.12

10. 对于问题 9 中的风力机，如果在冬季运行 6 个月而在夏季运行 5 个月，包括停机的天数在内，请算出其年发电量。冬季的空气密度为 0.08lb/ft^3。

项目

在一张绘图纸上绘制两条相互垂直的线，用作横轴和纵轴。横轴上以 1in 为间隔标出刻度，直到 5in 或 6in。从左边开始，在每个标记处写下数值 10、20、30 等。在这个坐标轴的最右端，画一个箭头并沿着直线写上“mile/h”。

对纵轴同样处理，不过以 0.5in 为间隔分段。在每 0.5in 长的间隔处，写下数值 10、20、30 等。在直线的顶端画上箭头并在上部写上“ft/s”。另外，在距离原点 2.2in 的地方做一个标记。

现在，从横轴的第 3 个标记处向上画一条竖的细线。类似地，从对应 2.2in 的点画一条水平的细线，这两条线相交于一点。连接此点与原点，形成一条直线，并从右侧开始一直画，直到覆盖了图的整个区域。

用这种方法，您就完成了一张从 mile/h 到 ft/s（反之亦然）的速度转换图。用这张图的方法是，从您知道的数值对应的点开始绘制平行线，直到与斜线的中部相交，再从交点绘制另一条平行线直到与另一坐标轴相交。该点就给出了您要找的相应数值。

您可以把标记点再细分，使得读数更容易。

第8章 并网

关键术语

有功功率
视在功率
平衡性（遗传）载量
容性负载
容抗
集流器
三角形联结
谐波
电感负载
感抗
孤岛
滞后
超前
线电流
线电压
相角
相电流
相电压
功率因数
功率因数校正
无功功率
电阻负载
星形联结
变电站
三相系统
伏安（VA）
乏（var）
Y联结

目标

学过本章之后，您将能够：

- 了解一台运转的机组如何接入已有的供电电网，以及新并网的机组如何在电网发电中发挥作用；
- 了解如何测定接入直流电路中的负荷功率；
- 了解交流电路中存在一种以上类型的负荷；
- 探讨电阻负载、容性负载和感性负载；
- 了解除电阻外，还有一种负荷术语是电抗；
- 理解交流电路中相角的概念；
- 理解电压波形和电流波形可以相似，但是无法同时达到最大和最小值（在同一时刻）；
- 识别交流的三种功率；
- 基于已给定的数据，测量交流电路的三种功率；
- 知道功率因数和其产生的原因；
- 理解功率因数的用法；
- 了解在理想状态下功率因数应该是1，实际运行中应尽可能接近1；
- 理解在交流电路中如何提高功率因数；
- 知道超前和滞后的概念，或是理解诸如“电流超前电压”之类的描述；
- 理解三相系统以及为什么应用三相系统；
- 理解三相之间的关系以及相序的重要性；
- 描述三相系统中的平衡负载；

- 理解三相交流系统中的不同连接方法；
- 解释三角形（△）联结和Y联结的区别；
- 了解三相交流电网中Y联结的特性；
- 根据线电压计算相电压，反之亦然；
- 计算相电流和线电流；
- 理解诸如变电站等新术语；
- 知道风电场中集流器是什么；
- 理解电能质量及其重要性；
- 了解电网发电的条件和发电机并网的条件；
- 理解什么是谐波以及如何在交流系统中避免出现；
- 了解孤岛运行的含义并且知道其发生是不利的。

8.0 引言

除一些小型发电机用来驱动孤立设备或是小系统外，风电场中的发电机，均是作为电网或发电厂中发电源的组成部分，必须与电网相连。从这个角度来说，每台发电机都是电源设备组（电力发生装置）的一部分，一起工作并且技术上相互和谐。每台并网发电机的任务是向电网注入功率的同时，不扰乱系统或是成为电网的负载而起不到电源的作用。

一台已并网的发电机有可能会脱网，也可以从静止状态开始工作。通过满足一些技术条件做好准备后，发电机可以重新接入电网。本章论述了发电机接入电网的需求。在详细论述前，我们首先对电路中的电气术语“功率”进行描述。

8.1 电功率

在第7章中，我们学习了机械功率，这种功率存在于机械系统中，通过机械学方面的概念来描述，如转矩和 r/min。本节描述电气功率，是指电气系统中的功率，通过电气学的抽象变量来描述，如电压和电流。一台发电机是一个机电系统，接收机械功率并且将之转换成电功率。转换产生的电功率少于捕获的风功率（由于各元器件存在损耗，所以电功率不可能高于或是等于风功率）。另一方面，通常必须通过减少风功率，从而适应电力需求或是避免超载（在风速较高时，通常风力发电机需要通过定速控制以限制其输出功率，对比图 6.12 和图 6.11）。

8.1.1 直流电功率

在直流电路中，有两个独立的可测量变量：电流和电压。功率可通过这两个变量的乘积得到：

$$功率(W)=电压(V)\times电流(A) \tag{8.1}$$

通过下面的例子可以更好地理解上述问题。

例 8.1：

一个直流电动机工作时的电流为 35A，如果其工作电压为 100V，计算该电动机的功率。

解：电动机(电)功率 $=100\times35=3500(W)=3.5(kW)$

注意以上求得的是电动机消耗的功率。

例 8.2：

加在一个负荷上的电压为 90V，如果负荷的电阻为 18Ω，求负荷消耗的功率。

解：

首先通过欧姆定律求得电流（电压 = 电阻 × 电流）。

$$电流=90\div18=5(A)$$

$$功率=90\times5=450(W)$$

重点：对于一个电阻性负荷（如发热器仅有加热元件），与接入直流电路或是交流电路无关，均可应用前述的公式。

例 8.3：

如果加热器的功率消耗为 5000W，其工作电压为 230V，求通过该加热器的电流。

解：

$$电流=5000\div230=21.74(A)$$

注意上述三个算例中的功率值是负荷需要电源提供的（负荷是消耗电的设备，电源是提供电的设备）。如果电源无法提供负荷需要的电能，则电压、电流或是两者的值均会降低，降低至两者乘积等于电源能够提供的电能。

通常，一个电源能够产生的功率容量应高于与该电源相连的负荷功率需求。

8.1.2 交流电功率

交流电路中的功率比直流电路中更为复杂，这是由于交流电路中的电容和电感效应在直流电路中没有出现。在交流电路中存在三种类型的负载，而直流电路中仅有一种类型。在直流电路中，所有的负载均可以被假定为**电阻性负载**。除电阻性负载外，交流电路中还存在**电容性负载**和**电感性负载**。一个电阻性负载通过热的形式消耗能量。电加热器或是电灯泡均是电阻性负载，意味着存在阻力（相对电流）。当交流电路中包含有电动机或是电磁体时，就存在电感性负载。一个负载可能同时为电感性和电阻性负载，一个电容性负载相当于交流电路中的电容器。在直流电路中，感性和容性负载没有意义。电容器无法导通，并且电动机也无法引入感性负载。

电阻性负载
对电流仅呈现阻性的负载。

电容性负载
对电容器构成的负载。

电感性负载
含有电动机和电气绕组的负载。

当电路中负载组成仅为具有欧姆电阻的元件，诸如电灯泡或是电热器，不存在任何电动机，则该电路仅具有电阻性负载。如果电路中有其他类型的负载，例如电动机或是包含电动机的设备，负载不能仅被考虑为电阻。在例 8.2 中已提及，如果交流电路中的负载是电阻性的，则可以应用与直流电路中相同的关系式来计算负载需要电源提供的功率。如果负载不是电阻性的，则需要了解与负载有关的相角的概念。

8.1.2.1 电容性和电感性负载与相角

若一个电容器接入直流电路中，相当于一个断开的电路，没有电流通过。可是在交流电路中，电容器相当于一个导体，其中有电流通过。该电流阐释了阻性闭环电路的存在。通过电容器呈现出来的电阻力称作**容抗**，并且从电路负载的角度为容性负载。如果两侧施加的电压是正弦变化的，则其电流也是正弦变化的。

容抗
电容器在交变电流电路中表现出的对电流的阻力（限制电流）。

不过，电流总是超前于电压，也就是说电流信号比电压信号先达到其最大（最小）值。我们称之为电流**超前**于电压。同样，也可以说电压**滞后**于电流。图 8.1 阐明了超前和滞后的含义。超前（滞后）可以定义为一个周期中的一个时间段。电流超前电压的时间差取决于电路和电路的各组成元器件。

超前
描述交流电路中功率因数的术语，当电流领先于电压时，电路具有超前功率因数，与滞后功率因数相反（参看滞后）。

当一组电容器接入交流电路后，由电容器表现出的电气阻力称为容抗，根据电路中负荷的分类，被视为容性负载。

因为一个周期是 360°，超前的大小可以用度数来描述（替

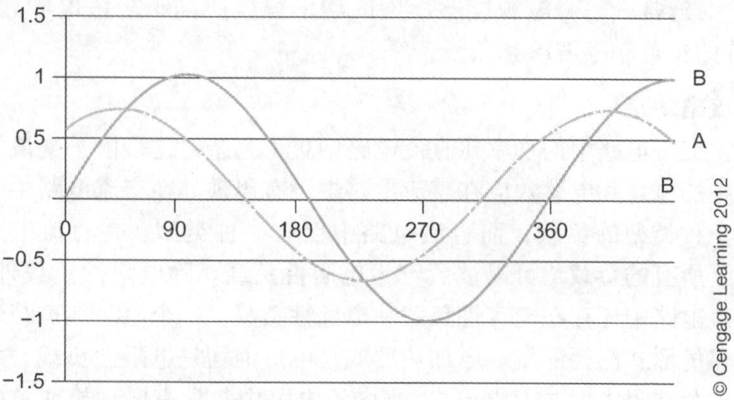

图 8.1 超前和滞后的含义：A 超前于 B（B 滞后于 A）

滞后
描述交流电路中电流落后于电压（一个周期中，电压比电流先达到其最大值）时功率因数的术语。

相角
交流电路中电压波形和电流波形之间的角度差。其物理意义可表示为两个电路波形之间的时间延迟。

电抗
电感器在交变电流电路中表现出的对电流的阻力（限制电流）。

代相应的时间)，例如 40°。该度数代表角度，称为电路的**相角**。相角由电路中电流超前电压的多少（角度，例如多少度）决定。对一个纯（100%）电容性负载，角度为 90°。因为电容器的行为取决于电流变化的频率，并且因为电路中可能有包括电阻在内的多种元器件，电流超前的量有可能是 0°～90°的任意值；更确切地说，该值为非负值，并且不大于 90°。

相角在交流电路功率的求取中非常重要。当一个绕组（线圈）接入直流电源时，只有绕组或线圈中的电阻起作用。绕组电路中的电流取决于电阻值。另一方面，在交流电路中，绕组中的线圈表现出更明显的效应。与线圈尺寸、线圈数等有关，并且受电源频率影响，绕组表现出对电流的阻力，相比接入直流电路，更为减小了电流。

在交流电路中，绕组被认为是电感，其欧姆电阻（绕组电阻）可被忽略。如果绕组接入直流电路，并且通过绕组中的电流更大，是接入交流电路的 10 倍或是更大，则可以忽略绕组的电阻。一个电抗器表现出制动交流电路中电流流动的作用，这种制动作用转变为限制电流的作用，可以得到一个与电流相关的阻力系数，基于电压。这种包含电感器的电路中的电气阻力被称为**电抗**，并且称该电路中有感性负载。

一个交流电路包含有感性负载，则电流波形跟随（落后于）电压上下变化，含义是电流信号落后于电压信号达到其最大（最小）值。我们称电流滞后于电压。根据电路的构成和电路中的其他元器件，电流滞后电压的值（电流与电压之间的延迟）不同。

当一组电感器接入交流电路后，由电感器表现出的电气阻力称之为感抗，根据电路中负荷的分类，被视为感性负载。

如果交流电路的负载仅为一个电抗器，则电路相角为 -90°。负号是由于以电压为参考，并且因为电流落后于电压，角度即为负值。可以说对于一个纯感性负载，相角是 -90°，并且对于其他任意电阻性和电感性负载的组合，相角值在 -90° ~0°。

在一个电路中，相角通常在电压和电流之间。对于一个纯电阻负载，相角为 0°。对于一个纯容性负载相角为 +90°，纯感性负载的相角为 -90°。

当一个交流电路同时包含容性和电阻负载时，相角在 0° ~90°。如果同时包含感性和电阻负载，相角在 -90° ~0°。在一般电路中，包含三种负载（电阻负载、容性负载和感性负载），相角将在 -90° ~ +90°。取决于各种负载的大小。

在家里我们通常用电灯、电冰箱、洗衣机等，负载并非纯电阻。工业上亦是如此，电动机和其他设备均是由电阻性负载、容性负载和感性负载混合而组成的。因此，在一个具有多支路（伸向多个用户）的交流电路中，每个用户均有一个电流，相角不同（取决于电量的使用），对应不同的相角。电路总的相角由所有电流的和决定。在下面的例子中，利用矢量表示交流电路中的电压和电流，可以使计算变得更为简便，并且在实践中应用广泛（参考本章中交流电路中矢量的应用）。

例 8.4：

图 8.2 表示了一个电路，电路中电阻负荷总和表示为 $R=4\Omega$，电容性负荷为 $X_C=6\Omega$，电感性负荷加起来表示为 $X_L=3\Omega$。如果电压为 120V，求该电路的电流和相角。

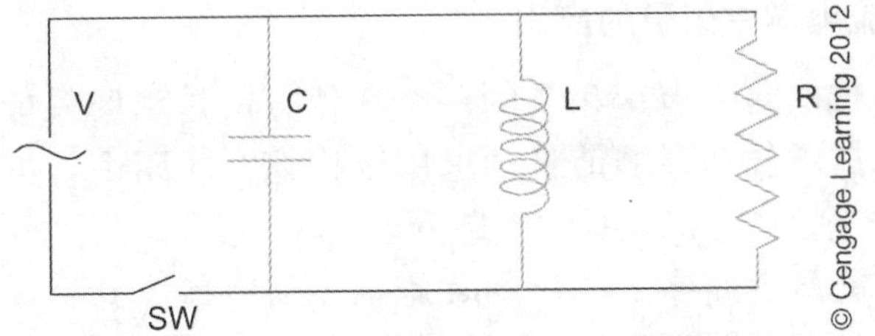

图 8.2　接入交流电路的负荷实例

求解：通过电阻器、电感器和电容器的电流分别为

$$电阻 R 电流 = I_R = 120 \div 4 = 30(A)$$
$$电感 L 电流 = I_L = 120 \div 3 = 40(A)$$
$$电容 C 电流 = I_C = 120 \div 6 = 20(A)$$

电流矢量的大小相应于上述三个数值，电阻、电感和电容的相角（电流和电压之间的角度）分别为0°、-90°和90°，基于它们的大小，电流矢量如图8.3中所示。

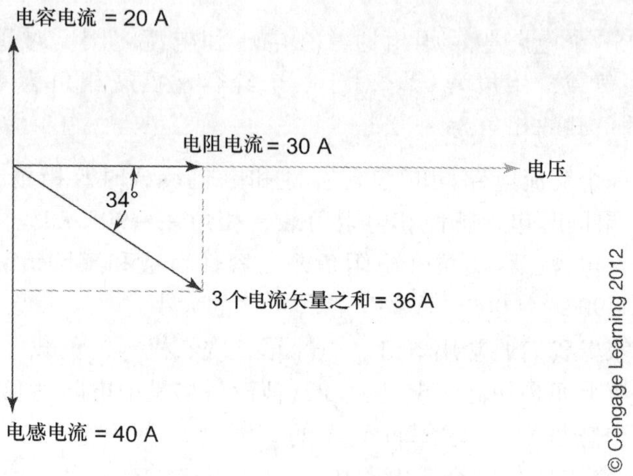

图8.3　例8.4求解

如图8.3所示，电路中三个电流的和为36A，可测得相角为-34°。这表明该电路中电流滞后于电压34°。

注意通过电感器的电流为40A，但是总的电流大小为34A（小于40A），这在交流电路中经常发生。其产生原因是由于电容器的作用，与电感器作用正好相反。事实上，如果通过电容器的电流等于通过电感的电流，则两者可以抵消，总的电流将仅为通过电阻的电流。

交流电学中矢量的应用

交流电路中表达相角的一个便捷方法是利用矢量来表示电压、电流和功率的值。这里用以描述在应用中常见的并联电路，包括风力机及其并网部分。

在并联电路中，电压通常施加于所有的支路，选取电压作为参考，在图8.4中表示为沿水平轴的一个矢量。相角的正向为逆时针方向（CCW）。

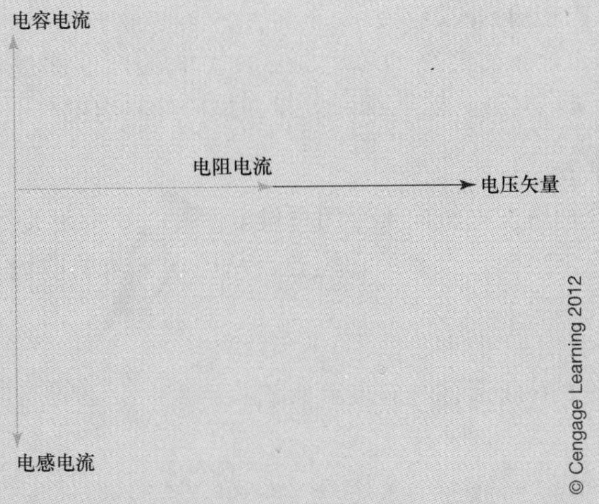

图 8.4　交流电路中电压和各种电流的矢量示意图

对于电路中所有的支路负载，基于负载类型（电阻、电容、电感负载），其电流也表示在图 8.4 中。在这样一个例子中，对于纯电阻负载，表示其电流的矢量与电压矢量方向相同（水平方向），纯容性负载的电流表示为垂直向上的矢量（相对于电压为 +90°），通过感性负载的电流表示为垂直向下的矢量（电路中的任意电感器）。

通过对所有电流求和可以得到电路的相角；换句话说，通过对电流矢量求和可以得到一个矢量，该矢量与电压矢量（正向或负向）的夹角决定了电路的相角。

图 8.5 表示了 3 个电流矢量的求和，同时也指出了电路的

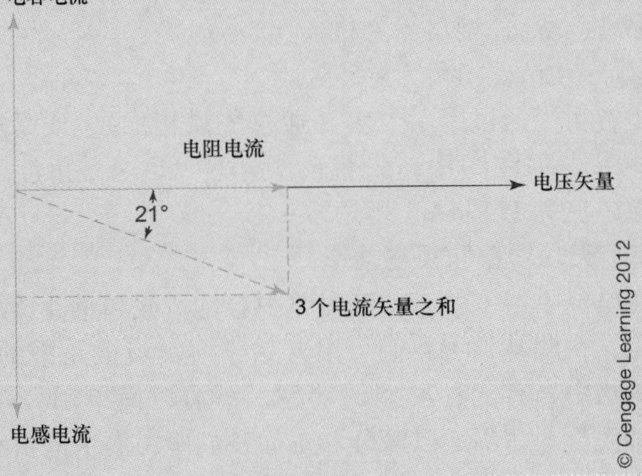

图 8.5　交流电路中电流矢量求和示意图

相角。该相角为 -21°。

该矢量和为电路的总电流。注意我们能够测量该矢量的两个分量，并且通过其横向分量和纵向分量求取总电流。

例 8.5：

一个地区发电机向 4 个用户供电。图 8.6 中用矢量的形式表示了这 4 个负载，表示了它们各自从电源获取的电流及其相角。求取电路总电流。

解：

如图 8.6 所示，电流表示如下：

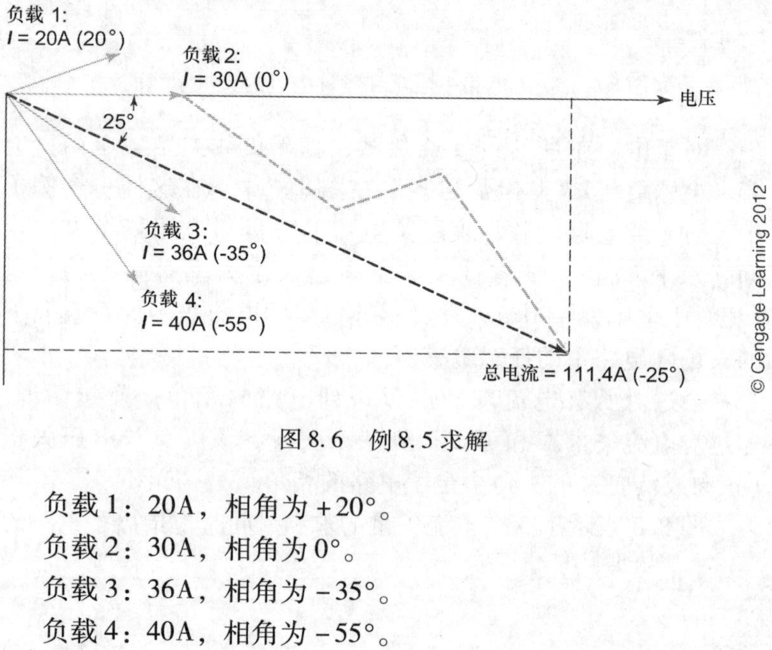

图 8.6　例 8.5 求解

负载 1：20A，相角为 +20°。

负载 2：30A，相角为 0°。

负载 3：36A，相角为 -35°。

负载 4：40A，相角为 -55°。

总电流可以通过图示求取（通过矢量相加），或是通过数值求取。结果表示在图中，矢量的大小为 111.4，角度为 -25°。因此，总电流为 111.4A，相角为 -25°。

8.1.2.2　有功功率、无功功率和视在功率

现在已经学习了关于交流电路中容性负载和感性负载产生的不同效应，在此基础上我们可以开始学习交流电路中的功率了。在交流电路中，有三种类型的功率，不可以简单用“功率”一词来一概而论，而不加以区分。正如我们所说的术语负载——实际对应电阻性、电容性和电感性负载，可以认为对于功率同样如此，但是并非全部如此。

交流电路中的三种功率包括有功功率、无功功率和视在功率。理解这三个术语的含义以及实际上它们如何影响功率的产生和消耗非常重要。

有功功率是电气设备做功或是转换成其他类型能量的有效功率。举例来说，在电动机中，机械功率是由转矩和转速决定（量测）的。在有加热元件的加热器中，功率是指每秒产生的热量。在一些书中有功功率也被称为有效功率或实际功率。

有功功率
转化成热或功的净功率。

无功功率是由电路中电容器（或容性负载）和电感器（或感性负载）产生的，设备正常工作必须要有无功功率。电容器和电感器是通过从电源中借功率工作的，但是它们也向电源归还功率。在电压变化的半个周期（多为正弦曲线）中，它们（从其连接的电路中）获取功率并储存，在后半周期中，它们再将功率反馈回电路。尽管如此，该功率（每秒的能量）必须是可获得的。也就是说，电源必须能够提供此额外的功率。之所以称之为额外的功率，是因为该功率无法转换为真正的功。

无功功率
一定量的功率，前一个半周波内会被储存到电容或电感中，接着在下一个半周波内回馈到电路中。举例来说，这个功率在电动机中用于励磁。

因为有功功率和无功功率自然特性不同，它们不可直接相加。它们必须作为矢量相加。有功功率和无功功率能够用矢量表示，两者相差 90°。这样，为求取一个电源向一个确定负荷提供的功率，可以将它们相加。

图 8.7 描述了一个同时包含感性成分和电阻成分的负荷。诸如这样的例子有很多。任意电动机均可以描述为这样一个负荷，换句话说，所有电动机的绕组均表现为一个纯电阻与一个纯电感负荷的并联。

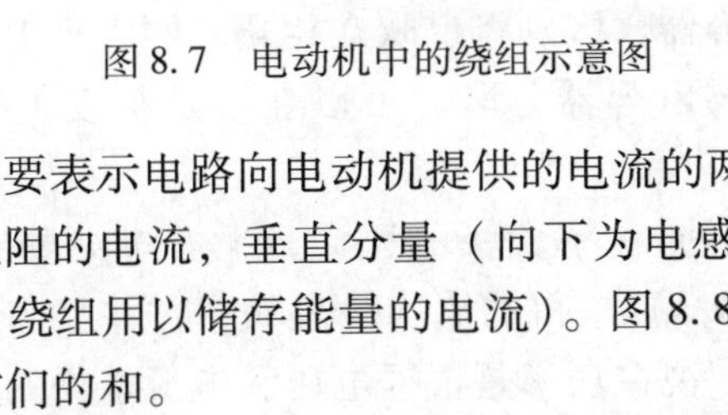

图 8.7　电动机中的绕组示意图

如果我们要表示电路向电动机提供的电流的两个分量，水平分量为通过电阻的电流，垂直分量（向下为电感器）表示电感器中的电流（绕组用以储存能量的电流）。图 8.8 中表示了这两个电流以及它们的和。

图 8.8 也给出了这个交流电动机功率的矢量表示。图中表示

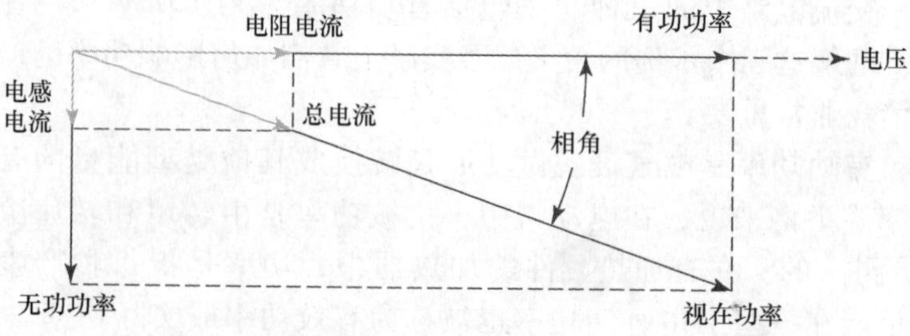

图 8.8 通过图 8.7 电路中各元件的电流

视在功率
发电机必须提供的功率，用以替代电路中消耗的有功功率和无功功率。由于存在相位差，视在功率不等于两者的代数和。

伏特-安培（VA）
交流电力系统中电功率的单位。通常用于表达视在功率。

var
交流电力系统中无功功率的单位。在包含电感（线圈、磁体和电动机）和电容器的电路中存在无功功率。

功率因数
有功功率和视在功率的比值，该比值小于1。

出了三个功率，其中两个已经定义。有功功率表示为沿水平轴的矢量，无功功率表示为沿纵轴的矢量，彼此相差 90°。第三个功率是有功功率和无功功率的矢量和，称为**视在功率**，表示由电源向电路提供能量所需的总功率。

此外，如图 8.8 所示，无功功率与电感器中的电流有关，由电压和通过电感器的电流相乘得到。同样，有功功率通过电流的横轴分量和电路电压值（电路中在电动机上施加的电压）相乘得到。视在功率取决于总电流和电路电压的乘积。

在任何（单相）交流电路中，三种功率的表示如下（忽略电流之前的“合计”一词）：

$$\text{有功功率} = \text{电压} \times \text{电流} \times \cos(\text{相角}) \tag{8.2}$$

$$\text{无功功率} = \text{电压} \times \text{电流} \times \sin(\text{相角}) \tag{8.3}$$

$$\text{视在功率} = \text{电压} \times \text{电流} \tag{8.4}$$

为了在实际应用中区分上述三个功率，分别应用三种不同的单位。有功功率，反映了真实的物理功率，单位为 W。视在功率，定义了**伏特-安培**的量值，单位为 VA。无功功率的单位是 **var**。

通常相角被表示为希腊字母 θ，其余弦值 $\cos\theta$ 被称为**功率因数**，功率因数总是小于 1。

对比图 8.7 和图 8.2 中的电路，表明如果除电动机外电路中还存在一个电容器，区别将反映在相角 θ 的大小上。大多数感应交流电动机均与电容器并联，可以在一定程度上减少相角 θ 的大小。

一个对于不同功率含义的正确理解是非常重要的。基于式（8.2）和式（8.3）求得的值均代表功率，并且与交流电路中相同的负荷有关。视在功率是根据电压和电流求得的功率的值，电路（电源）必须能够向负荷接入点供电。基于功率因数，仅有部分功率做有效功，但是其他功率必须用以做储备。当考虑设备效率时不可混淆，我们有可能认为该部分能量转换成有效功。至于效率，其余消耗的能量转换成了热，其值必须能够数值相加（不包括矢量）。

图8.9给出了交流电路中功率的解释。图中画了一个蓄水池，有一个排水孔，不在底部。水槽中的水表示功率。如果排水孔在水槽的底部，则所有的水（功率）均是可用的。若排水孔距离水槽底部有一定的距离，则尽管水槽是满的，但是只有部分水可用。因此，对于同样大小的发电量，在直流系统中所有的功率均是可用的，但是在交流系统中仅有一部分是可利用的，且都必须存在。

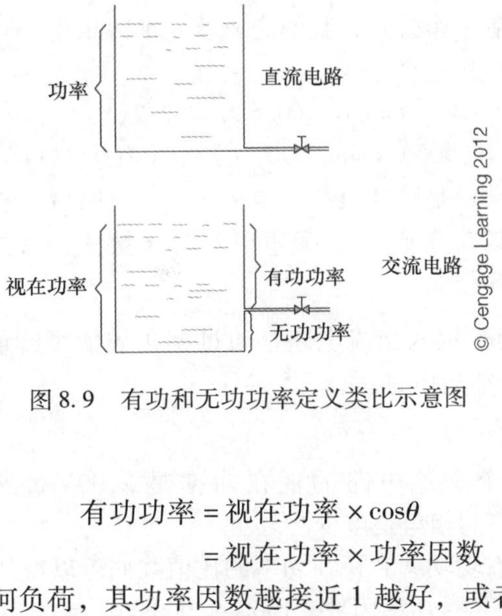

图8.9　有功和无功功率定义类比示意图

因为

$$
\begin{aligned}
\text{有功功率} &= \text{视在功率} \times \cos\theta \\
&= \text{视在功率} \times \text{功率因数} \qquad (8.5)
\end{aligned}
$$

对于任何负荷，其功率因数越接近1越好，或者换句话说，相角θ接近0。否则，将由线路中额外的电流导致浪费较多的能量，同时维持备用功率（无功功率）。

我们并非是从负荷的角度关注功率因数，而是从发电机的角度，发电机必须提供额外的功率。相角大（功率因数小）是不理想的，但是功率因数是各个负荷的属性，在负荷的角度，我们尽量减少相角，提高功率因数。尽管如此，不可能总是从消费者的角度提高功率因数，因此从发电商角度考虑，必须制定条款用以补偿功率因数。

例8.6：

一个交流电动机接入120V的交流系统中，电流为7.5A。如果该电动机的功率因数为0.68，求视在功率、有功功率和无功功率？

解：

$$视在功率 = (120)(7.5) = 900(VA)$$

$$有功功率 = (900)(0.68) = 612(W)$$

为求取无功功率，可用下面的任意一个计算公式：

$$无功功率 = \sqrt{视在功率^2 - 有功功率^2} = \sqrt{900^2 - 612^2} = 659.9(var) \approx 660(var)$$

$$无功功率 = (900)\sqrt{1 - 功率因数^2} = (900)\sqrt{1 - 0.68^2} = (900)(0.733) \approx 660(var)$$

$$无功功率 = 视在功率 \times \sin\theta$$

对于最后一个公式，我们需要首先求得相角。当相角已知的情况下通常应用这个公式。

$$\theta = \cos^{-1}(0.68) = 47.2(°)$$

$$无功功率 = (900) \times \sin(47.2°) = (900)(0.733) = 660(var)$$

注意电动机是感性负荷，当接入交流电路后，电流滞后于电压。因此，如果要画出电流和功率的矢量图，相角47.2°是负值，与图8.8相似。

当电动机接入交流电路，通过相角的值可知电流滞后于电压是一个滞后电路。

例8.7：

如果一个交流电路的视在功率是2000VA，有功功率为1500W，电路的相角是多少？

解：从有功功率和视在功率的比值我们可以得到功率因数：

$$功率因数 = 1500 \div 2000 = 0.75$$

$$相角 = \theta = \cos^{-1}(0.75) = 41.4(°)$$

注意：在这个例题中，未给出负荷的特性（容性或是感性），因此电路可以是滞后的或是超前的，这取决于负荷。

例8.8：

一个电路的有功功率为5000W，功率因数为0.7。如果电压为220V，电路的电流是多少？

解：

根据式（8.2）可得

$$电流 = \frac{有功功率}{电压 \times 功率因数} = \frac{5000}{(220)(0.7)} = 32.5(A)$$

例 8.9：

一个 220V 电路的无功功率为 4000var，功率因数为 0.65（滞后）。为了提高功率因数，电路中加入一个电容器（并联接入电路）。如果电容器电流（电容器从电路吸收的电流）为 15A，则新的功率因数是多少？

解： 参考图 8.2，如果电路中有容性负荷，电流矢量是向上的（也就是电流领先电压）。滞后的电流（也就是，在电容器接入之前）是由于感性负荷引起的，其电流矢量是向下的。电容器的作用是部分或是全部抵消电感性负荷的电流。

$$\text{感性负荷电流} = 4000 \div 220 = 18.22(\text{A})$$

在电容接入后感性负荷的电流 = 18.22 − 15 = 3.22（A）。

现在，需要找出总电流中未改变的分量（也就是沿电压矢量方向的分量，不受电容器的影响）。可以基于无功功率和功率因数，通过求总电流求得。

$$\text{总电流} = \frac{18.22}{\sqrt{1-0.65^2}} = 23.93(\text{A})$$

$$\text{不受电容器影响的电路分量} = (23.93)(0.65) = 15.55(\text{A})$$

在电容器接入后的总电流可以通过上述电流值求得：

$$\text{新的总电流} = \sqrt{15.55^2 + 3.22^2} = 15.88(\text{A})$$

$$\text{新的功率因数} = 15.55 \div 15.88 = 0.98$$

这个算例阐述的是工业中通用的措施。为了提高功率因数（或补偿功率因数），也就是提高它的值，在电路中增加电容。功率因数的理想值为 1。

图 8.10 有助于说明本例在解题过程中不同的电流值。如图和计算中所示，由于新增了电容器，电源提供的总电流由 23.93A 降低为 15.88A，但是有功功率未改变。在输电线中电流大将导致较大的能量损耗。

交流电路中功率因数的理想值为 1。大部分负荷是感性负荷，它们的功率因数可以通过并联接入合适的电容来提高。这是一个常用的手段，称为**功率因数补偿**。

功率因数补偿

通过在交流电路中引入一些电容器，提高功率因数。

例 8.11 说明了如何通过利用在电路中与负荷并联接入一个电容器来补偿一个负荷或是电路的功率因数。需要注意的是，也可通过例 8.9 理解，如果电容器电流大于 18.22A，则电流将超前电压。在这种意义上，如果电容电流非常大，则尽管功率因数较高，但是将失去新增电容器带来的益处。

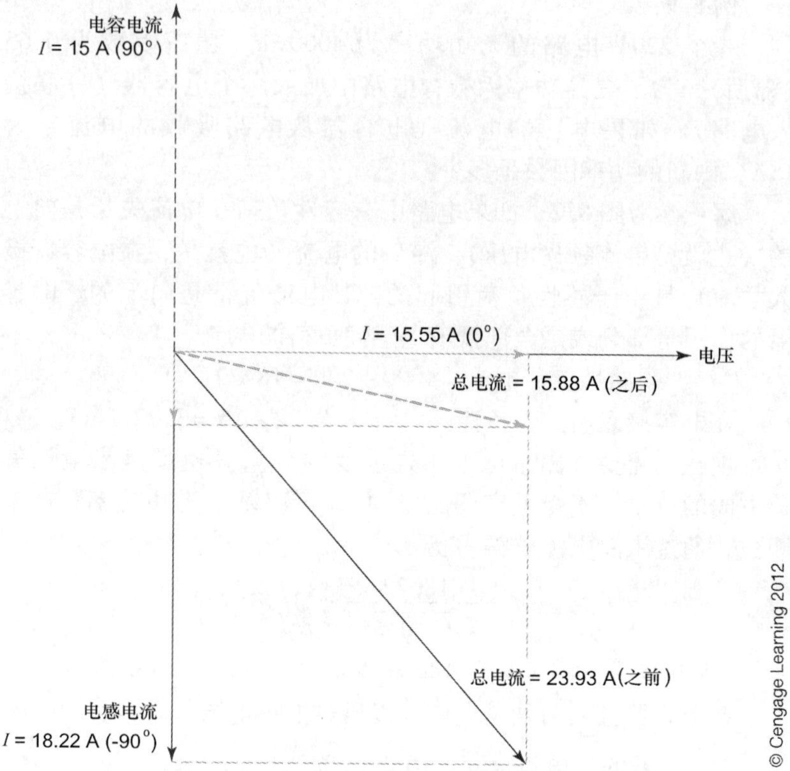

图 8.10 例 8.11 的图解

事实上，电路中并非只接入一个负荷。负荷通常也不是保持不变的，它们经常变化。因此，必须基于所有负荷最可能的值选择合适的电容器，需要考虑各负荷接入运行的时间、占比以及每个负荷运行的比率。举例来说，一台机器平均每天能够以 80% 满容量工作 8h。

下面的例子说明了对于一个交流电路如何选择电容器，以电容的电抗为基础进行选择。关于电抗在本章已有描述（参看容性和感性电抗）。

例 8.10：

一个交流电动机额定电压为 240V，额定功率为 3500W，电路的频率为 50Hz。如果电动机大多数情况下工作在 80% 额定容量，功率因数为 0.76，若将功率因数提高至 1，求需要与电动机并联接入的电容？

解：我们将求取将功率因数提高至 1 需要的电容，了解到功率因数不可能精确等于但是接近 1。首先求电动机以 80% 容量运行时的电流。

$$电流 = \frac{(3500)(0.8)}{(240)(0.76)} = 15.35(A)$$

由电动机绕组电感引起的电流为

$$感应电流 = (15.35)(\sqrt{1-0.76^2}) = 9.98(A) \approx 10(A)$$

现在，我们将求在电压为 240V 时电流为 10A 的电容。电容的容抗为 24Ω（240 ÷ 10）。电容器的值可以通过公式求得：

$$电容 = \frac{1}{(2)(\pi)(f)(X_C)} = \frac{1}{(2)(3.14)(50)(24)}$$

$$= 1.33 \times 10^{-4}(F) = 133(\mu F)$$

答案是 133μF。我们将依次找到最接近的标准电容器。

三相交流系统功率

式（8.2）~式（8.4）适用于单相交流系统，工商业电力生产是应用三相系统。前面章节关于交流系统功率的描述不仅适用于单相系统也适用于三相系统，功率公式为适用于三相系统应做少量改动。本节不再详述三相系统的细节，而给出用于视在功率、有功功率和无功功率的公式。

三相交流系统比单相交流系统的效率高。事实上，一个**三相系统**是由三个同步的单相系统组成。三个单相的正弦变化不同步，所有相并非同时达到最大值。如图 8.11 所示，表示了三相的顺序。交流电力以三相的形式发电和传输。

8.1.2.3

三相系统

三相电力系统；交流电力系统的种类，需要至少三根电线输电。每两根电线之间的电压是正弦变化的，频率和振幅相同，但是这三个电压达到最大值的时刻之间存在固定的延迟。

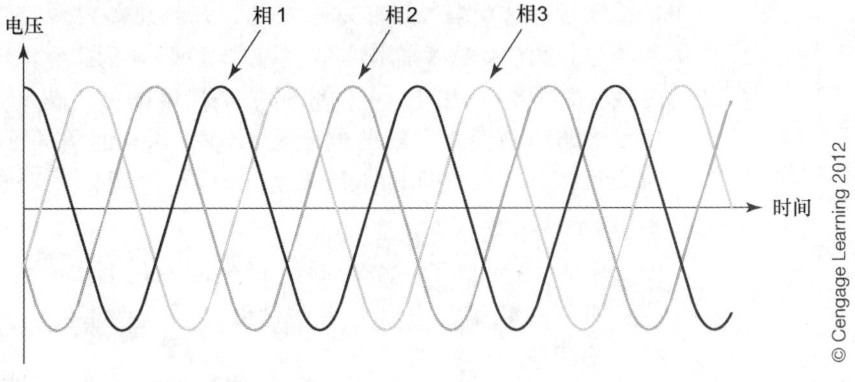

图 8.11　三相交流系统电流波形

从电力消费的角度来看，要么是通过三相系统将电力送至大用户，如企业、工程和大的商业建筑，要么是通过单相送电至家庭或是小型建筑。城市级的配电是三相。举例来说，有三个街道，每个街道由三相中的一相供电（单相送电至街道上的各个家庭）。从技术的观点来看，用户在三相之间的分配必须通过这样的方式完成，并且尽可能每相的负荷相等。如果三相上的负荷相等，则系统具有**对称负荷**。对于发电和输电系统来说，具有对称负荷更好，可以减少浪费。

对称负荷
三相电力系统中的三个负荷相等。

△联结
三相电力系统中三相线路与负荷的一种连接方法，在此联结下，三个负荷构成三角形。

Y联结
也称做星形联结，三相负荷与供电线的一种连接方法。一个三相负荷有六个端点，其中三个连接在一起，其他三个与供电线相连，则构成一个Y联结。端点的选择顺序非常重要。

星形联结
电力线路和三相负荷的一种连接方法，三相线路连接后形成字母Y的形式，与构成△相反。

相电压
接入三相系统单个负荷的电压。相电压和线电压的关系取决于采用的连接方法（△联结或是Y联结）。

三相电力系统

为深入理解前面给出的三相电力系统的公式，读者有必要了解一些三相电力系统的基础知识。因为三相电力系统与三个单相系统等效，我们可以将这样一个系统分解为其等效的三个单相系统。但是，这个办法有些繁琐且容易混淆。一个三相系统应用三根或四根电线，在后续段落中将对此进行描述。

一个三相负荷由三个相似的元件（如三个电阻）或三个元件群（绕组和电容器，例如大多数电动机）组成。一个三相负荷可以采用两种方式接入电路，或是△**联结**，或是Y**联结**（也称作**星形联结**）。

如果三相负荷中的元件连接在一起后形成一个三角形（Δ，希腊字母），并且三角形的每个顶点均与三相电力线路相接，这称之为一个△联结。如果将三相负荷元件的一端连接在一起，形成一个字母 Y 的形状，并且每个元件的另一端接入电力线路，这称之为一个Y联结。这些接线方式如图 8. 12 所示。

注意图 8. 12 中的三条线分别代表三相。将每相的线路以 1 ~3编号。这个编号是非常重要的，并且总需要遵守它们之间的顺序。第四条线，称作零线（或中性线）。为家庭供电的是中性线和其中的一相线，中性线通常是接地的。如图 8. 12 所示，每相线路和中性线之间的电压是 120V，这是北美的标称电压。对应每相和零线之间的电压差为 120V，每两相之间的电压差为 208V（也就是 $120\sqrt{3}$V）。

图 8. 12 示意了一个△联结（或以三角形接入）的负荷。注意对于△联结，没有接入中性线的位置。事实上，不必要接入第四条（零）线。

图 8. 13 示意了同样的负荷的不同接入，仍采用△联结。有时，这种方式更受欢迎，因为它的接入更易于遵循。这个图示意了两种电压差，也就是**相电压**和**线电压**。相电压是每相线和零线之间的电压差，线电压是每两项相线之间的电压差。

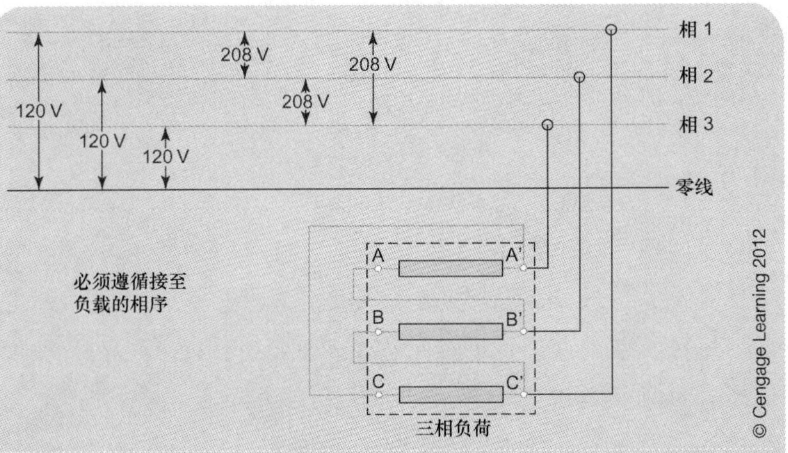

图 8.12　接线方式

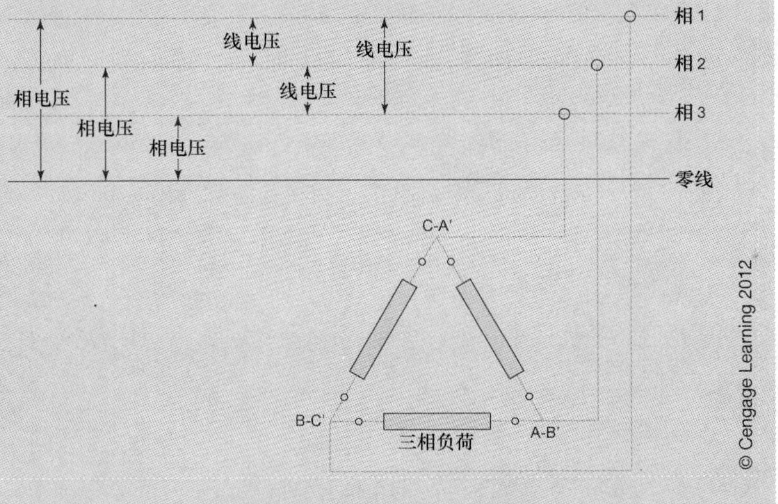

图 8.13　同样的负荷的不同接入

同样的负荷可以采用Y联结方式。在这样的情况下，三个负荷元件的公共连接点如需要可以接入零线，如图 8.14 所示

一个单相负荷通常接入零线和其中一条相线之间，但是将单相负荷接入两条相线之间也是可能的。这种方式下，负荷上将施加更高的电压。

对应相电压和线电压，同样也有**相电流**和**线电流**。线电流是指接入负荷的每相线路上可量测的电流。相电流是指接入两相线路之间的元件上的电流。具体表示如图 8.15 所示。

线电压

三相电力系统中供电线间的电压。

相电流

经过连接于三相系统任意两线之间的负荷电流。相电流和线电流之间的关系取决于采用的连接方法（△联结或是Y联结）。

线电流

三相电力系统中供电线的电流。

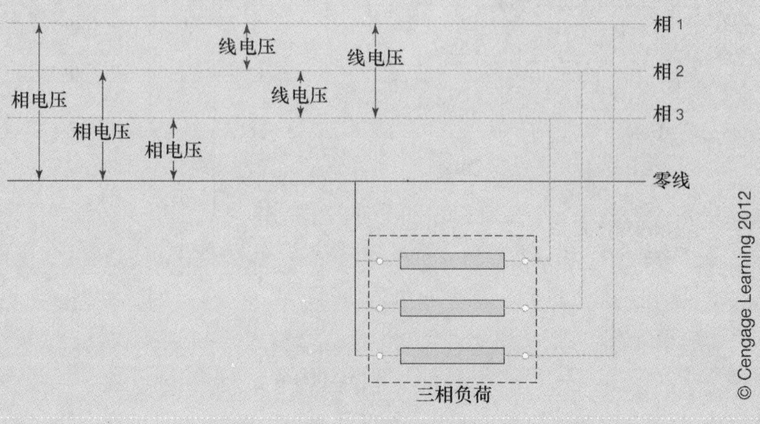

图 8.14 Y联结

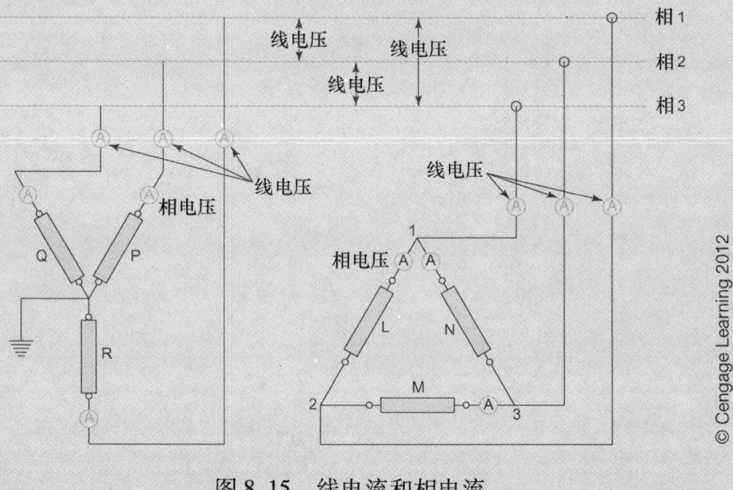

图 8.15 线电流和相电流

在图 8.15 中有两个三相负荷；一个是由 P、Q 和 R 元件组成并以Y联结接入，另一个负荷是有 L、M 和 N 元件组成并以△联结接入。图 8.15 中包含字母 A 的圆圈表示安培计，注意图中仅有三根电线。Y联结的公共连接点接地，与直接接入接地的零线等效。三相系统中的事实均在图 8.15 中阐明：

1. 在Y联结中，相电流和线电流相等。
2. 在Y联结中，施加在各元件上的电压小于线电压。
3. 在△联结中，每个元件上的电压等于线电压。
4. 在△联结中，相电流小于线电流。

当电网中包括各种用户时（例如，所有的用户通常不可能同时消耗相同的电能），尽管不可能保证对称负荷，但是所有相关的计算均是以对称负荷为基础的。然而对于城市配电系统，所有的负荷均是单相（诸如所有的家庭用电），在企业中大多是三相负荷。举例来说，所有的大型电动机均是三相，因为一个三相电动机与相当的单相电动机相比，体型小并且运行平滑。当接入电源或是一个三相电路时，所有的三相装置均是对称负荷。在继续本节下面的内容前，读者应该阅读关于三相系统的基础知识和相关的词汇。

在三相系统中，功率公式如下：

$$\text{有功功率} = \sqrt{3}\text{线电压} \times \text{线电流} \times \text{功率因数} \tag{8.6}$$

$$\text{无功功率} = \sqrt{3}\text{线电压} \times \text{线电流} \times \sin\theta \tag{8.7}$$

$$\text{视在功率} = \sqrt{3}\text{线电压} \times \text{线电流} \tag{8.8}$$

参看三相电力系统部分最后一个图片，关于线电流的定义。当已知线电压并且设备电流可量测时，不管是△联结还是Y联结，这些公式更适用。功率因数通常缩写为 pf。

现在考虑Y联结：

- 相电流和线电流相等，但是施加在每个元件上的电压等于相电压；
- 线电压 $=\sqrt{3}$相电压。

若是△联结：

- 线电流 $=\sqrt{3}$相电流；
- 每个元件上的电压等于线电压。

综上可得，如果分别测量，并且每个负荷元件的电流均可测，则式（8.6）~式（8.10）可以变换为

$$\text{有功功率} = 3 \times \text{相电压} \times \text{相电流} \times \text{pf} \tag{8.9}$$

$$\text{无功功率} = 3 \times \text{相电压} \times \text{相电流} \times \sin\theta \tag{8.10}$$

$$\text{视在功率} = 3 \times \text{相电压} \times \text{相电流} \tag{8.11}$$

例 8.11：

一个 380V 的三相供热系统，有三个 11Ω 的加热元件。考虑加热器按照如下两种方式接入：Y联结；△联结。求解视在功率、有功功率和无功功率。

解： 在三相系统中，除非特别指明，一般给定线电压。因此，在本例中 380V 是指线电压。因为该设备为加热器，可以立即判定功率因数为 1（pf = 1），并且有功和视在功率在数值上相

等，无功功率为0。

1. Y联结

施加在每个元件上的电压是相电压：

$$相电压=线电压/\sqrt{3}=380/1.73=220(V)$$

$$相电流=线电流=220\div 11=20(A)$$

利用式（8.6）可推导得到

$$有功功率=(\sqrt{3})(380)(20)=13164(W)=13.164(kW)$$

同样可以通过式（8.9）得到，但是由于四舍五入取值差异会导致结果略有不同：

$$有功功率=(3)(220)(20)=13200(W)=13.2(kW)$$

$$无功功率=0var$$

$$视在功率=13.2kVA$$

2. △联结

线电压（380V）应用于每个元件，因此

$$相电流=380\div 11=34.55(A)$$

通过式（8.9）可以得到：

$$有功功率=(3)(220)(34.55)=22800(W)=22.8(kW)$$

$$无功功率=0var$$

$$视在功率=22.8kVA$$

综上，可以看到如果三相负荷为△联结，可以从电路中吸取更大的电流并且消耗更多的功率（由于有$\sqrt{3}$的原因，功率消耗大）。并且，注意尽管有功功率和视在功率数值相等，但是必须使用合适的单位。

在三相系统中提及的电压值一般是指线电压。

如果三相负荷为△联结，相比Y联结，将消耗$\sqrt{3}$倍的功率，相应电流也为Y联结的$\sqrt{3}$倍。

8.2 并网功率需求

现在已经熟悉了所有与三相交流系统有关的内容和必要的术语，我们可以思考将风力发电机接入电网的条件和要求。对于一个孤立的风电机组是不需要这些条件的。在将一个风电机组接入电网时，必须满足（另请参阅6.6.2节）：

1）发电机输出电压应与电网电压相同。

2）产生的电流频率应与电网频率相同。

3）发电机输出应与电网同步。

4）发电机三相的顺序（相序）应与电网相同。

5）除以上基本要求外，电网的功率因数必须维持在一定范围内。因此，有时在可能的情况下，要求发电机接入电网后，能提高功率因数，或者至少不能降低功率因数。

注意，前述所有并网条件均不是手工作业，而是需要通过计算机来完成，该计算机监控和指导发电机的所有功能。

发电机的电压一般是通过变压器升压至高一级的电压，以接入某一**变电站**，然后将再次升压至电网电压。变电站是输配电系统中的一个单元，在变电站线电压或是升高或是降低。举例来说，发电机的电压可以为600V、900V或是4000V，将被升压至11000V或是13800V。风电场中所有的风力发电机均接入一个变电站，在这里称作**汇集站**。风电场中可能有不同的风力机，对应的发电机电压也不同，但是它们的变压器必须将各自的电压升至与汇集站的电压相同。电网电压可能是69000V，则变电站内的升压变压器将11000V或是13800V升压至这个水平㊀。

变电站

由若干变压器和其他设备组成的电气设施，用以提高或降低并且调节输入的三相电气系统电压。

汇集站

是风电场中所有机组输出的共同接入点，并进一步通过一台变压器接入电网。

图8.16是一个变电站的示意图。变电站主要是由变压器完

图8.16 变电站主要有变压器、断路器、调压器和安全设备组成且还会包括其他设备

㊀ 美国的标准输电电压（线电压）系列为69kV、115kV、138kV、161kV、230kV、345kV、500kV和765kV，由ANSI（美国国家标准委员会）规定。

成电压的转换。在第 12 章可以了解更多变压器相关的知识。除变压器外，变电站内还有断路器和电压调节器。断路器是保护设备，在故障条件下可以断开电路。

风电机组产生的电流频率是运行速度的函数。这是在设计过程中必须要考虑的问题。这个问题还将在第 11 章风电机组的控制一章中进一步详细讨论。在北美电力系统的运行频率为 60Hz，一台风电机组的频率必须在一定范围内（如 1%），也就是说，机组最大允许的误差（偏差）由地方电力运行和标准权威机构制定。

在发电机开始起动后，仅仅保证发电机电压和频率达到规定水平是不够的。电压的上下（正弦）变化应严格与电网电压变化相似，这一点是非常重要的。否则风电机将变成电网的负荷，消耗电能而不是供电（注入能量）。此外，在现代风力机中，这是风力机控制器的工作，在合适的时刻合闸接入电网，或是引入一个延迟以保证风电机组与电网同步。

第四条中保证三相正确的相序，应在安装风力机和连接电缆时注意。错误的顺序会损坏发电机和/或变压器。这与将两个发电机错误地连接在一起类似，能够使其中一个或两个过载并且将其损坏。

以错误的顺序连接各相好比发电机以相反的方向旋转。机组旋转的方向在设计阶段就已确定。无论如何，在安装时，根据制造原理图保证电缆的正确连接非常重要。

交流负荷通常为感性而非容性。换句话说，通常电网中的负荷由电灯、加热器和电动机组成。我们可以参看 11 章，一些发电机在工作时也消耗无功，并且造成电网功率因数的降低（不是期望的）。如本章所述，电容器可以抵消感性负荷的电流，可用于在一定程度上补偿功率因数。另一方面，在运行时，一些类型的发电机表现为向电网注入容性无功，可以提高功率因数。这个话题将在第 11 章发电机的运行模式部分进一步讨论。

8.3 谐波和电能质量

根据 8.2 节中的基本并网需求，在风力机合理接入电网后 3）和 4）项维持。电压、频率和功率因数与负荷变动或机组性能引起的变化有关。对于任何电网来说，负荷变化是一个事实，因为不存在对用户和功率连续波动需求的控制。在风电机组中，风本身就有小于秒级的变化。因此，不可能将电压和频率维持在精确的数值，所以，电压和频率都存在小的波动。这些波动表现为闪变并且表现为受污染的电流，是不受欢迎的并且对设备有危害。电能质量取决于电压波形有多么接近于正弦以及受峰值突变（尖峰）和闪变的污染程度。

电压和频率的随机波动包含两个方面：一是尖峰持续的时间；二是与正常值偏离的大小。为衡量电能质量，各个国家和地区的电力权威机构均制定了上述波动允许的变化范围。如规定频率波动必须在 ±0.01 之间，持续时间小于 200ms。在这种意义上，功率因数无法衡量电能质量，但是可以导致电能质量变差，也给电力公司带来额外的损失。电力公司是公用事业公司，因此应该避免低的功率因数。

除电压和频率外，电流谐波在降低电能质量中也扮演了重要角色。对于一个 60Hz 电流**谐波**的频率有 120Hz、180Hz、240Hz 等，分别是二次谐波、三次谐波、四次谐波等，基频为 60Hz。

谐波
电路中包含二次、三次、四次等频率的交流信号，与基础交流信号（基本频率）混合在一起。

一个 120V 的交变电流的谐波通常远小于 120V，例如 1V、2V。尽管如此，它们仍能够改变波形，并且使之偏离正弦波形。这些会给某些设备带来问题，因此电网中不希望谐波与基波并存。这样，为了避免降低电能质量，与电压、频率一样，谐波的等级（大小）将被限制在一定的范围内。

8.4 风力机作为分立发电机

既然我们已经掌握了电力功率之间的关系，就可以考虑负荷与发电机连接后的影响。首先，我们考虑一台发电机向多个负荷供电的情况，如图 8.17 所示。对发电机而言，可将所有的负荷假定为一个负荷，供电电流为 I，相角为 θ，电流和相角是变化的，而不是常数。

在给定的条件下（相角），要求发电机在每一个瞬间均提供需要的电流，维持电压额频率在额定值。换句话说，基于电压、频率和电流的值，负荷总共需要的有功功率和无功功率可根据式（8.2）和式（8.3）求得。有功功率和无功功率之间的相互关系可通过式（8.3）反映。前面的事实揭示了发电机必须提供功率以维持电路的电流，同时保持需要的电压和频率，这意味着有三种独立的控制方式，包括电压、频率和电流。如果由于设备关闭导致负荷电流突然降低，则在控制动作前立即发生的是频率和电压的增大，导致其他设备的电流增大。

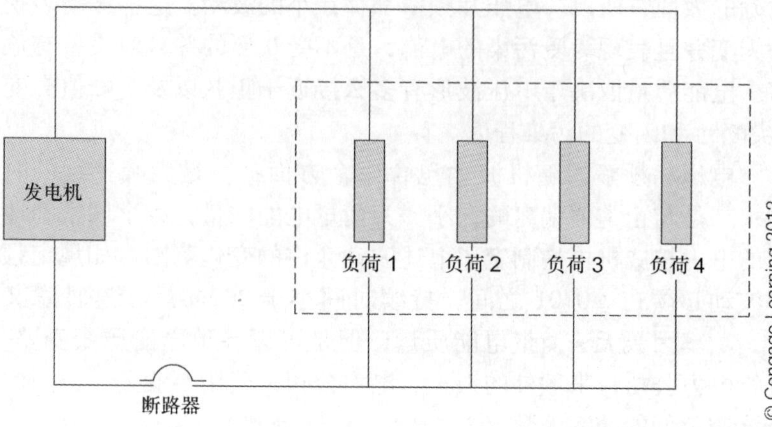

图 8.17　一台发电机向多个负荷供电

在多台发电机的情况下，适用于所有的并网风电机组，负荷在各种各样的发电机之间分配。但是对于每一台发电机的作用是相同的，意味着每台发电机的频率、电压和电流必须被连续控制。

对于风电机组，相比其他形式的发电机组，在考虑其控制时需要多一项，也就是每一时刻的有效风能（用风速来衡量）。如果没有足够的风来提供需要的功率，发电机就不能保证频率、电压和电流三个变量预期的大小。因此，应基于可获得多少功率来控制电流。

8.5　孤岛效应

风电场中所有的风电机组都通过一个汇集变电站连接到高压电网。举例来说，一个风电场有 15 台发电机需要接入电网。除非风电场中仅有 1 台机组，否则不存在单台发电机接入电网的情况。每台发电机的控制系统监控着机组的安全运行情况及其与汇集站的连接或分离状态，包括电网之间的电压同步情况。

除每台发电机的断路器外，变电站也有断路器，能够使得一个风电场与电网隔离。在诸如雷击等情况下，断路器能够动作并将风电场从电网中分离。假定风电场自身带有部分负荷，并且这种情况下未导致超速和最终发电机组之间的分离（详见后续章节）。如果延长了风电场与电网的分离时间，则风电场中的发电机群能够继续一起工作，直到由于频率的漂移而导致与电网其他部分脱离同步运行，被称之为**孤岛效应**。孤岛效应是电网中不期望发生的情况，当尝试恢复并网时将导致电压下降或超载，从而损害设备。图 8.18 列举了一个简单的例子，电路中接入两台发电机，每台发电机都向电路供电。但是，如果在连接点 A 断开，在一段时间后，则两台发电机间的同步将受到破坏，仅通过在 A 点将两部分连接在一起不是一个好主意。

孤岛效应
交流电网中的一部分与其他部分分离，可能导致运行时频率和电压漂移。

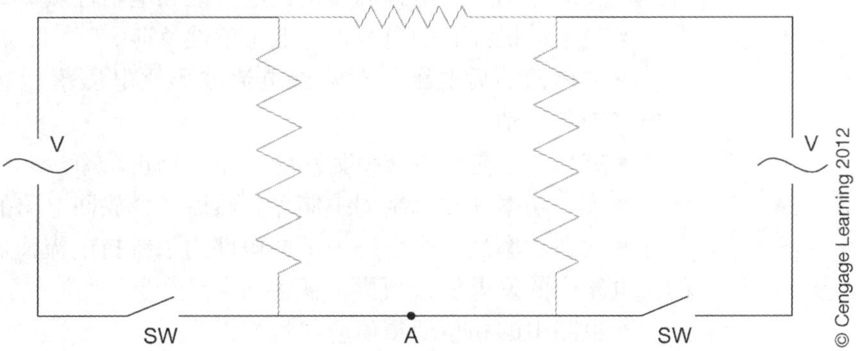

图 8.18　孤岛效应示例

孤岛效应可能发生在电网中的任何部分，该部分电网由一台或多台发电机向负荷供电，当因为断路器故障或断开时，这部分电网将与电网的其他部分隔离开。

处理孤岛效应不是一件易事，电网公司为此建议并实践了多项应对孤岛效应的方案。但是，具体的解决方案取决于每个不同的情况，并且需要花费一些时间来纠正这种状况。

本章小结　8.6

- 电功率与电压和电流的乘积成正比。
- 电阻性负荷由电阻产生并且与频率无关。
- 电容器和电感器对电流表现出阻力，并且与频率相关。
- 由电容器和电感器产生的与频率相关的阻力被称为电抗。
- 交流电路中的电容器是容性负荷，具有容性电抗。
- 交流电路中的电感器是感性负荷，具有感性电抗。
- 容性和感性负荷能够相互抵消彼此的作用。
- 在直流系统中，只有一种与电阻性负荷相应的功率。
- 在交流系统中，存在三种类型功率：有功功率、无功功率和视在功率。

- 交流系统中的有功功率取决于电阻性负荷。
- 无功功率取决于感性和容性负荷。
- 感性和容性负荷引起电压和电流之间的相位差。
- 相位差可以用角度（度数）来衡量，为 $-90° \sim 90°$。
- “电流超前电压”意味着电流波形比电压先达到其最大值（或最小值）。
- 交流电动机给电路同时引入电感性和电阻性负荷。
- 与电动机并联的电容器降低了感性负荷。
- “电流滞后电压”意味着电流波形比电压落后达到其最大值（或最小值）。
- 有功功率是可以转换为热能工作的真正功率。
- 无功功率是在每半周中储存，然后又释放回电路的功率。
- 视在功率是一个电压为 V 的电路为了维持电流而需要提供的。电路中的发电机必须提供视在功率。
- 电路中的相角期望值应尽量接近 0。
- 功率因数是相角的余弦值，期望值为 1。
- 为了将发电机接入电网，发电机输出和电网必须满足：① 具有相同的电压；② 具有相同的频率；③ 波形同步（同时达到最小值和最大值）；④ 具有相同的相序。
- 发电机一定不能降低电网的功率因数。
- 风电场中所有发电机的输出首先送至汇集变电站。变电站将发电机的电压升至电网电压。
- 电能质量包括交流电路的电压应具有理想的正弦波形，并且电压和频率大小不存在波动。任何电压信号的变化以及闪变、峰值突变的存在，均表示电能质量的缺陷。
- 谐波是指电网中的一些低电压信号，这些信号的频率为电网频率的 2 倍、3 倍等，这些谐波和交流基波信号混合在一起，引起交流系统中的大电流和一些意想不到的危害。谐波的存在降低了电路或电网的电能质量。
- 孤岛效应发生在交流电网的一部分，如风电场，与电网的其他部分孤立时，将导致电压和频率的漂移。这是电网中不希望存在的情况，必须避免。
- 风电发电机接入电网，必须执行三个基本的控制：基于风电可用功率的电压控制、频率控制和电流控制。

进阶学习

容抗

由于电容器在交流电的每一个完整周期内充、放电，电流在包含电容器的电路中持续流动，导致如下结果：

1）对于一个拥有正弦波形的电压，电流也是正弦，但是当电压达到最大值时电流的最大值还未出现，而是出现在电压的变化最大时，也就是电压的值为0时（电压变化率由正弦曲线每一点的斜率来描述）。这也是仅包含容性负荷的电路中电流领先电压90°的原因。

2）我们不能认为这样一个电路中的电流为无穷大（也就是，对于电流来说电阻为0）。因此，电路中存在对电流的抵抗力，可以用电阻来定义并且用欧姆来衡测。实质上被称为感应电抗。

3）频率会对交流电路产生影响，因为频率越高，电容器充电和放电的速度越快。

一个电容器的容性电抗的计算公式如下：

$$X_C = \frac{1}{2\pi fC}$$

式中 X_C——容抗，单位为Ω；

2π——常数；

f——电路的频率，单位为Hz；

C——电容器的电容，单位为F。

例1：

一个3μF电容器在60Hz交流电路中的容抗是多少？

解： 第一步是将电容的值除以1000000，转换为F。

$$C = 0.000003\text{F}$$

则根据公式得到：

$$X_C = \frac{1}{(2)(3.14)(60)(0.000003)} = 884.2(\Omega)$$

例2：

如果上例中电路的频率为400Hz，容抗为多少？

解：可以通过将频率数值代入公式求得，或是知道频率增长率为400/60，而f为分母，可通过相除得到。因此新的X_C为

$$(884.2) \div \left(\frac{400}{60}\right) = 132.6(\Omega)$$

感抗

在交流电路中，一个电抗器对电流的抗力原理是基于其产生的磁力。这个磁场与电流产生的磁场相反。因此，当电压达到最大时，对电流的阻抗力达到最大，电流的值最小（为0）。由此产生的磁场起到将能量储存在电感器的作用，并且在半个周波后将能量释放回电路。当电压值降低约为0时，电感器向电路放电。与电容器相似，正弦电压下可以总结如下：

1）电流波形同样为正弦，但是当电压值为0时电流相应达到最大值，即在电压额电流波形之间存在90°的相角差。

2）在这种情况下电流滞后于电压（滞后电压90°）。

3）频率对电感器的感抗产生影响。

感性电抗的计算公式如下：

$$X_L = 2\pi fL$$

式中 X_L——电感器的感抗，单位为Ω；

f——电路的频率；

L——电感器的电感，单位为H。

从上式我们可以看到，当f上升时，电流的阻抗力也将增大（与电容器相反）。

例3：

一个绕组的电感为20mH，其电阻可以忽略。当电路频率分别为如下两种情况时，求绕组的感抗分别为多少：① 50Hz；② 400Hz？

解：根据公式：

1）$X_L = (2)(3.14)(50)(0.02) = 6.28(\Omega)$

2）$X_L = (6.28)(400/50) = 50.2(\Omega)$

复习题

1. 为什么发电机必须接入电网？
2. 发电机接入电网前必须要满足的条件是什么？

3. 当发电机电压与电网电压不同时会发生什么？
4. 当风力发电机接入电网时，为什么要重点关注功率问题？
5. 直流系统中的功率表达式是什么？
6. 为什么交流功率与直流功率不同？
7. 交流系统中的三种功率术语是什么？
8. 什么是感性负荷？
9. 什么是容性负荷？
10. 在交流电路中，什么是电抗？
11. 有功功率和无功功率的区别是什么？
12. 有功功率和无功功率能否相加？怎样相加？
13. 什么是相角？
14. 功率因数与相角有关么？
15. 功率因数的最佳值是多少？
16. 什么类型的负荷导致功率因数下降？
17. 功率因数能否大于 1？为什么可以(不可以)？
18. “改善功率因数”是什么含义？
19. “调整功率因数”是什么含义？
20. “电能质量”是什么含义？
21. 什么是谐波？它们是好是坏？
22. 为什么三相系统适合电能的产生和传输？
23. Y联结和△联结有什么区别？
24. 在三相系统中，△联结时，相电流和线电流谁的值大？
25. 在风电场中，所有发电机的输出被连接至一个汇集站，为什么不将每台风力发电机分别接入电网？
26. 孤岛效应对风力发电机有作用么？孤岛效应好还是应该避免？为什么？

应用题

1. 一台直流电动机的电压额定值为 90V，用于需要 5hp 的一项作业，求电动机中的电流为多少？

2. 一台 1.5kW、220V、50Hz 的单相交流电机，满载运行时的功率因数为 0.75。求电动机在 100% 容量运行时，其连接线上的电流为多少？

3. 一个单相的交流电路，电压为 240V。负荷包括电阻 48Ω，电抗 56Ω。求电路的无功功率是多少？

4. 在单相交流电路中,电阻为82Ω,容性电抗为124Ω,感性电抗为50Ω。若电压为180V,求有功功率和视在功率。

5. 在问题4的电路中,功率因数是多少?如何调整这个功率因数?

6. 问题4中电路的相角是多少?电流是领先还是滞后电压?

7. 如果问题2中的电动机是三相的,并且以Y联结接入电路,线电流是多少?

8. 一个三相电动机从电源吸收10A电流。如果电源的相电压为220V,电动机的视在功率是多少?

9. 如果问题8中电动机的功率因数是0.82,你期望这台电动机是多少马力?

10. 一台发电机驱动三台电动机,一台功率为1.5kW、功率因数为0.65,一台功率为2.8kW、功率因数为0.78,一台功率为3.5kW、功率因数为0.9,若运行电压为600V,流过发电机的电流是多少?

项目

搭建一个图8.19中的电路系统。确保正确接入电池的两级。两个电灯是相同的,保证它们与电池的电压匹配。闭合三个开关,如果电池相同,并且都为新电池或是寿命相同,那么两盏电灯的亮度将相同。检查只要其中两个开关保持闭合,无论是哪两个,则两盏灯都是亮的。

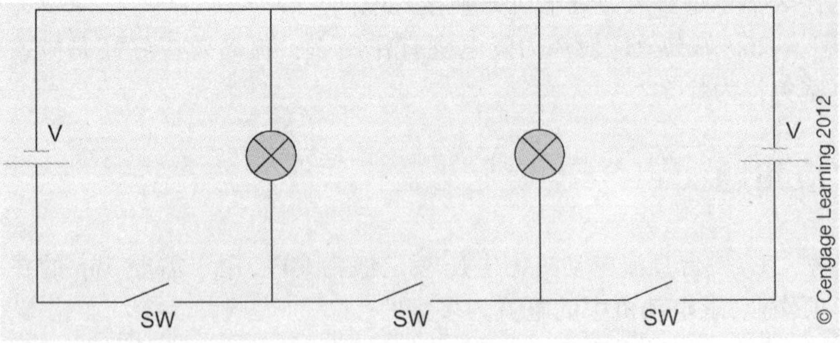

图8.19 项目图

风力机的机械系统

第9章

关键术语

耗损
对齐
臂
齿轮游移
锥齿轮
载体
空穴作用
驱动齿轮
从动齿轮
主动齿轮
效率
周转齿轮
疲劳
齿轮系
斜齿轮
换向齿轮
内齿轮
轴倾斜
输出
小齿轮
节距圆
节圆直径
行星（行星轮）
行星齿轮
环形齿轮
胶合
正齿轮
太阳轮
蜗轮

目标

学习过本章之后，您应该能够：

- 认识齿轮系在风力机中的作用；
- 学到风力机中采用的齿轮的结构；
- 理解速度、转矩和功率之间的关系；
- 认识到齿轮系统的最大弱点；
- 理解在齿轮系统中的耗损和失效是如何发生的；
- 弄明白部分能量转换成热量以及齿轮箱油必须冷却；
- 知道效率的有关知识以及总是存在一些功率损耗。

9.0 引言

风力机的主要部件之一是齿轮箱[⊖]。齿轮箱在机械上用于匹配主动部件和被动部件的速度。通常,原动机是电动机或者发动机,位于主动侧,它比被动部件的速度快,齿轮箱用于把速度降低到一个适合的值。不过,风力机是一个例外,它需要把风轮的低速度匹配到发电机所需要的较高的速度。关于齿轮和齿轮系的内容比这里所讨论的要广得多,所以本章只是作为了解齿轮技术的一个简洁参考,且重点是相关技术在风力机中的应用。

9.1 齿轮箱的基本知识

在机械中,经常需要把轴的旋转速度转变为所需的或者更有用的值。通常,利用传动带和链条或者利用齿轮系统就能够在机械上实现这一点。如果两根轴的距离相对很大,那么可以采用传动带或链条;但如果空间上不允许这样做,惟一的解决方案就是采用齿轮,如图 9.1 所示。

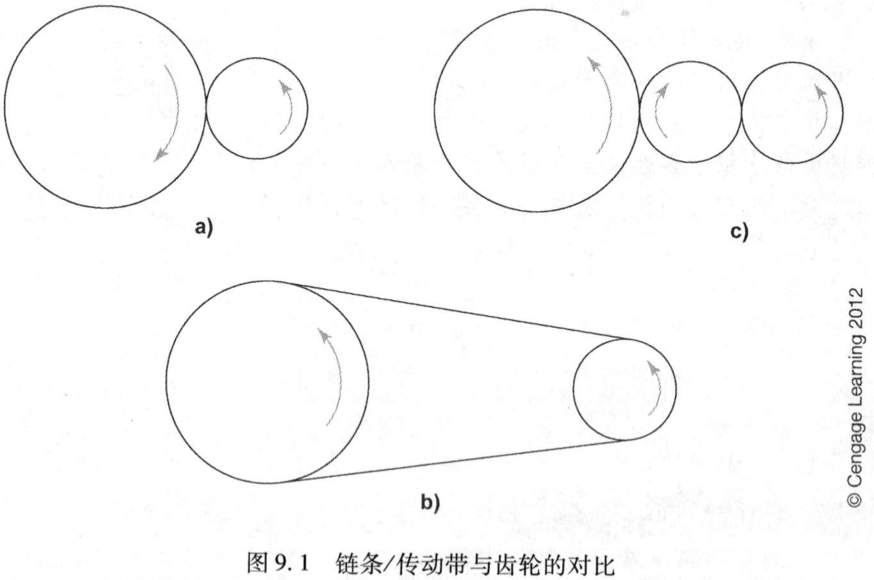

图 9.1 链条/传动带与齿轮的对比

⊖ 未来的风力机可能就没有齿轮箱了,但是在这之前齿轮箱仍是风力机中至关重要的一个部件。

虽然距离是一个主要因素，但是所需的强度或者功率要求常常更为重要，从这一点考虑，链条和传动带就没有像齿轮一样好的性能了。传动带采用两套传动带轮（在链条中则是链轮），而齿轮中则有两套齿轮可以啮合到一起。不论哪种情况，两边的直径（或半径）比决定了转速转换的比值。除了转速以外，还必须考虑旋转方向这个参数。采用传动带或者链条时，旋转方向不发生变化，而采用一对齿轮时，运动方向有所变化。第二个齿轮可用来抵消这个方向变化，如图9.1c所示。工业中，习惯于把较小的和较大的齿轮分别称为"**小齿轮**"和"齿轮"。本书中，我们视情况将其称之为**主动齿轮**和**从动齿轮**。主动齿轮也叫做**驱动齿轮**。

图9.1c所示的情形并非解决方向变化的惟一方法，另一个途径是利用**内齿轮**。还要注意的是，用来反转方向的齿轮的半径无需与两个齿轮相等，相关情况如图9.2所示。内齿轮的齿在轮辋的内侧。对比图9.2a和b还可以看出两个轴中心线之间距离的差异。图9.2c和d中的**换向齿轮**是自由齿轮，它们的轴不用承担负载。

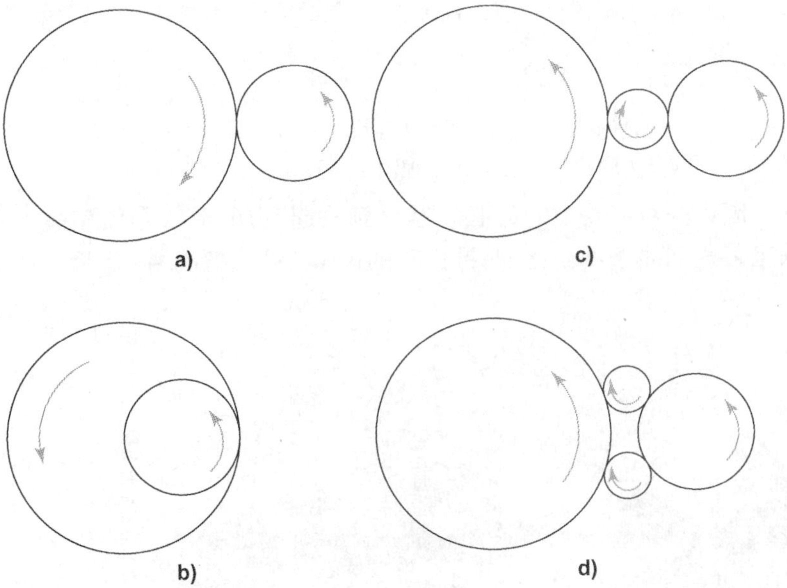

图9.2　维持旋转的方向

承担负载的轴是齿轮系统的输入和**输出**。大多数情况下，较小的齿轮是输入而较大的齿轮是输出，齿轮用作一个降速装置。理论上，在大多数齿轮中，输入和输出的布置可以互换。

小齿轮
一对齿轮中较小的那个或者驱动系统中的输出齿轮。

主动齿轮
驱动齿轮，为其啮合齿轮提供能量的齿轮。

从动齿轮
从其啮合齿轮接收能量的齿轮。

驱动齿轮
也叫做主动齿轮，是向其啮合齿轮传递能量的齿轮。

内齿轮
环形齿轮，其齿在内侧，而不是在外侧。

换向齿轮
位于两个主齿轮之间的齿轮，它的作用是改变旋转方向，以及填补间隙。

输出
机器、系统等运转过程的产出或结果。例如，齿轮箱的输出是具有所需速度和力矩的旋转运动。

9.1.1 根据齿轮轴线的齿轮分类

蜗轮
具有高传动比的一对齿轮，只用于降低速度，其轴线呈90°。蜗轮的特性是，从动齿轮不可能推动主动齿轮旋转，所以主动齿轮停止运动时就会锁止从动齿轮。

在前述的齿轮布置方式中，安装齿轮两根轴的轴线是相互平行的。不过，也有其他的齿轮布置方式，轴是不平行的。图9.3给出了齿轮的类型，轴的轴线是相互垂直的。如果两条直线是相互垂直的，根据具体情况，两条轴线或许能也或许不能通过一个平面。换句话说，两条轴线要么相交，要么不相交。图9.3a所示是**蜗轮**的原理图，图9.3b则给出了**锥齿轮**的原理图。与其他类型的齿轮相比，蜗轮的输出转速与输入转速的比值要小得多。蜗轮与其他类型的齿轮相比的另一个差别是，虽然理论上可以选择两个齿轮中的任一个作为输入，但是在蜗轮中，是不可能以蜗杆作为输出的。

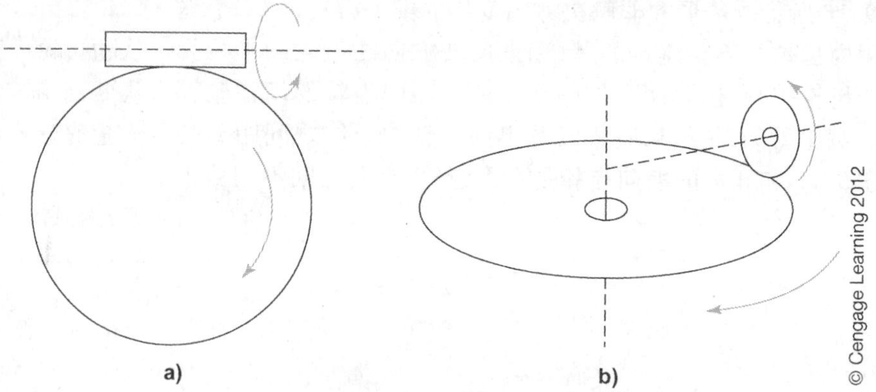

图9.3 蜗轮与锥齿轮的原理图

锥齿轮
对于这种类型，一对齿轮的轴线呈90°。

因为一对齿轮中的齿必须啮合到一起，齿的形状必须相应地满足某些剖面条件。比如，锥齿轮的齿呈45°，如图9.4a所示。这

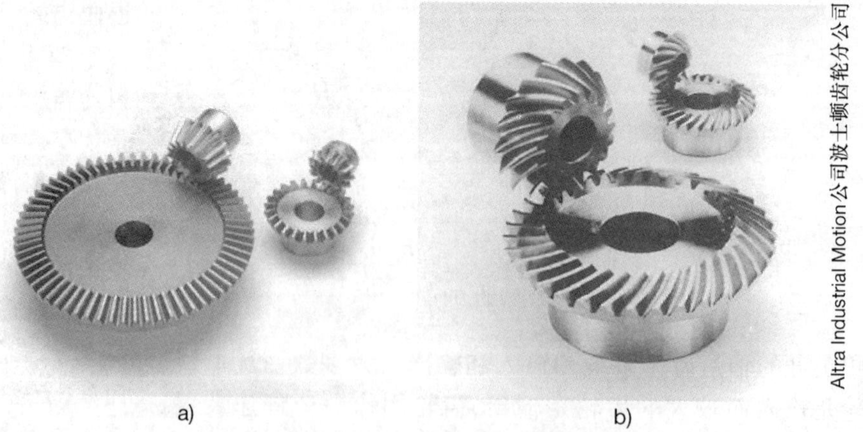

图9.4 锥齿轮和弧齿锥齿轮
a）锥齿轮 b）弧齿锥齿轮

些齿轮的齿与图9.2所示的不是同一种形状。图9.4b给出了一种锥形齿轮的变形，叫做弧齿锥齿轮，齿的剖面也不同。

9.1.2 根据齿形的齿轮分类

最简单的形式是，齿与齿轮轴线平行或者一个平面可以通过某个齿和齿轮轴线。这种齿轮叫做正齿轮，如图9.5a所示。对于**正齿轮**，任意时刻仅有一对齿咬合在一起。本章后面会讲到，这不是最好的设计。为了提高齿轮的性能，要将齿的几何形状修改成在每个时刻都有不止一个齿跟与其配对的齿相啮合。这种齿轮叫做**斜齿轮**，如图9.5b所示。

正齿轮
齿与旋转轴线平行的齿轮。

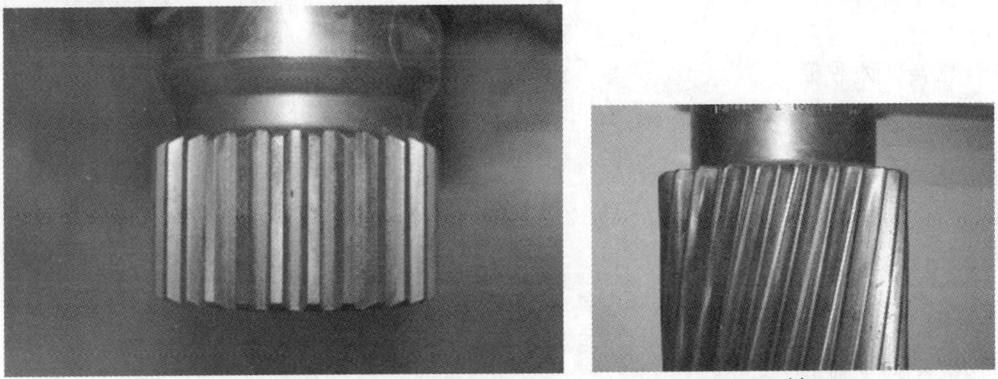

a) b)

图9.5 正齿轮和斜齿轮

a）正齿轮 b）斜齿轮

9.1.3 其他齿轮类型

将前述两种类型的齿轮结合起来，可以得到各种不同类型的齿轮，实现不同的目的，具有不同的剖面。这与所采用的材料无关，当然材料在许许多多种已有的齿轮中扮演着重要的角色。关于这方面的相关信息，可以查阅其他书籍。

斜齿轮
齿相对于轴线呈一定角度的齿轮，与正齿轮相比，可以减小齿轮间隙。

在风力机中，齿轮主要用于偏航系统和风轮轴。叶片的桨距控制系统也用到了齿轮。风力机中的所有齿轮都是用钢材制成的。偏航系统通常是内正齿轮，如图9.2b所示。主轴采用了不同类型的齿轮，下一节会讲到。

9.1.4 行星齿轮

风力机中采用的是**行星齿轮**，也叫做**周转齿轮**。周转齿轮比其他齿轮有一些优势，使得它更适合于风力机和其他一些应用场合。考虑图9.2b和c给出的齿轮组合，也就是说考虑在内齿轮中，较小的齿轮用作其他齿轮的换向齿轮，如图9.6a所示。这样做的结果是换向齿轮只是把运动传递给位于中间的那个齿轮，而该齿轮的轴与外侧（环形）齿轮的轴是一顺的。所以，这种布置方式既简洁又占用较少的空间。还要注意，图中所示的换向齿轮不一定只有一个。实际上，只要空间允许，可以有任意个换向齿轮，如图9.6b和c所示。最常见的换向齿轮的个数是3个。图9.7给出了典型的行星齿轮及相关的定义。

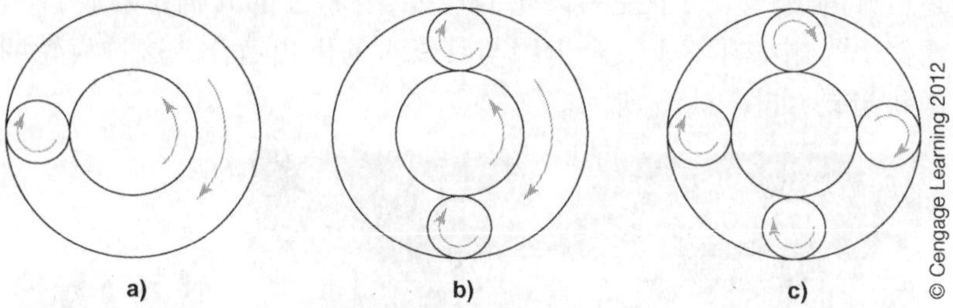

图9.6　行星齿轮构造原理

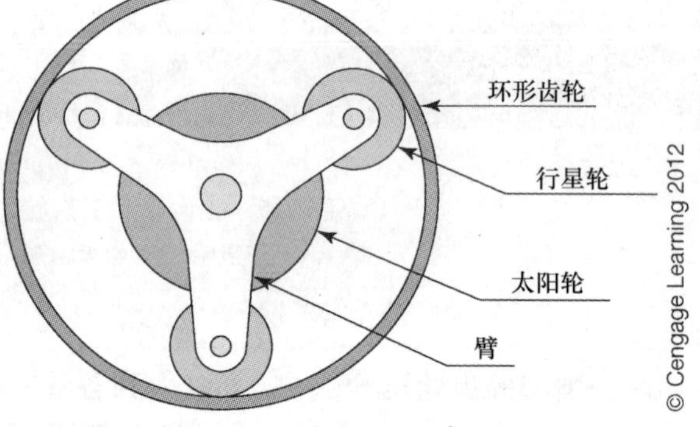

图9.7　行星（周转）齿轮

从图9.6和图9.7可以了解到，如果没有轴和支撑轴的装配件，换向齿轮就无法存在。图9.7给出了布置方式，用来保持它们在相互之间处于正确位置以及支撑它们的轴。

行星齿轮中，位于中间的那个齿轮叫做**太阳轮**，换向齿轮叫做**行星轮**，具有内齿的外侧齿轮叫做**环形齿轮**，支撑行星轮和托架叫做**臂**或**承载器**。如果只有一个行星轮，那么从力的角度考虑，系统是不够平衡的。如果行星轮太多，那么由于摩擦的存在，会导致损耗很大。最佳设计是有三个行星轮。行星齿轮这个名字来源于行星轮围绕太阳轮旋转。行星齿轮的优点之一是，输入和输出轴是共轴线的，这个优点使得它对风力机更具吸引力。不过在实用中，

行星齿轮
以某种特定方式布置的一套齿轮，由中间的太阳轮、具有内齿的外侧环形齿轮以及与这两者咬合的一些（通常是3个）行星轮组成。行星轮安装在托架上，这个托架叫做臂（或承载器），它能够独立于太阳轮和环形齿轮旋转。行星齿轮可以接受两种输入速度。

周转齿轮
行星齿轮的另一种叫法。

太阳轮
行星齿轮中最里面的一个齿轮，行星轮围绕它转动。

行星轮
行星齿轮中位于太阳轮和环形齿轮之间的任何齿轮。

环形齿轮
具有环形形状和内齿的齿轮，在行星齿轮中与行星轮相咬合。

臂
行星齿轮的一个部件，把行星轮抓在一起，也叫做承载器。

如果行星齿轮与其他齿轮结合,那么输入和输出轴的位置关系就取决于这些齿轮的配置方式了。

承载器

行星齿轮的一个部件,把行星轮抓在一起,也叫做臂。

对于行星齿轮来说,有一点是除了行星轮之外其他三个部件(太阳轮、环形齿轮和臂)的任意一个都可以用作输入或输出。更有意思的是,可以有两个输入、一个输出。例如,可以以给定的速度转动行星齿轮,且以另一个所需的速度转动臂,那么太阳轮就会产生响应的转动。关于这个方面的更多内容,将在 9.2.3 节讨论。在行星齿轮的大多数应用场合(包括风力机),环形齿轮是固定的(也就是说,0r/min),这样可以使得行星齿轮的应用更加容易。

9.2 传动比

在机械或设备中,齿轮系统的主要作用是将连接驱动部件(如电动机)的轴的角速度变至特定应用场合所需的更为合适的值。从动齿轮装在次级轴上,该轴具有所需的速度。两个角速度之间的比值取决于各个齿轮上齿的数目。一对齿轮的作用可以主要是改变轴上的转矩。但是,正如 9.3 节讨论的那样,力矩和速度总是关联在一起的。本节中,我们学习一对齿轮以及串联在一起的多个齿轮之间的关系。

9.2.1 两个齿轮的传动比和速度比

图 9.8 给出了一对啮合在一起的齿轮。对于一起工作的两个齿轮,齿的大小必须相同。齿的大小由一些参数来定义,这些参数

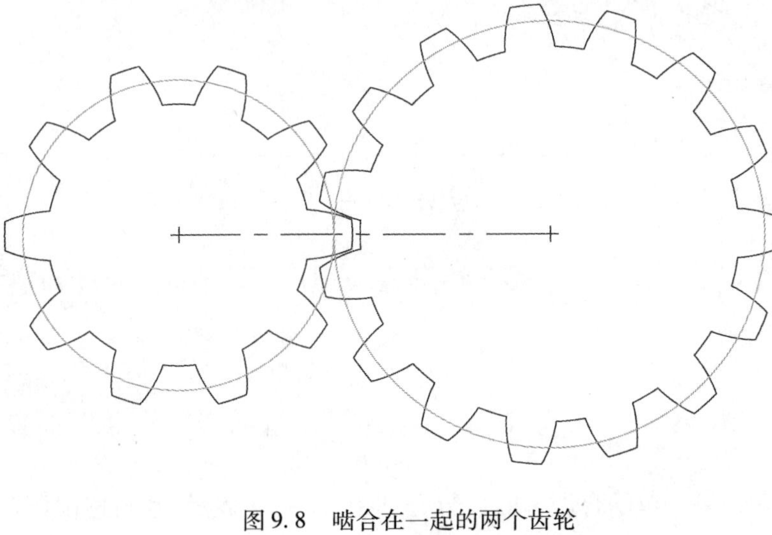

图 9.8 啮合在一起的两个齿轮

描述齿的规格及其他特性。例如，钟表里的齿轮跟用在风力机上的齿轮就是不同规格的。与螺栓和螺母上的螺线类似，齿轮大小规格都是标准化的，可以用公制系统也可以用美国标准。这方面的信息超出了本书的范围，此处不再赘述。

两个啮合的齿轮有两个或多个齿接触在一起，这与齿轮的类型有关。主动齿轮上的齿推动从动齿轮上的齿，从而传递运动。不过，这种推动作用必须是在齿面平稳的相互辗动且没有任何滑动的条件下才会发生。同样，两个齿轮一定不能相互锁止，阻碍平稳运动。从这个意义上说，齿必须有设计良好的几何结构，且很好地加工成这种几何结构，否则就出现问题。

当两个齿轮啮合在一起时，一个齿轮的齿的顶面（叫做齿顶）不会碰到配对齿轮的谷底。因此，两个齿轮之间有个间隙。这个间隙能够改善平稳运动的连续性，也可以用来贮存润滑油，这样在运动期间表面能够保持润滑。

利用三个具有相同中心的圆，可以图示齿轮系统中的各个齿轮，如图 9.9 所示。外圆对应着齿轮的外侧大小（齿顶），内圆对应着齿根。每个齿轮的第三个（中间的）圆表示一个圆柱体的大小，就像是用两个橡胶圆柱体替换两个齿轮，它们相互辗动并传递运动，这个圆叫做**节距圆**。对于两个啮合的齿轮，其节距圆是相切的。节距圆的直径叫做**节距直径**（PD）。

节距圆
在表示齿轮尺寸时虚构一个的圆。如果用两个橡胶圆柱体替换两个齿轮，它们相互辗动并以相同的传动比传递运动，那么表示每个圆柱体的圆就是该齿轮的节距圆。对于两个啮合的齿轮，它们的节距圆相切。

节距直径
节距圆的直径。

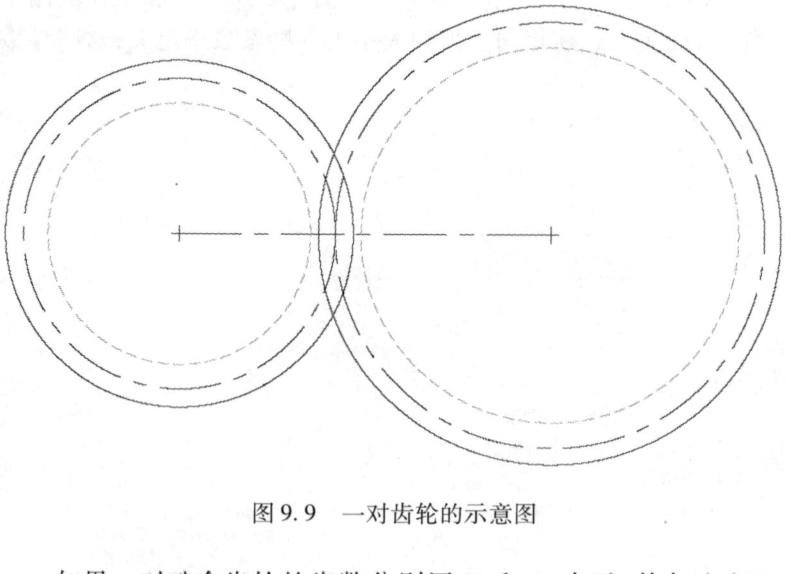

图 9.9 一对齿轮的示意图

如果一对啮合齿轮的齿数分别用 N_1 和 N_2 表示，其角速度（r/min）分别用 n_1 和 n_2 表示，那么下述关系式成立：

$$\frac{n_2}{n_1}=\frac{N_1}{N_2} \tag{9.1}$$

而且，如果它们相应的节距圆半径为 r_1 和 r_2，因为齿数与每个齿轮的周长成正比而周长与半径成正比，所以可以写出：

$$\frac{r_1}{r_2}=\frac{N_1}{N_2} \tag{9.2}$$

于是，由式（9.1）和式（9.2）可以得到

$$\frac{n_2}{n_1}=\frac{r_1}{r_2} \tag{9.3}$$

例 9.1：

如果一对齿轮的齿数分别为 20 和 48，它们的速度比是多少？如果较小的齿轮以 900r/min 旋转，那么较大的齿轮的速度是多少？

解： 根据式（9.1），我们知道

$$\frac{n_2}{n_1}=\frac{N_1}{N_2}=\frac{20}{48}=\frac{1}{2.4}\text{或者 } 1:2.4$$

也就是说，较大齿轮的角速度比较小齿轮的小 2.4 倍。于是，较大齿轮的速度为

$$900 \div 2.4 = 375(\text{r/min})$$

例 9.2：

一台机械中电动机轴的速度为 1800r/min。要把速度降到 400r/min，需要多大的传动比？如果所选的主动齿轮的半径为 3in，那么较大的齿轮直径是多大？如果这个 3in 齿轮上有 12 个齿，那么较大齿轮上有多少个齿？

解：

根据两个速度的比值可以算出传动比：

$$1800 \div 400 = 4.5$$

传动比为 1∶4.5。因为要降低速度，所以从动齿轮必须比主动齿轮大 4.5 倍。

$$\text{大齿轮的直径} = (3)(4.5) = 13.5(\text{in})$$

$$\text{较大齿轮的齿数} = (12)(4.5) = 54$$

要注意，齿数必定总是整数。如果齿数是 11 而不是 12，则有

$$\text{较大齿轮的齿数} = (11)(4.5) = 49.5 \rightarrow 50$$

9.2.2 齿轮系的传动比和速度比

当不止一对齿轮装配到一起时，这个组合称为**齿轮系**。在图 9.1 中可以看到，第三齿轮的角色是可以改变输出轴的旋转方

齿轮系
配置在一起的一套齿轮，用于获得所期望的传动比。

向。也可以看出，第三齿轮的齿数并不会对传动比起作用。图9.10a描述了三个齿轮，输入轴固定在齿轮1上，齿轮3是输出。假设每个齿轮的齿数和角速度分别记为 N_1、N_2、N_3 及 n_1、n_2、n_3，那么根据式（9.1）有

$$\frac{n_3}{n_1}=\frac{n_2}{n_1}\times\frac{n_3}{n_2}=\frac{N_1}{N_2}\times\frac{N_2}{N_3}=\frac{N_1}{N_3} \tag{9.4}$$

现在假设加入第四个齿轮，同理可知，输入和输出轴的相对速度仅取决于第一个和最后一个齿轮的传动比。对于图9.10b中的配置，有

$$\frac{n_4}{n_1}=\frac{n_2}{n_1}\times\frac{n_3}{n_2}\times\frac{n_4}{n_3}=\frac{N_1}{N_2}\times\frac{N_2}{N_3}\times\frac{N_3}{N_4}=\frac{N_1}{N_4}$$

或者

$$\frac{n_4}{n_1}=\frac{N_1}{N_4} \tag{9.5}$$

中间齿轮可以用来在轴之间传递运动，也可以保持所需的旋转方向。想象一下，如果只使用两个齿轮，而不是图9.1b中的那种配置，那么每个齿轮的直径要大得多才能填补两轴之间的空间并维持传动比和旋转方向。这就得采用没有必要的笨重且昂贵的齿轮。

如果一台设备中所需的速度比很大，比如40，就意味着很大的传动比。从各种技术观点来看，这种很大的传动比是不希望出现的，必须避免。这种情况下，必须把数值很大的传动比分解为较小的数值，并且必须组合使用具有实际可行的比值的齿轮对。例如，对于速度比40来说，两个速度比5和8就可行得多。根据经验，应避免传动比超过10。

图9.10c和d给出的配置方式经常在齿轮系中采用。在这些配置中，某些齿轮具有相同的轴，一起转动。在这些齿轮系中，式（9.5）是无效的，因为在同一根轴上的两个齿轮具有相同的速度，而齿数却不同。例如，在图9.10c的配置中有四个齿轮，与图9.10b的相同，但是式（9.5）只能用于后者，而不能用于前者。

从各种技术观点来看，很大的传动比对单对齿轮来说是不希望出现的，必须避免。根据经验，传动比不应超过10。

要得到图9.10c中配置方式的传动比，可以沿用式（9.4）和式（9.5）相同的方法，但要记住其中某些角速度是相等的。

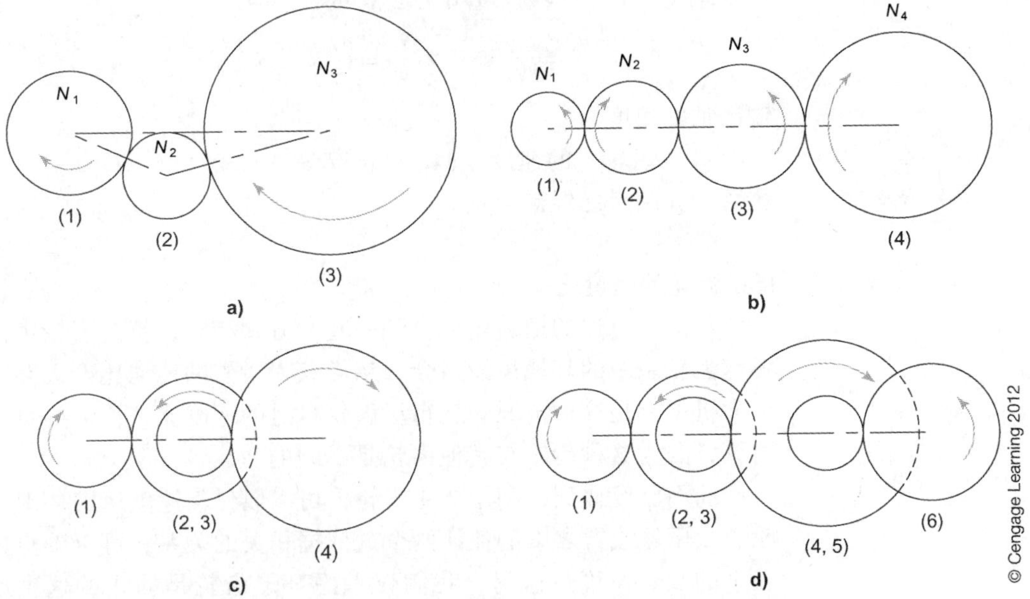

图 9.10　齿轮系

图 9.10c 中齿轮 4 的速度（或者换句话说，齿轮 4 对齿轮 1 的传动比）可以通过结合齿轮 3 对齿轮 1 的速度比和齿轮 4 对齿轮 3 的速度比来算出。注意到齿轮 2 和齿轮 3 具有相同的速度，齿轮 4 对齿轮 1 的速度比可以通过对齿轮 1 和 2、齿轮 3 和 4 应用式（9.1）来算出，即

$$\frac{n_4}{n_1}=\frac{n_2}{n_1}\times\frac{n_4}{n_3}=\frac{N_1}{N_2}\times\frac{N_3}{N_4} \tag{9.6}$$

相同的推导可以用于齿轮系中的任何齿轮组合。比如，在图 9.10d中有六个齿轮，前四个具有与图 9.10c 相同的构造，齿轮 4 和 5 具有相同的速度。为了算出齿轮 6 相对于齿轮 1 的速度，可以把齿轮 4 的速度乘以齿轮 6 对齿轮 5 的传动比。前者已经在式（9.6）中得到，所以齿轮 6 对齿轮 1 的速度比为

$$\frac{n_6}{n_1}=\frac{n_4}{n_1}\times\frac{n_6}{n_5}=\frac{N_1}{N_2}\times\frac{N_3}{N_4}\times\frac{N_5}{N_6} \tag{9.7}$$

例 9.3：

图 9.10d 所示的齿轮系中最左侧的那个齿轮位于输入轴上，旋转速度为1800r/min。如果，$N_1=20$，$N_2=25$，$N_3=17$，$N_4=38$，$N_5=14$，$N_6=28$，算出输出轴（齿轮 6）的速度。

解：

式（9.7）可以直接用于这个问题，即

$$\frac{n_6}{n_1}=\frac{N_1}{N_2}\times\frac{N_3}{N_4}\times\frac{N_5}{N_6}=\frac{20}{25}\times\frac{17}{38}\times\frac{14}{28}=\frac{17}{95}$$

输出轴的速度为

$$\text{齿轮 6 的速度}=(1800)(17/95)=322(\mathrm{r/min})$$

注意计算结果已经被取整。

9.2.3 行星齿轮的速度比

与前节所述的把齿轮组合到一起的方式相同，行星齿轮也能够与齿轮系中的其他齿轮组合，从而获得所需的传动比。大多数风力机中都是这种情况。就行星齿轮自身的速度比来说，要单独讨论，因为这种齿轮与其他齿轮是不同的。

前面已经提到，利用行星齿轮，可以以任何速度运转环形齿轮、太阳轮或臂之中的任何两个，依据相关的关系，可以确定第三个的旋转速度。这里，我们仅考虑环形齿轮是静止的这种情况，风力机中就是这样的。如果环形齿轮和太阳轮的齿数分别记为 N_R 和 N_S，那么当环形齿轮保持静止时，有如下关系：

1）太阳轮为输入，臂为输出：

$$\frac{\text{输出速度}}{\text{输入速度}}=\frac{N_S}{N_S+N_R} \tag{9.8}$$

2）臂为输入，太阳轮为输出：

$$\frac{\text{输出速度}}{\text{输入速度}}=\frac{N_S+N_R}{N_S} \tag{9.9}$$

可以看出，行星轮的齿数并不影响结果，但这个齿数并不是任意的，因为太阳轮和环形齿轮之间的空间必须得能容纳得了才行。这个空间取决于太阳轮和环形齿轮的半径，而半径反过来也决定了齿数。

根据式（9.8）和式（9.9），要增加速度（就是风力机的情况），臂必须是行星齿轮的输入而太阳轮必须是输出。必要时，可以把一个行星齿轮与另一个行星齿轮或者其他齿轮组合到一起，从而得到更高的传动比。风力机中的传动比达到70～90 的不是不常见，所以这种情况下，就要两套齿轮组合使用。

本章中所讨论的行星齿轮是行星齿轮中最简单的。在一个外壳里可以组合两个或多个行星齿轮，能够得到高降速比（或者有例外的情况，增速）。行星齿轮的布置方式的优势之一是其输入和输出具有相同的轴线（它们是一顺的）。与图 9.10 里布置方式的对比能够说明行星齿轮与其他齿轮比较时的紧凑性。因为功率（平均）分配在多个行星轮上，所以它们更稳定。这就是为什么行星齿轮被用在风力机中。

例 9.4：

行星齿轮中，环形齿轮的齿数和太阳轮的齿数分别是 89 和 16，行星轮有 36 个齿，那么这组齿轮的传动比是多少？

解：根据式（9.9）有

$$\frac{\text{输出速度}}{\text{输入速度}}=\frac{16+89}{16}=\frac{105}{16}=6.5625$$

行星轮的齿数没有出现在计算过程中，不过根据太阳轮和行星轮的齿数，可以看出这组齿轮中行星轮比太阳轮大，是完全可以接受的，这样可以获得高速度比。

速度和力矩的关系　9.3

第 7 章中，机械系统中的功率是角速度和力矩的乘积［见式(7.3)］，这个关系非常重要。尝试把这个关系的理解应用到齿轮系统中。在齿轮组合中，输入轴的转速为 n_{in}，通过齿轮后被变换为输出轴上的转速 n_{out}。如果这里忽略因摩擦引起的损耗(本章后面会讲到)，并假设齿轮箱的机械结构足够强壮，那么该系统能够传递的最大功率就等于驱动设备的功率。如果把这个功率记为 P，输入轴上的转矩用 T_{in}表示，有

$$P=n_{in}\times T_{in} \tag{9.10}$$

类似的，如果输出轴的转矩为 T_{out}，又因为已经假设功率 P 没有损失，那么在输出轴上有

$$P=n_{out}\times T_{out} \tag{9.11}$$

对比式（9.10）和式（9.11）可以知道

$$n_{in}\times T_{in}=n_{out}\times T_{out} \tag{9.12}$$

式（9.12）意味着如果齿轮箱用作一个降速装置（也就是说 $n_{in}>n_{out}$），那么输出转矩比输入转矩大相同的比值。特别的，对于啮合在一起的一对齿轮来说，式（9.1）和式（9.12）也遵循这个规律，即

$$\frac{T_2}{T_1}=\frac{N_2}{N_1} \tag{9.13}$$

并且，对于一个齿轮系中的一组齿轮，有

$$\frac{T_{out}}{T_{in}}=\frac{n_{in}}{n_{out}} \tag{9.14}$$

例 9.5：

图 9.10d 所示的降速装置中，如果 $N_1=20$，$N_2=25$，$N_3=17$，$N_4=38$，$N_5=14$，$N_6=28$，且输入转矩为 100ft · lb，算出输出转矩。

解： 输出—输入的速度比在例 9.3 中已经得到，为 17/95，根据式（9.12）或式（9.14）得

$$输出转矩=(100)(95/17)=588.8\text{ft}\cdot\text{lb}$$

转矩的增大和速度的降低（反之亦然）是一起发生的，不会改变。有时，使用齿轮的主要原因是匹配转矩，而非匹配速度。比如，如果一台电动机没有足够的转矩带动负载，通过一台降速装置，就可以使转矩放大。采用这种方法，电动机功率没有变化，但转矩增大了，所付出的代价就是转动负载的速度降低了。

在齿轮系统中，如果要增加转矩，速度必须降低。无法同时增大（或减小）速度和转矩。

9.4 齿轮上的机械负载

第 7 章讲过力、转矩和力所产生的力矩，建议在学习本节之前先复习那一章，熟悉相关内容。

当一个齿轮以角速度 n_1 旋转且轴上承载的转矩为 T_1 时，它向另一根轴传递功率。如果次级齿轮的转速为 n_2，那么根据式（9.14）可知其轴上的转矩为

$$T_2=\frac{n_1}{n_2}\times T_1 \tag{9.15}$$

功率的传递通过齿实现，如前面所提到的，当主动齿轮的齿对从动齿轮的齿时，这些齿就会相互辗动。在正齿轮中，主动齿轮的一个齿对应着从动齿轮的一个齿。在斜齿轮中，每个时刻都有不止一对齿咬合在一起，不过对于齿轮的设计来说，则假设只有一对齿是咬合的。

图 9.11 给出了一对接触在一起的齿。图中 P 和 G 分别是主动齿轮和从动齿轮的中心。在图示的时刻，一个作用力从主动齿轮施加到从动齿轮。这个力垂直于相互辗动的两个齿轮的表面。

力 F 的值取决于齿轮间转矩传递。因为功率定义为力矩和角速度的乘积［见式（7.3）］，所以力 F 就取决于齿轮的功率传

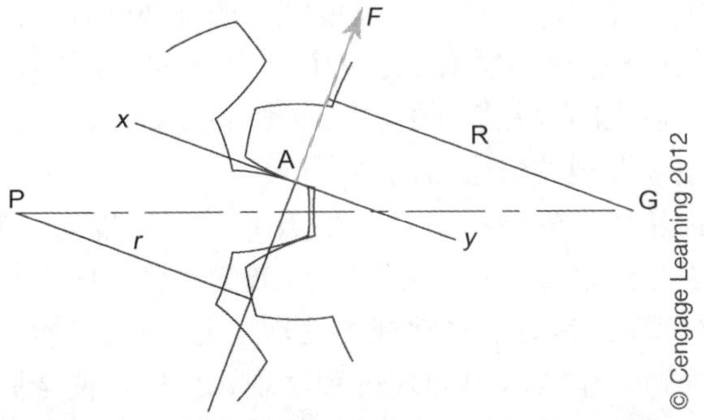

图 9.11　一对齿轮中功率在两个啮合的齿之间传递

递。当主动齿轮的齿推动从动齿轮相应的齿时，它就会收到从动齿轮的齿施加给它的相同的力。这就是说，在齿轮箱中，每个齿轮的齿都受到一个力，其大小取决于齿轮输送的功率。

从前面的讨论我们可以得到一个结论，齿轮中所有传递的功率都是依靠每个齿来完成的，所以齿是齿轮中最薄弱的环节。换句话说，在齿轮的设计中，齿的规格是按照承担全部负载来设计的，在过载的情况下，它们会面临失效。

在风力机中，因为风速的连续变化，齿轮箱的负载不是恒定的，齿轮要承受脉动负载和冲击，这对齿轮是不利的。

由于风速的波动，风力机齿轮箱的负载不是恒定的，而是连续变化的。齿轮要承受不友好的脉动负载和冲击，对齿轮不利。

9.5 摩擦和耗损

理想情况下，一对啮合齿轮在运动过程中两个接触的齿相互辗动，但是这可能与实际运行中的情况不符。虽然齿轮的齿设计成两个表面相互辗动，但是在齿轮的制造过程和齿轮箱的装备过程中，会出现一些瑕疵。结果，因为没有完美的切割或出现**轴倾斜**，齿会相互发生轻微的滑动。轴倾斜的意思是，两个齿轮的轴本应必须相互平行或者沿着同一条轴线，但两者出现了夹角。这个角度可能非常小，但因为不是零，所以就会有轴倾斜。

轴倾斜
本应必须对齐的两个匹配的轴或齿轮（也就是说，它们的轴线呈一条直线）没有被对齐的情形。

即使两个配对齿轮完美对齐，在两个齿轮间也总是存在一些耗损，尤其是它们较新的时候。耗损就意味着一个或者两个齿轮被磨掉了一些。如果过分耗损，就会产生很大的噪声和很多热量，失效的几率会大大增加。如果耗损的程度可以接受，在齿轮运行过程中仍然会产生热量和被侵蚀掉的金属碎片。

振动是齿轮产生耗损的另一个（重要的）原因，因为振动会在齿轮的齿之间导致撞击作用。轴倾斜导致振动，而振动则是机械中耗损和撕裂的最恶劣的原因。

因为齿轮的齿的耗损是从齿面开始的，所以为了减少耗损，齿轮的表面是经过淬火的。这样，金属的耐磨性大大提高，可以达到20倍。淬火是对钢材常规的处理，尤其是会经常用于齿轮。淬火可以通过化学或者热处理过程实现，可以仅使金属零件的外表面淬火，也可以使整个金属零件都淬火。

9.6 润滑和冷却

齿轮箱产生的热量必须排出齿轮，否则热量的积累容易导致过热。对于大功率机械尤为如此，包括风力机，它们具有高速度和重型齿轮。另外，齿轮必须润滑，减小摩擦，使运动更灵活。

在齿轮中经常采用润滑液，既能润滑又能冷却。膏状润滑剂则不适合，如油脂，因为它不能实现冷却功能。这就是为什么齿轮被封装在齿轮箱里，这样就能使用润滑液，也能防止齿轮受到污染，同时保证运行人员和环境的安全。

因为润滑剂与齿轮接触，所以它能从发热的齿面带走热量，也能冲走因为齿轮摩擦作用而产生的碎屑。所以，必须让润滑剂具有能够变冷却的连续循环。在大型机械中，包括风力机，采用散热器实现这个目的，润滑剂的循环则依靠泵来完成。循环路径中要有一个过滤器，这非常重要。如果没有过滤器，悬浮的碎屑会在齿轮的齿面和其他表面上产生打磨作用，最终导致严重的损伤。

9.7 效率

到现在为止，我们还没有考虑在能量和功率传递过程中损耗的影响。风力机的风轮从风中捕获的能量将以电能的形式展现并注入电网，但在这之前，是时候把这个问题摆到桌面上来了，应更实际地讨论在这个过程中所发生的现象。

如9.6节所讨论的，齿轮箱中产生的热量是输入齿轮的机械能的一部分转变成了热能。显然，这部分热量会损失掉，因为它不可能再恢复成机械能。所以，齿轮箱的输入和输出功率之间有一定的差异，这个差异就对应着转变成热的那部分功率。从这个意义上说，总是有 $P_{out} < P_{in}$。或者，可以写成

$$P_{out} = P_{in} - P_{lost} \tag{9.16}$$

比值$\frac{P_{out}}{P_{in}}$是一个小于 1 的数且没有量纲（就是说不应给它赋予任何单位），表示一个设备的**效率**。通常效率是以百分比的形式给出的，将$\frac{P_{out}}{P_{in}}$所计算的结果乘以 100 即可得到。例如，某个齿轮箱的效率可以是 94%，意思是输出功率仅为输入功率的 0.94 倍。任何一台设备的效率越高越好，因为这说明较低比例的功率被损失掉了，而较高比例的功率（或能量）可以用来做功。在齿轮箱中，能量损失不仅仅是因为齿轮。在所有的旋转机械中，轴安装在轴承上，由于摩擦而产生热量，虽然很小，但这些功率被损失掉了。

效率

当给予设备或机械的能量发生改变时，用于计量在这些能量中有多少被其用来做功，效率是输出能量与输入能量的比值。

在所有的机械中，较好的设计意味着较高的效率，而较差的设计意味着较低的效率。一个较好的设计，意味着更加精确的加工和更加精密的工艺。当然，价格上也会有差异。测量齿轮箱（或其他设备）的效率并非易事，必须通过测量装置和实验室的试验才能完成。通常，制造商会完成这些试验并在机械的数据中给出效率测量的结果。

对于齿轮箱（是一种机械系统），输入功率的一部分以热的形式损失掉了，同样，对于发电机来说，一部分功率也转变成热量。这些热量不但源自于轴承，也源自于发电机绕组中的电流。所以，效率也与发电机紧密相关。一般的，任何电动机、发电机、齿轮箱等运行的效率都低于 100%。另外，一台设备的效率不一定是常数，它会随着功率发生变化，即在某一个特定的功率时效率达到最大值，而在其他功率时效率有所降低。通常，任何设备都是在其额定值处具有最高的效率。

现在我们很想看看各种系统配置到一起后的组合的总效率是多少，比如一台风力机。如果一个系统是由一系列级联在一起的部件组成的，比如风力机，那么应该把所有部件的效率都乘起来，才能得到总的效率。如果每个部件的效率记为 eff_1、eff_2、eff_3等，那么有

$$效率_{总的} = eff_1 \times eff_2 \times eff_3 \times \cdots \tag{9.17}$$

通常，任何设备都是在其额定值处具有最高的效率。

例 9.6：

在风力机中，风轮和轴承的总效率为97%；齿轮箱和发电机的效率分别为95%和98%；到变压器之前的发电机电缆有1%的损耗；变压器的效率为96%。如果在某个给定的时刻，从风中捕获的功率是1000kW，那么经过变压器之后的功率是多少？

解： 在要测量所得功率的点之前有5个部件，既有电气的也有机械的。虽然电缆与其他设备不同，但可以把它看作一个具有给定效率的部件。电缆的损耗为1%，首先通过从100%中减去这个损耗的百分比，将其转换为效率的形式，于是这个部件的效率为99%（即100% −1%）。现在所有部件的效率都有了，利用式（9.17）：

$$效率_{总的} = (0.97)(0.95)(0.98)(0.99)(0.96) = 0.858 \to 85.8\%$$

可以看到，只有85.8%的功率达到了变压器之后的那个点，也就是说，14.2%（100% −85.8%）的能量被损失掉了。

$$功率损耗 = (1000)(0.142) = 142\text{kW}$$

$$可用功率 = (1000)(0.858) = 858\text{kW}$$

例 9.7：

在一个效率为95%的齿轮箱中，输出轴上的功率为1.2MW，输入轴上的功率是多少？

解： 在所有与这个问题类似的问题中，已知输出功率，那么输入功率必定大于这个值。这里，输出功率是输入功率的95%，我们找出已知值的95%即可。直接利用效率的定义，有

$$\frac{P_{out}}{P_{in}} = 0.95$$

或

$$\frac{P_{out}}{0.95} = P_{in}$$

可以算出

$$P_{in} = \frac{P_{out}}{0.95} = \frac{1.2}{0.95} = 1.263(\text{MW})$$

9.8 齿轮的游移

游移
由于两个啮合齿轮的齿之间存在非接触的自由空间，导致它们之间的自由运动。

学习齿轮系统的时候很重要的一点是要知道游移是什么以及这是一个不希望出现的特征。**游移**是两个啮合齿轮间的自由活动。如果两个啮合的齿轮在制造时具有很大的容差，那么齿轮的齿面就不会按要求相互辗动。相反，齿间总有一个小的缝隙，齿

轮能够相互自由的运动，而不传递运动。这种自由运动可能非常小，有时比 1°的旋转还要小，但是这也超过了一对良好的齿轮所能接受的程度。在精密机械中，比如机床要进行精密加工，这时更不希望出现游移的效应。除了会损失精度，游移还会引起齿轮的振动和噪声。

在风力机中，因为风速不是恒定的而是有波动的，游移会导致两个啮合的齿轮齿间发生锤击作用。这种锤击作用虽然较小，但是长期这样会导致齿轮损伤和失效。

为了减少齿轮的游移，（利用机床进行的）齿轮的制造必须采用更高的精度和更严格的容差。不过，加工误差是难免的，而且在齿轮运行之后（投入工作并且运行很多小时之后）游移也会逐步发展。要避免齿轮的游移，一种通常的做法是采用斜齿轮，在每个时刻都有不止一对齿咬合在一起（见图 9.5）。斜齿轮的制造成本更高，但很多情况下，比如在风力机里，还是要用斜齿轮来消除游移。

斜齿轮的制造成本更高，但很多情况下，比如在风力机里，还是要用斜齿轮来消除游移。

9.9 齿轮的一般性问题和齿轮失效

通常，齿轮箱在运行过程中面临着一系列的问题，而且在发生故障时这些问题会被加强或者加速。故障状态是不希望出现的，可能由于各种原因引起。比如，润滑油泄露导致油位降低，或者使用了不当的油。任何这些情况的出现，会导致润滑和冷却不充分，零部件发热或者出现热点，或者会出现其他损坏。任何损坏都会导致齿轮箱中齿的破裂和永久性失效。

风力机的齿轮箱有两个特殊的问题。第一个，如前所述，其他大多数应用场合中，齿轮箱用作降速装置，而在风力机中却不是这样。第二个问题是，因为风的特性，齿轮箱要承受频繁和突然所传递功率的变化。这种功率波动，反过来成为齿上的负载变化，对齿轮箱来说是不希望出现的。

从这个角度来说，风力机齿轮箱的损坏和失效的几率比许多其他应用场合都要大。而且，更换风力机的齿轮箱代价非常高，因为它不是在地面上运行。

总之，风力机齿轮箱的失效的原因有：① 设计和制造；②

疲劳

承受重复性的拉伸和挤压应力交替。

轴对齐

使得各个（例如两根轴的）轴线沿着同一条直线。

安装和使用；③ 运行和维护。

不良和错误的设计必然导致运行过程中的问题。类似的，制造过程中的缺陷会产生不必要的应力、耗损、发热和**疲劳**。在齿轮箱的安装过程中，无论输入侧还是输出侧，与旋转轴对齐是绝对必要的。**轴对齐**的意思是，两个配对的齿轮的轴线要完全相互平行。轴倾斜会导致齿在波动的应力（见本章中关于应力的文本框）下运行，即齿的某一部分上的应力会连续从挤压到拉伸往复变化，这种现象叫做疲劳。与承受大小相同但恒定的应力的零件相比，疲劳会大大缩短机械零件的使用寿命。正确的安装齿轮箱意味着要注意将轴对齐的误差保持在推荐范围以内。不良的使用方法是指为某个应用场合选择了错误的齿轮箱，比如一台齿轮箱在它所用的场合下不能承载那么多功率或者不能传递那么大的转矩，这会导致齿轮齿过载。

运行过程中故障的例子刚刚讲过，基本上都是因为润滑油、过热和辅助设备（比如用来循环机油的泵）故障。其他情况包括油的污染，即潮气渗入机油之中，以及滤油器堵塞导致油压下降。维护中的故障指的是与更换机油的时间被拖延、不正确的机油类型等相关的任何错误。

典型的齿轮损坏或失效有：

1）断裂；

2）弯曲；

3）耗损；

4）疲劳；

5）裂缝；

6）胶合。

断裂的意思是齿上某一片材料的脱离。发生这种情况时，不仅有部分损坏的那个齿变得更脆弱，而且脱落的部分对其他所有零件都有一种研磨作用，因为它会随着机油运动到所有其他的齿那里，直至它被滤油器阻挡。

齿轮上齿的弯曲是齿朝着负载的方向（齿所受力的方向，见图 9.11）发生了变形。要知道当两个物体（这里指的是两个啮合的齿轮上的齿）相互推动时，一个上所受的力与另一个上所受的力方向相反（见关于力和应力的讨论）。弯曲的出现是因为过载和/或高温。高温会降低金属零件应对负载的强度，使之弱化，于是该零件就更容易发生弯曲或者变形。

耗损通常是以**磨损**的形式出现，两个匹配的零件会相互研磨。对于两个齿轮齿的情况，当齿之间没有足够的空间来进行平滑的辗动运动时，就会发生这种现象。这也会发生在机油中出现污染物和碎屑的时候。物理性的磨损作用通常称为侵蚀，而如果是化学反应（比如机油中有酸）所导致的，则称为**空穴作用**。

疲劳，发生在某个机械部件承受着频繁的力的变化，如前所述。考虑一个齿轮齿被推上去再被推下来，总是不停，这就导致了疲劳。齿轮中的振动会引发这种现象。疲劳会发生在齿根，因为齿发生了弯曲（这可以叫做弯曲疲劳），或者它会发生在两个齿相互挤压然后释放的那些接触点。还要知道有热疲劳，它发生在设备承受温度波动（反复变得非常热然后又非常冷）的部分。不过这不太会在齿轮中出现。

裂缝，顾名思义，它是最终断裂的起始点，原因是局部应力。裂纹可以在齿面以下开始，最终发展到齿体不同部分的齿面上。

胶合这个术语的意思是，一片微小的金属从一个齿轮齿上被剥落下来，然后由于局部的热量又被黏（焊）到匹配的齿体上。这会导致齿面变得粗糙，不再平滑，最终导致在齿轮中有更大的应力和振动在齿上发展。

力、压强和应力

现在，您已经对机械系统中的力有了很好的理解。并且，在第 3 章我们讲过力和压强之间的关系以及力和力矩之间的关系。这里，我们看看力、压强和应力之间的关系。

压强和应力都是单位面积上的力，两者的测量单位在英制系统里都是 lb/in^2（psi）。然而，不能混淆压强和应力，它们不能用在对方的应用场合。虽然压强用于表示某个面积上力的作用，尤其是用于液体，其压强向所有的方向传递，而应力是用来描述某个机械零件的强度以及确定其带载能力。应力是分子水平上的压强，关心一小片的完整性。

图 9.12 给出了带有负载的阀门。假设管道中的压强为 240psi。阀门的作用是让通路保持关闭。阀门顶部和中部的横截面积分别是 $1.5in^2$ 和 $0.16in^2$。那么，240psi 的压强推动阀门的力为

$$F = 240\text{psi} \times 1.5\text{in}^2 = 360\text{lb}$$

这个力沿着阀门的本体传递到另一端。在阀门较窄的部分，力仍为 360lb，但是横截面积只有 $0.16in^2$。这时，我们说阀门本体的应力（绝不能说成压强）为

磨损

机械部件的耗损，这些部件中两个匹配的部分会相互研磨。

空穴作用

金属性旋转零件和某种液体之间的反应，比如在齿轮箱或泵中的情况，这种反应会导致金属被侵蚀并形成空穴。

胶合

从齿上剥落的一些金属粒子，被传递到另一个齿，并通过焊接（由于热和压力）作用黏到这个齿上。

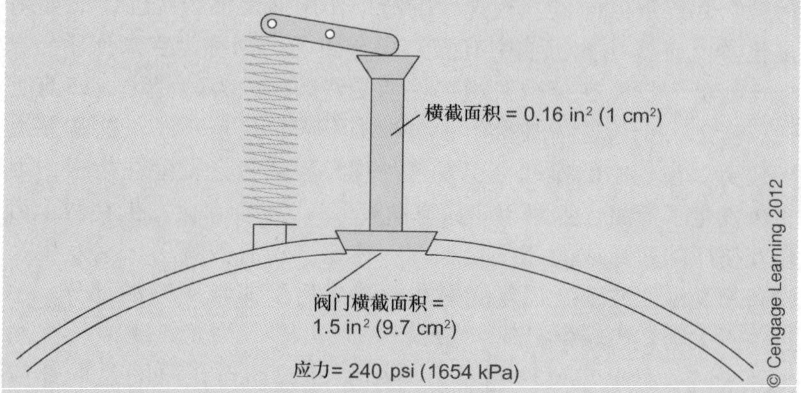

(*continued*)

图 9.12　带有负载的阀门

$$360\text{lb} \div 0.16\text{in}^2 = 2250\text{psi}$$

考虑到必要的安全因素，应力绝不能超过金属在运行温度下的允许应力。

上面所描述的那种应力叫做法向应力，它可以是挤压的形式（压应力），如前面的例子所述，也可以是拉伸的形式。例如，如果用一些力从两端拉一根棒子或者电缆，那么所产生的应力就不是挤压性的，这叫做拉应力。压应力和拉应力如图 9.13a 和 b 所示。

法向应力是要通过拉伸或者挤压使一块物体分解（或变形），除此之外，还有一种剪切应力，它通过剪切使一块物体分解（或变形），如图 9.13c 所示，这就是用剪刀剪切材料时的情形。这三种应力都发生在带载的零件上，如承受扭力的轴所带的负载试图扭动这根轴。在这种负载的作用下，轴体承受着剪切应力。再如，如果一个物体，比如一根金属棒，在力的作用下发生弯曲［见图 9.13d］，那么会导致在该物体上形成压应力和拉应力。这种情况下，物体的一部分承受拉力而另一部分承受压力。图 9.13 所示的例子中，上半部分承受压力，下半部分承受拉力。当一个物体在力的作用下发生弯曲时，它也要承受剪切应力，因为力试图将它从横截面切开。

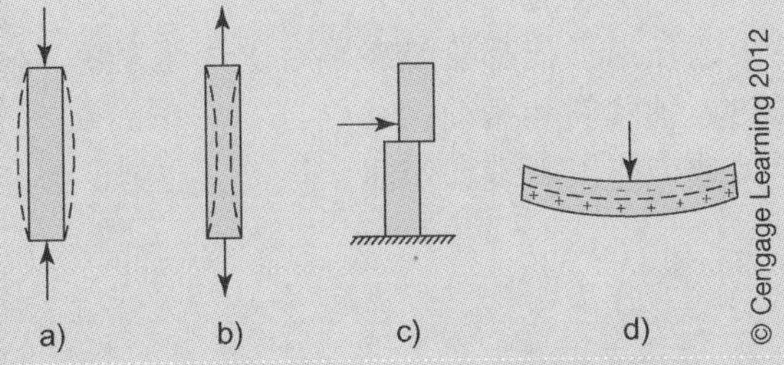

图 9.13　压应力、拉应力和剪切应力

9.10 本章小结

- 齿轮用于改变两根轴之间的速度和转矩。
- 至少需要两个齿轮，更多的话可以用于齿轮系统。
- 主动轴是输入，从动轴是输出。
- 齿轮通常用作降速装置，这种情况下，输出轴上的转矩比输入轴上的要大。
- 风力机的齿轮用来把风轮的速度增大，这是必要的，因为要与发电机的更高速度相匹配。
- 根据需求，一对齿轮存在各种配置方式，可以根据两根轴（输入和输出）之间的距离和角度来分类。正齿轮中的轴是平行的，而锥齿轮和蜗杆中的轴是相互垂直的。
- 齿轮还可以根据齿与齿轮本体的角度来分类。斜齿轮的齿是按照一定的角度切割出来的，它们的优点是能够减少或消除游移。
- 游移是在一对齿轮中匹配的齿之间的自由活动，它是不希望出现的特征，因为它会导致振动和噪声。
- 风力机中采用了行星齿轮。行星齿轮由一组齿轮按照特定的配置方式构成，包括太阳轮、环形齿轮、行星轮和臂。在包括风力机的许多应用场合中，环形齿轮是静止的，不转动。
- 风力机中，臂作为输入而太阳轮作为输出。
- 齿轮在齿轮箱中组合到一起。在风力机的齿轮箱中，行星齿轮与普通齿轮结合使用。
- 润滑对齿轮的运行来说至关重要，它用来减少摩擦、冷却以及带走污垢和碎屑，污垢和碎屑将被过滤掉。
- 轴对齐对于齿轮的正确运行来说也非常关键，轴倾斜会导致振动以及齿轮的快速恶化。

• 齿轮中的任何损伤都会最终导致永久性失效。损伤可能源于过载、过热、轴倾斜和振动。

• 齿轮失效可能以断裂、弯曲、耗损、疲劳、裂缝和胶合的形式开始。

进阶学习

除了本章中提到的几种基本类型的齿轮，还有其他类型的机制可以用于机械的降速。其中有一些是专业性的，但有两种类型在此值得一提，它们不一定会甚至可能永远也不会在风力机械中使用。

谐波传动

谐波传动是一种降速装置，它没有游移，并且有高传动比（可达 100：1）和高转矩能力。此外，与行星齿轮类似，其输入和输出轴是共轴线的。谐波传动依靠柔性金属膜的波浪式运动来工作。位于中间的零件可以连接至输入轴，它以输入速度旋转并在膜上产生波浪式运动。膜也在转动，它的形状发生变化，与内侧零件的形状相吻合。膜的齿数比外侧圆环的少，所以当它旋转时，就会引起外侧圆环朝相反方向慢慢转动，因为它们的齿必须相匹配。

对于降速的情况，谐波传动的速度比为

$$\text{降速比}=1:\left(1-\frac{\text{膜的齿数}}{\text{外侧圆环的齿数}}\right)$$

举例来说，如果膜的齿数和外侧圆环的齿数分别为 49 和 50，那么传动比为 1：0.02 或 50.

谐波传动如图 9.14 所示。

变速传动

变速传动的原理是两个旋转的圆盘相互接触到一起，如图 9.15 所示。运动的传递借助两个圆盘之间的摩擦来实现。两根轴线相互垂直，较小的圆盘可以沿着其轴运动，接近或远离另一个圆盘的中心。这样，就可以沿着较大圆盘上的不同圆周的边缘改变接触点。如果较小的圆盘向外侧移动，那么接触点就沿着一个较大的圆周，从而增大速度比。类似的，向圆心移动则会减小速度比。

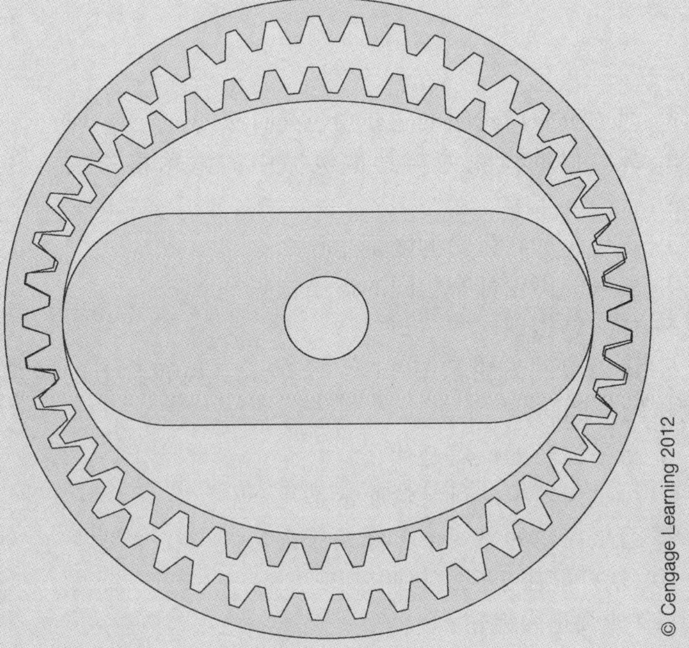

图 9.14　谐波传动

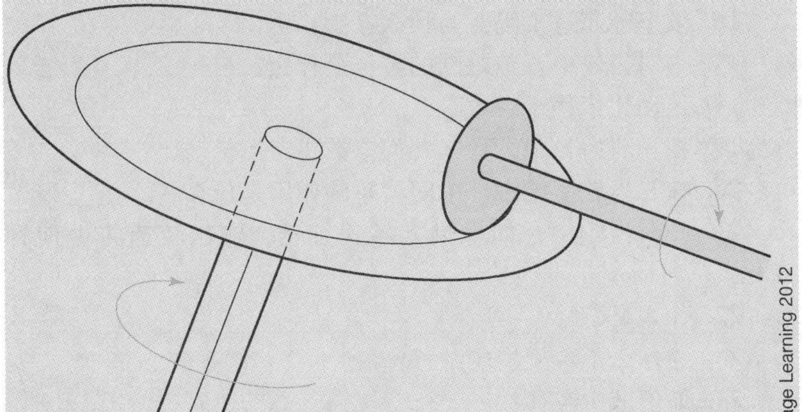

图 9.15　变速传动

复习题

1. 风力机中齿轮箱的主要角色是什么？

2. 风力机的齿轮箱与其他机械中的齿轮箱的主要区别是什么？

3. 正齿轮和斜齿轮的区别是什么？

4. 所有的齿轮都有相同的齿结构吗？

5. 什么是传动比？

6. 风力机的齿轮箱中，哪一个较大：风轮轴上的转矩还是发电机轴上的转矩？

7. 行星齿轮的优点是什么？

8. 行星齿轮中的行星轮通常是几个？

9. 行星齿轮的另一个名称是什么？

10. 蜗杆能用于风力机吗？

11. 什么是内齿轮？

12. 行星齿轮中的太阳轮和环形齿轮有什么区别？

13. 行星齿轮中，太阳轮的齿能比环形齿轮多吗？为什么？

14. 齿轮箱的功率如何表达？

15. 齿轮系统的效率如何表达？

16. 效率能超过 1 吗？为什么？

17. 一对齿轮中，节距圆的特征是什么？

18. 传动比依赖于齿数吗？

19. 在一对齿轮中，什么几何参数决定了传动比？

20. 在三齿轮系统中，中间齿轮的作用是什么？

21. 一对齿轮中，如果输入转速加倍，输出转速将做何种变化？

22. 什么是游移？

23. 为什么不希望出现游移？

24. 如何减少游移？

25. 哪种齿轮没有游移？

26. 为什么风力机中的齿轮箱比其他应用场合的齿轮箱更容易受到损伤？

27. 润滑油在齿轮箱中的主要作用是什么？

28. 为什么要更换齿轮箱中的机油？

29. 润滑油能够校正轴倾斜吗?
30. 什么是过载，主要是什么导致的?
31. 如果齿轮过载，会发生什么?
32. 说出齿轮箱的三种失效。
33. 胶合是什么意思?
34. 什么是疲劳?

应用题

1. 一对齿轮用作降速装置，其齿数分别为 120 和 48。如果输入速度为 1200r/min，输出速度是多少?

2. 问题 1 中，假设效率为 100%，如果输出转矩为 500ft · lb，那么输入轴提供了多大的转矩?

3. 问题 2 中，如果效率为 90%，那么输入轴上的转矩是多大?

4. 问题 1 中，如果 120 齿的齿轮半径为 8in，那么 48 齿齿轮的直径是多大?

5. 问题 4 中，如果给出的半径是外侧半径，那么 48 齿齿轮的节距圆直径比你算出的值要大还是小?

6. 在一个四齿轮直线齿轮系中［类似于图 9. 10b］，最小的齿轮的直径为 2. 5in，最大的齿轮的直径为 12. 5in。如果这套机械用于降速，那么输入、输出间的传动比是多少?

7. 在与图 9. 10d 类似的用作降速装置的齿轮系中：第一齿轮有 15 个齿；第二齿轮有两套齿，其中一套有 30 个齿，另一套有 14 个齿；第三齿轮有两套齿，其中一套有 32 个齿，另一套有 20 个齿；最后一个齿轮有 44 个齿。确定输入轴应该以多大的转速旋转，从而使得输出轴的速度为 179r/min?

8. 在一个两齿轮系统中，效率为 95%，输入功率多大时才能够使得输出功率为 20hp?

9. 行星齿轮中，假设 $N_S = 44$，$N_R = 100$。如果太阳轮接至一台发动机的轴，其转速为 450r/min，那么臂的速度是多少?

10. 问题 9 中，假设没有臂且行星轮堵转，那么这个由内部环形齿轮、行星轮和太阳轮形成的组合就与中间齿轮对速度比没有作用的三齿轮系统类似。此时，环形齿轮的速度是多少?

11. 问题 9 中，假设臂是输入而太阳轮是输出，算出太阳轮的转速。

12. 如果问题11中的输出承受200ft · lb的转矩，那么发动机必须提供多大的转矩（假设效率为100%）?

项目

项目1

行星齿轮中，$N_S = 244$，$N_R = 400$。行星轮的齿数总是与环形齿轮和太阳轮之间的间隙成正比。算出臂每绕太阳轮旋转一周，环形齿轮旋转几周（假设太阳轮不转，这样比较容易一些）?

项目2

假设两根轴距离1.5ft，您要选择一套齿轮，让这两根轴实现比值为3∶1的降速。您有两种选择：或者采用一套齿轮，或者采用四个较小的齿轮。假设您选用的齿轮都具有相同的厚度，由相同的材料制成，请根据所需所有齿轮的重量来对比这两种情形（提示：用齿轮的表面积来类比其重量）。

第 10 章

风力机的控制
第 1 部分：机械侧

关键术语

桨距控制
撬棒
顺风风力机
查询表
超速
失速
失速控制
逆风风力机
风力机功率曲线

目标

学习过本章之后，您应该能够：

- 定义风力机的控制参数；
- 揭示这些参数是如何关联的；
- 理解为什么风力机必须受控；
- 描述在风速变化时风力机会如何反应；
- 解释风力机的控制没有正确发挥作用时风力机是如何失效的；
- 使用技术术语，例如桨距控制和偏航控制；
- 理解什么是失速控制；
- 区分风力机的较简单和成本较低的控制方式与较复杂和成本较高的控制方式；
- 解释为什么在风速超过某个值时风力机必须停机。

10.0 引言

风力机是一个复杂的系统，其运行必须被持续监控，从而使其按照预期运转。我们希望风力机可以：

1）自我调整至风向。

2）在运行条件下产生可能的最大功率。

3）将产生的电能安全的送入电网。

4）监视自身的安全性和安全运行。

这四项功能是对于接入电网的商业化风力机来说的，也就是大型风力机。如果一台风力机没有接入电网，那么它仍需要实现另外三项功能。

风力机的控制包含了监视和执行所需的动作，这要将风力机中的所有部件作为一个完整的系统来处理。图 10.1 给出了风力机运行过程中涉及的各种参数之间的关系。一方面，风力机必须在机械方面能够自我适应风况，满足运行速度和功率的要求；另一方面，发电机必须符合电网的要求（电压、频率、输送功率和功率因数），除了速度和电压之外还要考虑可用的功率。

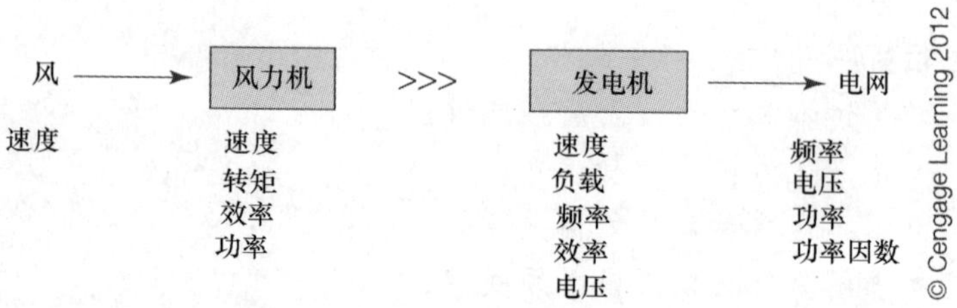

图 10.1　风力机运行和控制所涉及的参数

关于并网和发电机的运行模式将在下一章讨论。本章将讨论关于控制的一些内容，而这些控制更多的是来自于机械的视角。

10.1 功率与风速相一致

在汽轮机或水轮机（水力风力机）中，通常主要的控制是根据功率要求实现的。通过调节节流阀为风力机输送足够的燃料，从而维持其速度。在工业级的风力机中，采用同步发电机，它以恒定的（同步）速度旋转。通常会有足够的蒸汽或水维持系统的连续运转。

截然相反，风力机没有连续的和储备的风力供给，正如我们迄今所讲过的，风速每分钟都会发生大幅度的变化，甚至它从这一秒到下一秒都会发生变化。鉴于此，风力机的控制没有（也不能）采取与其他电厂相同的方式，它的控制更为复杂。

风力机必须检测风向和风速，并进行相应的动作。风力机运行过程中必须持续地将自己对准风的方向。老式的风力机中，有一些采用了顺风配置的设计方案（见图 10.2），具有这种配置的风力机叫做**顺风风力机**。这种方式可以用于小型的风力机，它们无需主动偏航控制来将风力机对准风向。不过，今天的大型风力机都是依靠偏航系统主动将风力机转至风向。还有，如果风力机要停机，则要转出风向，意思是说如果它已处于停机位置而风向发生变化，那么它必须偏航出风。

顺风风力机
对于这种风力机的风轮，风在到达叶片之前会先碰到塔架。

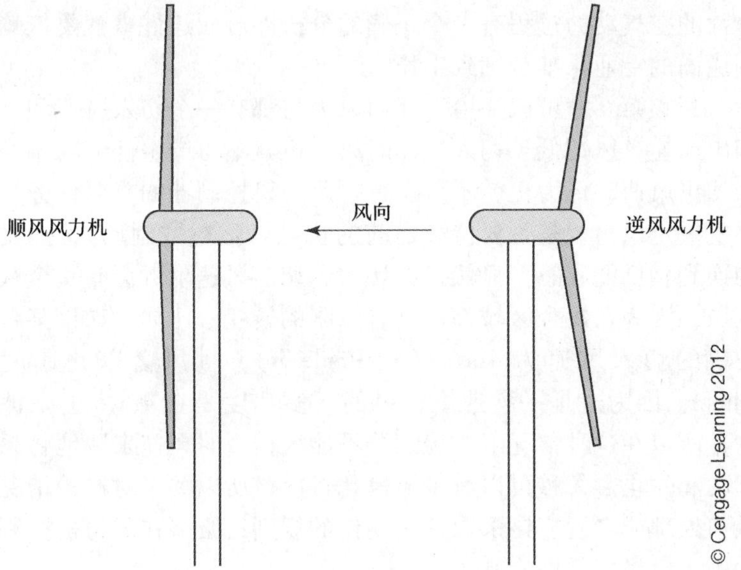

图 10.2　逆风和顺风配置

另一个要与风况取得一致的方面是风速。风速决定了风中有多少功率（见第 2 章）。测量风速是绝对必要的，否则风力机无法工作。对于小型的孤立风力机（单独的一台风力机，不接入电网）来说，可以只有一套简单的控制系统，或者甚至不用测量风速。不过，对于今天的大型风力机，必须测量风速并将其输入机载计算机，据此来计算可用功率。

10.2 风速测量

逆风风力机

风力机在其塔架上是这样安装的，叶片在塔架的前面，风在到达塔架之前先到达叶片，这与顺风风力机相反。

每台风力机都配备了一台风速仪，通常安装在机舱顶端。理想情况下，风速仪测得的风速肯定代表了风速的真值。然而，因为气流受到叶片运动的扰动，尤其对于**逆风风力机**（几乎所有今天的现代风力机），测得的速度会偏离风速的真值。图 10.2 给出了风力机的逆风和顺风配置。

正确的风速测量可以这样完成，将风速仪安装在离风力机足够远且在风力机之前的气象塔上。这个工作很困难，因为不仅需要为单独的塔架支出额外的成本，而且一个固定的气象塔无法总是保持在风力机的前面，因为风向会发生变化。不过，对于前述的风速测量误差，可以在机载计算机的软件中进行补偿，只要对叶片的空气动力过程有一个正确的分析即可。这件事就要依赖于制造商的专业水准和细致工作[⊖]。

回顾第 6 章可以知道，任何风力机都有一个切入风速和一个切出风速，风速低于切入风速时风力机就不再产生任何功率，高于切出风速时风力机就不再运行。风力机控制器的首要任务是必须要决定风力机是否要持续目前的状态（运行或制动），还是要切换到相反的状态。显然，在切入和切出风速附近会有一个灰色区域，因为在每个区域都不会有急剧的转变。比如，如果某台风力机的切入风速为 4m/s（约 9mile/h），且风会以此速度刮 40min。因为这是平均速度，风的真实速度是在 4m/s 上下波动的，所以在这种情况下，控制器不能根据瞬时风速来回地将系统起动和停止。每秒可以测量风速几百次，所以关于对这种情况应做何处理或者说应该采取什么动作的规则，必须在风力机控制算法中予以考虑并嵌入其中。

10.3 功率计算

回顾第 2 章可以知道，风力机的额定值（装机功率）依赖于风轮大小（风轮扫过的面积）和给定的风速以及当地的平均空气密度和风力机的功率系数（依赖于风速和转速）。风轮大小

⊖ 未来的风力机会配备一些测量装置，它们能够在风到达风力机之前预测风速的变化。

是固定的；空气密度取决于温度，实际上变化很小；另外两个重要的参数是风速和功率系数。

因为我们总是希望风力机能够根据可用风从风中捕获可能的最大功率，所以必须按照要求调整桨距角。参考图 6.12，为了方便起见，我们在图 10.3 中重复此图。运行过程中，对于任何风速，并考虑到切入和切出风速以及发电机的最大容量，给定风力机能够提供的功率可以从一张**查询表**中找到，该查询表是基于这条曲线的。在设计阶段，就已经完成了必要的计算，生成了与图 10.3 类似的曲线以及相关的查询表。查询表是以表格形式表述的相应数字，它们被置于机载计算机的存储器中。这种表格的样子见表 10.1。

查询表
变量计算值的表格，可以用来确定某个数值而无需进行计算。用这种表格可以更快。

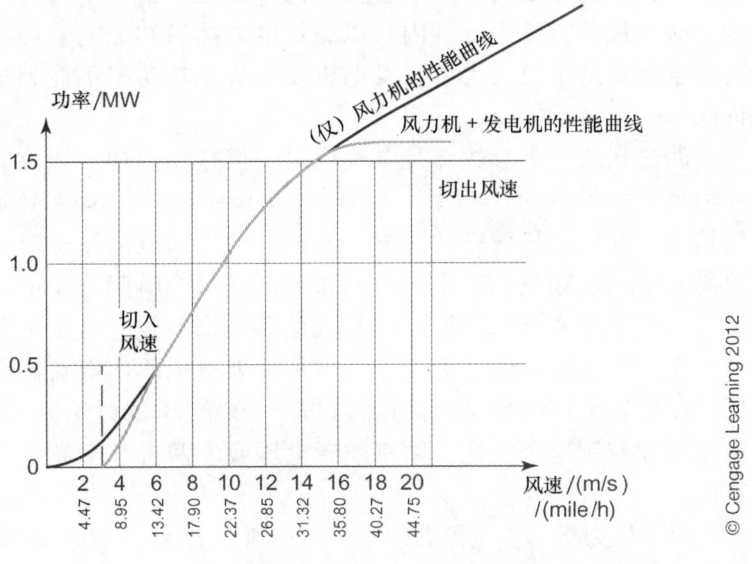

图 10.3　典型的风力机功率曲线

表 10.1　图 10.3 中功率曲线的查询表

速度/（m/s）	3	4	5	6	7	8	9	10	11	12
功率/（MW）	0	0.1	0.35	0.49	0.62	0.78	0.9	1.05	1.18	1.27
速度/（m/s）	13	14	15	16	17	18	19	20	20.5	
功率/（MW）	1.38	1.44	1.51	1.56	1.57	1.59	1.6	1.6	1.6	

用来在风力机运行过程中调整叶片的叶片桨距角的设定点可以放到机载计算机的查询表中。

10.4 输出功率的质量与要求

对于要接入电网并分担电功率供给任务的发电机来说，对其要求可缩减为必须与电网匹配的三个参数，如第6章所讨论的，它们是电压、频率和功率因数。显然，发出功率的电压和频率必须在电网标准所定义的容差之内。而且，整个电网的功率因数必须保持在某个范围内，以满足电力部门和配电公司提出的要求。从这个意义上说，发电机发出的无功功率不能超过允许限值。

前面提到的三个参数都是电气变量，但是它们却会影响到必须由风力机提供的“功率”。所以，从风中捕获的功率受到齿轮箱效率和发电机效率的影响，而这些功率向电网输送时必须要满足电压、频率和功率因数的条件。在每个瞬间，发电机轴上可获得的功率可以根据风速和其他参数来确定，这是一种机械功率。根据得到的这个功率和电压，就可以算出电流。根据所使用的发电机的类型及其运行模式（在第11章讨论），如果不监测和控制这个电流，频率或者电压或者两者都会超过预期范围。

所以，风力机的控制器必须基于对风速、电压、电流、频率和功率因数的连续测量来工作。除此之外，所有其他运行变量，比如温度和压力，它们与风力机的安全与健康运行相关，也必须要监测。虽然不可能画出所有风力机的控制框图，我们仍可以给出只基于主要变量的风力机控制的典型框图。实际中，与运行工况有关的一些命令会夹在这个图上，包括停机、进入待机、重启、报告故障和问题报警。图10.4给出了风力机控制的典型框图。

风力机控制器的运行必须基于对风速、电压、电流、频率和功率因数的连续测量。

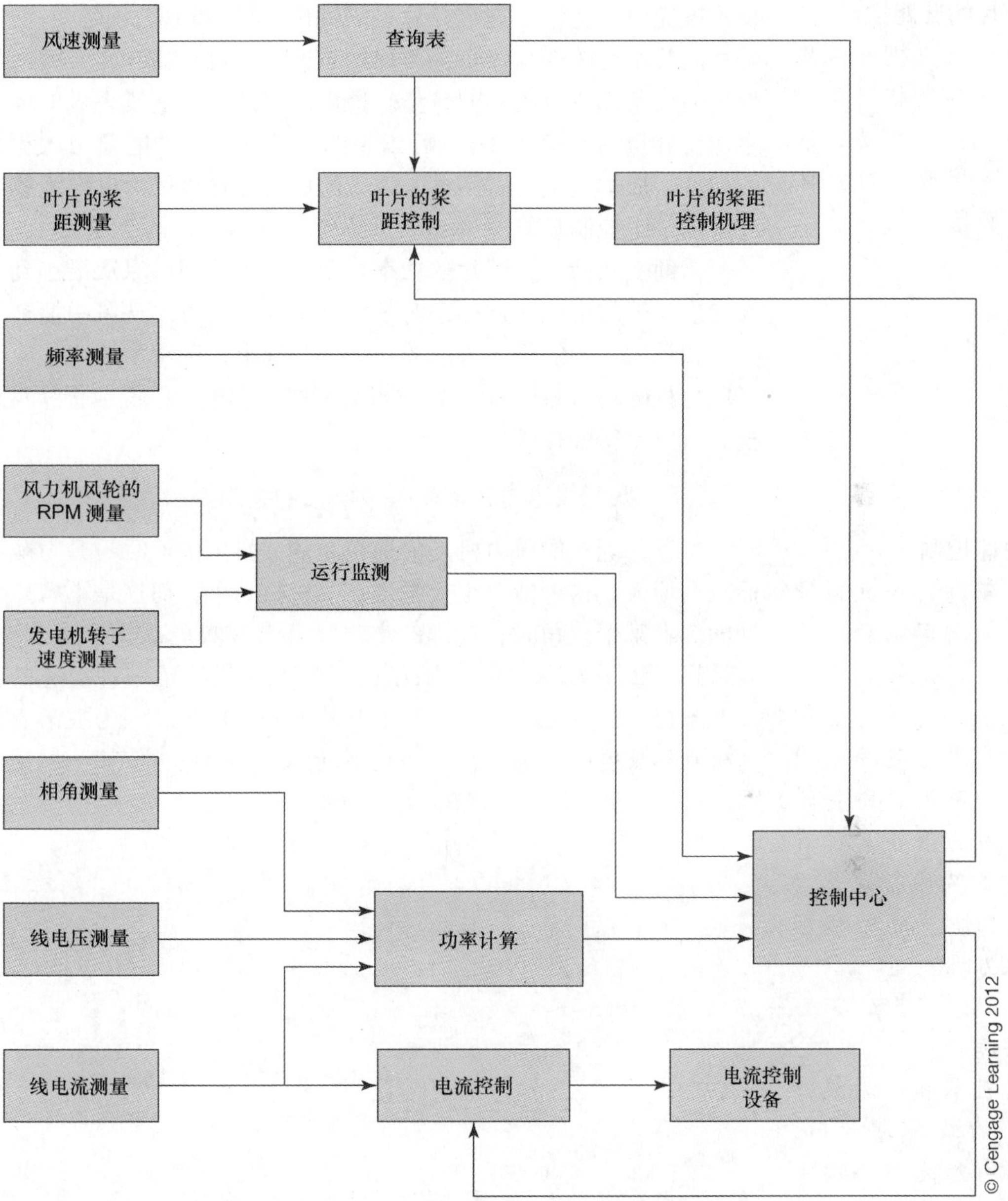

图 10.4　风力机控制器的一般性原理图

叶片的桨距控制　10.5

叶片的桨距控制机制能够推动叶片围绕其径向轴线相对于轮毂旋转，这种机制必须在轮毂内部运行，可以由电动或液压执行

叶片的桨距控制
推动风力机叶片围绕其轴线相对于轮毂转动的能力，这样可以改变叶片的桨距角。

机构来完成。通常，三个叶片必须同时调整到所需的值⊖。调节叶片的桨距会改变其攻角，再详细点说，它可以让叶片上的每一部分的攻角都改变相同的数量。这样，就能够改变风力机的风功率捕获容量（见第3章）。可以想到，增加这项功能要引入更多的部件，成本也更高。不过，今天的所有兆瓦级风力机都配备了叶片的桨距控制功能。

借助变桨叶片，叶片的功率捕获容量的范围可以从最小到最大发生显著的变化。这样，对于每种风速，就可以从风中捕获介于零和最大之间的任何可能的功率。实际上，桨距角的变化改变了风力机的功率系数（C_p）。当风力机不发电的时候，通过桨距控制可以使得叶片顺桨。

所有兆瓦级风力机都配备了叶片的桨距控制。

失速控制
在较高的风速时减小风功率捕获的作用，这是一种调节机制，能够防止风力机发生超速或过载。采用这种特性的风力机不采用叶片的桨距控制，于是叫做失速控制型风力机。

相反，老式的风力机是**失速控制**的。发生**失速**时，升力减小而阻力增大。这种情况也会发生在飞机机翼上，而这是不希望出现的。在某个攻角时，局部的空气循环会在翼的后面产生真空，其结果导致阻力增加而升力减小。图10.5描述了一种失速的工况。不过，这种工况不会在整个叶片上同时出现，因为在沿着风力机叶片长度的方向上，攻角是不同的。因为攻角依赖于风速以

失速
当机翼和风力机叶片的攻角增大时，升力随之减小的一种效应。它发生在某些较大的攻角值时。在失速发生前，升力随着攻角的增大而增大。

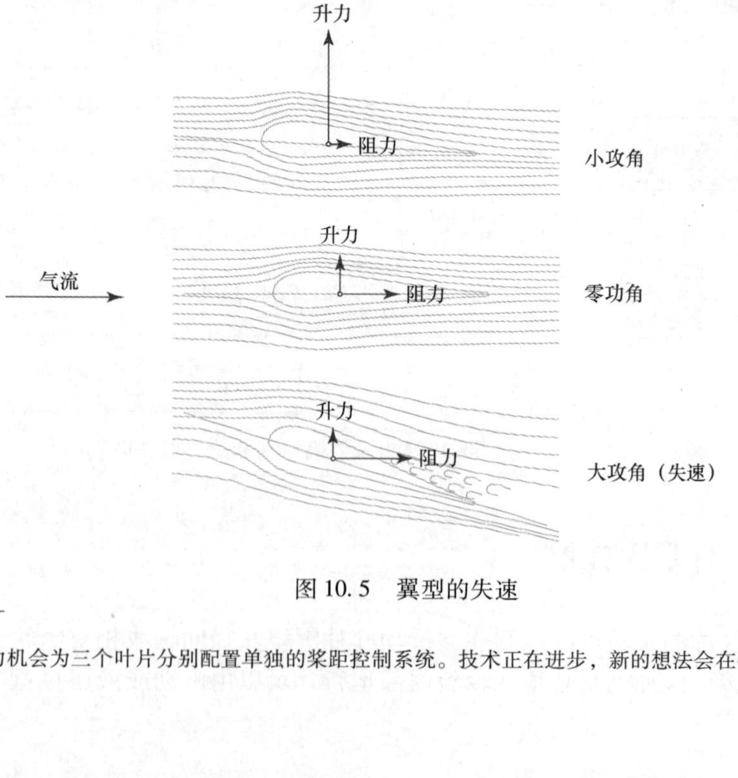

图10.5　翼型的失速

⊖ 某些较新型的风力机会为三个叶片分别配置单独的桨距控制系统。技术正在进步，新的想法会在研发的基础上变成现实。

及叶片的转速（也就是说，空气与叶片的相对速度），失速的情况会出现在叶片的某一个部分，这也取决于扭转的角度。于是，叶片上总的升力和阻力会发生变化，导致功率捕获的变化。

所以，叶片可以（通过改变扭转的角度）如此设计，即达到某个风速之后，功率捕获容量不再增加（甚至减小）。这样设计出的翼型的行为将在较高的风速时出现失速。所以，除非减小攻角，否则翼型上的升力就会减小而阻力会增加。这是其自身的一种调节作用，减小风力机的功率捕获从而防止其在较高的风速时超速运行。

不过，当叶片上的阻力增大时，这些额外的阻力肯定会被叶片的整个结构承受，于是也被塔架所承受。这是失速控制型风力机的缺点之一，即风力机必须在风速增大至超过风力机功率容量时耐受推力负载。图10.6给出了一台有固定叶片的风力机。

图10.6　具有固定叶片的风力机

在某些老式（以及小型）风力机中，在叶片处于较高转速时，辅助制动机制会起作用。这种机制可以减小气动升力，防止风力机加速。它由一块平时是隐藏的且锁止的平板构成，可以从叶片上脱离开，为叶片的转动制造更多的风阻。图10.7说明了这种机制。其思想是一种被动的自调节作用，但是它经常不能正确工作，平板不能缩回至隐藏位置。这样的话，只能手动把叶片重置回正常状态，这是很耗时的。

与这种制动系统不同，还可以采用叶尖制动，其中每个叶片的尖端都是一块单独的部分。在正常的工况下，叶尖与叶片其余

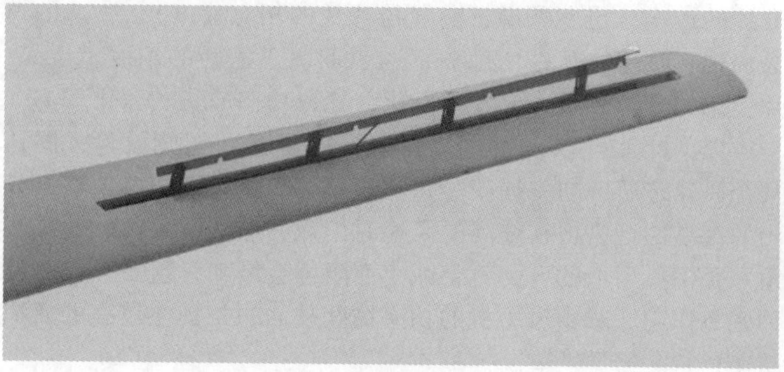

图 10.7 防止风力机超速的制动机制

部分是平顺的，形成一个标准的叶片。当出现超速的情况时，叶片尖端部分上的离心力会触发一个机关使之打开，然后叶片尖端会旋转 90°。这种动作可以改变叶片的空气动力行为，结果导致叶片速度变慢。这种形式的制动如图 10.8 所示。但是这种机制也会面临回到正常位置失败的困扰。

图 10.8 叶尖制动系统

10.6 风力机的运行功率曲线

图 10.3 描述了风力机的典型特性曲线，根据该曲线，风力机可以在各种风况下调节其参数及设置其运行点。理解该曲线是怎么生成的，是很有意思的一件事。回顾第 7 章可以知道，风力

机的性能（功率系数和功率捕获）随着叶尖速比变化，对于给定的风力机转速，叶尖速比又依赖于风速（见图 7.6）。反过来讲，我们希望风力机总是尽可能多的以最大功率系数运行，也就是说，在各种风速下都能运行在其特性曲线的顶点附近。如果把每种风速下的特性曲线的最大点连接到一起，得到的曲线就给出了风力机在各种速度下的期望运行点。风力机发电机的最大容量在特性中呈现出一个鼓包，这条曲线与这个鼓包相结合就定义了另一条曲线，据此安排风力机的运行计划和控制。图 10.3 介绍的就是这条曲线，叫做**风力机功率曲线**。图 10.9 描述了上述过程，并突出了最终所得到的曲线。

风力机功率曲线
风力机的一条特定曲线，决定了相对于风速的输出功率。风力机控制器用这条曲线在运行过程中调整叶片的桨距。

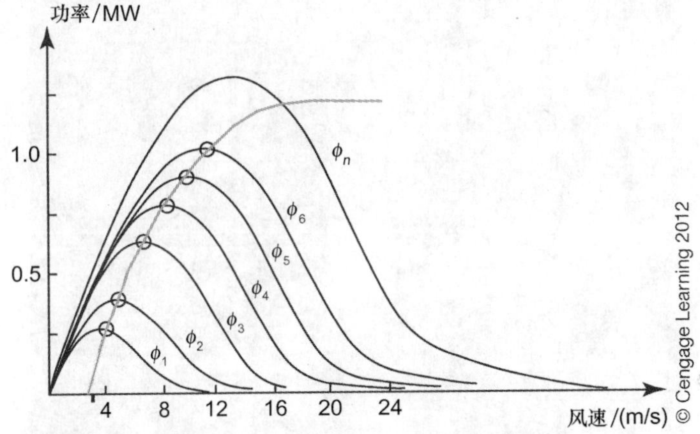

图 10.9　风力机功率曲线的演变

> 风力机的功率曲线是通过把对应各个叶片桨距角时的各条单独的功率曲线上的最大点连接到一起而得到的，而各条单独的功率曲线则考虑了风力机发电机的最大容量。

在图 10.9 中，样子类似的曲线族中的每条曲线都对应着风力机叶片的一个不同的桨距角。每种风速下相应的桨距角的数值会被添加到查询表中，见表 10.1，用于叶片的桨距角调节。

10.7 偏航控制

运行时，水平轴风力机必须将其自身对准风向。这是风力机的一项自动功能，基于在每个瞬时对风向的判定。偏航运动的控制环独立于其他功能。它采用了好多并行工作的电动机来实现，比如8台，但各台风力机的配置会不同。不过，通常这套机制由一个大的环形齿轮（差不多是塔架顶部的大小）构成，偏航电动机通过一套齿轮推动偏航环形齿轮［见图9.2b］，于是带动机舱相对于塔架缓慢移动。图10.10给出了Vestas 82型风力机中的偏航齿轮电动机，图中的电缆是发电机的输出，延伸至塔架底部。

图10.10 从Vestas 82的机舱内部看8台偏航齿轮电动机其中的1台

10.8 停车制动

当风力机不运行时，也就是说风力机停机时，必须保持在某个固定位置，不能再动。换句话说，风力机必须停车。对于任何在风力机上的维护工作来说，这一点都很重要。如果在一台没有制动的风力机上工作，是非常危险甚至是致命的。另外，在运行过程中，任何时候风力机必须停运时，比如风速低于切入速度以及超过切出速度时，必须防止风力机转动。这些都是通过风力机制动系统实现的。该制动系统与小汽车中的制动装置类似，通常是盘式制动，安装在高速轴上。图 10.11 给出了一台小型(350kW) 风力机中典型制动装置的例子。

图 10.11　某台小型风力机中制动系统的实例（在大型风力机中，这个配置会在一个盖子下面，从而安全性更高）

除了用于将风力机制动与某个固定位置的盘和垫之外，某些风力机还在便利的位置配备了一根销子和一个孔，这是在维修工作中采取的一种额外的安全措施。工作过程中，即将在风力机上工作的技术人员会手动把销子插入孔中，这样确保风轮不会转动。另外，这样还有助于让三个叶片保持在一个或多个预定位置上。对于轮毂上或叶片上的某些工作来说，风力机必须保持在某个特定的位置。

如果风力机没有制动，那么在上面工作是非常危险的甚至是致命的。

10.9 故障控制

风力机中监控系统的作用之一是，如果检测到有故障，则采取正确的动作。一个故障可能是某个部件的任何故障，包括：损坏和断裂；运行温度或压力太高或太低；某个机械参数或电气参数的值超过了允许容差，比如速度、电压、电流等。

要看故障有多么严重，如果故障不能修正，那么风力机必须停机。如果风力机必须停机，那么必须遵循风力机停机程序。有的故障会引起暂时性动作，这时就必须执行多次检查来看看它是否一直存在。

可能发生的故障的数量很大，不可能一一列出，因为各台机器的故障也各不相同。其中有些会发生的较为重要的机械故障在这里要提出来：

1）风力机各种零件的过度振动，可能会发生在主轴承、机舱、塔架和齿轮箱中的任意一个上面。

2）齿轮箱、轴承、油冷却系统或者任何其他液压系统中的各种液体的高温。

3）系统各种零件中各种液体的低液位或低压力。

还有，有些故障是风力机控制器检测不到的，除非采用冗余系统。冗余的意思是，一个参数或变量由两个设备来测量，即使有一个坏了，另一个还可以给出（不同的）数值。例如，假设风速仪出现故障了或者在冻雨中结冰了，那么风速仪的读数显示风速为零，而实际上是有风的。这种情况下，控制器将这种信息解释为没有风，于是风力机被停下来并起动制动装置。这是一种典型的情形，需要技术人员去解决。

超速

速度增加且达到超过了设计值的速度。

风力机中会发生的主要故障之一是风力机速度增大到超过允许的限值，即**超速**，这会导致灾难性的后果。风力机旋转时，有动态的力作用在叶片与所有其他相关的机械部件上，这些力的大小取决于转速。如果速度上升，这些力的大小也会增大，并且可能会超过部件的设计值。如果发生这种情况，这些部件就会断裂。如果机械系统中有一个部件断裂，且原因仍然存在，那么就会导致其他部件失效以及严重的损坏。

撬棒

一套电阻器，仅在发电机从电网脱开、其负载消失的情况下投入运行。这些电阻器形成了发电机的临时负载，所以风力机不会超速。

尤其是，如果风力机的速度增大到超过了设计值，叶片会飞出去，整个风力机会在短时间内倾覆。如果在风力机的正常运行中，负载突然从风力机上脱开，会导致超速。当发电机从电网脱开时，会发生这种情况，比如闪电触发了架空断路器并断开了电路。在这种工况下，即使风力机控制器开始停止风力机，但由于风轮已经具有了速度，其惯性会将风力机加速至超速。为了避免风力机发生这种情况，现代风力机配备了一套电阻器，能够接至发电机充当临时负载，直到情况得到修正或者风力机速度慢下来。这些电阻器叫做**撬棒**，正常情况下是不接入的，但在发生这种故障的情况下，它们马上起动并接至发电机的定子。这些电阻器从发电机得到很大的负载功率，导致它们变得很热，所以它们的热量必须尽可能快的被带走。鉴于此，它们被放置在机舱的外面，能够被新风冷却。

本章小结 10.10

- 风力机是一套复杂的机电系统，没有控制就不能正常工作。
- 风力机控制器的作用是监测风力机的安全运行，还包括根据参数测量执行正确的动作来修正故障、改变风力机的电气负载以及停运和起动风力机。
- 在每个瞬间，机械参数和电气参数必须匹配，从而实现风力机中的功率平衡。
- 机械参数是风轮速度、风轮上的转矩以及功率。对于具有叶片桨距控制的风力机来说，桨距角也可以看作机械参数之一。
- 电气参数是发电机速度、电压、频率以及所发出的电流和电功率（包括有功功率、无功功率和功率因数）。
- 风力机可以设计为运行在逆风配置或顺风配置，它们的区别请参见图 10.2。顺风风力机具有随风自对齐（被动偏航）的特性。
- 现代风力机采用了主动偏航。将机舱相对于塔架转动，可以使得风力机偏航入风。
- 对于每种现代风力机，运行特性曲线决定了其在每种风速下的功率输出。在风力机控制系统中，有查询表提供这方面的数据。
- 风速是由风速仪测量的。
- 较小型的风力机可以基于失速控制运行。采用失速控制时，风力机的功率捕获容量会在风速增大至超过某个值时有所降低，这就限制了其最大功率。
- 风力机不运行时必须保持在某个停车位置，这由风力机制动装置完成。风力机制动装置与小汽车的盘式制动类似。

进阶学习

控制系统

如我们迄今讲过的，风力机中的许多变量必须受控，比如叶片的桨距角和机舱的偏航角；在电气侧，还有电压、电流、频率和其他变量也要控制到期望值。这里，我们详细讲解一下通常是如何控制一个量的。这里讨论的内容适用于任何要控制的变量，但是为了简明起见，我们必要时会用叶片的桨距控制方面的术语。

假设在风力机运行过程中，某个时刻叶片桨距角的值确定是35°。这个值来自于叶片角度的某个测量参考点，此时的角度可以实际数出来是35°。这个值不是固定的，因为1min之后它可能会变成比如说38°。但是，对于任意给定的瞬间，都定义了期望值。

通常要通过控制环采取控制动作。为了实现更好的控制，采用了反馈控制，持续检测要被控制的量并将其与期望值比较，然后生成校正量。控制环中，期望值就是设定值。采取一个动作，对实际值（也就是测量值）和设定值之间的差异起作用，这个差异叫做误差。图10.12给出了反馈控制环。

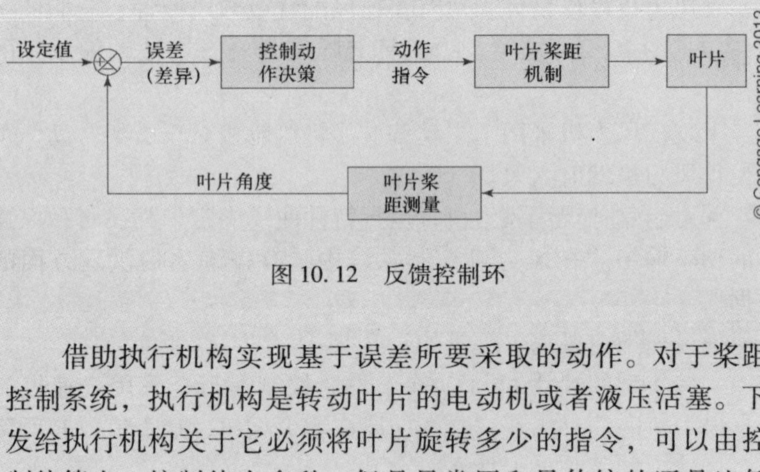

图10.12 反馈控制环

借助执行机构实现基于误差所要采取的动作。对于桨距控制系统，执行机构是转动叶片的电动机或者液压活塞。下发给执行机构关于它必须将叶片旋转多少的指令，可以由控制律算出。控制律有多种，但是最常用和最传统的还是比例控制和PID（比例、积分和微分）控制。PID控制中的每个分量都有不同的作用。比例控制引入与误差值成正比的动作，其作用是系统的整定。积分动作则试图处理被控值的漂移，该漂移叫做偏置或稳态误差。如果不通过积分控制处理它，所达到的值可能会与期望值略微不同。微分控制具有前瞻的作用，可以预测将要发生什么，并将必要的动作添加进来。

复习题

1. 为什么风力机必须受控？
2. 风力机应根据哪些主要参数来受到控制？
3. 关于风力机运行和控制，有哪些参数必须予以考虑？
4. 什么是叶片的桨距控制？
5. 所有的风力机都有叶片桨距控制吗？
6. 叶片桨距控制的目的是什么？
7. 什么是偏航控制？
8. 为什么要偏航风力机？
9. 逆风风力机和顺风风力机是什么意思？
10. 从偏航的角度考虑，逆风风力机和顺风风力机之间的区别是什么？
11. 如果风力机不能偏航，会发生什么？
12. 为什么风力机具有一条其运行的特性曲线？
13. 风力机的特性曲线是如何生成的？
14. 什么是查询表？
15. 翼型或者风力机叶片的失速意味着什么？
16. 什么是失速控制？
17. 为了防止风力机在强风和风暴中超速，应该做些什么？
18. 风力机在风暴时会产生更多的功率吗？为什么？
19. 为什么不是所有的风力机都有失速控制？
20. 停车制动装置的目的是什么？
21. 为什么在风力机不运行时必须停车？
22. 在没有正确停车的风力机上工作安全吗？为什么？
23. 如果风力机失去控制，将会发生什么？
24. 给出风力机中可能发生的故障的例子。
25. 如果风力机（因为某些原因）突然从电网中脱离，将会发生什么？
26. 为了防止风力机超速，应当采取哪些预防措施？

项目

图 10.13 给出了一台风力机的运行曲线，桨距角的变化范

围为 74° ~ 105°。您的任务是针对 6 ~ 18m/s 的每种风速以 2m/s 为间隔制作一张叶片桨距角数值的表格。对于桨距角的值，您应利用自己的判断得到最佳匹配的数值，并将其取整为一个整数（如 88、89、90 等）。

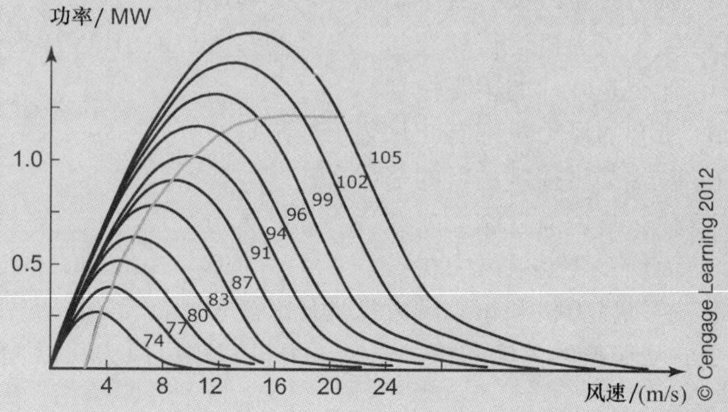

图 10.13　一台风力机的运行曲线

第 11 章 风力机的控制 第 2 部分：电气侧

关键术语

异步发电机
直驱模式
双馈感应发电机 (DFIG)
发电机
定速模式
空转
变频器
感应电机
逆变器
整流器
旋转磁场
转差
转差速度
集电环
同步电机
同步转速
变转差模式
变速模式
绕线转子感应电机

目标

学习过本章之后，您应该能够：

- 解释各种三相电机的工作方式；
- 区分各种三相电机；
- 定义发电机转速和交流频率之间的关系；
- 描述工业中应用的各种发电机的运行特性；
- 定义在小型风力机中如何使用直流发电机；
- 描述孤立风力机运行的方式；
- 描述接入电网的风力机发电机的各种运行模式；
- 定义各种运行模式的优缺点；
- 解释某种类型的三相发电机在风力机中的应用方式；
- 理解和使用工业界所采用的新术语。

11.0 引言

迄今已经讲过，风力机是一个小型发电厂。但是，它不同于传统的发电厂，比如靠柴油发动机发电的那些，风力机的控制策略必须考虑风的特性。大型发电厂采用汽轮机或水轮机作为发电机的原动机。汽轮机容量可达500MW，所以这就是为什么我们认为燃油轮机是小型机组。类似的，现在已有的最大的风力机容量即便已经达到2~4MW，我们仍然认为它们属于小型机组。传统发电厂中采用的是同步发电机，而在大多数的现代风力机中所采用的发电机类型是感应发电机。感应发电机也叫做**异步发电机**。

异步发电机

感应发电机的另一种叫法，是一种与同步发电机工作原理不同的发电机。

通常，因为风力机的规格多变，从极小型（产生十几千瓦的功率）到小型（产生几百千瓦的功率）以及最新的型号（几个兆瓦的容量），不是所有的风力机都采用同一型号的发电机。在极小型风力机中，更为常用的机型是直流发电机。

第6章已经讲过发电机的原理以及它如何工作，也讲过发电机并联的必要条件；第10章讲过风力机机械侧的控制；本章将从电气侧的视角继续讲解风力机的控制。要讲这些内容，需要首先学习关于各种发电机和相互间差异以及它们如何运转的更多知识。然后，我们再讲它们是如何用在风力机中的，以及如何控制风力机中的发电机。

11.1 直流发电机

虽然在工业级发电的场合中没有直流发电机的位置，但是小型的孤立风力机可以接至直流发电机。小型的意思是说风力机的最大容量在25kW左右。实际应用中，直流发电机的输出适用于为蓄电池充电。这种情形只在小规模应用场合才会出现，比如，在偏远地区要为一所房子供电的话，可以用一套小型风力机给一组蓄电池充电。如果这所房子与正常的房子一样，使用了电冰箱、电视机等设备，它们靠交流电工作，那么存储在蓄电池中的直流电必须通过**逆变器**变换成具有所需电压和频率的交流电。逆变器是一种电子设备，可以把直流变换成交流。变换所得到信号的质量取决于逆变器。廉价的逆变器输出方波交流信号，但如果用良好设计的逆变器则可以得到接近正弦的信号。第12章将讲

逆变器

用直流电源产生交流电的电子设备。

述更多关于逆变器的内容。

直流发电机与直流电动机类似，如果转动，就会发电；如果接到电压合适的直流电源上，就会转动。换句话说，它将机械能转换为电能，反之亦然。或者，直流发电机也可以是一台小型三相交流发电机，其电压通过**整流器**变换成直流。这种配置方式与今天大多数小汽车中的类似。汽车中之所以采用一台交流发电机加一台整流器，是因为与直流发电机相比，这样尺寸更小，重量更轻。

整流器
将交流电变换为直流电的电子设备。

直流发电机所产生的电压依赖于电机的结构和转动的快慢。这样来说，小型风力机，因为没有配备叶片桨距控制，而且其转速完全依赖于风速，就不会以恒定的电压发电。这可能不会影响给蓄电池充电，但是如果发电机直接连接负载，比如电灯，那么波动的电压就会对负载有明显的影响。负载和发电机之间的电压调节器可以弥补这个问题。

在商业级发电中，不会用到直流发电机，原因与上面提到的小汽车发电机的一样，另外还有成本问题。图 11.1 描述了一个简单的情况，用小型风力机在孤立应用场合中发电。图中的第三部分类似于小汽车中用逆变器从蓄电池中获得交流电，如在露营时或在旅游车中用车载蓄电池给一台电视机供电。

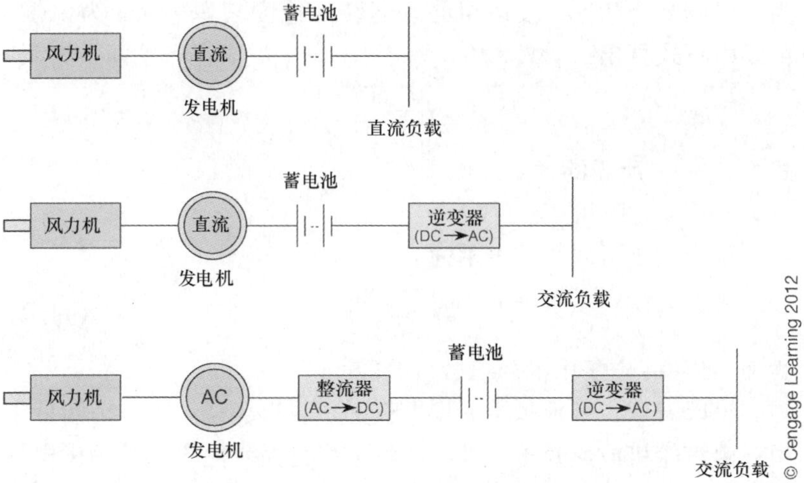

图 11.1 风力机的孤立应用方式

商业级发电中不用直流方式。

11.2 同步发电机

在所有的商业级发电机中，除了风力机外，发电机的标准类型是三相同步发电机。本章将讲到，它们也能用于风力机，这与其运行模式有关。同步发电机和异步发电机重要的区别是，同步发电机必须以恒定的转速旋转从而与电网保持连接，否则取决于转速的所发出电能的频率就不会恒定，也不会稳定在所要求的值上。电网中不可能有不同的频率，所以与电网频率不同的交流发电机的确不可能接入电网。退一步说，也不可能把两台频率不同的发电机连接到一起。

一个电网中不可能有超过一种频率。

这并不是说同步发电机在以不同转速旋转时就不能提供电能。在孤立应用的场合，频率不是很重要，此时可以采用同步发电机。假设在一个偏远的地方，一台单独的风力机为供热和照明供电。供热和照明受频率的影响较小，这种情况下，就可以采用三相或单相同步交流发电机。

在同步发电机中，频率取决于每相的磁极数。磁极数少的时候可以为 2（最小），形成一个南北极对，磁极数也可以更多。为了得到某个频率，发电机必须运转的速度（以 r/min 为单位）可以由下式算出：

$$N_s = \frac{60f}{p} \tag{11.1}$$

式中 f——所需的频率；

p——每相的极对数。

这个式子可以等效表示为

$$N_s = \frac{120f}{P/3} \tag{11.2}$$

式中 P——定子中的总极数（$P=6p$）。

可以看到，极数越少，发电机必须转得越快。从这个角度来说，由汽轮机或燃气轮机推动的发电机比由水轮机推动的发电机的极数要少，这是因为汽轮机和燃气轮机具有比水轮机更高的速度。例如，水轮机驱动的发电机中，总的极数可以达到 96 个（$P=96$），也就是说，每相 16 对（$p=16$）。为了得到频率为 60Hz 的电能，风力机要运行在 225r/min。发电机中的极数决定了其构造和直径大小，因为所有的极都必须镶在圆形曲面上，形成发电机的定子。转子在定子内部旋转，要容纳更多的极，当然就需要更大的直径。对于同样的容量，极数较少的发电机更细长，而极数较多的发电机则直径较大而长度较短。对于 50Hz 和 60Hz 的频率并基于它们的极数，表 11.1 给出了相应的同步转速。

表 11.1　不同极数时的同步转速

每相的极对数	1	2	3	4	5	6	8	9	10	16
60Hz 的同步转速/(r/min)	3600	1800	1200	900	720	600	450	400	360	225
50Hz 的同步转速/(r/min)	3000	1500	1000	750	600	500	375	333	300	187

本章的后面会讲到，同步发电机以其运行模式中的一种应用于风力机。那么必然的，要解决频率的问题。

与所有的发电机类似，**同步电机**可以作为电动机或发电机（这就是为什么我们称之为电机）。如果被转动，它就会发出电能；而如果它被通电，那么就作为电动机运行。所有的三相交流电机都是基于**旋转磁场**运行的（参见本章关于旋转磁场的文本框）。单相交流电机与三相电机具有相同的构造，只是它们仅有一相绕组，只能通单相电。

同步电机
同步电动机或发电机。

旋转磁场
围绕某个轴线旋转的磁场。它存在于交流电动机的定子内部并构成其运行的基础。

在直流发电机中，磁场是由定子绕组建立的，而在三相交流发电机中，在中央位置旋转的磁场被定子绕组包围，并在定子绕组上产生电压。除了小型发电机，这个磁场是由嵌在发电机转子内的直流电机产生的，且该直流电机随转子转动⊖。发出的电能可以直接从定子绕组获得，无需集电环。关于旋转磁场和同步发电机运行的更多详细内容，请参见本章关于三相电机的文本框。

在同步发电机中，磁场在定子绕组内部旋转。发出的电能可以从定子绕组获得，定子绕组是静止的。

11.3 异步或感应发电机

虽然都是基于旋转磁场运行的，但是感应发电机的运行原理与同步发电机的迥然不同，区别在于转子上的磁场是如何产生的。从这个意义上说，定子的构造是相同的，只是两者的转子不

⊖ 最近一些采用永磁体的风力发电机被开发出来，这种发电机具有同步电机的特性。对于具有永磁体的电机，磁体在定子绕组的外侧，而不是内侧。

同。也就是说，在原理上，我们可以交换两台类似的（尺寸和功率）同步和异步发电机的转子。

绕线转子感应电机（WRIM）
一种感应电动机或发电机，其转子上有绕组，与笼型电机相对，后者的转子上没有绕组。

集电环
某些类型的交流电机的转子上的一个金属环，电刷在集电环上滑动，实现电流的传输。

有两种感应电机。这里又用到电机这个术语，强调电动机和发电机具有相同的构造（对于每一类电机），而“电机”可以表示两者中的任何一个。两种类型的感应电机是根据转子构造来命名的，一种叫做笼型电机而另一种叫做**绕线转子感应电机**（WRIM）。对于后者，其名字暗示了转子上有绕组，这些绕组必须通电。旋转的转子绕组与静止的外部电源相连是通过集电环实现的。**集电环**是安装在转子上并与转子一同转动的金属圆环，它与转子绕组相连。电刷则与集电环的表面接触，它是由碳或类似的导电材料制成的。电刷被弹簧压在集电环面上以获得良好的接触，但它们并不转动，它们与外部电路相连。

笼型电机的名字来自于构成闭合电路的载流条。这些载流条围绕着一个圆柱（转子）布置，且在其两个端部连接起来形成笼子的形状。之所以采用载流条而不是导线，是因为大电流必须流过它们。关于这些转子构造的更多内容，在本章的“笼型感应电机”中讲述。

11.3.1 感应发电机特性

感应电机
包含感应发电机和感应电动机的一个术语。

同步转速
同步电机的恒定速度。该速度依赖于供电的频率。

感应电机的特征性表现是，如果转子转得低于**同步转速**，那么它是一台电动机；如果转得高于同步转速，那么它是一台发电机。同步转速是由定子所接的电网决定的（参见本章关于旋转磁场的文本框）。图 11.2 给出了表述感应电机速度和转矩关系的特性曲线。图中横轴是速度，纵轴是转矩。此图是针对三相电机的，运行区域只是其中的线性区域，即在同步转速附近的部分，是一段陡坡。线性区域外，无论作为电动机还是发电机，转矩和速度值都会下降，意味着大量的功率损失。于是，感应发电机必须运行在同步频率附近，否则能量就会以热的形式耗费在电机自身上。

注意看该曲线的发电机侧，在线性区域，如果速度升高，那么转矩（于是功率）就会增大；反之亦然。但是，速度在一个很窄的范围内变化，而转矩的变化则很显著。这说明，发电机具有固有的对速度变化进行自调节的特性，即速度趋于升高时，转矩也增大，从而限制速度的升高，此时输送出更多的功率。这种特性使得感应发电机对于风力机来说非常具有吸引力，因为这种应用场合中速度不能通过开关阀门来调节，而是取决于风力。

当风速增大时，从风中获得的功率也增大。功率的增大会使

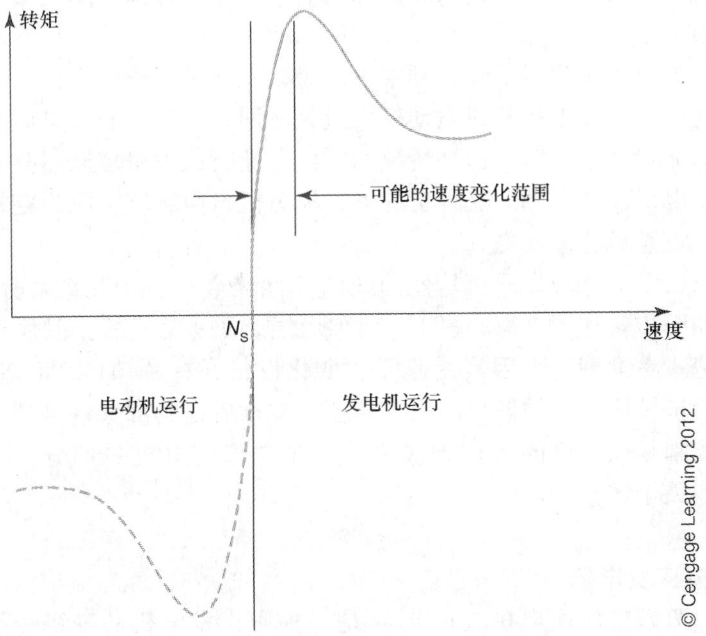

图 11.2　感应电机的转矩—速度特性曲线

风力机加速，但因为运行点必须沿着特性曲线运动，所以任何速度的增加都必然伴随着转矩的增大，这样就意味着可以捕获更多的功率。风力机控制器增加了输送到电网的功率，从而让速度不会进一步升高。相反的情况会在风速降低时发生。要指出的是，即使感应发电机的运行速度超过同步转速，其发出电能的频率仍与同步转速保持一致（而不是高于它）。例如，如果在定子绕组中有六对极（每相两对），那么对于 60Hz 来说，同步转速为 1800r/min（见表 11.1）。如果感应发电机运行在 1850r/min 上，并不意味着所发出电能的频率超过 60Hz。

如果发电机恰好运行在同步转速，那么它不输出任何功率；而如果其速度降至同步转速以下，那么电机就会自动变成一台电动机。随着风速的增加，发电机会发出更多的电力，直至达到其最大容量。超过最大容量后，就必须限制风力机的功率捕获，此时机械控制就进入角色了（请见第 10 章的叶片桨距控制）。否则，发电机会落入其曲线的不恰当区域，将导致故障和失效。在曲线的非运行区域，速度会增大，但是只产生较小的转矩。然而，如果发电机轴上已经存在大的转矩（因为其负载），那么这个转矩的作用就像施加在发电机上的制动力，使之停止。如果发生这种情况，那么风力机和发电机的所有零部件都要承受很大的应力。

空转
当风力不足够推动风力机旋转时，风力机的待机状态。

如果风速逐步下降，到某个点时，发电机的速度将低于同步转速，于是发电机变成电动机，成为电网的负载，而不是向电网输送能量。为了防止这种情况的发生，此时风力机控制器务必要将发电机脱开电网。这种工况下，风力机自由旋转，成为**空转**状态，直至风速重新提高。

转差
感应电动机和发电机未以同步转速转动时的表现。

典型的感应发电机特性曲线的线性区域只占到几个百分点，比如同步转速的3%。图11.2中所绘是被放大了的，以便看得清楚。考虑到这个因素，速度的变化仅仅在标称值的3%之内。与同步转速之间的偏差，叫做**转差**。本章后面的部分将讲到，转差控制是风力机的运行方式之一。在“感应电机”部分，将有更多关于转差的讨论。

11.3.2 双馈感应发电机

双馈感应发电机(DFIG)
转子由绕组制成且需要借助集电环通电的感应发电机。

双馈感应发电机（DFIG）是一种用作发电机的绕线转子感应电机。您一定要阅读本章的这一节，了解绕线转子感应电机是如何工作的，以便更好地理解。大量的最新开发的风力机都采用DFIG，因为它在捕获更多功率方面具有优势。这种额外的功率捕获主要是处于运行风速范围（在切入和切出风速之间）较高的一端，在这个区域，由于对风力机功率捕获施加了限制（见图10.3），因此运行曲线变得平坦。

笼型感应发电机的运行速度仅仅比同步转速高出几个百分点，与之相比，DFIG可以运行在更高的速度。也就是说，其转差可以更大（相对于同步转速的百分比）且仍能发出电能，而不落入其特性曲线的非线性部分。例如，如果某台电机的同步转速为1200r/min，最大转差为3%，笼型发电机的速度能达到1236r/min，而类似大小的DFIG能运行到1320r/min（1200r/min+10%）的速度。

类似的，在风速范围的较低部分，如果速度降到同步转速以下，笼型发电机转变为电动机，而DFIG仍能作为发电机运行。换句话说，发电机能够发电的速度范围向两端延伸了。不过，在低端的额外功率较小（因为对应着约3~4m/s的风速），而在高端则相当大（因为对应着超过20m/s的风速）。

除了前述的优点外，采用DFIG还可以对功率因数和无功功率有所控制，从并网的角度来看，这一点很有吸引力。这个超过笼型电机的额外的能力需要一定的成本，因为必须要在系统中纳入电子元器件。然而，与同步发电机（它必须以变速模式运行）相比，这部分附加的成本还是具有吸引力的，在 11.4 节的“运行模式”会有所讲述。

DFIG 内部的情况是非常有趣的。因为转子绕组的端子是可见的，所以不仅可以将转子与外部电阻相连，而且可以与电源相连。如果转子绕组与电阻相连，那么当电机作为发电机运行时，会有低频交流电流流过电阻。该电流的频率和转子速度与同步转速之间的差值相一致。例如，如果转子的速度为 1860r/min，同步转速为 1800r/min，转子电流的频率则为 60r/min 或 2Hz［因为每相有两对极；参见式（11.1），60r/min 对应着 2Hz。如果每相只有一对极，那么 60r/min 则对应着 1Hz］。

这个低频电流是（发电机）外部电阻的一个电源（参见本章关于绕线转子感应电机的图），外部电阻实际上是这个电源的负载。在风力机中，这部分来自于转子绕组的额外功率先是被转换成直流电，然后又转换回具有所需频率和电压的交流电。

现在假设转子的端子接至交流电源而不是负载，那么就会有交流电流注入转子。来自电源的电流与转子中已有的电流将会发生相互作用。

如果注入的电流与转子自身的电流具有相同的频率和强度，但相位差为 180°，那么两个信号就会相互抵消，转子净电流为零。如果出现这种情况，那么虽然转子转动的速度超过同步转速，定子上也不会产生电压，因为转子的磁场消失了。现在假设注入电流的强度大一些，那么它除了抵消掉转子电流外，还迫使转子电流反向，但仍具有相同的低频率，比如按照前述的数字，是 2Hz。这个作用迫使发电机的同步转速有所降低（2Hz）。

实际中（在风力机中），会根据风速逐步调节注入电流。当同步频率被偏移到较低的值时，速度转矩特性曲线就会从其初始位置沿着速度轴偏移至新的位置。图 11.3 对于以不同频率向转子绕组提供交流电流的多种情况，描绘了同步转速的偏移。

这种现象的净结果是，即使电机以低于同步转速的速度旋转，它仍能发出电能。就是说，它仍表现为一台发电机，而不是变成电动机。这就是说，电机的同步转速偏移了与注入电流频率相同的大小。不过，这里有个棘手的问题，就是功率的平衡。向转子注入电流意味着以电能的形式向转子提供一些功率。转子所接收到的这些能量被转换成机械能，并成为转子总能量的一部

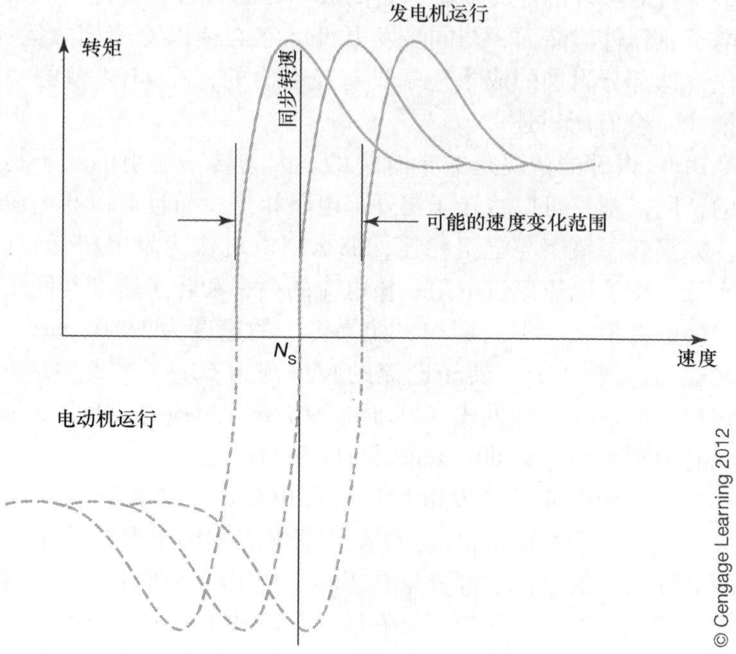

图 11.3　双馈感应发电机的特性曲线的偏移

分。这样，电机就比没有电流注入转子时具有了更多的能量。可以这样说，电机从转子借了电能，而给到定子。净发电量则是定子发出的电能与提供给转子的电能之间的差。

总之，利用双馈感应发电机，能够在转子速度高于同步转速时从转子绕组获得额外的功率，而在转子速度降至同步转速以下时，向转子注入一些电功率从而持续发电。

除了从定子绕组获得的功率外，双馈感应发电机还能够从转子绕组得到额外的功率。

旋转磁场

考虑三对相似的绕组，放置的位置相互之间相差 120°，如图 11.4 所示。如果这些绕组接至三相电源，那么在每个绕组中会建立一个磁场，它的强度随着绕组中交流电流的变化而变化。就是说，每个磁场追踪一个正弦波形，从零到最大连续变化，然后再变到零，然后改变方向，以相反的方向重复相同的模式。因为三相系统中的电流互差 120°，三个磁场的变化并不是一致的，意味着它们的最大值和最小值不是同时出现的。如果以此方式建立的磁场都是相互平行的，那么合成磁场所具有的强度就是所有单个磁场在相同方向上的叠加。可是，因为绕组互差 120°，所以它们的磁场将以矢量的形式叠加（参见第 3 章），每个都在两个垂直的方向上具有分量。因此，在每个时刻，合成磁场都在 360°范围内有不同的方向。图 11.5 对于 30°的间隔，部分体现了这种现象。可以看到，合成磁场随时间转动。

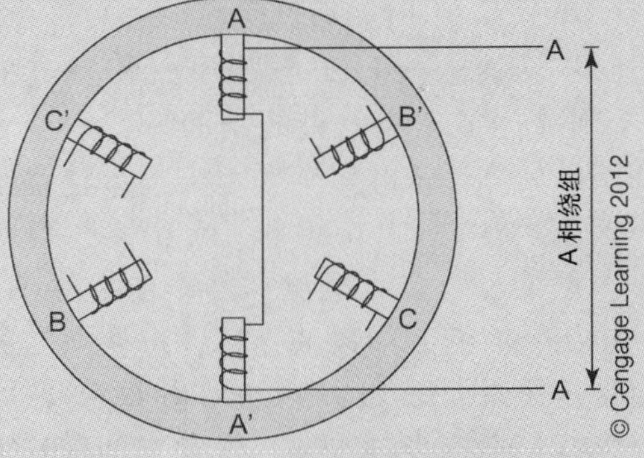

图 11.4　三对绕组互差 120°

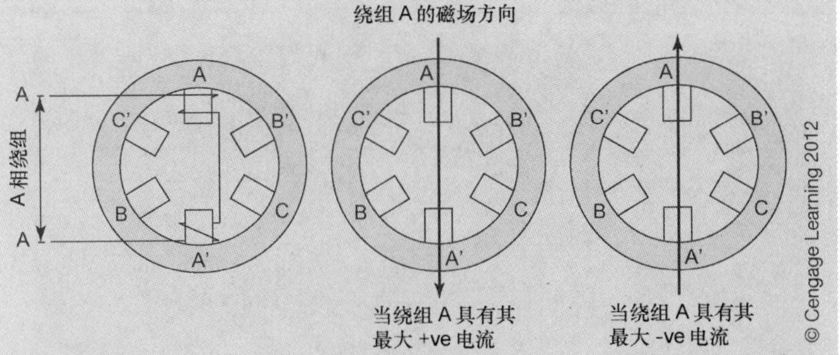

图 11.5　一相的磁场方向

对于三个绕组，如同上述的例子，在电流的每个周期，合成磁场循环旋转。采用两套绕组（六对极）也可以达到同样的效果，这些绕组以正确的顺序接成三相，每个绕组与相邻绕组空间上相差 60°。这种情况下，在电流变化的每个整周期中，旋转磁场只旋转半周。

通过增加绕组的数量，并将其以恰当的方式连接起来，就可以改变磁场在每秒内的旋转周数。想要改变交流电机的运行转速，就要这样来做。在本书的其他部分会讲到，极数（每对绕组记为一套南极和北极）和转速之间的关系为

$$N_s = \frac{60f}{p}$$

式中 f——线频率；

p——每相的极对数。

就是说，如图 11.4 所示的六个绕组，p 等于 1。N_s中的下角 s 代表同步转速。图 11.6 给出了三相发电机的定子绕组。图 11.7 则描述了三相电机的剖面，其中显示了转子坐落在定子绕组的内侧，依靠多个轴承支撑，这些轴承在图中也能看到。该电机比图 11.6 的电机小很多，且所有内部部件都在同一个框架上。多数电机在转子的一端都会有翅片，它们在随电机旋转时起到吹风的作用，迫使空气穿过热的零部件，从而带走热量。图 11.7 中也可以看到这些。要知道，在三相系统中有三根接线，如果（任意）两根互换，磁场的旋转方向就会相反。这可以用来改变三相电动机的旋转方向。

图 11.6　产生旋转磁场的三相发电机的定子绕组（磁场在绕组内侧，转子也从这里插入。三个绕组在 360°范围内分布，使得各处的磁场一致）

图 11.7 三相电机的剖面

同步电机

同步电机有一个定子，它由多个按照一定顺序连接的绕组构成，产生旋转磁场；还有一个转子，由多对磁体构成，放置在定子的中央。定子绕组的端子接至电源。为了得到更高的效率，转子的极数可以与定子相同。同步电机的定子如图 11.6 所示，产生旋转磁场。图 11.8 则给出了一个有两对极的转子。

图 11.8 同步电机的转子

为了理解同步电机是如何工作的，我们先考虑电动机。当三相电机的定子接至某个频率的三相电源时，就会产生旋转磁场（参见本章关于旋转磁场的部分）。假设频率为60Hz，定子每相有两套极。根据表11.1可知，这意味着所产生的旋转磁场以角速度1800r/min旋转。假设绕组与磁场的旋转轴线垂直。现在，想象在定子绕组的中央摆放一个指南针，也就是放在磁场的中央。也许您预测指南针会以1800r/min的相同速度旋转，其实它不会。指南针保持静止，因为对指南针来说，这个速度太快了，它无法跟上并将自己指向磁场。

不过现在，假设您手动转动指南针，使其速度达到磁场速度上下。这时，指南针能够而且也会跟随磁场的转动，与磁场一起转动起来，就是说与磁场旋转的速度相同。

当把同步电机用作电动机时，这就是它运行的基本原理。它需要转子上有磁体，转子处于定子中央。与直流电动机相比，您会看到在直流电机中，定子提供磁场，而在同步交流电机中，磁体却在转子上。在小型电机中，这些磁体可以是永磁体（PM）；在大型电机中，可以是电磁体。

现在考虑一台单独的同步电机。手动旋转其转子，因为转子磁场与定子绕组之间的相互作用，定子上会感应出电压。这个电压具有正弦的形状，可以接到三相负载上，所发出电压的频率取决于转子的转速。它遵循前面提到过的针对旋转磁场的关系，见表11.1。

三相绕线转子感应电机

回顾第6章我们知道，如果一根导线在磁场中运动，导线上就会感应出电压；如果在磁场中的导线上流过电流，就会有一个力施加在导线上。任何电机都是以此为基本原理。不同电机之间的差别是如何让这个自然现象来起作用。导线和磁场的运动是相对的，就是说，导线可以是静止的而磁场是运动的。

考虑图11.9，其中一个环形导线（为简单起见）放在旋转磁场的中央。

请注意，单根导线环与电阻相连，形成一个闭合的回路。还要注意到，电阻在导线环的外部，它是通过集电环连接到导线环的，而集电环安装在支撑环路的轴上。环路的端部固定在集电环上，用两个电刷实现集电环和外部电路之间的连接。

定子磁场的旋转可以等效成在静止磁场中移动导体。下面的内容描述了所发生的事件：

1）因为磁场是运动的，所以在导体上感应出电压。

2）因为导线端部接了电阻，构成闭合回路，所以在回路（包括电阻）中出现电流，与感生电压的大小成正比。

3）因为回路中有电流，所以会产生一个力，以相反的方向推动导体环的两个边，从而产生转矩。这个转矩会推动导体环和轴转动。

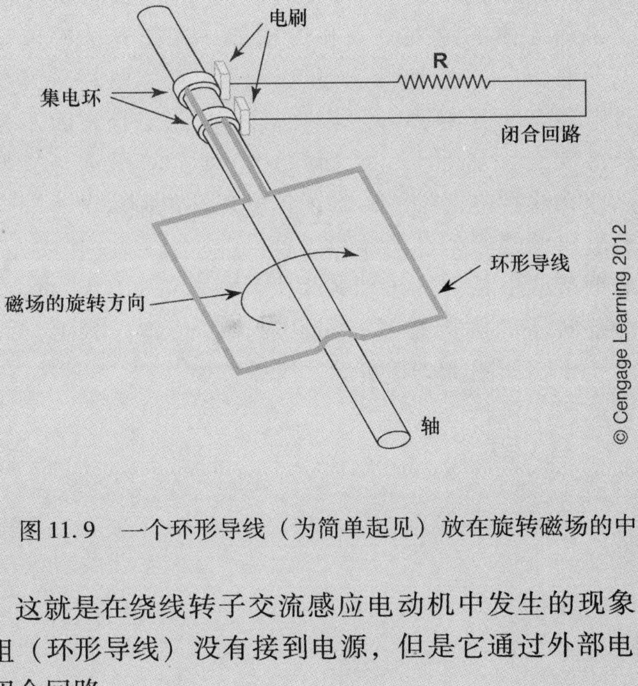

图 11.9　一个环形导线（为简单起见）放在旋转磁场的中央

这就是在绕线转子交流感应电动机中发生的现象。转子绕组（环形导线）没有接到电源，但是它通过外部电阻形成了闭合回路。

我们看到，如果转子绕组中有电流，就会产生转矩；如果没有电流，转矩就会消失。换句话说，只要转子绕组中有电流，就会旋转。当磁场和转子绕组之间有相对运动时，这个电流就会存在。但如果转子转动的速度与磁场相同，就没有相对运动。所以，转子转动的速度总是比磁场要慢。

为了使图形简单明了，在前面的描述中，只有一个环路（两个接头），对应着单相电机。但是对三相系统来说，这些讨论仍然有效。

笼型感应电机

交流感应电机要么是绕线转子型，要么是笼型。两者都是基于同样的原理工作的，如同在本章三相绕线转子感应电机部分描述的那样。其区别在于转子的构造不同。顾名思义，绕线转子电机的转子由导线绕组构成，导线绕组的结尾是安装在转子轴上的集电环，三相的话有三个集电环，单相的话有两个集电环。集电环再通过电刷连接到三个电阻，电阻可以在电机外部。

现在假设外部电阻只是一段无阻的导线，这样的话会立即引起转子绕组中的电流显著增大。为了补偿这种电流的增大，转子绕组导体的厚度必须相应增加。除了导体厚度增加外，我们会看到，在这种情况下，不再需要集电环，因为外部不再有电阻，于是导体环可以在转子内部闭合，而不是要在转子外部闭合。实际上，后面的这个现实情况正是笼型电机的基础，在这种电机中，省却了集电环和电刷的成本。

笼型电机的绕组是在两端短接到一起的（形成并联元件）多个粗的铜条或铝条（为了承载很大的电流）。因为这些金属条必须沿着转子的圆周布置，并且通过端环连接到一起，形成了一个笼子，如图 11. 10 所示，所以称为笼型。

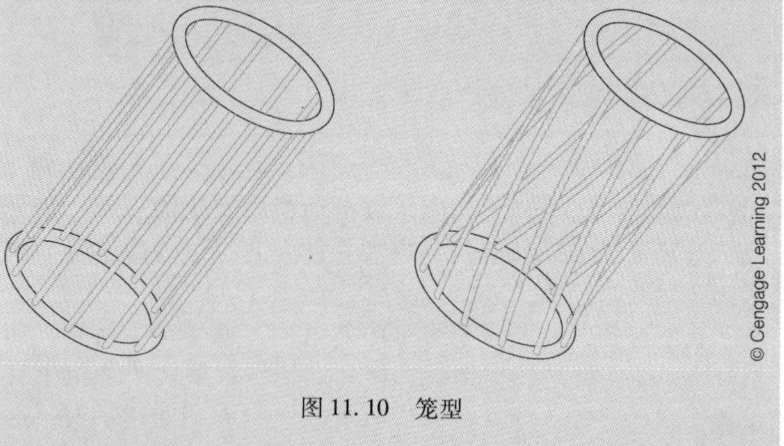

图 11. 10　笼型

这是笼子的最简单形式。金属条可以是倾斜的（比如一个扭转的笼子），或者可以不是圆形截面，而是其他形状。笼型电机型号的不同变化有不同的目的。铝笼或铜笼嵌在叠片的铁质材料（类似于变压器中的金属）中，这种材料的目的是为了减少涡流，从而降低热损失。因此，笼子不是空的，没有放“松鼠”的地方。图 11.11 给出了一台笼型电动机的照片，显示了典型的笼型转子。

图 11.11　笼型电动机的剖面

三相感应电机的特性

磁场和转子速度之间的差叫做**转差速度**，这个差与同步转速（磁场速度）的比值叫做转差。转差的幅值通常很小，比如不超过 3%。转差用下式来确定

$$s=\frac{N_s-N}{N_s}=1-\frac{N}{N_s}$$

式中　N_s——同步转速；

N——转子速度。

N 的大小（即转差的大小）取决于两个参数，即转子电路的电阻和转子轴上的负载。图 11.12 给出了两种不同转子外部电阻数值带来的变化。负载对轴的作用通过轴上的阻性转矩的形式，在每条曲线中都有所体现。也就是说，负载转矩必须被电动机克服，从而持续转动。

图 11.12 仅给出了感应电动机整条曲线中有用的运行区域。图 11.13 给出了电机作为电动机运行时的整条曲线。

对前述图形的认真研究以及与图 11.2 做比较后可以知道，两张图说明的是同一件事，只是轴线交换了。这是整张图的一部分，没有画出相应的发电状态。而且，在图 11.2 中，我

转差速度

感应电动机或发电机的实际转速与相应的同步转速之间的差。转差速度不是恒定的，而是随着电机轴上的负载变化的。

们更多关心的是图中的发电机部分，它是图 11.13 中的相同曲线在速度轴另一侧的继续延伸。

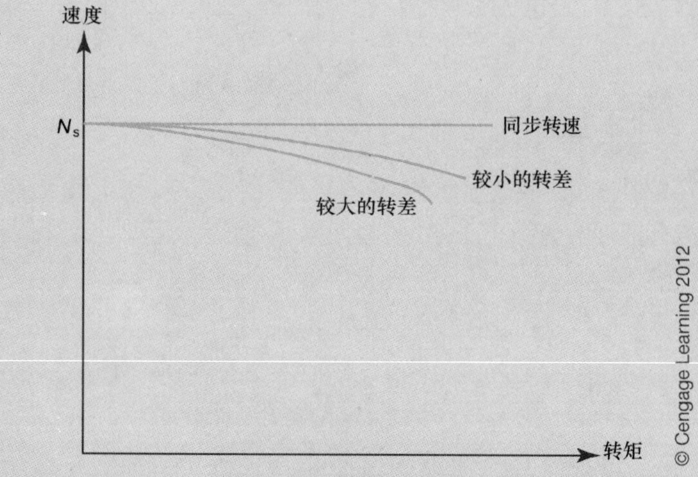

图 11.12　两种不同转子外部电阻数值带来的变化

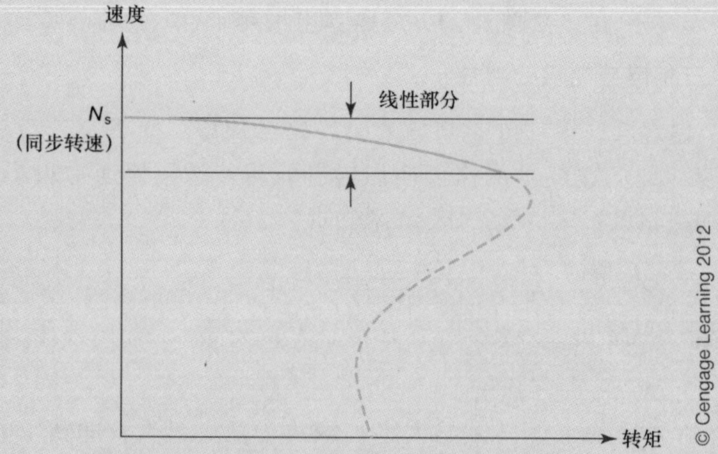

图 11.13　电机作为电动机运行时的整条曲线

如果不让电机以电动机的模式运转，而是给转子提供能量使其转速增加并最终超过同步转速，那么它就变成一台感应发电机。提供给转子的能量将被转化为电能，可以从定子绕组获得。如果电机转子恰好转动在同步转速，那么不会产生电能。转子必须以高于同步转速的速度转动，才能作为发电机运行。

作为发电机时，电机的速度—转矩特性与作为电动机时是基于同一张图形的。实际上，该图形的两个部分（作为电动机或发电机）互为镜像。电机的性能受到转子绕组电路电阻大小（包括外部电阻）的影响，如图 11.14 所示。

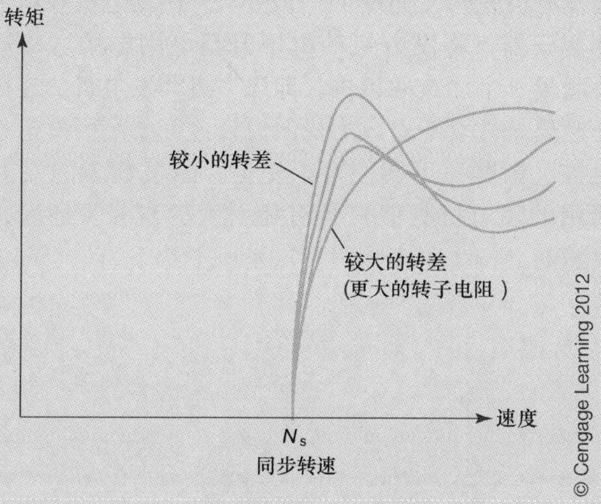

图 11.14　电机的性能受到转子绕组电路电阻大小（包括外部电阻）的影响

改变外部电阻，可以起到改变速度—转矩曲线线性部分斜率的作用。这就意味着在转矩变化时，会有更大的速度变化范围。这看起来是一个很受欢迎的特点，在必要的时候能够改变电机的速度。但是，增大电阻就意味着以热的形式弃掉有用的能量。

直驱模式
风力机直接与发电机相连，两者之间没有齿轮箱。

风力机的运行模式　11.4

风力机接入电网的方式，有赖于所采用的发电机的类型以及风力机的设计参数，这决定了需要什么样的其他设备以及要采用什么样的控制策略。我们将风力机制造商实际采用的各种接入方式称为运行模式。

变转差模式
采用感应发电机并网的风力机的一种运行控制方式。这种模式下，用到绕线转子感应发电机，要从转子绕组上抽取一些功率。这种风力机必须具有近乎恒定的转速。

运行模式首先被分为两大类：采用同步发电机的和采用异步发电机的。第一类中的模式是**直驱模式**、定速模式和变速模式。第二类中，风力机也有三种不同的工作模式。其中之一，采用笼型发电机，另外两种，发电机是绕线转子感应电机。于是，我们可以把这些模式称作笼型发电机模式、**变转差模式**和变转差的双馈感应发电机模式。

因为技术是不断发展的，所以还可能会出现新的设计。

11.4.1 直驱模式

顾名思义，在这种运行模式下，风力机和发电机直接相连，两者之间没有齿轮箱，如图 11.15 所示。在发电机和电网之间有一台三相变压器，将发电机的电压升至电网电压。在这种模式下，需要满足一个困难的条件，即风力机和发电机的速度必须相等。这个必要条件意味着风力机的设计速度要高而发电机要采用很多个磁极。回顾一下我们可以知道，磁极数多的发电机（与水轮机所用的发电机类似）具有相对大的直径。还有，风力机运行在高速时会产生很多噪声，这是所不希望的。

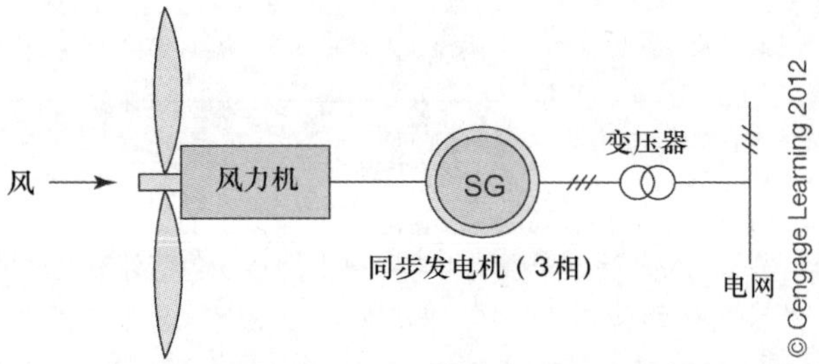

图 11.15　直驱风力机

新的设计方案尽力通过其他可能的手段来克服速度匹配的问题，比如液压变换器，或者采用永磁发电机。采用永磁体可以让发电机无需运行在高速状态，就能提供所需的转子磁场。不过，这样所发出的交流电的频率较低，所以必须采用变频器（见 11.4.3 节）将频率升至电网频率。最近，西门子公司为变速模式（见 11.4.3 节）的风力机引入了一种永磁（同步）发电机，直接接在风力机风轮上。这种发电机的设计具有其他的特点，比如将永磁体放在定子绕组的外侧。图 11.16 给出了这种新的设计，用于 3MW 风力机。

11.4.2 定速模式

定速模式
风力机的一种运行模式，风力机的速度必须保持恒定。

在**定速模式**下，同步发电机通过齿轮箱连接到风力机（见图 11.17）。齿轮箱将风力机的低速增大至高速，与发电机的速度相匹配。这样的话，就可以采用比直驱小一些的发电机，但仍需要风力机运转在固定的速度。感应发电机在风力发电中占有一席之地之前，一直采用上述的模式。

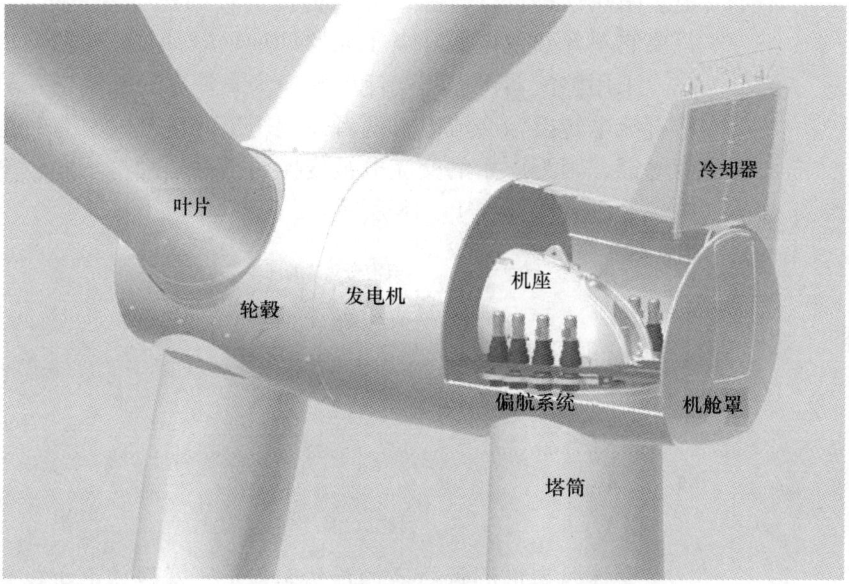

图 11.16　具有永磁发电机的风力机

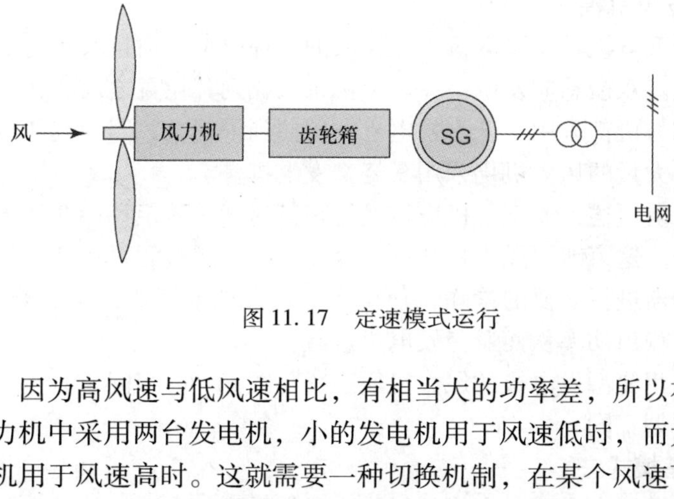

图 11.17　定速模式运行

因为高风速与低风速相比，有相当大的功率差，所以在某些风力机中采用两台发电机，小的发电机用于风速低时，而大的发电机用于风速高时。这就需要一种切换机制，在某个风速下脱开一台并引入另一台。在当今更复杂且功率更大的风力机中，已经不再采用这种方式了。

变速模式

并网风力机的一种运行控制模式。这种模式采用同步发电机，但不要求风力机以恒定转速运转，这与定速模式不同。

变速模式

11.4.3 为了在更宽的风速范围内捕获风功率，某些风力机制造商采用了**变速模式**。这种方法松绑了风力机速度控制的严苛条件。变速风力机采用电子变换器将发出的交流电（可能是任意的频率，取决于风速）转换为直流电，然后再将直流电转换回三相交流电。采用这种设计方案，对风力机运转的速度就不再有限制了，只要它不导致发电机和电子元器件过载即可。

采用整流器可以将交流电转换为直流电，采用逆变器则可以将直流电转换为交流电。两者一起用于变速模式，有时也被叫做**变频器**，因为原始的交流电被变换为另一个具有不同频率的交流电。这种方式如图 11.18 所示。

变频器

该设备以给定频率的交流电为输入，而输出所需（不同）频率的交流电。

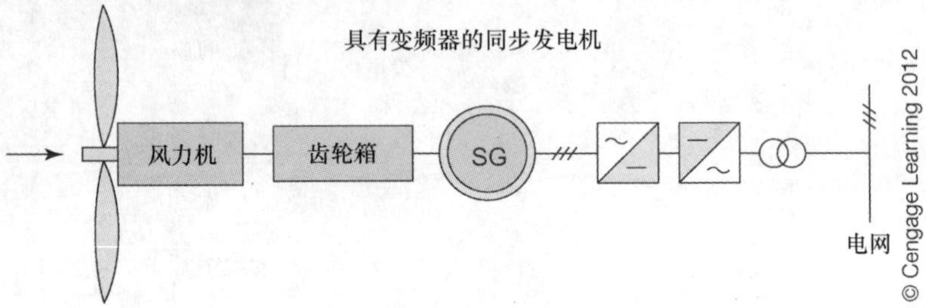

图 11.18　变速模式

变速风力机的缺点之一是初始投资中要包含电子设备，因为这些设备必须能处理风力机的全部功率。这部分成本在总成本中会占据相当的比例，甚至是很昂贵的。

11.4.4　笼型发电机模式

笼型电机是交流电机中最经济的一种类型，而且其运行成本也较低。双馈感应发电机在风力机领域找到其位置之前，大多数现代风力机都采用了笼型发电机。即便到了现在，因为其较低的成本，大量的风力机仍采用了笼型发电机。

如前所述，笼型电机应该运行在其速度—转矩特性曲线的线性部分。这束缚了风力机的运行速度范围。通过测量风速，风力机控制器进行必要的操作，使得风力机发电或者进入空转转台，并调节输出功率从而避免发电机过载。

采用笼型发电机的风力机原理图与图 11.17 相同，只是风力机的类型不同。

11.4.5　变转差模式

根据本章对感应电机的讨论，我们看到如果引入外部电阻并与转子绕组串联，那么就可以改变电机的转差，从而可以使得感应发电机的运行点更好地与风力机特性曲线的最大点相适应，如图 11.19 所示。某些风力机中采用了这种方法，从而使得风力机运行的效率更高并且接近其特性曲线的最大点。图 11.19 中，垂直的线表示采用同步发电机的情况，倾斜的线表示在转子绕组中串联了五种不同电阻的感应发电机。右边最外侧的曲线（具有最小的斜率）对应着转子电路中的最大阻值，或者说最小的转子电流。可以看到，与其他具有较大斜率的曲线相比，在风速较高时，这条曲线与风力机特性曲线的交点更靠近其最大值。这样，风力机就具有更高的效率。

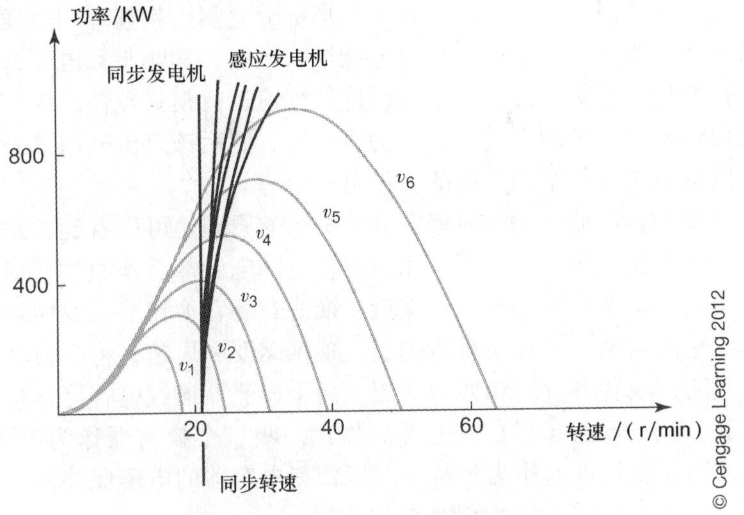

图 11.19　风力机运行的变转差模式

如果不在转子电路中增加可变电阻，那么可以利用转子电压来为负荷供电，甚至将其电压升至电网电压并注入电网。显然，为了完成这项功能，其硬件成本将成为风力机成本的增加项。

11.4.6 变转差的双馈感应发电机

我们已经讨论了双馈感应发电机是如何工作的（见 11.3.2 节）。假设一台笼型感应发电机能够在 4 ~ 20m/s 的风速范围内运行，这意味着切入速度为 4m/s，低于此速度时，风力机不发电；切出速度为 20m/s，如果风速超过此速度，那么风力机必须停机。现在，考虑采用一台相同大小的绕线转子感应发电机，因为转子绕组是可见的，所以能把转子绕组接到外部电路上。在 20m/s 的风速时，笼型发电机必须停机，因为更高的风速会引起发电机过载或者速度超过限值，即频率上升。而采用绕线转子发电机时的话，因为有一部分能量是从转子绕组吸取的，所以在 20m/s 的风速时，发电机还不会达到最大容量，它仍可以继续发电，即它可以运行在高达 23m/s 的风速下。

除上述外，在低风速的一端，当风速为 4m/s 时，发电机不会停止发电，而是仍能持续运行，直到风速降低到 3m/s。这样，在某种风况下，风力发电机可以捕获更多的风功率。

在双馈感应发电机中，所发电能的一部分来自于定子。这部分能达到发电机额定功率的70%。其余部分，最大可达发电机额定功率的30%，来自于转子绕组。产生自定子的那部分功率，其产生原理与笼型发电机的相同，且发电机的性能和电路与笼型发电机也类似。相反，来自转子的那部分电能，其频率和电压都与电网不兼容。为了把这部分电能馈入电网，其频率和电压都要进行变化，其实现方式与前面讨论的变速运行模式类似。先用整流器将来自转子的交流电转换为直流电，然后该直流电压又被转换成具有所需频率和电压的交流电。

图11.20给出了双馈感应发电机组的原理。可以看到，来自定子的电能直接接入电网，而来自转子的电能却必须通过背靠背换流器，实现交流—直流—交流变换。背靠背换流器是双向运行的。它由两个可编程换流器构成，根据需要和风速，将交流转换为直流，或者将直流转换为交流。两个换流器通过电容器连接到一起，该电容器起到直流电源的作用。将一个换流器作为电源，而将另一个换流器作为负载，可以使得电容器的电压保持恒定。

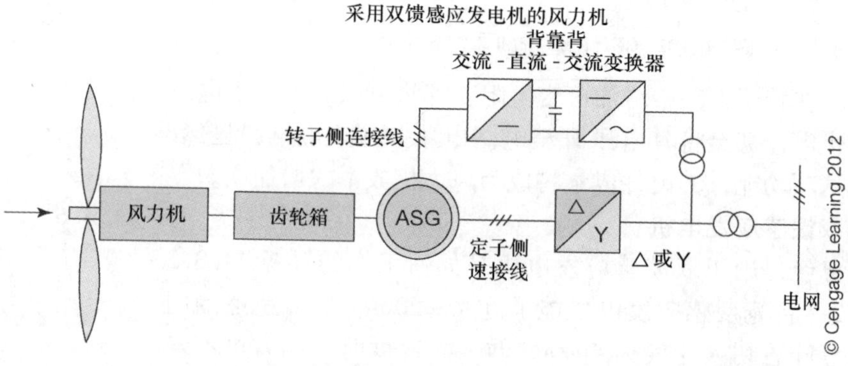

图11.20 双馈感应发电机原理图

当风速较高，使得发电机转子转速超过同步转速时（基于电网频率），与转子绕组相连的换流器则作为交流—直流变换器，为直流侧提供电源。当风速较低时，发电机转子的转速下降，两个换流器相互切换功能。与转子绕组相连的换流器产生一个具有合适频率的交流电流并注入转子绕组。这种情况下，与转子绕组相连的换流器变成电能使用者（负载），而另一个换流器则变成一个电源。

这种模式与前面讲到的变速模式相比，其优点在于其所需的电子设备的成本比变速模式的低很多，因为只需要30%的功率。与采用同步发电机的变速模式相比，这是采用双馈感应发电机风力机的一个显著优势。

不过，我们也应当知道，双馈感应发电机需要集电环来连接转子绕组。实现连接的电刷（在集电环上滑动）必须在投运后一段时间后进行更换。从这个角度说，双馈感应发电机比笼型发电机的维护量更大。

11.5 风力机的控制方案

第 10 章讲过在机械侧如何控制风力机以及机械参数的作用。本章讲过风力机的电气侧以及起作用的电气参数。因为风力机是一个机电系统，所以控制必须囊括所有的参数，尤其是这些参数相互之间有紧密的联系，因为从风中捕获的功率是机械能的形式，而输送出去的功率是电气形式。图 10.4 给出了通常的控制框图，此图中需要测量并用于控制目的的主要参数有八个。

风力机中的变量及其通用表示符号有风力机风轮速度（ω_t）；风力机风轮转矩（T_t；控制系统可能会采用风轮转矩）；机械功率（P_t，ω_t 和 T_t 的乘积）；叶片的桨距角（θ）；电网频率，单位为赫兹（f）；定子频率，单位为 r/min（ω_s），与 f 相对应；发电机转子，单位为 r/min（ω_r，与风力机风轮速度 ω_t 相对应）；定子电压（V_s，必须等于电网电压）；定子电流（I_s）。

除了上述这些，如果采用双馈感应发电机，其他还需要测量的变量有转子绕组电压（V_r）和电流（I_r）；转子电流频率（f_r）；V_s 和 I_s 之间的相角（φ）；发电机有功功率（P）；无功功率（Q）。

其他参数，如传动比、叶片扭转角等，是设计方案的一部分且是固定不变的。上述变量中，定子电压和频率必须与电网的一致，也就是说，f（也即 ω_s）和 V_s 必须保持恒定。

所有的发电机输出电气变量必须根据可得的风功率和对相角的要求进行控制，这些变量有 P、Q 和 I_s。

图 11.21 描绘了风力机的一般控制原理图，其中无功功率是受控的。无功功率的控制与使转子绕组（在采用同步发电机的情况下，转子上不是永磁体；因为是永磁体时，不能对无功功率施加控制作用）中具有恰当的电流来改变转子磁场相对应。

11.6 本章小结

- 直流发电机仅用于小型孤立风力机。
- 具有直流发电机的风力机所发出的电能可以储存在蓄电池中。

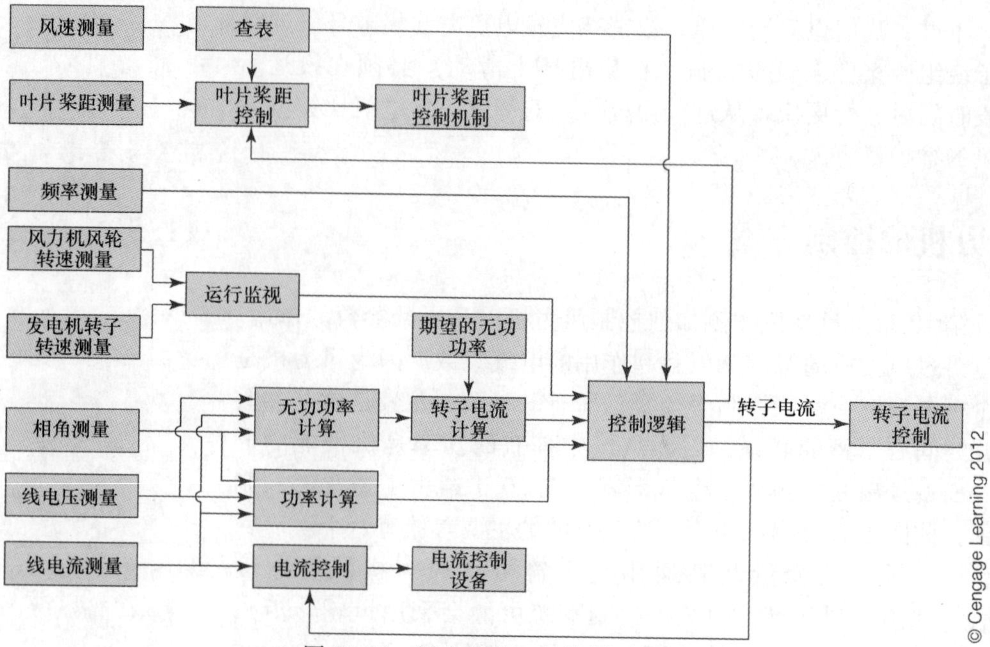

图 11.21　风力机的一般控制原理图

- 产业化的风力机总是采用三相交流发电机。
- 主要有两种类型的三相交流发电机：同步和异步发电机。
- 异步发电机也叫做感应发电机。
- 电动机和发电机具有相同的构造。
- 同步电机必须运行于同步转速。
- 感应电机不运行于同步转速；电动机运行在略低于同步转速，而发电机必须运行在略高于同步转速。这取决于电机的特性曲线。
- 发电机可以直接连接到风力机（无齿轮箱），这叫做直驱。
- 多数情况下，风力机和发电机之间有一个齿轮箱，将风力机轴的低速升至发电机所需的速度。
- 并网风力机有许多运行模式。
- 对于同步发电机，有定速模式和变速模式。
- 对于感应发电机，有笼型发电机，它仅能运行在一种模式下；还有绕线转子感应发电机，它们的转子上有绕组，能够借助集电环和电刷接至外部电路。
- 绕线转子感应发电机能够运行于变转差模式。有一种较为简单的变转差模式，在该模式下，可以改变这种发电机的转差。还有一种复杂的模式被当今许多的现代风力机所采用。采用这种模式的风力机被简单地称为具有双馈感应发电机的风力机。

进阶学习

关于双馈感应发电机的进一步内容

绕线转子感应发电机与笼型电机相比，一个主要的优点是除了主要关心电压、频率和功率外，它还可以独立地控制发电机功率的两个分量（有功和无功）。独立控制有功和无功是同步发电机的一个特征。

笼型感应发电机是最简单的发电机，所需的控制也最简单，当它接入电网时，它送入了无功功率和它发出的实（有功）功率。这是由于其具有感抗的定子绕组。无功功率随着发电功率而增大。为了减少无功功率，采用三相电容器组与发电机并联。因为发电功率不是恒定的，所以所需的电容器必须根据平均发电功率来确定。在所有功率值时进行功率因数校正（减少无功功率），需要一个电容器阵列。根据每个时刻发电功率的大小，来决定有多少电容器要接入或者切出电路。这种功能必须自动完成，因此所需设备就变得更加昂贵。

如果采用 DFIG 发电机，那么就可以控制所发出的功率，使之与所需的有功（实）功率和无功功率相一致。这两个功率值是独立控制的。换句话说，在较为复杂的控制环中，有功功率和无功功率的设定值是可以分别给定的。这对笼型发电机来说是不可能的。

因为同步发电机可以控制有功功率（通过励磁电流来改变转子磁场），那么可以说，双馈感应发电机具有以同步发电机方式运行的优点，而它却无需以恒定的速度运行。后者是用于风力机的同步发电机所不具备的或者代价较高的（之前讲过）。

具有 DFIG 的风力机的控制方案可以基于功率控制、转矩控制、电流控制或者它们的综合。一种叫做矢量控制的普遍方法是基于功率控制的，它将有功功率和无功功率作为一个矢量的两个分量进行控制。关于这些方法的理论性讨论超出了本书的范围，但是感兴趣的读者可以找到大量关于此方面理论的文献和出版物。

复习题

1. 为什么直流发电机不适于并网？
2. 直流发电机的优缺点是什么？
3. 交流发电机有哪些主要类型？

4. 对于商业化发电，为什么只有三相发电机被采用？

5. 如果接至电网的同步发电机没有以同步转速运行，会发生什么？

6. 当风力机要并入电网时，必须要考虑哪三个参数？

7. 同步发电机和感应发电机之间的主要区别是什么？

8. 说出两种类型的感应发电机。

9. 电动机和发电机有什么相似之处？

10. 为什么电动机和发电机可以统称为“电机”？

11. 同步发电机可以以何种方式应用于风力机？

12. 感应发电机可以以何种方式应用于风力机？

13. 什么是转差和转差速度？

14. 考虑到发电机，说出风力机的运行模式。

15. 解释风力机的变速运行模式。

16. 什么是变转差模式？

17. 同步发电机可以用于变转差模式吗？

18. 绕线转子感应发电机的特性是什么？

19. DFIG 表示什么？

20. 采用 DFIG 的风力机的优点是什么？

应用题

1. 三相发电机共有 48 个极（24 对）。如果要发出 60Hz 的电能，它必须运行在多少转速？

2. 一台三相发电机运行于 1200r/min，发出的电能为 60Hz。该发电机有多少对极？

3. 在问题 2 中，发电机每相有多少个极？

4. 如果一台 60Hz 的发电机运行于 912r/min，那么这是同步还是异步发电机？为什么？

5. 如果一台发电机运行于 750r/min，你能说出它发电的频率是多少吗？

6. 一台运行于 900r/min 的三相发电机能与一台运行于 1800r/min 的发电机并联吗？

7. 如果问题 6 的答案是肯定的，那么需要什么条件？

8. 如果问题 6 的答案的否定的，请解释为什么。

9. 一台三相电机运行于 1450r/min 并发电。描述这是什么类型的电机，它运行在什么模式（电动机还是发电机）。

10. 如果您想让一台三相发电机在一台以 18r/min 运转速度的风力机中直接运行（无齿轮箱），那么该发电机需要有多少对极？

第 12 章 辅助电气设备

关键术语

风速计
自耦变压器
桥式整流器
全波整流器
半波整流器
理想变压器
隔离变压器
垫挂载变压器
杆上变压器
脉动
正弦波
方波
降压变压器
升压变压器
晶闸管
变比
风向标

目标

学习过本章之后，您应该能够：

- 描述所有变压器运行的原理；
- 对升压和降压两术语进行解释；
- 根据需要供电的负荷选择变压器的额定容量；
- 应用变压器时能够认识实际问题；
- 解释单相和三相变压器的区别；
- 理解并运用变压器的各个术语，如垫挂载变压器、杆上变压器、升压等；
- 基于变压器日常使用数据计算其效率；
- 了解更多关于变速风力机中背靠背换流器是如何工作的；
- 解释整流器运行原理；
- 了解不同整流器并能够简略画出其原理图；
- 理解逆变器运行的基本要素；
- 搭建一个桥式整流器。

12.0 引言

除非常小的风力机和小规模应用外，一台风力发动机需要有各种辅助设备，以满足运行或输送其产生的电能。到目前为止，我们在前面章节中已经学习了，风力发电机将风力机的机械能转换为电能。在第 11 章中，我们已经学习了风力机运行的不同模式，这些运行模式正是风力机的发电机所使用的。

本章我们考虑风力机在运行时所用到的一些最基本电力设备的结构和功能，包括变压器、整流器和逆变器。

在电力发电和输电中最重要的设备是变压器。变压器不只是用在风电机组中，而是应用于所有的电力生产和用电中。读者可以明确地说如果没有变压器，则我们将不能从电力中获益，或者至多可能的应用将被局限于我们目前诸多获益中的一小部分。

整流器是将交流电转换成直流电的设备。换句话说，整流器是一个交流-直流换流器。大规模整流器被用于一些风力机，小规模整流器被用于多数包含电子电路的设备中。也就是说，所有需要带电池工作的设备都能够被接入交流电网（通过一个通常被称为“适配器”的接入）。

逆变器的作用与整流器相反。逆变器是直流-交流换流器。与整流器相比，逆变器通常应用相对较少，但是在风力机一些运行模式下，直流-交流换流器是必需的一个环节。同样在今天越来越多的工业应用中，将逆变器作为驱动的一部分，如电动机。

12.1 变压器

变压器是交流发电中至关重要的部分。其主要的功能是对交流电路中全部或部分的电压进行升压（提高）或降压（降低）。但是在一些特殊应用场合，变压器的角色将会转变。

本节我们将学习变压器的运行原理。为对变压器有全面而彻底的认识，对变压器各个参数及其间的关系进行深入学习是必要的，这部分内容超出了本书的范围。

正如交流电一样，变压器也分单相和三相。事实上，三相变压器是由三个单相变压器组成的，为了提高效率或是节省空间而密封或组合在一起，根据具体情况而定。在这种意义上，适用于单相变压器的说法同样可用于三相变压器。下面对单相变压器的讨论将省去“单”或“单相”而不失一般性。

在最简单的情况下，变压器由共用一个铁心的两个绕组组成。铁心可以是各种形状，但是形状不起重要作用。最常用的形状是矩形和圆形的。从制造的角度，矩形更容易加工。图 12.1 中展示了一个矩形铁心的变压器。在这种结构下，两个绕组分别在铁心的两侧。这不是必需的，两个绕组也可在同一侧。事实上，大多数的小变压器的铁心如图 12.2 所示，两个绕组被并排放置在中间的铁心上。

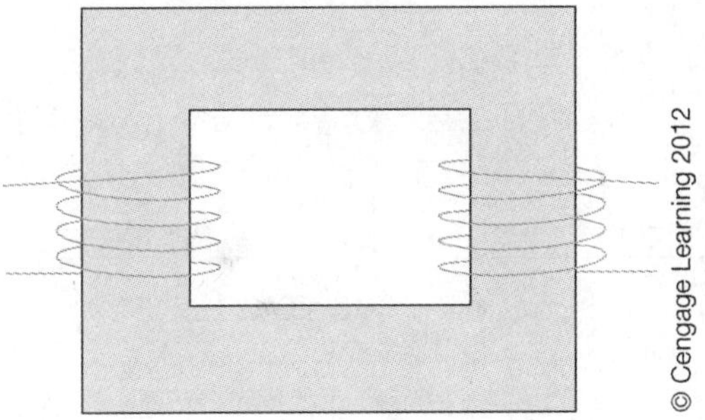

图 12.1　一个变压器的基本结构

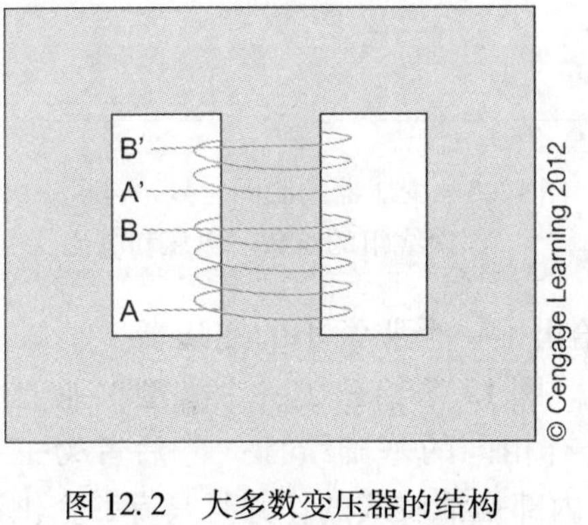

图 12.2　大多数变压器的结构

两个绕组被称为“一次绕组”和“二次绕组”，取决于它们的角色。一次绕组与主电压相连，也就是我们想要变换的电压。

降压变压器
用于降低电压的变压器。

升压变压器
用于提高电压的变压器。

二次绕组是输出，提供需要的电压。如果一次绕组比二次绕组匝数多，则变压器将降低电压，为**降压变压器**。如果一次绕组匝数少于二次绕组，则输出电压高于输入电压（**升压变压器**）。

对于变压器绕组（除我们一眼看到的绕组匝数外），非常重要的一点是绕组的绕线方向。在图 12.2 中，举例来说，两个绕组具有同样的绕线方向。这也决定了二次绕组电压相对于一次绕组电压的极性。也就是，对于这台变压器，如果在某时刻 A 点相对 B 点的电压是正的，则 A′点相对 B′点的电压也是正的。两个绕组具有同样的极性。为了表示变压器电流的极性，在变压器原理图的校准端标识了一个圆点。图 12.3 在变压器上画出了这个标志，同样也代表极性。图上指出了一次绕组和二次绕组的匝数 N、电压 V、电流 I，并且以下标 1 和 2 来区分。

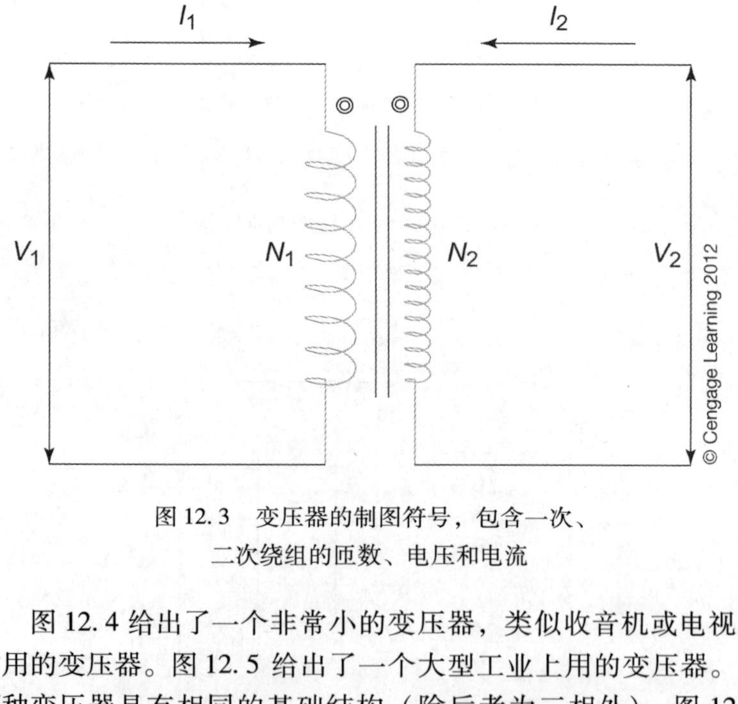

图 12.3 变压器的制图符号，包含一次、二次绕组的匝数、电压和电流

图 12.4 给出了一个非常小的变压器，类似收音机或电视中常用的变压器。图 12.5 给出了一个大型工业上用的变压器。这两种变压器具有相同的基础结构（除后者为三相外），图 12.5 中大型变压器内部是油浸式的，并且具有一个供油降温的空冷式散热器。

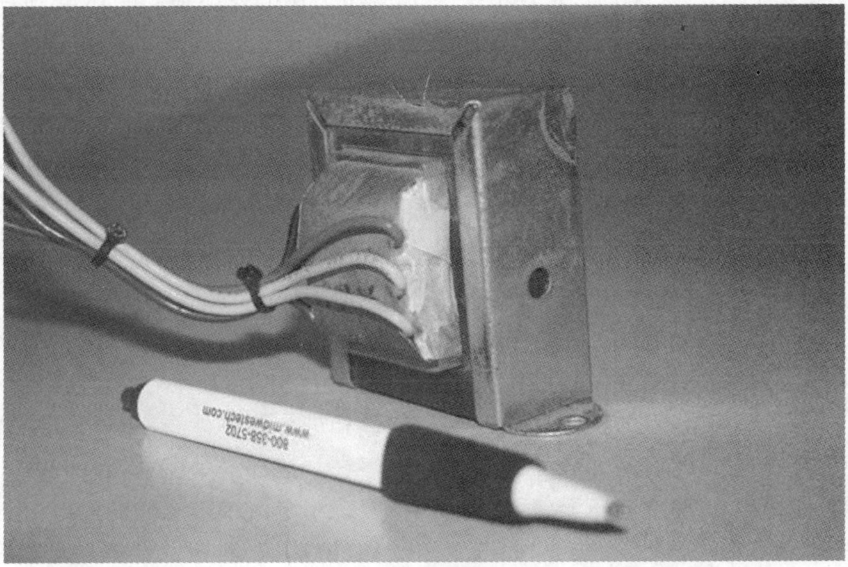

© Cengage Learning 2012

图 12.4　一个小型变压器

© Cengage Learning 2012

图 12.5　一个大型变压器（750kVA）

12.1.1　电压关系

图 12.3 表示了一个正在工作的变压器。一次绕组连接电源电压 V_1，二次绕组电压 V_2 用于负荷。基于负荷特性（电阻性、电感性和电容性混合），二次绕组中的电流为电流 I_2。基于这个电流，一次绕组也有电流。后者为一次绕组总电流的一部分（主要的）。考虑如果二次绕组不接入负荷，一次绕组仍可形成一个闭环，由于一次绕组阻抗的存在，一次绕组中将有一个（小）电流。同样，由于铁心的存在，变压器总存在较少的功率损耗，也反映在一次绕组电流上。在变压器中，主电流 I_1 由三部分组成，一部分是由于接于二次绕组的负荷引起的，另两部分是由于变压器结构（绕组和铁心）引起的。

为反映变压器基本关系和进行简单计算，忽略一次绕组电流的后两部分，好似它们不存在。这样一个没有损耗的变压器称为**理想变压器**。事实上，一次绕组电流中被忽略的两部分的贡献是不重要的，除大型变压器和进行精确计算需要外，大多数情况下它们都可以忽略。一个理想变压器基于两个假设：

理想变压器
假设所有损耗为零，也即效率为 100% 的变压器。

1）一次和二次电压的关系基于绕组匝数的比值；

2）一次绕组和二次绕组的功率是相等的（无损耗）。

下面的公式是（理想）变压器的基本关系式：

$$\frac{V_1}{V_2}=\frac{N_1}{N_2}=\alpha \tag{12.1}$$

式中　V_1 和 V_2——一次和二次电压；

N_1 和 N_2——一次绕组和二次绕组的匝数；

α——**变比**。

变比
变压器一次和二次绕组匝数的比值。

对于大多数变压器，变比是固定的，但是多输出变压器具有多个二次绕组并且**自耦变压器**的变比是可变的（参看 12.1.5 节）。

自耦变压器
这种变压器中，一次和二次绕组属于同一绕组的一部分。一次和二次绕组在电气上是不隔离的。

式（12.1）表明当一个变压器给定电流比时，如 10，理论上能够将一次电压扩大 10 倍或将二次电压缩小 1/10，取决于哪侧绕组接入电源。这也意味着在变压器工作时重要的一点是，必须特别关注与外电源和负荷的正确连接。错误的连接可以轻易导致损坏和毁坏。

变压器工作时必须特别注意与外电路的连接。

举例来说，考虑用一个变比为 10 的变压器，将 120V 电压转换为 12V。如果将二次绕组（低匝数）错当作一次绕组接入

120V，则将在另一个有 10 倍匝数的绕组两端出现一个 1200V 的电压。这将对以为输出端仅为 12V 而可能去触摸的人们造成严重危害，这也将立刻损毁那些接入变压器的设备。

注意，如前所述，理论上人们可以运用变压器升高或是降低电压，在实际设计时，则考虑变压器不需要接入任意电压或是任意使用。我们将在 12. 1. 2 节中看到更多。

升压变压器的二次电压高于一次电压，降压变压器则相反。

电流关系　12. 1. 2

理想变压器的一次绕组和二次绕组电流的关系基于功率之间的关系，也就是说，一次侧和二次侧的功率是相等的。这里的功率是指视在功率，也就是电压和电流的乘积。设 $P = V_1 I_1 = V_2 I_2$，可得到

$$\frac{V_1}{V_2} = \frac{I_2}{I_1}$$

或

$$\frac{I_2}{I_1} = \frac{N_1}{N_2} \tag{12.2}$$

式（12. 2）也表明高电流对应低电压，反之亦然。若二次电压和负荷的阻抗已知，则可求得电流 I_2。这样得到的电流 I_1 仅表示一次绕组中对应负荷的电流。也就是说，如果二次侧未接入负荷，则电流为 0。因此，不包括空载电流和铁心损耗电流（由铁心涡流引起），如前所述。

在建造变压器时，单位容量的尺寸、重量和价格非常重要。在这方面，二次绕组和一次绕组的尺寸不需相同。匝数少的绕组电流总是高于另一绕组电流［根据式（12. 2）］。这样，低电压（高电流）侧的导线总是比高电压（低电流）侧的要粗。

降压变压器的二次绕组电流高于一次绕组电流，并且导线比一次绕组粗。

变压器效率　12. 1. 3

系统中任意设备的效率是指输出功率和输入功率的比值，也就是向系统注入的功率（系统消耗的）和从系统吸收的功率之比。对于一个齿轮箱和一台变压器，输入和输出功率是相同的，但是对于一个电动机和发电机，这两个功率是不同的。基于这种解释，一个理想变压器的二次功率和一次功率相同，也就是说，

其输入、输出功率相等，也就意味着效率为100%。

尽管理想变压器的效率非常高并且可以超过98%，但不是（不能达到）100%。对于一台每天24h运行的大型变压器，在长期运行中，即使2%的缺额也能够转化为相当多的金钱损失，不可忽略。由于这个原因，只要需要，变压器的效率必须确定。根据前面的论述，变压器的效率被定义为

$$功率效率=\frac{输出功率}{输入功率}=\frac{输出功率}{输出功率+I^2R\ 损耗+铁心损耗} \tag{12.3}$$

在式（12.3）中，输出功率是指从二次侧输出的功率值。I^2R 表示变压器绕组消耗的功率，被称为“铜损”，因为绕组通常由铜制造，等于在一次、二次绕组中转换为热并失去的那部分能量。这样描述铜损是为了说明其值取决于负荷，当电流增大时，该部分损耗也增大。铁心损耗与此相反，与电流无关。铁心损耗是由铁心中电子的局部流动产生的，称为涡流。为了降低涡流（铁心损耗），所有变压器的铁心均由金属薄片叠压而成，替代实心金属。

式（12.3）的更为实用的形式为

$$能量效率=\frac{计算期间的输出能量}{同一期间的输入能量} \tag{12.4}$$

它是通过直接测量消耗的能量和输出能量，从而替代处理不易测量的功率。通常以24h作为一个计算期，并且采用术语“全日效率”：

$$全日效率=\frac{24h\ 的输出能量}{24h\ 的输入能量} \tag{12.5}$$

12.1.4 变压器额定功率

通常一台变压器是为了特定的目的而设计的，具有特定的容量和频率范围。也确定了许多机械和电气参数，包括铁心尺寸、线圈匝数、电流、绕组尺寸等，也包括冷却方式。一台变压器可以是空气冷却，或是油冷却。如果是油冷却，还需要散热器和其他一些组件。

工业变压器以VA为单位，变压器运行在其设计的额定容量时的效率最高。尽管可以使用高容量变压器在低功率运行，但是此时铁心损耗将会降低其效率。

12.1.5 其他关于变压器的有用知识

同一台变压器有可能有多个二次绕组。可以实现从一个电压

源变换为多个电压，从而减少造价和占地。在电子设备中非常普遍，如电视机，在运行时需要多种电压，采用非常小的变压器。除非要求采用单独（孤立的）的绕组，可以通过从同一绕组上的不同分接头来实现，也就是说，只有一个绕组，但是通过多个输出提供不同的变比。在输电线变压器中，一般不需要多种电压。图 12.6 给出了多输出变压器的原理示意图。

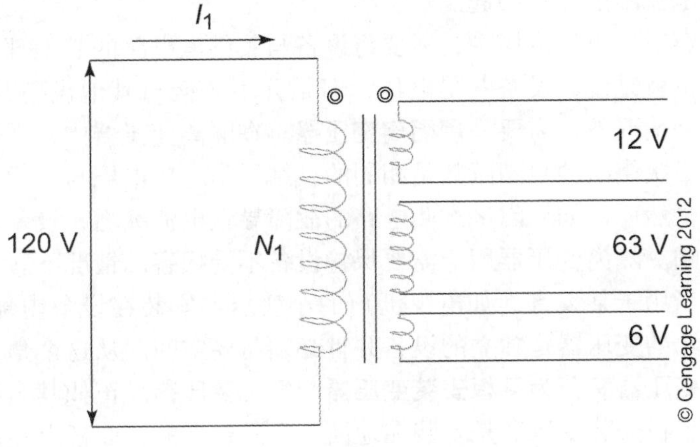

图 12.6 多输出变压器

当电压需要轻微调整时，可以采用自耦变压器。举例来说，通常在配电线末端会有较大的电压降。为了补偿这个电压降，需要将线路电压提高至正常值。例如，考虑街道末端的住宅电压必须为 120V，如果电压已降至 105V，则需要将电压提高 15V 以达到正常值。在这种情况下，可以使用自耦变压器。

在自耦变压器中，一次绕组和二次绕组是同一个。绕组在合适的位置引出分接头，该位置对应要求的电压变比。自耦变压器能够用于升压或降压，图 12.7 说明了这个概念。

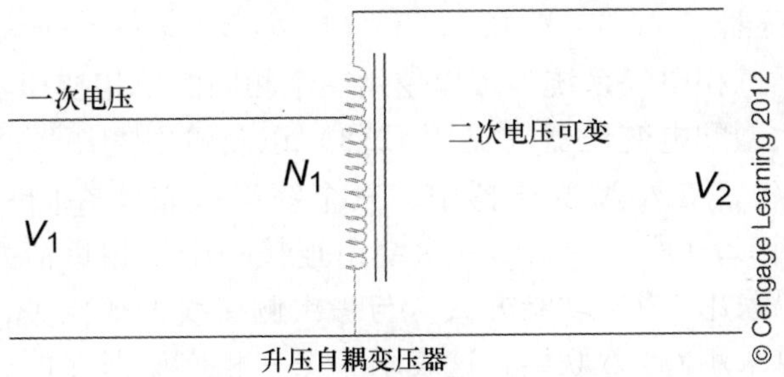

图 12.7 自耦变压器运行原理

在需要电压可变的情况下，经常使用小型自耦变压器。二次绕组电压是通过绕组上的滑片来实现的，该滑片能够连接绕组的不同位置。在大型变压器中，这个“分接头”能够通过分接头转换器来实现连接至绕组的不同位置。

注意在自耦变压器中一次侧、二次侧的电流流经同一绕组。但是由于每一时刻电流的方向，以至公共绕组部分的一次、二次绕组电流不能加在一起。

有时在电气应用中，需要将设备与其供电电路的其他部分隔离，也就是说，设备获得电压，但是并不直接与其他设备并联。在这种情况下，需要采用**隔离变压器**。在隔离变压器中，一次绕组和二次绕组的线圈匝数是相同的。结果是二次电压与一次电压相同。然而，如果因一次侧电路的故障导致电流突增，设备不会被影响。隔离变压器用于需要保护设备不受损害的情况下。

隔离变压器
主要功能不是改变电压，而是从电气系统上将电气设备与供电电路孤立（隔离），或是将一部分电路与其他部分孤立。

当用于某设备（如电视机）的小变压器安装在设备内部时，大尺寸的变压器是独立的设备并且必须需要空间。从这个角度考虑，变压器又分为**平板安装变压器**和**杆上变压器**。正如其名称所说，平板安装变压器是安装在地面一个平台上的，而杆上变压器更适于安装在配电线路电杆的顶端。

平板安装变压器
一种能够安装在平板底座上的变压器。

每台风力发电机都有一个（三相）平板安装变压器，将发电机的电压升压至汇集站电压（汇集站是一个连接风电场内所有风力机的开关站，并通过一台升压变压器与电网相连）。取决于风力机，这种变压器可以在塔外的地面上，或是在新型兆瓦级风力机的内部，它可以被放置在涡轮发动机舱内或是在塔内底部的某个位置。

杆上变压器
一种适合安装在配电线杆上的变压器，通常为圆形结构。

发电机的电压能够在600~4000V变化。汇集站电压可以为11000V或是其他的标准低电压（对于输电线，11000V不是高压）。图12.5给出了一个平板安装变压器的图片，图12.8给出了三个杆上变压器。

12.1.6 三相变压器

对于三相电气系统，可以使用三个相同的单相变压器，通常应用于大型配电变压器（见图12.8）以及输电变压器（用于输配电线路）。在小型变压器中，三个绕组被布置在同一个铁心上，如图12.9所示。三个一次绕组连接一个三相负荷并向其供电，可以采用Y或△联结方式。与一次侧接线方式无关，二次绕组也可以采用Y或△联结，这表示一个三相变压器在电路中可以有四种接线方式。这样，电压变比不仅取决于绕组的匝数比，也取决于采用了哪种接线方式（参看12.1.7节例2）。

图 12.8　杆上变压器

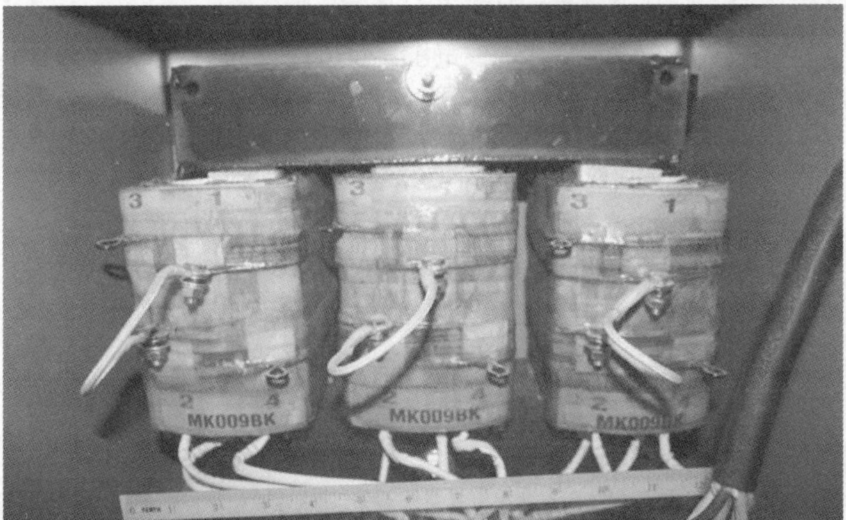

图 12.9　三相变压器结构

例题　　**12.1.7**

例 1：

一台 750kVA 的变压器效率为 98%。如果这台变压器每周 7 天、每台 24h 运行的平均工作因数为 85%，求每年转换成热能的值。分别运用公制和英制进行计算［1J = 0.2388cal；1J =

1W · s；1W = 3.412Btu/h]。如果每千瓦时的能量价值为 0.04 美元，求这种情况的能量损耗价值。

解：首先计算每年的电能损耗（kWh）

每年的能量损耗 = (750)(0.02)(0.85)(365)(24) = 11690(kWh)

能量损耗价值 = (11690)(0.04) = 4467.6(美元)

1W = 3.412Btu/h→1Wh = 3.412Btu

11690kWh = (11690000)(3.412) = 39886280(Btu)

11690kWh = (11690000)(3600) = 42084000000(J) = 42084000(kJ)

42084000kJ→(42084000)(0.2388) = 10049659(kcal)

例 2：

一台升压变压器的变比为 2.65。一次线电压为 4160V，一次侧采用△联结。若 1）二次绕组采用△联结；2）二次绕组采用Y联结，求二次线电压。

解：

1）因为一次绕组、二次绕组采用相同的接线方式，二次线电压可以乘以变比：

二次线电压 = (4160)(2.65) = 11024(V)

2）二次绕组两端之间的电压是一次绕组电压的 2.65 倍，也就是 11024V。线电压是每相线路之间的电压，则这种结构下的线电压为

(11024)(1.73) = 19071(V)

图 12.10 更好地阐明了本例。

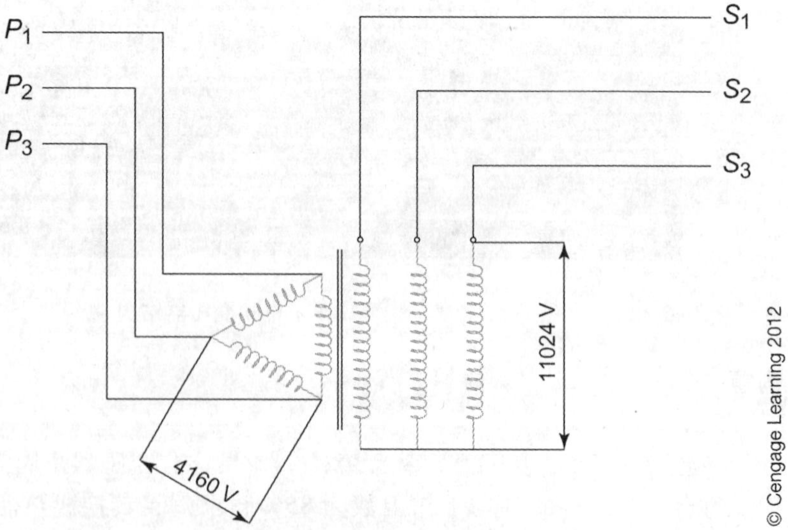

图 12.10 例 2 解 2）

整流器 12.2

整流器将交流电转化为直流电。回顾第 11 章，整流器在风电机组中主要应用于变速运行模式以及安装有 DFIG 的风力机，这种风力机将交流电转换为直流电后再转换回适当频率的交流电。在非常小型的孤立风电机组中，采用一台交流发电机，如果蓄电池是装置的一部分，则整流器被用于将其转化为直流电。不过，整流器用于任何需要在直流电下运行而却由交流系统供电的装置。可以是家庭日常应用，如计算机和数码相机，或是在工业级应用上，如电镀或电解金属精炼中。

单相和三相交流电都可以被转换为直流电。最简单的整流器由若干二极管组成。二极管的性能是允许电流由单一方向流动，正向时电阻几乎为 0，而通过一个非常大的电阻阻止反方向的电流流动。这样，交流电被改变成直流电，但是存在很大的起伏，称为**脉动**。脉动可以通过滤波器消除。最常用的滤波器是在整流电路中与负荷并联的电容器。

最普通和广泛应用的单相整流器是**桥式整流器**。但是**全波整流器**和**半波整流器**也被采用，尽管后者仅由一个二极管组成并且特性较差。图 12.11 给出了桥式整流器的工作原理，它由 4 个二极管组成。整流器接入一个变压器的二次侧，这是其大多数应用中最常见的情况。电容器用于过滤脉动。电容器的电容越大，滤波效果越好。

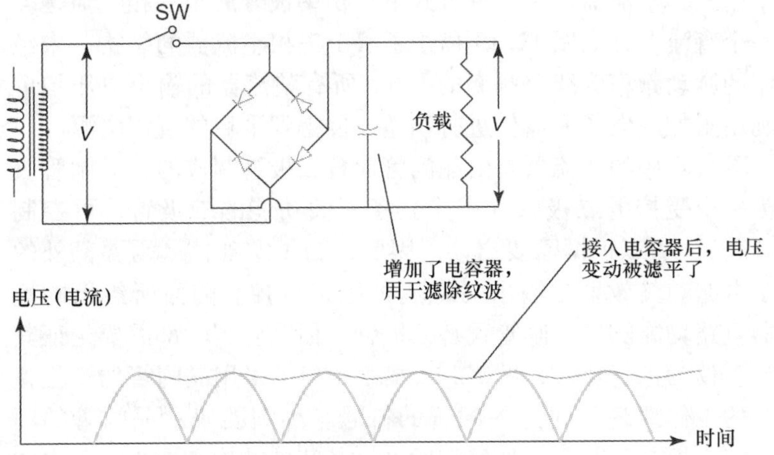

图 12.11 桥式整流器工作原理

脉动
直流电压中相对标称值的（不需要的）电压快速波动。

桥式整流器
一种全波整流器，两组二极管交替导通。交流电的全电压被转换为直流。

全波整流器
一种交流-直流整流器，两个二极管交替导通，每个二极管将单周交流电转换为直流电。这样，交流的全波都被转换为直流。

半波整流器
最简单的交流-直流整流器，由一个嵌入交流电路中的二极管组成。

为进行对比，图 12.12 示意了一个全波整流器的结构，也给出了未经过滤的输出电压波形。全波整流器得到的电压是给定电压源电压的一半。并且要求两个半波电压均可从交流波形中得到(变压器有中心抽头)。这是全波整流器的一个缺点。

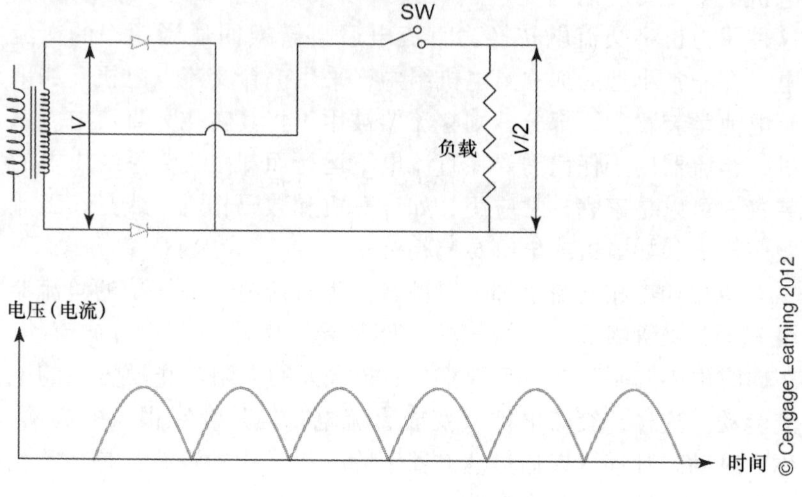

图 12.12　全波整流器工作原理

实践中，在选择合适的整流器时，需要考虑其额定功率和最大电压。正如直流系统的功率等于电压和电流的乘积。所以在特定的应用中，整流二极管必须能够耐受所施加的电压和电路电流。

当需要更大的功率时，在许多工业应用中，包括风力机，需要采用三相整流器。在这种方式下，功率被分配至三相，但是得到一个直流电源。图 12.13 描绘了一个三相整流器的结构。未经过滤的脉动频率为线路频率的 1/6。所有整流器的输出电压均可以利用附加的电子元器件进行调整，以得到平稳的直流电源。

更大功率的整流器是由晶闸管代替二极管制成的。晶闸管表现为一个受控的二极管（一个具备开关功能的二极管，可控制其开断），可以根据需要启动。因此，为了实现控制需要额外的电子电路。其效果是输出（直流电压）可控。前面所给出的整流器电路均能够以晶闸管代替二极管，但是应用时都需要论证其代价。仅为进行比较，图 12.14 描绘了一个采用晶闸管的三相整流器的工作原理，注意晶闸管的符号。小圆圈表示晶闸管的门极，担当控制开关。正如我们所见，其基础结构和图 12.13 中的一样。在此，需要一个驱动（触发门极）在合适的时刻触发每

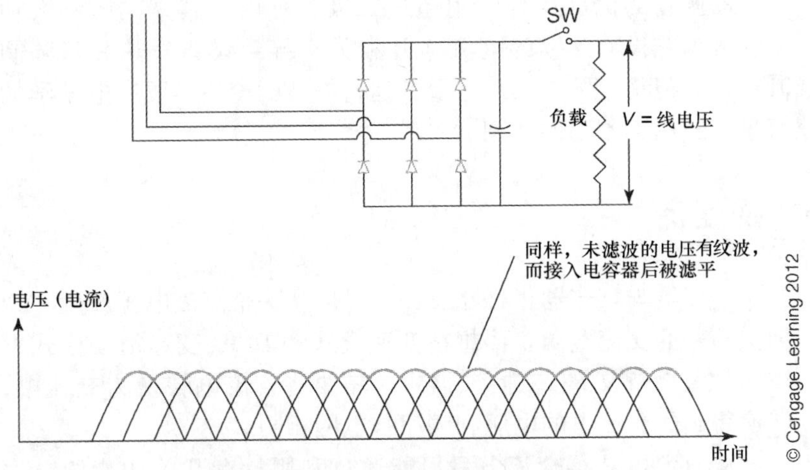

图 12.13　三相整流器原理示意图

个晶闸管。这个驱动是基于时间的信号，使得每个晶闸管在每个周期内固定的一段时间导通。结果可以得到一个削去顶端的正弦信号（对比图 12.13 和图 12.14 中的曲线）。取决于触发时间（通常称为触发角，以角度描述），也决定了直流电压。也就是，基于输入的交流电压和频率，触发时间（在正弦波信号的前 1/4 周期内，各相相同）将决定转化后直流输出电压的水平。直流信号含有脉动，必须被滤掉。

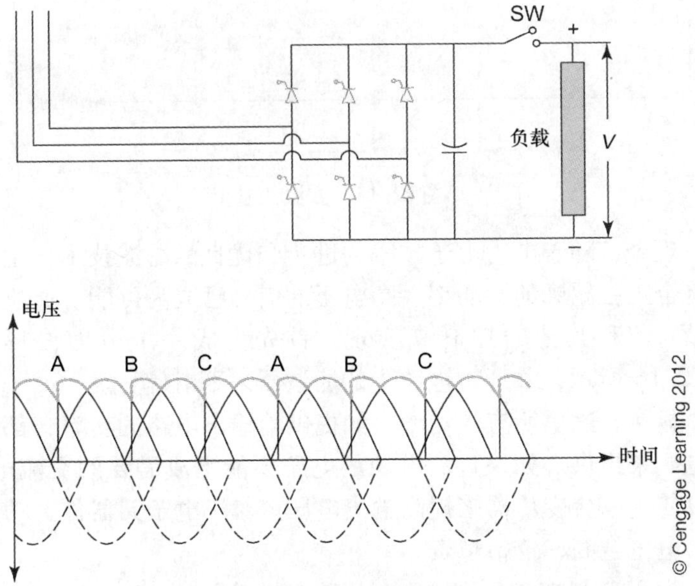

图 12.14　基于晶闸管的三相整流器原理示意图

晶闸管
一种晶体管，用于可控整流器和逆变器。

晶闸管的优点及其应用超过二极管是由于其高电压和大功率，因为它没有连续的电流（开和关）导致设备发热并且限制其运行。但是，关于晶闸管及其运行细节的论述需要有电子学的背景，超出了本书的范围。

12.3 逆变器

逆变器与整流器正好相反，它可以从一个直流电源产生一个期望频率的交流电源。回想在变速模式和DFIG变速滑动模式下应用的背靠背交-直-交换流器中，需要将直流电转换为交流电，转换得到的交流电的电压和频率与电网相同。

方波
一种波形，每个周期由两个相等的矩形组成，一个矩形在正边，随后的另一个为负。

正弦波形
等同于正弦波。

从直流电获得交流电只可能通过利用具有开关功能的电力电子装置来实现，如晶闸管。电子电路运行需要的功率由直流电路提供，则通过切换装置中电流的方向可以得到交流电流，最简单的形式是产生**方波**信号。图12.15给出了方波信号，但是这种信号仅有益于加热和照明，或是小功率的设备。在大型高功率的应用中，例如对于风电机组尤其是需要并网的风力机，需要**正弦波形**。正弦波表示交流电压随时间是根据正弦函数变化的。

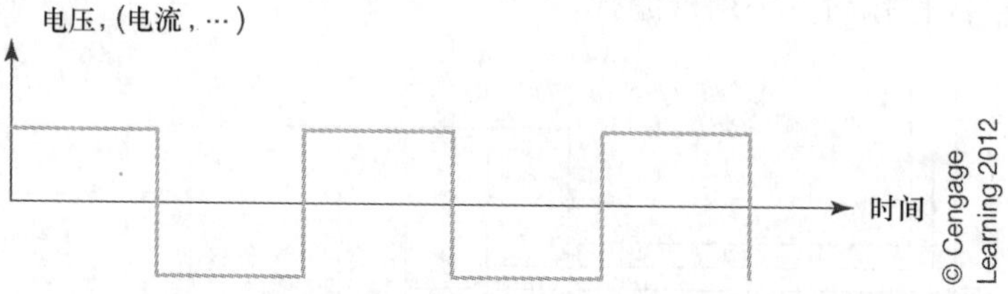

图12.15 方波信号

现今，随着电力电子技术的进步和优良的滤波技术，生成充分符合正弦轮廓的大功率、高电压的信号已成为可能。通过许多梯级整流和其他的控制来实现，首先生成一个电力波形，如图12.16所示，并通过电路中的滤波器来平滑信号。

显然，这里所有的功率，如提供给输出电路的功率，都由直流电源来提供。如果直流电源的电压不能生成需要的交流电压，可以使用一台变压器来提高输出电压。对于电子元器件，功率越大、电压越高，价格越贵。

为了控制交流电的频率达到期望值，通常产生一个小的（低压）期望频率的正弦波。这非常简单也不贵，广泛应用于

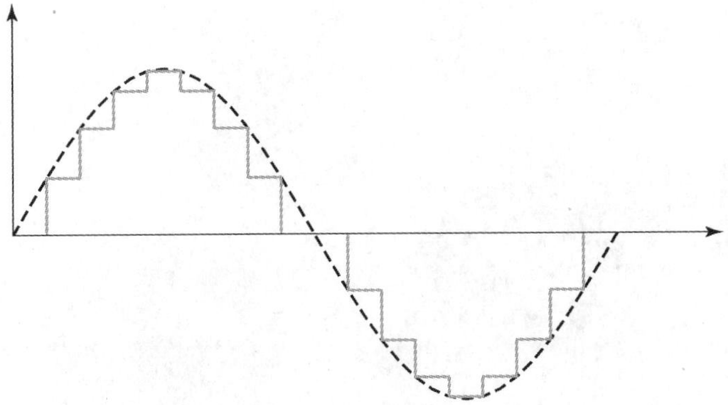

图 12.16 具有正弦轮廓的阶跃波形

收音机、电视机、示波器等。则电力电子电路可被驱动，其开关动作随着正弦轮廓下的阶跃波形（见图 12.16）进行。频率取决于周期。晶闸管（或其他半导体管）的触发（打开）和电压变动，是在波形每个周期内的各个时间段发生的，和阶跃波一样。

12.4 风速计和风向标

如果不测量风速和风向，风力机就不能够运行。用以测量这两个属性的装置分别是**风速计**和**风向标**。它们虽然小，但是是风力机运行非常重要的装置。

风速计
一种测量风速的装置。

风向标
一种确定风向的装置。

通常采用两种类型的风速计。最常用的风速计是杯型风速计，由一个小的立柱组成，上面有三个半球形或是类似形状的杯子，能够捕风。随着风吹动，这个装置旋转并且其旋转的速度取决于风速。在立柱的末端是一个小的直流发电机，能够产生电压变化的信号，电压能够根据风速标定。这种装置如图 12.17 所示。

在寒冷地区，可能有冻雨，这种风速计在冬天需要加热。如果未被加热而结冰，则无法显示风速，并且测到的风速显示为“0”。尽管有风，风力机停止发电。这种情况下，风力机将失去收益。任何的风速计故障都会引起风力机的收益损失，因此这种装置必须总是运转良好并且精准。

另一种类型的风速计基于声速工作。这种超声波风速计不

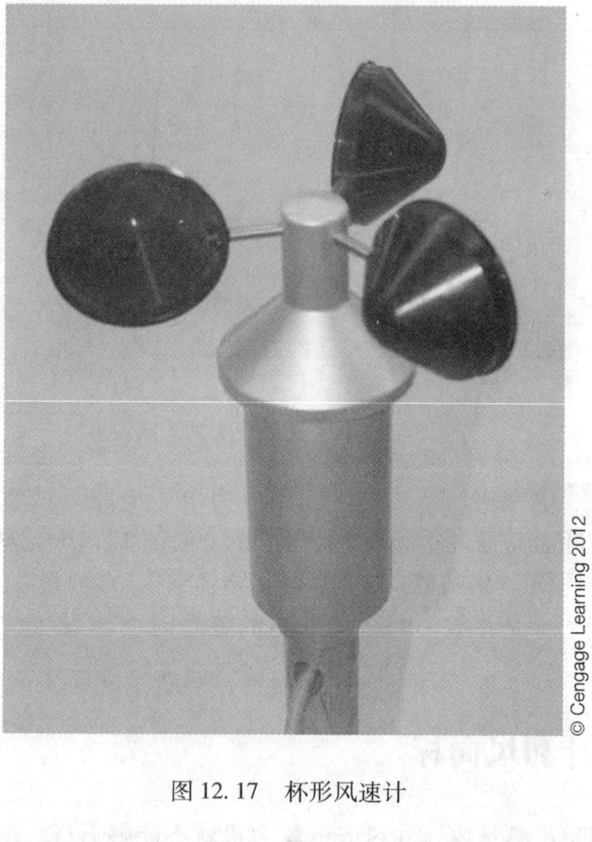

图 12.17　杯形风速计

会像杯型风速计一样受到冰冻的影响，因为它没有任何运转部件。空气中声音的速度（或是超声波）受风速的影响。因为在给定温度下空气中声速是已知的，其偏离值代表着风速。超声波风速计有四个尖叉，如图 12.18 所示。每两个对面的尖叉都有一个传感器和接收器，发送和接收超声波。声音信号发出和接收之间的时间差可以用于计算风速及其方向。为此目的，这种装置必须校准，并且其输出数据可在风力机上的计算机中应用。

如果风力机采用杯型风速计，需要使用风向标来测定风向。风向标是一个简单的装置，能够围绕一个垂直轴随意旋转。它有一个尾巴，能够使其在有风时跟随风向。图 12.19 示意了一个风向标。

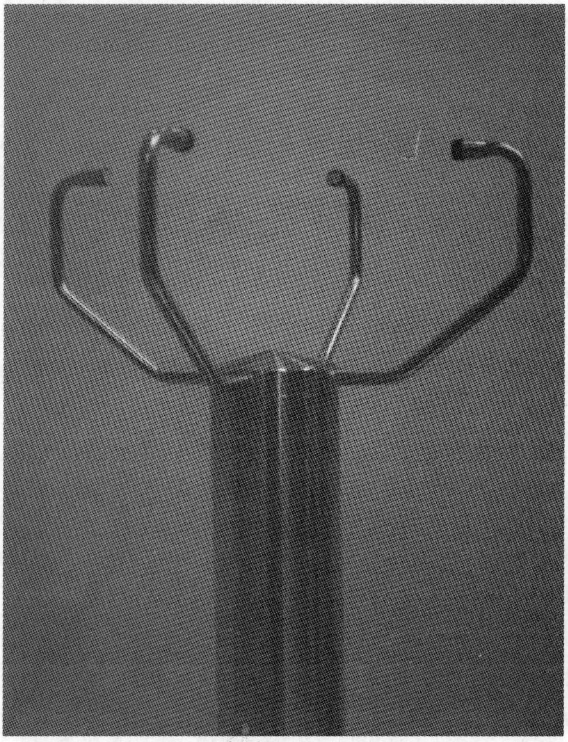

图 12.18　超声波风速计

图 12.19　风向标

12.5 本章小结

- 对任何风电机组而言，变压器是重要的电气设备。
- 变压器将发电机电压升压至汇集站电压水平，所有的风力机均接入汇集站后再接入电网。
- 如果变压器提高电压则称作升压变压器，如果降低电压则称为降压变压器。
- 如果变压器未改变输入的电压，而是用于保护设备，则称作隔离变压器。
- 理想变压器是理论术语，用于变压器计算。假定变压器没有损耗，也就是输出功率等于输入功率。
- 变压器变比定义为一次绕组和二次绕组匝数的比值。
- 自耦变压器只有一个绕组，既用作输入又被用作输出。在绕组的某处引出分接头以得到期望的变比。
- 平板安装变压器适合装配在平面上，杆上变压器适合安装在电线杆的顶部。
- 整流器用于将交流电变换为直流电。
- 最常用的整流器是桥式整流器，可以是单相，也可以是三相。
- 低功率整流器采用二极管。
- 直流脉动是指电压相对标称值的波动，而不是常数。
- 逆变器将直流电压源转变为交流电压供电，质量低劣的逆变器的输出含有方波。
- 晶闸管是一种用于整流器和逆变器中的电力电子器件。晶闸管是开关装置。

进阶学习

变压器等效负荷

虽然需要更多的知识才能对本章的主题有更透彻的理解，但是本章中所讲述的引导性知识已足够理解变压器的工作特性。本部分将为那些需要对变压器工作深刻理解的读者新增一块有用的内容。

照例，所有的计算均是基于理想的变压器。假定电阻性负荷为 $R_2\Omega$，接在变压器的二次侧，变比为 a。如果我们想知道从变压器一次侧看的等效电阻是多少（也就是具有同样的效果），我们可以再次运用功率关系式。

为替代 R_2，我们假设将电阻 R_2'接入变压器一次侧。因为变压器一次侧的功率和二次侧的负荷功率相等（也就是 $R_2'I_1^2 = R_2I_2^2$），则

$$R_2' = R_2\left(\frac{I_2}{I_1}\right)^2 = R_2\left(\frac{N_1}{N_2}\right)^2 = a^2R_2$$

式中　R_2'——从变压器一次侧看到的二次侧负荷。

在可行的假设下，前述关系式能够被用于任何类型的负荷。这样，如果二次侧电路（二次绕组电感和负荷）的总阻抗为 Z_2，则从一次侧看，电路的阻抗为

$$Z_2' = a^2Z_2$$

因为一次侧自身也有阻抗（由绕组引起），则变压器的负荷为

$$Z_1 = Z + Z_2' = Z + a^2Z_2$$

式中　Z——一次绕组阻抗。

复习题

1. 变压器的功能是什么？
2. 升压变压器和降压变压器的区别是什么？
3. 问题 2 中每种变压器的电压和电流关系是什么？
4. 理想变压器的意思是什么？理想变压器是一种类型的变压器么？
5. 描述变比，并举例说明。
6. 列举一些小型和大型变压器的额定功率值。
7. 隔离变压器用于什么？
8. 在隔离变压器中输出（二次侧）和输入（一次侧）电流的变比是什么？
9. 什么是自耦变压器？为什么需要自耦变压器？为什么不能利用常规变压器替代？
10. 描述平板安装变压器和杆上变压器。

11. 整流器的用途是什么？
12. 你知道哪些类型的整流器？
13. "纹波"是什么意思？
14. 全波整流器和半波整流器哪个更好？
15. 什么是逆变器？用于哪里？
16. 为什么我们在整流器中采用晶闸管？可以用其他替代么？
17. 方波指的是什么？用什么和方波来对比优缺点？

应用题

1. 一台降压变压器变比为12∶1，如果一次侧电压为120V，二次侧两端之间的电压是多少？

2. 一个40Ω的负荷接在一个降压变压器的二次侧，如果变压器标明220/110，则二次侧的标称电流是多少？

3. 一台变压器的二次绕组有380匝，如果变压器用于220/110变换，一次绕组的线圈匝数是多少？

4. 变压器二次绕组的线圈比一次绕组密，它是一台升压变压器还是降压变压器？

5. 一台变压器二次侧电流是一次侧的100倍，如果二次侧电压为120V，一次侧电压是多少？

6. 变压器的二次绕组有400匝，并且在第80和160匝处有分接头，如果一次绕组有1200匝，并且接入220V电压，求二次绕组可得到的电压。

7. 一台变压器输出为400kVA，如果输入电压为6.6kV并且变压器效率为0.97，求一次绕组的电流。

8. 一台风力机平均每年工作320天，其产生的电能在8月的125000kWh和3月的220000kWh之间。如果变压器在满载时的效率为98%、在负荷降低时为97%，求变压器每年的平均功率损耗。

9. 风力机中一个背靠背换流器的总功率消耗是2.5%，风力机的标称功率为1.65MW，但是全年平均发电等效为1.1MW。如果风力机停机时间总共为40天/年，每年的发电量是多少？

10. 一台风力机的空载输出电压是224V，满载输出电压为218V。若满载电流为1000A，假定所有的铜损均在变压器内，求变压器铜损是多少？

项目

本项目中，读者将搭建一个整流桥。可以将此设计当作一个直流电源使用，为一个或更多的设备供电，这些设备本来需要购买电池使用。

为了这个设计，除可以在学校实验室找到的一些设备外，还需要购买一些元器件。图 12.10 列出了需要购买的元器件，包括一个变压器、四个二极管、一个电容器、一个小的塑料板或木头板用来固定这些元器件、3 ~ 4ft 的双股电线、一个插头以及一个小盒子用来放置变压器和电路。

需要一个小变压器将 110V 电压转换至 8V 左右（为得到一个 6V 的整流器）。变压器可以随意选择，可能需要一个 3V 的装置，或是其他电压值。

需要一把焊枪和一些焊丝，这些可以在学校的某个实验室找到。

按照图中所示制作这个电路。如果您对有些地方没有 100% 的把握，可以去请老师或是实验室技术员帮助。在使用前您可能想要对装置进行测试，从装置中发出的直流信号能够用示波器观测。向您的老师请求帮助。

第13章 风力机的机械设计问题

关键术语

空气动力
幅值
机座
离心力
圆锥角
疲劳
疲劳失效
颤振
频率
惯性力
质心
自然频率
周期
剪切应力
振动

目标

学习过本章之后，您应该能够：

- 描述风力机中主要机械部件上的各种载荷；
- 了解风力机会断裂的原因，导致的不仅仅是“不起作用”，还是一场“灾难”；
- 定义各种风力机部件上的应力类型；
- 了解风力机在运行和停机时都存在的载荷；
- 认识到注意那些风力机问题征兆的重要性；
- 描述为什么风力机中不希望出现振动；
- 解释什么是疲劳以及能够防止疲劳应力；
- 解释风力机上的作用力归结到什么地方；
- 确定风对风力机塔架的作用力。

引言 13.0

前面几章讲过风力机风轮如何从风中捕获风能以及这种机械能如何被转化为电能。不过首要的是，一台风力机如果不能直立在风中，那么就无法运行。同时，当风中的能量被捕获时，风会向风力机本体上施加作用力，推动塔架并可能会使风力机倒塌。

我们知道，风力机的功率容量与其尺寸有着直接的关系。不过，随着尺寸的增大，风的力也增大，于是风力机必须能承受所面临的作用力。同样，风力机中的所有机械部件都必须承受力和载荷⊖，如果它们没有足够的强度承受所面临的这些力和载荷，就有可能被损坏。

当风力机运行和停机时，风力施加在风力机及其零部件上的作用力大小和性质是不同的。这些作用力会给叶片和风力机塔架带来振动，振动是任何机械都不希望出现的，它会使得振动的零部件过早损坏或破裂。

本章将讲述风力机主要零部件上的载荷、机械方面关心的振动和疲劳等一些其他问题，以及这些零部件的一些设计特性。这只是对载荷做出解释，不会做任何应力分析，也不会超出基本概念以及涉及零部件的设计。这里的讨论只是想让读者了解为什么风力机会出现机械失效，以及如振动和疲劳这类机械问题是多么重要。

风力机的各种运行状态 13.1

风力机承受的载荷有赖于它是在运行还是停机，而当风力机运行时，载荷则有赖于运行的状态。在任何一个给定时刻，风力机会有下述状态之一：

1）正常运行。

2）起动和停机操作。

3）极端工况（阵风、结冰等）。

4）异常和故障情况。

此外，对于运输、建设和安装工作来说，风力机零部件面临

⊖ 载荷可由力或力矩产生。但因为在所研究的大多数情况下，载荷的主要原因是力，所以优势我们只用“力”这个词。

不同的载荷条件，虽然持续时间相对较短，但是不能引起零部件的过载。相应的载荷一定不能被忽视。

在风力机的设计阶段，每个零部件必须按照最坏情况来设计，也就是具有最大载荷的情况。

正常运行指的是风力机发电时，大部分时间风力机都处于这种状态。对大多数风力机来说，在运行过程中，其运行速度是恒定的，控制器会轻微地改变叶片的桨距角，但风速可以变化。在起动和停机操作时，风轮转速是变化的，桨距角也是变化的。极端工况时，必须要单独考虑每种情况。阵风会给零件施加一个时间段但幅度大的力，这对某些零部件来说会变成一个冲击。异常或故障状态指的是实际中可能发生的情况，比如风速加速。如果风力机突然失去电气负载，那么风速可能会出现超速。长时超速会导致风轮解体和灾难性后果。

13.2 风轮上的载荷

风轮由叶片和轮毂组成。本节将讲到，叶片面临着多种载荷，轮毂把所有的载荷从叶片传递到机舱，所以轮毂上载荷的变化直接取决于来自叶片的载荷。轮毂具有类似贝壳的形状（不是刚性的），容纳着叶片桨距控制的机构。从机械的角度看，风轮的所有力终将通过机舱和塔架传递到地面。因此，轮毂的本体必须能够承载来自叶片的力并传递给机舱。叶片载荷通过多个螺栓传递给轮毂，这些螺栓紧固着叶片轴承，叶片轴承则在变桨距机构内（对于固定叶片，没有轴承，而且叶片直接用螺栓固定在轮毂上）。所以，在每个叶片和轮毂之间的螺栓和轴承要承受载荷。在轮毂的尾端，在风轮和机舱之间有另一个轴承。因为风轮（轮毂和叶片的组合）相对于机舱旋转，所以这个轴承必须承载来自风轮的所有载荷。

空气动力
运动的空气或者任何气体施加到处于气流中的物体上的力。

离心力
在旋转物体内向外的力，它趋向于脱离该物体。

惯性力
物体加速或减速所必需的力。

为了研究来自于风轮并去往风力机其他部分的载荷，我们考察叶片上的各种载荷。当风力机以恒定速度运转时，这些载荷主要是**空气动力**、重力和**离心力**。在起动和停机过程中，**惯性力**也会出现。还有其他的力也会出现，但是它们的作用较小或者仅持续很短的时间。如第3章讲过的，空气动力是风对风力机叶片的作用力。离心力是任何旋转的物体都要经受的，这是物体围绕一个轴线旋转或沿曲线路径运动时一个向外推动物体的力。在汽车拐弯时，您可以感受到这种力。惯性力是加速一个物体时所需的力，如要改变您的车速，从停止到任何速度或者 40 ~ 50m/h，必须克服惯性力。另外，做相反的动作使得运动的物体减速，惯性力会阻碍减速。在车的例子中，制动的作用就是来抵消惯性力。

图 13.1 描述了一个叶片和一个轮毂。叶片围绕着叶片轴线转动，请注意叶片轴线通常与风轮轴线是不垂直的，在叶片轴线和垂直方向之间有一个小夹角，这个夹角叫做**圆锥角**。当叶片由于空气动力的作用发生弯曲时，这个角度会发生变化。某些风轮设计成圆锥角不是零而是向风力机的前面倾斜，这样当空气动力使得叶片向后弯曲时，这个角度就变得更小了。

圆锥角
风力机的叶片与垂直于旋转轴线的平面之间的夹角。

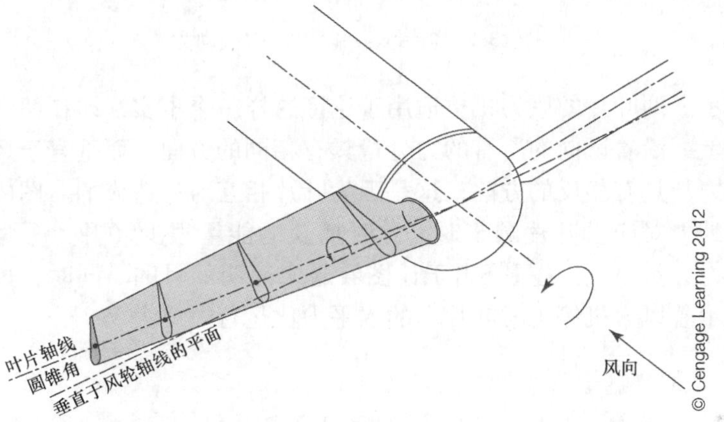

图 13.1 叶片与风轮轮毂的配置

13.2.1 叶片上的空气动力载荷

回顾第 3 章可以知道，风力机的每个叶片都受到风的空气动力。在每个时刻，对于叶片扫过的面积来说，气流具有相对固定的方向，但是因为叶片是扭转的，所以风与叶片之间的相对方向在叶片的各段是不同的。而且，虽然气流具有恒定的速度（考虑在短的时间段内），但是对于吹动叶片转动的那些空气，其速度在叶片靠近轮毂的部分比靠近叶尖的部分要低（见第 7 章关于“风力机叶片上某点的速度”的文本框）。于是，风和叶片的运动的结果是空气与叶片的相对运动，它沿着叶片长度的方向变化。这样，所产生的空气动力的幅值和方向均沿着叶片的跨度变化。对于叶片的某一段来说，典型的力如图 13.2 所示（一个叶片可以假想为由任意多个段制成）。

每个叶片段上的力由两个分量组成：一个分量沿着风向（阻力，近乎水平方向）；另一个垂直于风向（升力分量，在近乎垂直的平面上）。对于一个两叶片的风力机，这些力如图 13.3

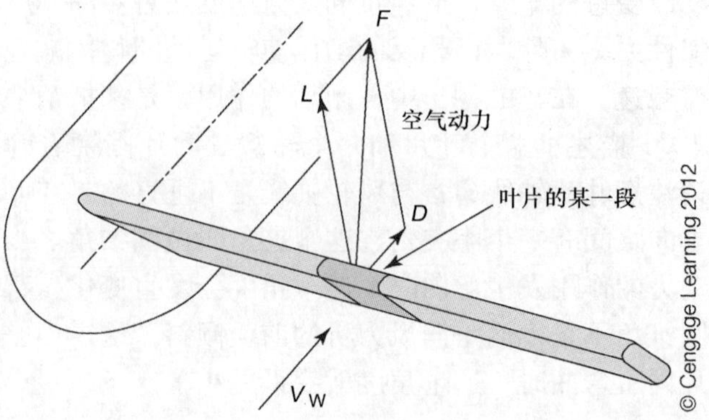

图 13.2 叶片某一段上的空气动力

所示。两叶片的风力机更适用于论证这样一个事实，即在两个叶片上，沿着风向的所有的力分量具有相同的方向，而垂直于风向的力却具有相反的方向，这是因为叶片相互对称造成的。图中所示的力对应着叶片顺桨时，此时捕获的能量很少（升力分量比阻力分量小），这只是出于让图看起来简明的目的。同时，这也暗示着风力机停机时叶片上的水平力比运行时要大。

图 13.3 在两个对称的叶片上的所有空气动力

风力机停机时叶片上的水平力比运行时要大。

容易证明，两组力的结果是对两个叶片沿着风向的推力以及围绕风力机轴轴线的转矩。换句话说，所有沿着风向的力分量的贡献是向后推动叶片，不产生任何旋转运动。不过，在（近乎）垂直平面上的方向相反的那些力分量却是惟一能产生推动风力机旋转的转矩的量。

要说明一点，刚刚提到的空气动力是风速、转速和桨距角的函数。所以，在不同的运行工况下以及在风力机停机时，这些力不是相同的。叶片必须能够承受最严苛工况下的作用力，也就是说，这些力达到其最大值时。

风力机上的所有作用力通过塔架最终被传递到地面。

13.2.2 其他的叶片载荷

除了前述的力外，叶片还要承受自身的重力以及在恒速旋转时的径向力，即沿着叶片长度方向的力，后者是离心力。叶片的重力始终不变，其方向也始终相同，垂直向下。因此，在旋转过程中，这个力相对于叶片变化。相反，离心力总是沿着叶片方向，不过其幅值是叶片转速的函数。叶片转动得越快，这个力就越大。其幅值通常大于重力，即使风力机是 12 ~ 14r/min 的低转速。例如，对于一台 6150kg（13576lb）的风力机叶片，44m 长，运转在 12r/min 转速，离心力可达 145000N（32955lb）。

在起动和停运期间，速度会有变化，于是另外一个力开始起作用，即惯性力。惯性力在叶片的侧向，其幅值有赖于风力机多快能从起动开始到重新达到其正常转速，或者多快能在停运过程中停下来。惯性力的方向与起动过程中的旋转方向相反，与停运过程中的旋转方向相同。惯性力的作用是使得叶片在旋转平面上发生弯曲，所以直接影响到叶片根部的螺栓和轴承。这个力会很大，尤其是在紧急停运过程中，速度会从运行速度突然降至零。

离心力总是幅向的，从旋转的中心向外。从这个意义上说，当叶片向下悬住时，离心力与重力叠加；当叶片在向上竖直的位置（叶尖向上）时，离心力与重力的方向不同，相互做减法。惯性力出现时（即在风轮做加速和减速运动的过程中），总是在叶片的侧向上。重力的方向相对于叶片方向变化，因为它总是垂直的。这些力如图 13.4 所示。

在叶片水平和垂直之间的那些位置时，重力可以分解为两个部分：一个沿着叶片的方向；另一个则垂直于叶片，如图 13.5 所示。

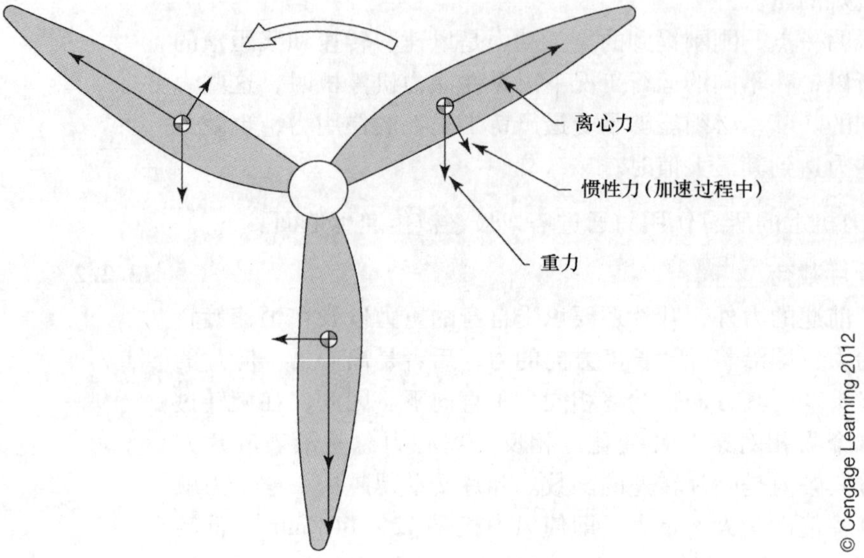

图 13.4　叶片在三个位置上时的离心力、惯性力和重力

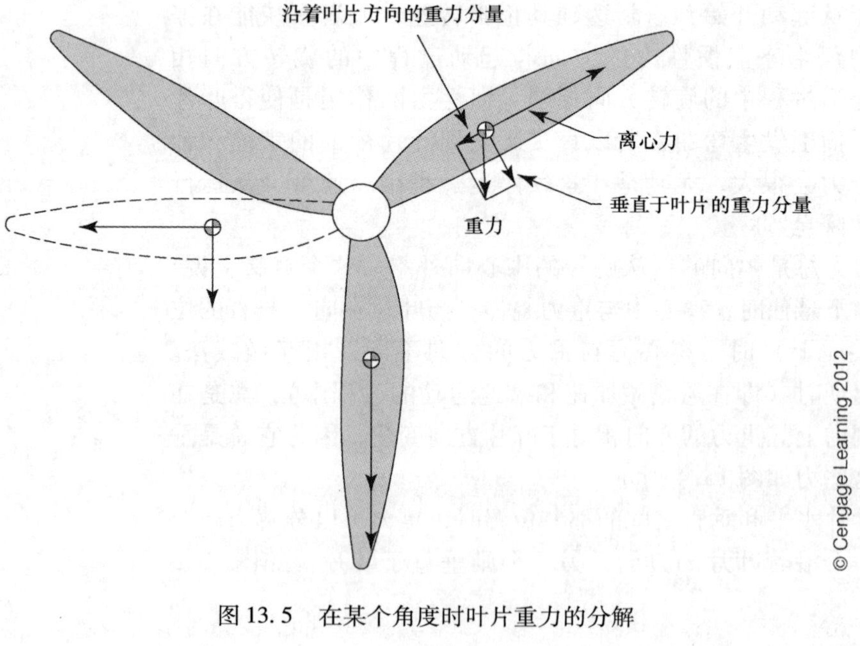

图 13.5　在某个角度时叶片重力的分解

可以知道，目前所研究的力的作用是一个侧向载荷（重力的一个分量，以及惯性力出现时）和一个径向载荷（重力的另一个分量和离心力）。因此，叶片要承受综合的应力：径向力所引起的拉伸应力和试图弯曲叶片的侧向力所引起的拉伸和压缩应力。要注意，空气动力的阻力分量与侧向和离心力呈 90°夹角。因此，叶片在两个方向上发生弯曲，如图 13.6 所示。还要注意，刚刚讲过的侧向力并非总是使得叶片向同一侧弯曲，因为其方向会发生切换，如在通过垂直位置时，重力的作用就会切换方向。

风力机叶片上的载荷具有周期性。随着叶片旋转一周，空气动力从最大值变化到最小值。

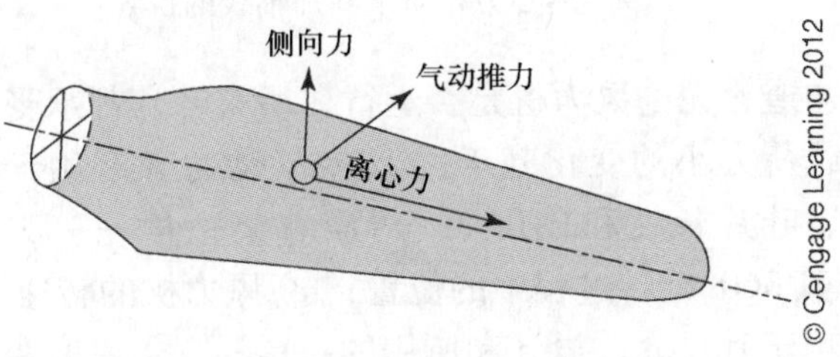

图 13.6 叶片会在两个相互呈 90°的方向上发生弯曲

叶片的另外一种载荷是由于叶片的**质心**未必在叶片轴线上，这就导致附加的载荷，比如力矩。质心是一个点，可以假设全部的质量都被集聚到这个点上。考虑一个叶片，在空气动力的作用下发生了弯曲。于是其质心离开其原始位置，即便它最初是在叶片的轴线上。离心力是由遍布叶片的许多较小的力组成的，但是所有这些力的合力可以表示为单个在叶片质心上的力。离心力的方向与风轮轴的轴线垂直。质心位移的结果是，本来沿着叶片轴线的离心力现在却与轴线之间有了一定的距离，还与叶片轴线有一定的夹角。

质心
物体上的一个点，可以假设其全部质量都集中在该点上。

图 13.7 给出了离心力相对于叶片轴线的可能位置，如图所示，离心力可以分解为三个分量：一个平行于叶片轴线；另一个与轴线相交；第三个垂直于轴线，并与轴线有一定的距离。第三个是惟一会产生力矩的分量。虽然质心恰好在叶片轴线上时它不会产生力矩，但现在离心力却产生了一个力矩，使得叶片围绕其轴线发生扭转，结果叶片承受了扭力。扭力引入了另一个应力，即**剪切应力**，这种力趋向于撕开一个物体（关于剪切应力，见第 9 章关于“力、压强和应力”的文本框）。

剪切应力
因剪切力而导致的一种应力。剪刀的力会在被剪切的物体上引起剪切应力。

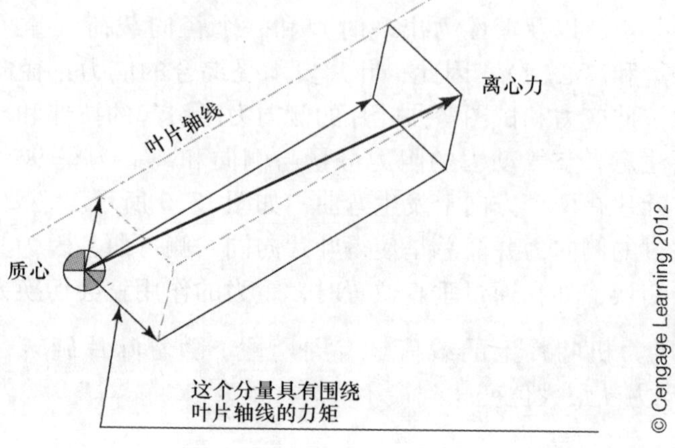

图 13.7 离心力相对于叶片轴线的位置

我们知道，无论风力机是否运行，所有叶片都承受着各种载荷。这些载荷大小的变化基于：① 空气动力（有赖于风速、叶片表面积、叶片长度和攻角——对应着桨距角——以及转速)；② 叶片在其 360°旋转过程中的位置；③ 风力机的转速；④ 叶片重量（有赖于其尺寸、设计和所用的材料)；⑤ 速度变化期间的惯性力，它在许多情况下会很大。这些载荷不是恒定的，每一个都会在最大值和最小值范围内持续波动。

无论风力机是否运行，都承受着各种载荷。

横梁的力和应力

风力机叶片上因空气动力引起的载荷与塔架上的载荷都跟这一页所给出的（一般）横梁的案例类似。实际上，这里给出的是一些基础知识，用于在设计叶片、塔架及相关设备时找到应力的所在（见第 9 章关于力、压强和应力的讨论)。不过关于这个主题有太多内容可以讨论，超出了本书的篇幅，所以这里给出的素材只是技术人员必须具有的最少的知识。

塔架和每个叶片都是在一端支撑，都承受侧向力。在进行载荷分析时，可以把它们看作横梁。具有这种安装方式的横梁叫做悬臂梁，如图 13.8 所示。可以把侧向力都集中在一个点上，也可以将其沿着长度进行分布（或者两者的结合)。

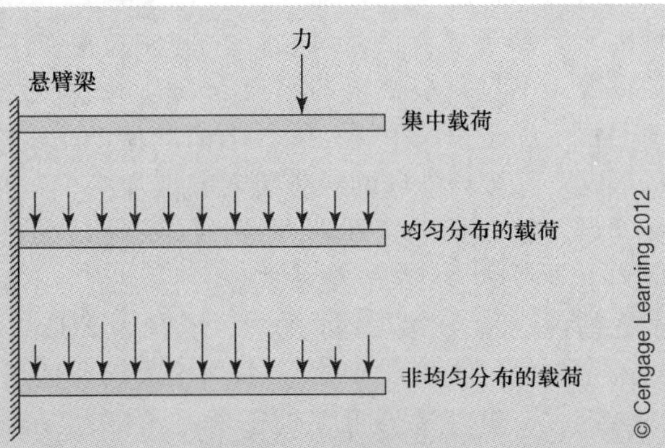

图 13.8　悬臂梁

可以知道，在这两种情况下，载荷的作用都是使得横梁弯曲。因此，横梁会发生弯曲，不过偏转的量很小，用肉眼观察不出来，除非横梁足够长或者采用合适的测量设备来测量。当横梁弯曲时，在所谓的中性轴线的一侧，横截面上有一部分材料颗粒被拉伸了（图中为上部）。在中性轴线的另一侧，颗粒被挤压到一起。所以，当横梁向下弯曲时，上半部分承受拉伸应力，而下半部分承受挤压应力，如图 13.9 所示。如果横梁向上弯曲，那么就会出现相反的情况，上半部分承受挤压应力。所产生的应力有赖于载荷的大小、载荷的类型（集中、分布）以及横梁横截面的大小与形状。

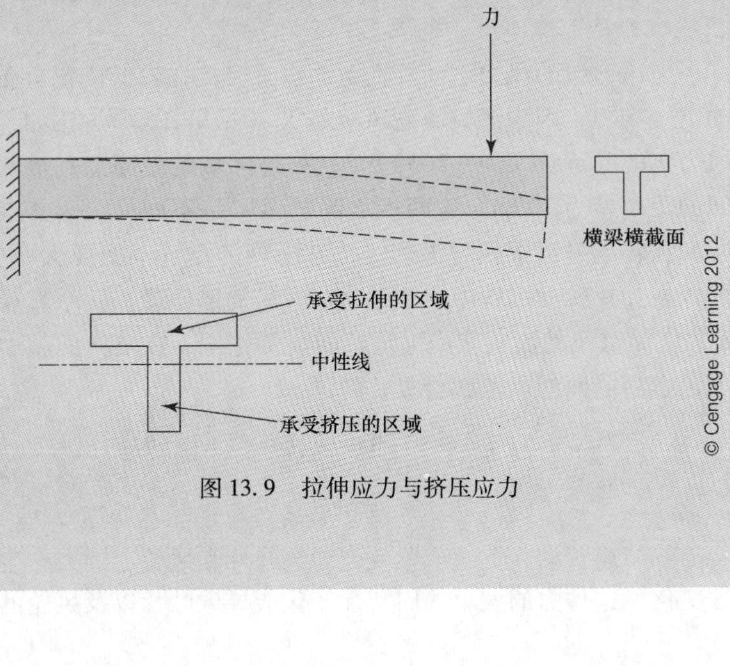

图 13.9　拉伸应力与挤压应力

其他因素，如环境温度及其变化，也会起到作用并且改变总体的情况。不过，最重要的因素是载荷的性质，也就是说，载荷是恒定的还是大小波动的（会引起振动），或者是突然冲击的形式。最容易处理的载荷是恒定的力。

显然，设计过程基于找到应力并确保该应力不超过材料的允许应力，再考虑一定的安全系数。

在前面的讨论中，横梁是水平的，形状为 T 形（可以清晰地看到两个单独的区域）。不过，所讨论的问题适用于所有长度的机械部件，这些部件可以处于任意角度，它们一端是固定的而另一端是自由的，承受着使之弯曲的侧向力。

这里讨论的内容也很好地适用于任何塔架，包括风力机的塔架。横梁会同时承受侧向和径向（沿着长度方向）载荷。风力机塔架承受着风轮和机舱重量以及风力所产生的载荷。

13.2.3 振动

对于任何机械部件来说，恒定（或近似恒定）的力要好过大小、方向或两者都变化的力。承受变化的力的部件必须比承受恒定力的部件设计得更强壮。此外，机械系统和零部件中会引发振动，这是快速损坏和失效的基础。周期性的力——即力的大小会发生变化，但随着时间重复相同的值——会导致振动（见本章“机械振动”文本框中的图）。

考虑风力机的风力。叶片在上面位置会比在较低位置承受更大的空气动力，因为海拔越高风速越大（见第 2 章）。比如，一台风力机的叶片长 50m（165ft），其扫过区域的最高点和最低点之间的距离差为 100m。这两点之间的风速是不同的，因此当每个叶片在转动过程中扫过上部时，其受到的空气动力要大一些。此外，在叶片转动过程中，叶片会穿过塔筒的阴影。一个直径为 10ft 的塔筒对风的流动能产生足够明显的作用，在塔筒的整个长度上，塔筒前面的风速都会显著降低。

承受变化的力的机械部件必须比承受恒定力的机械部件设计得更健壮。

随着匀速转动，上述现象就会导致叶片和风轮上的力产生周期性变化。这种力的大小的周期性变化会导致叶片以及风轮的振动。这些振动**幅度**很小时，没有什么危害，但是如果这些振动的频率与叶片的**自然频率**相同或相近，那么会带来不希望出现的后果。关于幅度和自然频率这些新术语的简明定义，请见本章关于“机械振动”的文本框。

幅度
周期性振动的瞬时值在最大值和最小值之间随着时间变化。

机械部件中的振动是一个“杀手”，因为振动的部件承受着应力的重复变化，即从拉伸应力到挤压应力。如果载荷以重复的方式切换方向，那么一个在正常情况下能够长期耐受固定载荷的机械部件会在较短的时间内（短几百甚至几千倍）失效。

自然频率
任何柔性物体、机械部件或结构的固有频率（对于更复杂的系统，有多个频率），不论它们以何种方式振动，如果物体受到一个冲击或者脉动力，就会以某个频率振动，该频率等于其自然频率。

任何机械零部件都不希望出现振动。

为了防止振动在风轮中建立起来，叶片必须设计成其自然频率足够远离（通常是高于）风轮的转速，且不能是风轮转速的整数倍（即 2 倍、3 倍等）。例如，如果风轮以 14r/min 转动，叶片的自然频率一定不能等于 14、28、42 或者其他任何 14 的倍数。这是因为叶片可能会围绕与轮毂的连接点振动。风轮轴承还面临着一个风轮组件的振动。假设运行速度为 14r/min，因为有三个叶片且每个叶片在每分钟经历相同的过程，所以风轮面临着一个变化的力，其变化频率为每分钟 $14 \times 3 = 42$ 个周期（即 0.7Hz）。

因此，叶片上的空气动力和其他力所产生的振动会在每个叶片和风轮上都诱发严重的振动。一般的，要知道长条状物体（如叶片）的振动会围绕三根轴线发生，如图 13.10 所示。其中围绕 x 和 y 轴的振动与叶片的弯曲是关联在一起的，它们会影响叶片本体和将叶片固定到轮毂上的螺栓以及变桨距风力机中的轴承。另一个会在叶片上出现的振动是围绕叶片轴线的（见图 13.10 中的 z 轴）；它与叶片的扭转关联在一起，因为其力矩围绕着这根轴线（见图 13.7）。这种振动叫做**颤振**。

颤振
风力机叶片围绕其自身轴线的一种振动。

整个风轮的振动影响到主轴上的轴承并被传递到齿轮箱。振动的作用是永远都不希望出现的，如果检测到振动，必须找出振动源并尽快修正。

风轮的另一个振动源是叶片的不平衡。三个叶片必须完全均匀，具有相近的设计，且具有相同的重量，它们的质心与风轮轴线的间距也要相等。偏离这些要求的任何因素都会引起风轮的不平衡并导致振动。

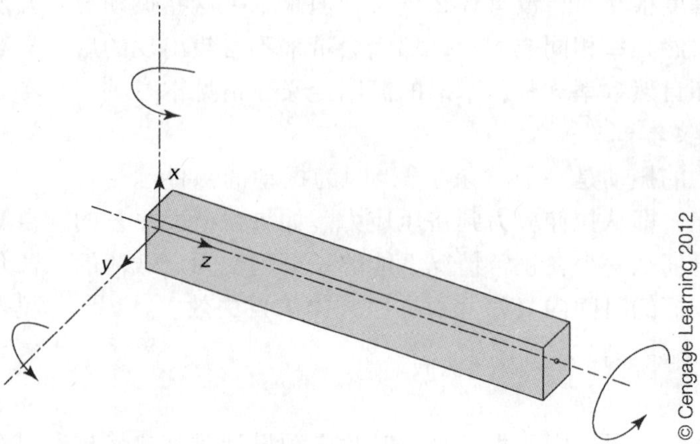

图 13.10 风力机叶片可能会出现的振动

13.2.4 叶片疲劳

疲劳
承受重复的、交变的拉伸和挤压应力。

疲劳失效
由于疲劳导致的失效。

疲劳是用来描述机械部件上周期性载荷的应力作用的术语。本章已经讲过，如果机器中的某个零件处于持续变化的载荷下，不管是因为振动还是因为负载的特点引起的，都会比预想的更快失效，这种失效叫做**疲劳失效**。实际上，这正是我们用手折断一根金属条的方法，即在相对的方向上反复弯曲它。

即使没有振动，机械中所有的旋转部件，包括风力机叶片，也都面临着疲劳。振动出现时，一个机器零件可能在一周后失效。而即使没有振动，以 14r/min 运转的风力机叶片每年要经历大约七百万次的应力交变。

承受疲劳的机器零件必须基于疲劳测试数据进行设计。通常，这些数据给出某种材料（更多的是针对金属的）在各种不同应力值下的预期寿命。典型的曲线的样子如图 13.11 所示，其中水平轴是周期数，垂直轴是应力。这些数据广泛应用于飞机螺旋桨以及鼓风力机、压缩机的叶片等的设计。对于风力机，因为这是个相对年轻且有限的产业，所以还没有这方面的数据。与其他机器中的叶片相比，风力机的风轮转速要低得多，载荷也要小得多。

在疲劳应力的作用下，机器零件会比原先更快地损坏。

图 13.11 中的曲线表明，如果应力为 32000psi，那么被测样品在 100000 周期后失效，但在 25000psi 的应力下，样品在经历了 1 亿个周期后也不会失效。所以基于这些测试结果可知，如果

该零件要承受应力反转，那么其应力不能超过 25000psi（25kips）。

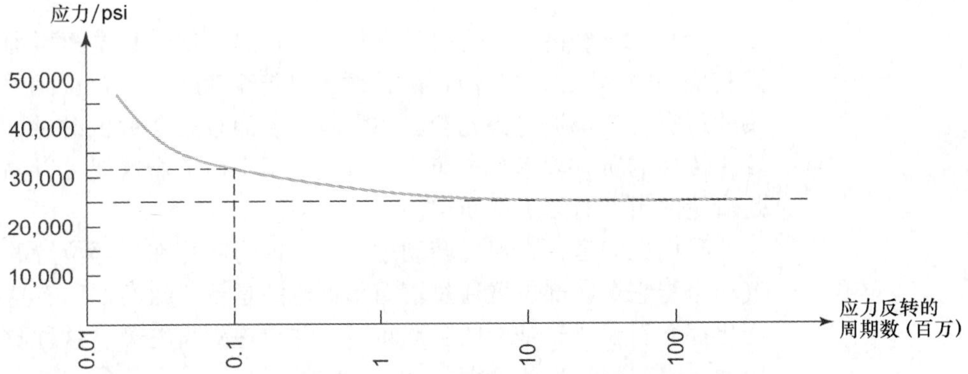

图 13.11　典型疲劳曲线

叶片的建造　13.2.5

风力机叶片是中空的，否则即便采用轻质材料，它们的重量也会极大，无法应用，甚至可能无法起动，推动风轮。不过，它必须具有强健的结构，从而承受本章讲过的那些来自各种载荷的应力，并在风力机的寿命期内一直运行。以 14r/min 转动的风力机叶片在 25 年内要转过 1.75 亿个圆周。

叶片外壳由复合材料制成，重量轻、强度大。其内部必须对外壳有结构性支撑，内部结构件可以用木材或类似的轻质材料制成（风力机叶片的内部照片，见图 5.7 和图 5.8）。叶片的形状、叶片的建造以及其他相关的问题要根据细致的、大量的研究才能确定，必要时还要进行实验。这些问题超出了本书的范围。

对于新叶片，重要问题之一是在叶片结构中集成一根避雷针。避雷针是沿着叶片的一窄条铜材。在叶尖的某个点上，它通过一个小圆盘暴露到外面。它的另一端接到一个相配的金属上，这个金属件安装在轮毂中。经过多个金属连接器后，叶片中的铜带最终通过塔筒接到地面。

如果叶片在运行过程中损坏，就必须要维修。通常，要切掉损坏的部分，用相同大小的材料替换，并用恰当的材料黏合到一起。根据损坏的严重程度，有时在叶片留在空中的情况下开展这些工作，有时要把叶片拆下来，在地面上修复。对叶片的任何修复工作都是高成本的，并且会损失发电量。

13.3 齿轮箱

第9章已经讲过风力机的齿轮箱。这里，我们只是再增加一点其他的内容，而这些内容是必须要引起注意的。风轮从风中收集的所有功率都通过齿轮箱去往发电机。而且第9章也讲过，齿轮箱传递的所有功率都被集中在齿轮的每个齿上。这就可以搞清楚齿轮的齿上有多大的负载。

我们也知道，在风轮转动过程中，因为叶片在顶部位置的空气动力与它在底部位置通过塔筒阴影时的是不一致的，所有这些变化都会引起风轮轴上的脉动转矩，并传递到齿轮箱。这种脉动振动会引起齿轮齿的疲劳。

除了上述问题，还有一个现象是风力机齿轮箱所不希望的。这是来自风的特性，吹动的不会完全均匀。阵风会在风轮上产生突然的功率波动，最终表现为对齿轮箱的冲击。在工业机械中，通常采用飞轮来平滑负载的变化，从而减少不平稳负载的影响。风力机中，风轮自身就扮演了飞轮的角色，但同时它又是不平稳负载的来源。换句话说，风轮对轴的平滑作用要弱于它向轴注入的扰动。有了所有这些被带入齿轮箱的波动，我们知道，风力机中的齿轮箱要承受很恶劣的负载条件。

目前，风力机的主要不足之一是齿轮箱及其行为的不确定性。有些风力机的齿轮箱在服役6~7年后就停运并失效了。更换或维修齿轮箱是风力机的一项主要开支，而且这项开支会改变风力机经济性的整体情况。6~7年远比20多年的预期寿命要短，所以恰当的齿轮箱维护成为延长其服役寿命的一个关键问题。

当前风力机的一个主要不足是齿轮箱及其行为在其预期寿命内的不确定性。

13.4 机舱

机座
机舱中的主要结构件，所有的部件都安装或固定在这上面。

机舱是塔筒顶上如房间大小的一个盒子，其主要作用是容纳装载塔筒顶上的所有零部件，比如齿轮箱和发电机。多数风力机中，机舱由以下部件构成：地板，叫做**机座**，设备安装在这上面；屋顶，是一个贝壳形状的罩子，将设备封闭在里面。在其他类型的机舱中，地板是齿轮箱本体结构的一部分。

包括风轮在内的所有部件的重力以及空气动力都通过机舱本体传递给塔筒。除了风轮和机舱内部部件的重力外，机舱还必须接收来自风轮的转矩并传递给塔筒。从这个意义上说，机舱必须足够强壮以应对这些载荷。

机械振动

所有的系统都会发生振动，包括电气和经济系统。不过，我们把介绍的内容局限在机械振动，而不做深入探讨。

周期量

如果一个量（比如力）的大小和位移在时间上是重复的波形，如图 13. 12 所示，那么这个量可以叫做周期性的或循环性的。图中波形重复了三次，但只要该部件仍在运行，那么这种重复就会无限地持续下去。从图中可以看到，幅值从正值变到负值并且在波形的最大值和最小值之间持续波动。这也是许多现实中的情况，只是幅值仅在正值区域或负值区域变化，如图 13. 13 所示。

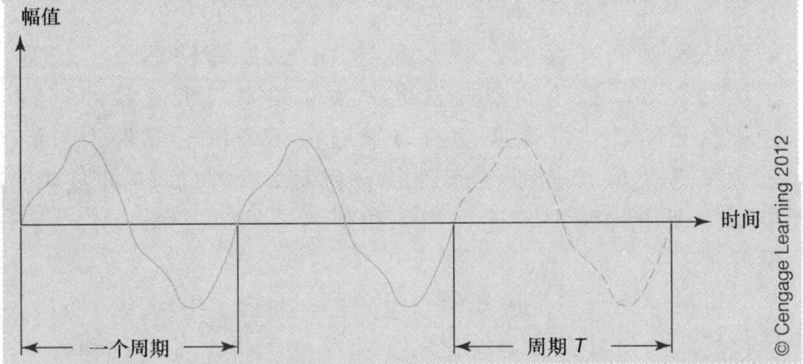

图 13. 12　周期性或循环性变量（非正弦，幅值从正变到负）

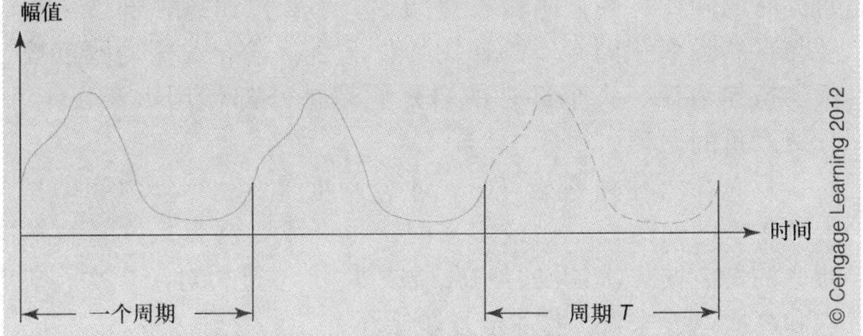

图 13. 13　周期性变量（其值总是正的）

周期
在振动行为中，完成一个循环所持续的时间。

频率
周期性现象在1s内重复的次数。

振动
机械系统中的物理性振荡，是系统中一种在标称值附近的连续的、周期性的变化。

对于周期性的量，重复的波形叫做一个周波，一个周波持续的时间叫做**周期**，单位为s。1s内的周波数叫做**频率**。周期性的量的大小叫做幅值。所以，如果对象是力，那么幅值表示力在任意时刻的大小。幅值在最小和最大值之间振荡，振荡频率的单位是Hz，或者周期/s。最常见的周期性波形是正弦波形，交流电具有正弦波形。

如果施加在某个机械部件上的所有的力具有周期性的特点，那么对该部件的作用也具有周期性的特点。力的作用为位移或者应力。它们都未必能用人眼在视觉上观察到，但是类似振动计和应变计的传感器件可以用来测量它们。机械部件的周期性位移即**振动**，并相应地伴有在两个值之间振荡的应力。这两个值往往有相反的符号（正和负），在每个周期中部件上的应力发生交变，比如在拉伸和挤压之间变化。

只要振动的幅度小（即对于特定的部件来说，要低于某个给定值），就没有什么可担心的。对于机械中不同的部件，可接受的无害振动的幅度是由制造商定义的，其值有赖于频率（随着频率增加，可接受的值减小）。但是，如果振动被激发起来，那么就不会有机器部件幸免于快速损坏和失效。振荡的激发发生在振荡频率与机械零件自然频率接近时，也即周期性的力施加在某个机械部件上，而其频率等于或接近于该部件的自然频率。在旋转机械中，经常出现这种情况，比如风力机叶片、汽车轮胎、电动机负载等。

机械中的所有机械部件，比如杆、横梁、平板、齿轮齿，也包括风力机叶片，都在结构上有一些柔性。基于这种柔性和部件的质量，就出现了另一种属性。这种属性是每个机械量固有的和特定的，叫做自然频率。那么，如果该部件承受了与自然频率相同频率的作用力，那么就会导致振动幅度放大。换句话说，一个部件的自然频率被外部作用力激发了，导致严重的振动。

只有在两种频率相等时，才会发生激发。当外力频率是自然频率的两倍、三倍或多倍时，也会发生激发，这是自然频率的谐波（二次谐波、三次谐波等）。不过，对于二次、三次和高次谐波来说，作用会逐步减弱。

机座（或与其等价者）要承担载荷，而屋顶必须要支撑自身的重量以及其他在机舱顶部的物件，比如风速计、油冷却器等（每台风力机都有一个闪光信号灯，通常安装在机舱顶上）。

重力和风轮轴上转矩的大小有赖于风力机的大小，也有赖于设计方案以及所用的材料。下面是 Gamesa G87 的数据，这是一台 2MW 风力机，叶片直径为 87m（290ft），给出这些数据只是为了让读者对典型值有所了解：

1）叶片重量：6150kg（13576lb）；

2）风轮重量：37t（公制）（81000lb）；

3）塔顶总质量：107t（235000lb）；

4）四段式塔筒：203t（446000lb）。

13.5 塔筒

塔筒像一个直立的细长杆，一端固定（悬臂梁），它承受着：

1）因风轮和机场重量带来的挤压载荷，在其自由端。

2）因风对风轮的空气动力带来的侧向力，在其自由端。

3）一个在自由端的转矩，如图 13.14 所示。

4）机舱上的空气动力。

5）塔筒上的空气动力。

6）其他所有固定在塔筒上的物体的重力。

7）自重。

前面讨论过，风的作用力和转矩具有变化的数值，并具有周期性的特征，当阵风吹击风力机时，它们也具有脉动的特征。根据风力机的地理位置和设计方案，塔筒由三或四段组成。根据经验，塔筒的高度等于叶片直径。但是，并不都是这样。

塔筒上的空气动力只是阻力，沿着风向推动塔筒。假设这个力从零（在地面的高度）到最大（塔筒顶部）线性渐变，则可以由一个距地面塔高 2/3 处的水平力代替。风对塔筒作用力的大小由下式给出（见第 3 章）：

$$F = \frac{1}{2} c\rho\, v^2 A$$

式中　ρ——空气密度；

　　　v——风速；

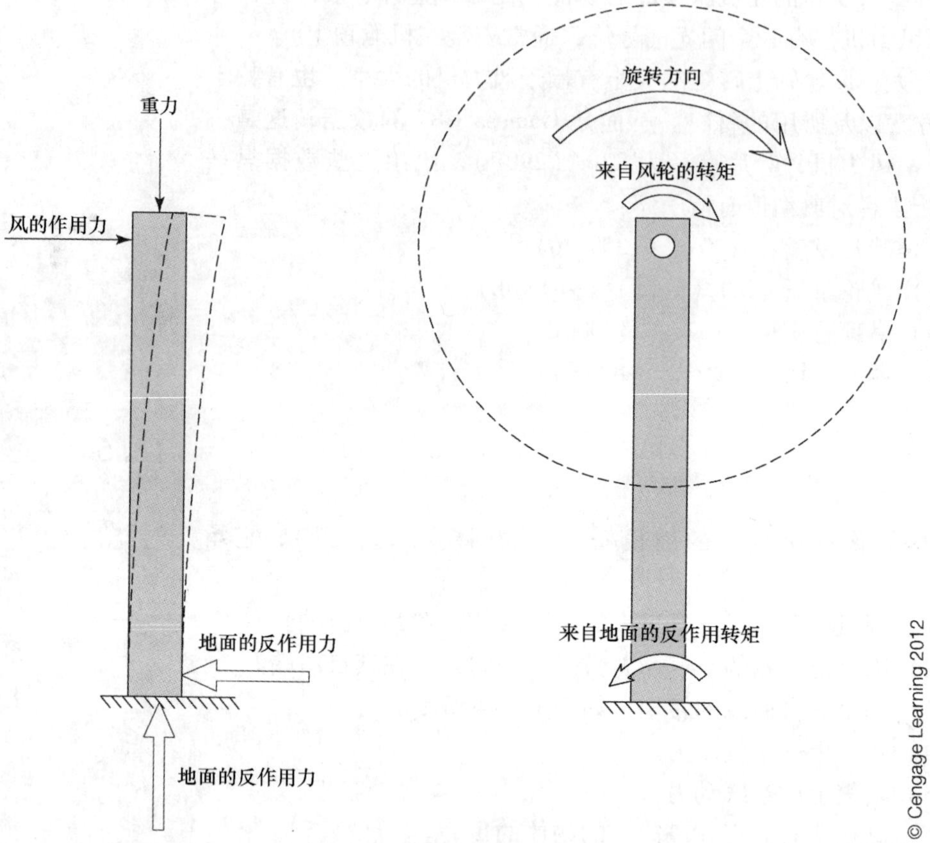

图 13.14　塔筒顶端的力和转矩

A——阻碍风吹动的平面面积，于是 *A* 是在垂直于风向上的物体形状的投影；

c——阻力系数，是有赖于物体形状的一个因子，如矩形棱柱的 *c* 要大于圆形管道。

对于不同形状的 *c* 值，已经通过实验测量获得，可以查表找到（见附录 B）。

为了对典型塔筒上的力的大小有所了解，我们考虑下面的例子。

例：

本例中，我们假设塔筒高度为 80m，风吹动的速度为 16m/s（35mile/h）。我们进一步假设风的吹动是线性变化的，在地面处为零⊖。塔筒是圆锥形的，底部直径为 4m，顶部直径为 3m。阻力系数（或形状因子）为 0.8，针对圆柱表面。如果空气密度为 1.225kg/m^3，那么风对塔筒的作用力有多大？

解： 如果塔筒不是逐渐变细的，那么这个问题会变得更简单。但是，由于塔筒的直径从上到下都在变化，就有两个线性变化的参数，即风速和朝向风力的面积，它们具有相反的作用。我们可以解析地给出要求解的力的数学表达式。不过，那样做就超出了本书的范围，所以最好的办法是把塔筒分成若干段，然后算出每段上的力。把各段的力加起来，就可以得到总的力。

将 80m 的塔筒分成 16 段，每段长 5m。假设所有段都是矩形，只不过位置较低的段比位置较高的段大一些。风速的变化这样来描述，即在最下面的那段为 1m/s（不是零），在最上面（塔顶）的那段为 16m/s。

图 13.15 描述了如何将逐渐变细的形状分解为多个段。对于每一段，用中点的位置确定其平均宽度，这样每段的面积就没有变化了。对于要求解的塔筒，表 13.1 给出了各种数值。

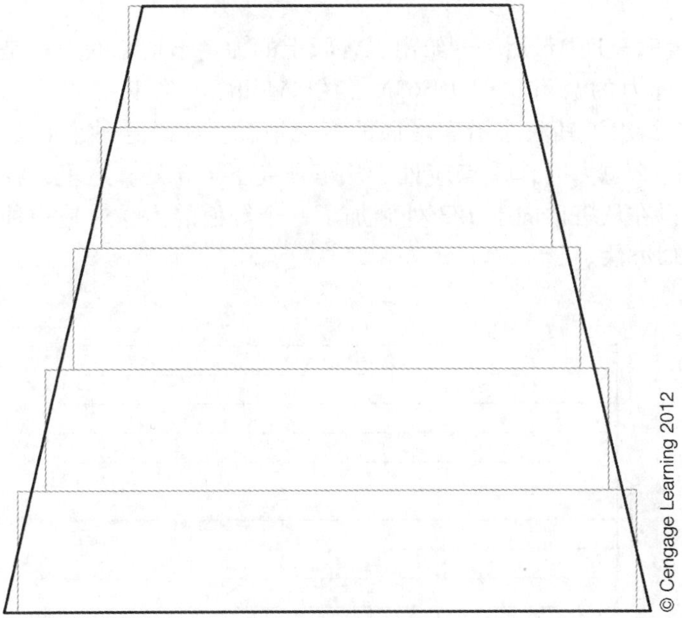

图 13.15　将逐渐变细的形状分解为多个段

⊖ 这个假设是为了简化问题。风速随塔筒高度的变化并非线性。

表 13.1 塔筒各段上的力

段 号	平均高度/m	平均宽度/m	面积/m^2	风速/(m/s)	力/N
1	2.5	4.0	19.8	0.5	2.4
2	7.5	3.9	19.5	1.5	21.5
3	12.5	3.8	19.2	2.5	58.9
4	17.5	3.8	18.9	3.5	113.5
5	22.5	3.7	18.6	4.5	184.5
6	27.5	3.7	18.3	5.5	271.0
7	32.5	3.6	18.0	6.5	372.0
8	37.5	3.5	17.7	7.5	486.7
9	42.5	3.5	17.3	8.5	614.0
10	47.5	3.4	17.0	9.5	753.2
11	52.5	3.3	16.7	10.5	903.2
12	57.5	3.3	16.4	11.5	1063.2
13	62.5	3.2	16.1	12.5	1232.2
14	67.5	3.2	15.8	13.5	1409.3
15	72.5	3.1	15.5	14.5	1593.6
16	77.5	3.0	15.2	15.5	1784.2

表 13.1 中最后一列给出了各段上的力，于是总的力就是该列中所有力的总和，即 10863N（约 2444lb）。关于力的作用，图 13.16 给出了其大小沿着塔筒的变化情况。如果这种变化是线性的，那么总力的作用点应处于从塔顶向下 1/3 处。这里，我们可以假设在从塔顶向下 1/3 处施加了一个等值的力，这是一种很好的近似办法。

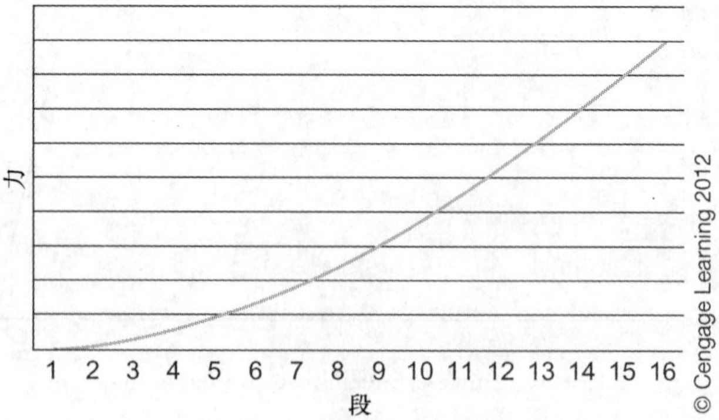

图 13.16 风力沿着塔筒从底部到顶端的变化

本章小结 13.6

- 风力机所有零部件上的载荷最终都通过塔筒传递到地面。
- 每个零件，比如叶片，必须足够强壮从而承受其载荷。
- 载荷具有不同的形式，且随着风力机的运行而变化，所以它们有赖于风力机的转速以及其他参数。
- 空气动力的起因是风，所以它依赖于风速。
- 风力机停机时，力没有消失，只是值发生了变化。
- 在叶片转动过程中，顶部位置的空气动力较大，而底部位置的较小，所以叶片和风轮承受着周期性的力。
- 这些力的频率是三叶片风力机旋转速度的 3 倍。
- 自然频率是任意具有柔性的机械部件的固有属性。各个叶片、轮毂结构、主轴和塔架这些主要部件的自然频率对风力机运行来说是很重要的。
- 风力机部件的自然频率决不能被周期性力激发，尤其是叶片、主轴和塔筒的自然频率不能与风力机部件上的周期性力的频率的倍数一致时。
- 特别是叶片，也包括风力机中承受周期性载荷的其他任何零件，面临疲劳的问题。它们会因疲劳应力而失效。
- 对于机械中的任何部件，振动都是极不希望出现的，风力机也不例外。机器中经受振动的部件的失效会比其设计寿命快得多。

进阶学习

旋转负载的支撑反力

在旋转机械中，通常是通过机轴将转矩从驱动部件传递给被动部件。旋转轴有多个轴承支撑，这些轴承必须直接或间接地固定在地上。考虑一台泵或鼓风机，如图 13.17 所示。

负载需要用转矩（力矩）来驱动，并将该转矩呈现为其轴上的旋转阻力。电动机提供转矩，克服负载的阻力。当速度达到恒定时，就进入了平衡状态，即电动机提供的转矩等于负载的阻性转矩。

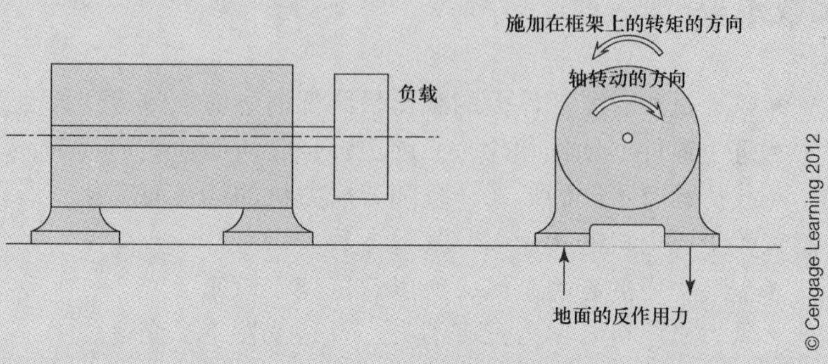

图 13.17 支撑反力

电动机施加在轴上的转矩的方向与其旋转方向相同。因为运动的起因在电动机内部，所以为了使得电动机能施加这个转矩，地面必须要支撑电动机本体，否则它不能被推向相反的方向，于是也就无法转动机轴。这跟您想推动一个物体的情况类似，您的脚和身体必须受到地面的支撑。在冰面上，您就无法做这件事了，因为您的身体会向相反的方向运动。

地面的支撑可以以两种形式作用在电动机本体的支柱上。这两个力的大小相等但方向相反，如图 13.17 所示，形成一个力偶，其转矩相等。

对于风力机，因为转动的起因在风力机本体的外部，所以其情形与电动机的不同。当风轮转动时，它试图向相同的方向推动其支撑物（机舱），于是就会在机舱上施加一个与旋转方向相同的转矩。然而，支撑物（机舱）必须抵抗这个转矩，否则塔筒和机舱就会弯曲。这个抵抗力来自于地面，地面对塔筒施加了一个转矩（与转动方向相反），通过塔筒传递到机舱。这个转矩的大小与风轮产生的转矩相等，于是塔筒处于平衡状态，不会倒塌。塔筒本体要承受这个转矩，必须要能经受得住。这个转矩的大小不是恒定的，它有赖于每个时刻风力机所捕获的功率（参考第 7 章关于功率和角速度的讨论）。

复习题

1. 什么是空气动力？
2. 什么是空气动力的方向？
3. 什么是离心力？
4. 什么是离心力的方向？
5. 什么是惯性力？
6. 什么是惯性力的方向？
7. 风力机叶片加速和减速时，其惯性力有何不同？
8. 风力机以恒定速度转动时，惯性力是多大？
9. 说出风力机叶片上所有的力。
10. 什么是周期性载荷？
11. 定义周期性量的频率和幅度。
12. 周期性和循环性有什么区别？
13. 在周期性运动中，周期是什么？
14. 定义疲劳。
15. 什么是疲劳失效？
16. 您能给出一个疲劳的例子吗？
17. 您能猜测什么是热疲劳吗？
18. 质心是什么意思？
19. 什么会导致机器部件的振动？
20. 振动对机器部件来说是好事还是坏事？
21. 定义自然频率。
22. 如果叶片的旋转速度与其自然频率相等，会发生什么？
23. 风力机叶片是由什么构成的？
24. 如果风力机叶片由重质材料制成，是会更好还是更坏？为什么？

项目

项目 1

本项目中，您将算出风对塔筒的作用力，方法与本章讲过的例子相同。假设塔筒长 280ft，顶部直径 10ft，底部直径 12ft。风速为 40mile/h，塔筒形状的阻力系数为 0.8，空气密度为0.075lb/ft^3。

其他假设条件与例子中相同。请用表格表示计算的结果。

项目2

想出在车中可能会出现的25种问题。请记在一张纸上，写成一列。对于每个问题，考虑一下风力机，看看相同的问题是否也会出现在风力机中。如果答案是“是”，简要地辨别一下在哪里出现，以什么形式出现，记在问题的前面。如果答案是“否”，则写上“否”。在班里讨论您的发现，并与其他同学做一下对比。

第 14 章 风能的经济性

关键术语

复利
故障检修
资金成本
贴现率
资金的未来价值
经营成本
资金的现值
初始成本净现值
定期检修
计划检修

目标

学习过本章之后，您应该能够：

- 解释风能项目的各种成本；
- 列出初始成本和运行成本；
- 认识到开发一个风电场必须是经济上可行的；
- 进行简单的经济性计算；
- 认识到开发一个风电场的成本非常依赖于场址和电网的可达性；
- 解释为何单位成本有赖于场内的风力机数量；
- 分析一个项目的经济状况并确定是否有利润；
- 认识到为何对投资方来说，其他类型的发电厂更实惠；
- 解释没有好的检修计划如何会使得风力机的维修费用直线上升。

14.0 引言

初始成本

在项目的开始阶段，为了支付设备、运输和安装等所必需的资金。

运营成本

运行业务、制造产品或者生产货物时的持续费用，比如薪水、权属的租金、原材料的采购、维护开支、保险等。它是与购买土地、机械、专利等的一次性成本相对而言的。

进入风能领域的人，有必要知道一些关于风力机经济性的知识，以及这如何会影响一个风能项目。从财务的角度看，一台风力机，或者一个风电场中的多台风力机，必须产生收入。换句话说，从投资的角度看，安装风力机是一种经济活动。如果风力机不能产生收入，就不是一个盈利的活动。

本章将简明讲述风力机运行的经济方面的内容。在商业层面，通常是开发商，即投资机构，决定对建造风电场进行投资。从开发商的角度看，无所谓该笔投资是否要投在某些其他类型的业务。开发商只是把所有的数字放在一起，然后从中选择回报最高的项目。

对于所有的风力机装机来说，无论是一个风电场还是一个单元，无论接入电网还是孤立运行，相关成本都会落入两大类：**初始成本**和**运营成本**。对于其他任何大型项目来说，也是如此。对于风力机来说，初始成本对应着那些与采购和安装相关的费用，运营成本则对应着运行和维护的费用。我们将学习风力机的安装和运行所发生的成本，主要是在商业层面。

本章一开始，先讲述投资的原理以及如何从商务角度来看待一个项目。讲得会很简洁，仅用广义的术语说明原理。然后，讨论与风能项目有关的各种成本及其与其他类型能源项目的对比。

14.1 经济学的基本知识

资金的未来价值

经济学术语，表示一笔钱在给定的未来时间时的价值。

资金的现值

用今天的钱来表达对于未来某个时间（比如之后 10 年）一笔钱的价值，也就是说，减去该区间所对应的利息之后，得到的较小的一个钱数。

在很多工业化国家，经济学的基础是“今天的钱比明天的钱更值钱”。无论对与错，这个概念构建了许多国家的经济。“今天”和“明天”的钱的价值之间的区别在于“利息”。之所以您手里的今天的钱比明天的更有价值，是因为它能赚取利息。

这里，用“今天”表示现在的时间，用“明天”表示未来的时间。这样，一个人现在有的一笔钱 x 的**资金的未来价值**要大于 x。类似的，未来一笔钱 y 的**资金的现值**要小于 y。通过这种方式，一个人以固定成本在今天购买的货物要多于在未来用同样多的钱（比如用 $ 1000）所购买的货物。这个差别是由于**资金成本**或者**贴现率**引起的，也就是投资者所期望得到的他们的钱的回报率，这就意味着用钱生钱。为简单起见，假设这个比率与市面上的利率相等。利率是银行希望从贷款者那里获取的年收益。

经济的另一个方面是商业机制。商人从银行借钱，目的是做生意并赚钱。借来的钱必须要还给银行，并支付利息。做生意的净收入必须支付所有的费用和要付给银行的利息。如果做生意创造的利润不足以支付所有的费用和要付给银行的利息，那么这项生意就不可行，必须关停。

从做生意的角度看，开发风电场是必须有利润的项目，对投资方和开发商是有吸引力的。就是说，在某个时期的末尾，它肯定会为已投资的钱再增添价值。这个价值的增加要大于或者等于投资商的其他选择（项目或生意）所增加的价值。

大型项目，包括开发和运营风电场，不是那么容易就能启动和终止的，而是必须要基于大量的预研和全面的分析的。盈利能力往往要在很长时间（数年）之后才会出现，这也要包含在风电项目的经济学分析内。为了评估一个项目（任何类型），所有预期利润都转换成其现值。如果执行该项目所得到的**净现值**（即基于今天的钱，收入减去投资和成本）为正，则项目就是可接接受的。

计算钱的未来价值和现值，要用到利率。到某个特定的时期末尾，比如每三个月或每年，把利息添加到资本（借来的或投资的初始资金）中，之后以更高的资本额开始新的时期，该资本中就包含了过去利息的积累。这叫做**复利**，在金融机构中是一种普遍的行为。为了能理解下面的例子，您需要学习本章中关于“钱的价值”和“分期还款计算”的文本框。

例 1：

年利率为 8%，确定 $ 15M（1500 万美元）的投资在 5 年后的未来价值。利息为每 6 个月的复利。

解：已知年利率为 8%，但复利每 6 个月计算一次。5 年期间有 10 个区间，利率为 4%。这样，公式中用到的值为（见本章关于“钱的价值”的文本框）：

$$P = 15000000 \quad r = 0.04 \quad n = 10$$

在将来（5 年后），今天的 $ 15M 相当于有（用 FV 表示未来价值）

$$FV = (15000000)(1.04)^{10} = \$\ 22203664$$

例 2：

假设这 $ 15M 投入一个项目。项目的完成需要 1 年，之后的 2 年该项目没有任何收入，但是在之后的 5 年每年收入 $ 5M。

资金成本

为了给投资活动或给某个项目支付费用来提供资金，必须花费的钱（以百分比表示）。

贴现率

经济学用语，是指能以这样的比率借钱（实际中它与利率是一样的）。

净现值

经济学用语，表示所有收入减去投资的钱和所有在项目生命周期内的成本，然后转换为今天的钱。今天的钱比明天的钱更有价值，所以当用今天的钱来表达时，数字会变得更小。

复利

经济学用语，是指资金的利息循环叠加在资金上，从而增加资金。

我们要看一看该项目的投资是否是赚钱的。利率为 10%，年复利。

解：这个问题的内容有点多，所以需要更多的计算量。一个方法是算出 8 年内全部收入的现值，然后与今天支出的钱相比较。要注意到，在项目没有收入的 3 年里，它也没有附加的花费。

因为收入对应于不同的年份，所以每年的现值必须单独计算。于是，我们可以写出（用 PV 表示现值）：

$$\begin{aligned}PV = P_1 + P_2 + P_3 + P_4 + P_5 &= (5000000)[1/(1+0.10)^8 + \\ &\quad 1/(1+0.10)^7 + 1/(1+0.10)^6 + \\ &\quad 1/(1+0.10)^5 + 1/(1+0.10)^4] \\ &= (5000000)(0.4665074) = (5000000) \\ &\quad (2.8480742) = 1424037(\text{美元})\end{aligned}$$

可以看到，用今天的钱表示的所有收入的现值比投资要少，所以该项目在财务上是不可接受的。显然，如果利率低于 10%，数值就会发生变化，该项目也许会变得有吸引力。

这个例子还可以以更一般的形式看待解决这个问题的方法，也就是说，即使各年的收入不同，逐年的利率也发生变化，我们可以对每年插入恰当的数字。还要知道，因为收入是在每年的年末计算的，我们就已经考虑了 4、5、6、7 和 8 年之后钱的现值（第 1、2、3 年之后没有收入）。

14.2 风能项目的初始成本

本章的介绍中已经提到，一个风能项目的成本有两大类。第一类是初始成本。初始成本与风力机的采购和安装联系在一起，直到它们可以发电的时刻。通常它是一笔一次性开支，开发商必须在项目的开始阶段支付。不过，除了风力机的价格和安装成本外，还有其他一些不太明显的成本，可能会被忽视。于是，我们可以把初始成本分成直接和间接成本，如下所述。直接成本包括风力机及其辅助部件（控制装置、变压器等）、风力机基础和安装、运输以及并网。间接成本包括土地/或场址购买、通往场址的道路、场址远离电网时的额外成本、律师费等。

本节中，我们考虑风能开发项目的各种初始成本。

风力机成本　14.2.1

风力机成本是为了购买风力机的所有部件而必须支付给制造商的钱。通常，风力机是整体出售的，跟卖汽车一样。所以，虽然叶片、齿轮箱、发电机、机舱和塔筒是由不同公司制造的，但是它们是匹配好之后才运送给用户的。不过，在往场址运送的过程中，风力机还没有组装，因为尺寸太大了。每个主要的部件都是分开运输的，必须在基础建好之后，才能在现场进行组装。

于是，风力机的成本是必须支付的以下的价钱：

1）塔筒（包括塔筒内部的东西，如梯子、电缆、照明等）；

2）齿轮箱和偏航运动的电动机；

3）机舱（包含所有辅助部件，如油换热器、空间加热器等）；

4）发电机；

5）齿轮箱；

6）风轮（轮毂、叶片、内部的所有控制装置）；

7）风力机控制器；

8）平板安装的变压器；

9）所有其他用于测量、仪表、通信和控制的小部件。

安装　14.2.2

风力机的安装包括：

1）基础的建造；

2）建立风力机；

3）接入电网、测试和试运行。

风力机的基础是一个巨大的混凝土块，必须能擎住风力机，或者说它必须承受住所有的重力和风对风力机的侧向力（见第 13 章），并将其传递给大地。风力机塔筒的直径为 10 ~ 12ft（3 ~ 3.6m），但基础的直径可达 50 ~ 55ft（15 ~ 17m）。基础的深度则成相应的比例。考虑到这些，这么大的基础会被隐藏在地下，用土掩埋。在外面只能看到用螺栓固定风力机的那部分基础，像冰山那样，只有山尖露出水面。

考虑到风力机的大小、重量和被施加的力，基础块的重量必须与之可比。为了承受这些力，要根据土壤类型和地质条件，确定基础的尺寸。因此，基础的建设就意味着要把地挖开，并用数以千计立方码的钢筋混凝土替换土壤。显然，这种操作的成本不低，但是这是一次性支出，它在风力机的初始成本中占据了很大的份额。

基础建好之后，通常会通过树立起塔筒的基座（最下面的那一段）来建设风力机。根据高度和设计方案的不同，塔筒被分成三或四段运抵现场——基座、一或两个中间段和塔顶。基座通过镶嵌在基础上的螺栓固定，之后把塔筒的其他段一个摞一个组装起来，后一个固定到前一个上面。

塔筒完成之后，根据风力机的设计方式，把机舱、齿轮箱、发电机和其他部件吊起来并固定到它们的位置上去。最后，把在地面上已经组装好的风轮吊起来并固定到机舱上⊖。所有的起吊工作必须由强有力的大型起重机来完成，它能够达到的高度比机舱更高（见图 14.1）。风力机的安装也是成本很高的，其操作费用在初始成本中也占据了不可忽视的比例。

感谢Clipper Windpower公司

图 14.1　风力机的安装是初始成本的很大一部分

⊖ 根据风力机设计、制造商和现场条件，有时轮毂会被安装在机舱上，先不装叶片，之后再逐个起吊叶片并安装在轮毂上。

运输 14.2.3

初始成本的另一个部分是把风力机运输到现场的开支，即从制造商处运抵风电场。虽然前两项成本对相同的风力机来说几乎相同，但是由于离制造商的距离、现场离主路有多远以及到达现场的难度不同，这项成本会迥异。

风力机的所有部件不是很重就是很长。对于陆运大型风力机(1MW 以上)，每个叶片以及塔筒的每一段都要用特种卡车单独运载，这种卡车专用于长的货物。在大型道路和高速公路上，只要不违反高速公路安全法规，通常就不会有什么问题。但是，在小型公路和山区，长的运载车辆在转弯时就会有困难，此外还会有调度其他交通的问题，会导致运输时间受限和长的时间延迟。还有，如果从主要路线到现场没有合适的道路，就必须新建临时道路。这又是一笔无法避免的额外开支，如图 14.2 所示。

前述的所有道路的因素会大大增加项目成本。换句话说，两个非常类似的项目由于在两个不同的地点会存在巨大的成本差异，因为一个靠近主路而另一个在远郊区。

UpWind Blade Solutions公司

图 14.2 大型叶片的运输需要特种车辆、专门的安排以及有时要建新的道路

并网 14.2.4

在讲运输和道路因素时提到的事情，对并网来说同样存在。就是说，如果风电场附近有输电线路，那么将风电场接至电网的费用就会较低；而如果风电场所在的区域没有输电线路或者已有的输电线路没有多余的容量，那么并网的费用就会较高。必要时，要架设输电线路，则增加项目成本。

钱的价值

对项目的评估，要基于项目启动时所花费的钱的未来价值以及未来得到的收益的现值。这里给出钱的未来价值和钱的现值的计算公式。

在一个固定区间内的利息是复利，这个区间必须是已知的，还有利率必须已知。如果利率发生变化，问题就会变得更复杂。这里，我们仅考虑最简单的情况，即利率不变。

通常以年利率的方式给出利率。如果复利的区间更短（从不会更长），例如3或6个月，那么必须在公式中对那个阶段采用正确的比率。例如，季度利率是年利率的1/4。

钱的未来价值

如果以P表示资本金（花费或投资的初始的钱），以r表示复利区间内的利率，那么在一个区间结束时，钱数变为$P(1+r)$。这个新的钱数是第二区间的资本金，之后钱数变为

$$P(1+r)(1+r) = P(1+r)^2$$

以同样的方式，用于算出n个区间后未来价值（FV）、钱数和累计利息的公式为

$$\mathrm{FV} = P(1+r)^n$$

（未来的）**钱的现值**

采用同样的方式并基于相同的推理，可以确定在给定的未来时刻一笔给定数量的钱的现值（今天的价值）。现值是给定的未来的一笔钱的今天的价值。例如，一笔10年后的一百万美元与现在更少的一笔钱相当。最简单的情况下，可以采用相同的公式。

以r表示利率，那么钱数A在n个周期后的现值（PV）为

$$\mathrm{PV} = A/(1+r)^n$$

可以看到，经过这n个周期的时间后，钱数及其累计利息的总数为A。

对于一个风电场，所有的发电量，即风力机发出的电能，都要汇集到一个汇流站。汇流站接至电网，其运行与变电站类似。该变电站和通向风力机的电缆（通常为地下电缆）的成本都含在风电场的初始成本之内。

14.2.5 法律和其他成本

在风力机的间接成本中，还有那些因为法律问题的开支，比如路权、与风力机所在地点的土地所有者之间的协议、各种合同、运行保险，以及类似的项目。这些成本不是很高，但是在开发风电场时仍然要考虑进去。

14.3 运营成本

任何电厂或商业活动的运营成本或者运行成本，包括风电场，是业务运转的一天天的日常开支。对于一般的电厂，其日常业务通常叫做运行或维护。这项成本的细分取决于活动的类型。可以专门把与风电场相关的成本分为以下 5 类：

1）运行；

2）维护；

3）保险；

4）租赁费和特许权使用费；

5）税费。

对于生产业或者制造工厂，通常还要在上述清单中加上原材料的成本。对于需要人员的活动，那么供他们食宿的建筑、供暖、办公用品等也要加进去。对于发电厂，除此之外还有一项更大的成本是燃料。与天然气、化石、燃煤和核电厂相比，风力机的燃料是风，是免费的。而其他电厂则要为天然气、煤炭、石油或铀支付费用。

> 与天然气、化石、燃煤和核电厂相比，风力机的燃料是风，是免费的。

对于风能，从投资的角度看，可以认为风电场是一个投资活动的单元，不包含大量的办公成本，费用清单也很简短，如前所述。相对的，维护成本却是更为突出的，会成为总运营成本较大的一个部分。因此，我们会把维护与其余部分分开，进行更深入的讨论。

14.3.1 运行成本

这里我们考虑除了风力机维护之外的其他运营成本，而维护则将做进一步讨论。

当一组风力机发电时，它们在安装地露天运行。许多情况下，这块土地并不属于风电场的开发商，而是属于一个或多个所有者。根据合同，要以租金的形式向土地所有者每年支付一笔钱。按照当下的水平，这笔钱是每台风力机 5000 ~ 6000 美元。

分期还款的计算

随着对本章的进一步学习，您会看到，在指定的时间之后，您需要把循环性还款及其利息全部加起来。举个例子，比如您想知道某个风电场通过每年售电在25年后的收入。再举一个例子，一个人交给银行的月供是多少，直至贷款全部还清。

这两个问题中，通常还款是不变的（或者第一个例子中是几乎不变的）。并非所有的分期款在一个周期之后都承载相同的利息，因为对所有分期来说持续时间是不同的。第一笔还款或者收入停留在运营中的时间最长，而最后一笔则不承载任何利息。对于每个分期款的利息计算来说，要考虑的持续时间在每个还款周期后要减一。

对于一个生产项目，所有分期款及其利息的总和是以钱的未来价值所表述的总收入。对于贷款的偿还，所有分期款及其利息的总和一定要与所借的钱加上在到期前所积累的利息相等。这里要讲一下所涉及的数学知识。

假设A是每个期末的收入金额，共有n个周期。如果利率为r，那么经过n个周期后的总金额T为

$$T = A(1+r)^n + A(1+r)^{n-1} + A(1+r)^{n-2} + A(1+r)^{n-3} + \cdots + A(1+r)^2 + A(1+r)^1 + A \quad (1)$$

为了得到这个和，可以将T乘以$(1+r)$：

$$T(1+r) = A(1+r)^{n+1} + A(1+r)^n + A(1+r)^{n-1} + A(1+r)^{n-2} + \cdots + A(1+r)^3 + A(1+r)^2 + A(1+r) \quad (2)$$

现在，用式（2）的两边减去式（1），得到（请注意，通过做减法消除了相同的项）

$$T(1+r) - T = A(1+r)^{n+1} - A$$

或者

$$Tr = A[(1+r)^{n+1} - 1]$$

于是，经过n个周期，T等于

$$T = A[(1+r)^{n+1} - 1]/r \quad (3)$$

在贷款的案例中，如果想知道从银行贷款为P时月供是多少，那么可以结合使用上述公式以及曾讲过的那个钱的未来价值的公式。如果T是借的钱加上给定周期后的复利的总金额，那么相同周期之后所有月供及其利息的未来价值也等于T。对于借款P和周期n，可以算出月供（分期款）A：

$$A = Tr/[(1+r)^{n+1} - 1] = Pr(1+r)^n/[(1+r)^{n+1} - 1] \quad (4)$$

该成本的第二项是要为保险支付的金额。给运行的风力机买保险是必要的，而且这也是基于保险政策的内容。它可以覆盖设备失效、对周边环境的损坏、人身伤害、火灾等。这笔钱要为每台风力机都支付，所以会比前面提到的租金的数字大得多。

第三项要支付的是税金，这是每个公司都要支出的。通常，税金的计算基于公司的收入状况。不过，对于风电场，政府会给予一些减税政策，从而帮助或说服公司来投资清洁能源。风能项目的财务状况中，有时税金会有很大的差异。公司都会严肃考虑这一项支出，因为要支付的税金决定了一个项目是“可行”还是“不可行”。

向维护和检修风力机的技术人员所支付的薪水可以看作维护成本的一部分。不过，假设风力机没有什么需要修的，但技术人员仍获取薪水并可以做任何维修工作，那么仍可以认为是该类成本。

维护成本

14.3.2

检修维护

部件损坏后进行修理（如果还能运行，就不修理）的一种维护方式，与预防维护相对。

预防维护

系统性的修理和维护工作，目的是在故障或失效发生之前就能防止它们。

与其他机器类似，风力机会时不时的出问题，需要修理。此外，对于正常运行的风力机，也需要日常维护，比如检查部件以及更换机油。一般的，维护可分为两种：故障**检修维护**（故障检修）和**预防维护**。故障检修指的是，在某个部件失效且导致了机器停运后，使得风力机重新恢复运行状态；相反，预防维护则是预先计划好的对机器部件进行检查、检测、校正和维修，以避免将来发生故障和失效，那样的话开支会更高。预防维护时，某些面临很快失效的部件即使还能运行，也会被更换掉。维护成本会变得很高甚至令人无法承受，所以公司必须非常注意是什么引起的问题并消除，从而把这方面的开支降低到最小。

维护成本会变得很高甚至令人无法承受，所以公司必须非常注意是什么引起的问题并消除，从而把这方面的开支降低到最小。

我们会看到，维护成本不仅仅是需更换部件以及劳动力的价格，下面我们又可以把它分成直接和间接两类。当风力机由于故障或者维护而停机时，下述成本就会出现：

1）整个停机期间所损失的收入；

2）要修复的问题所涉及的支出。

因为风力机通常距离办公地点和维护人员比较远，所以技术人员需要花费较长的时间到达风力机那里以及诊断出了什么问题。带上正确的安全装置和攀爬风力机，也增加了所需的时间。此外，待更换零件的尺寸和重量、在一年中的什么时间（考虑到地面多雪的大风地区，其温度会在冰点以下）都会直接影响停机的时间和收入的损失。

如果主要部件需要维修，比如叶片、齿轮箱、发电机等，成本会很高，并且多数情况下还需要起重机到达现场，这对风力机来说是不可小觑的开支。正确地查看风力机、进行计划检查和预防维护，维护成本可以最小化。图 14.3 描述了风力机的维护成本如何能达到最低，否则它也会直线上升至高得多的金额。这张图阐明了多年中对某风力机预防维护（**计划维护**）的效果。

计划维护
定期有计划地维修和维护工作，是预防维护的一部分。

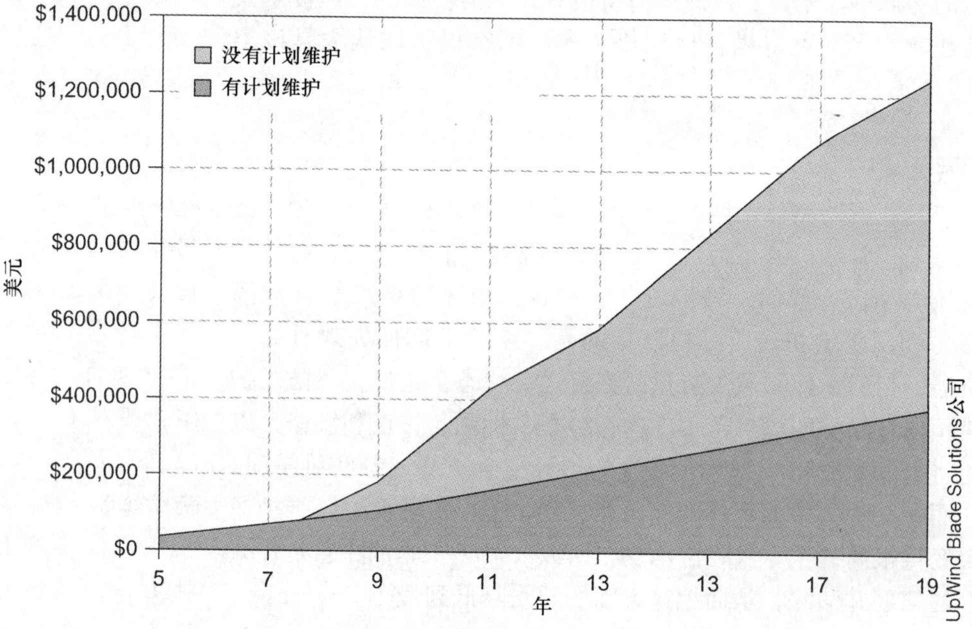

图 14.3　正确的计划维护能够消除许多不必要的开支和收入损失

14.4　与其他能源的比较

同容量的风力发电和传统的化石燃料发电厂的一个显著差异就是初始投资。风电场的初始投资比化石燃料发电厂的要高得多。因为初始成本必须先期投入，所以投资就更困难。不过，燃料要花钱而风是免费的，所以两者之间的差别会逐步改变整个过程。

从经济性的立场看，每年的维护成本、其他运行成本和燃料开支加到一起，作为支出的金额，也即投入的资金。于是，一个项目的总成本可以显示为把每年的全部成本加到前一年的成本上，形成一条渐升的曲线。图 14.4 用广义术语描述了一个典型风电场和化石燃料电厂的这方面情况。

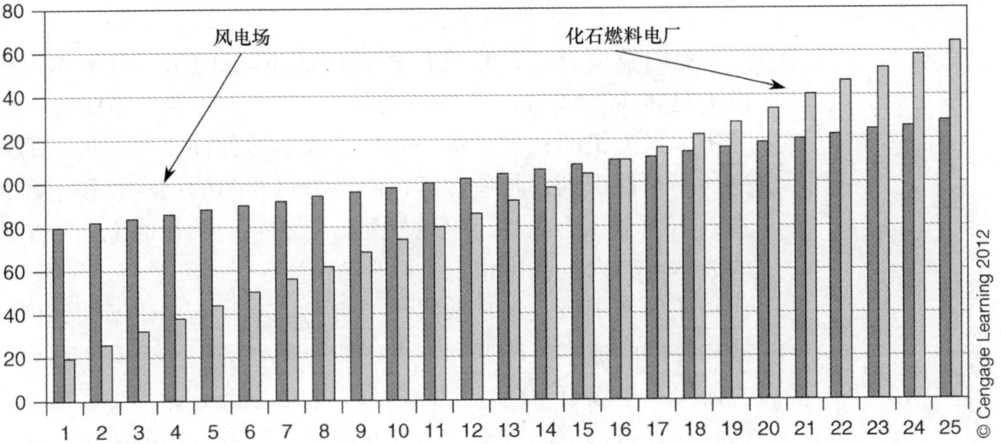

图 14.4　化石燃料电厂和风电场的长期总成本比较

图中认为石油（天然气、煤炭）价格 20 年保持不变。另外，为了对比得更清晰，没有考虑通货膨胀。根据此图，15 年后化石燃料发电厂的成本将超过风电场。现实中，通货膨胀不会是零，而且石油价格的上升也不可忽略，这些将影响一方超过另一方的年数。

一个电厂预期可以发电 20～25 年。实际上，可以运行的远超过这个年数，可达 30 年。考虑化石燃料电厂在这个时间之后的总成本，从图 14.4 中可以明显看出，风电场的成本远远低于化石燃料电厂的成本。

当工厂的运行成本超过工厂的收入时，任何工厂（发电或制造）都会走到其有用寿命的终点，将停止运行。这种情况下，该工厂将被遗弃或者废弃。前面提到的 20～25 年，是针对许多大型项目的。对于像风力机这样的前沿性工业来说，发电场会在这个年限之前就报废了。根据工业机械的经验，一个单元越大，效率就越高，风力机也不例外。

对于风力机，与500~750kW的相比，新一代产品的容量约为2~3MW。所以，即使风力机在到达其预期寿命之前就退役了，也没什么可惊讶的。

根据工业机械的经验，一个单元越大，效率就越高，风力机也不例外。

14.5 单位成本

有时需要知道某项支出的单位成本。比如，2MW风力机的成本是多少？或者，风电场的每瓦成本是多少？在14.3节中，分析了风力机的初始成本，解释了成本的各种成分。根据那些讨论，不难认识到，与单台运行的风力机相关的成本有赖于多种因素，不太容易给成本简单地分配一个数额。换句话说，每个案例的成本有各自的特定情况。

比如两个风电场，购买风力机的成本可能变化不大，但是运输和并网的成本可能迥异。考虑两个风电场，一个有150台风力机而另一个仅有10台。为了将风力机运抵现场，要有建设交通道路和人行通道的成本，为了并网则要有变电站的成本，这些成本在第一个情况下被150个机组分担而在后者仅被10台机组分担。

另外，如果对比容量较小的老式风力机和现在较大的风力机，就一定会发现技术进步带来的差别，比如较大的尺寸使得效率提高，安装数量的减少使得安装成本降低（考虑安装300台400kW的风力机和60台2MW的风力机，均为120MW的总装机容量）。所以，基于大量的风电场项目，可以得到平均成本的数字。这个数字可以用作指标或者经验值，来初步确定一个项目的成本，或者对比过去和现在的成本。以今天的价格，可以说一台风力机的成本为1.2~1.4美元/W。所以，举例来说，2MW风力机的成本大约是260万美元。

14.6 案例分析

本节的学习中，我们以一个有多台风力机的风电场为例。我们想知道开发这个风电场是否会盈利，或者是否应拒绝该项目。要安装的风力机每台为2MW，开发风电场的成本可以基于简单的 1 美元/W 来计算。这样，可以用 1 美元来计算，不过为了简单起见，我们用每台风力机 2 百万美元来计算。下述的数据是必要的（所有的数字都是假定的）：

1）运行年数 =25；

2）利率 =7%；

3）运行成本 =5%（100000 美元/年）；

4）每千瓦时的售价 =0.04 美元；

5）年发电量 =40%。

已知安装功率为 2MW，但是发电量要低于装机功率。发电量在 24h 内一直变化，而且随着季节变化而变化（见第 2 章和第 7 章）。

对于这个项目，我们必须考虑三项费用并算出它们的数值：① 投资成本（初始资金）；② 运营成本；③ 售电的收入。如果 25 年后的总成本低于总收入，那么本项目就不盈利，否则差值就表示 25 年后的利润。第一年被看作开发阶段，所以既没有运营成本也没有收入。

1）25 年后的投资成本 $= 2000000 \times (1.07)^{25} = (2000000)(5.4274) = 10854865$（美元）

这可以基于复利的方法直接算出。

2）25 年后的运营成本 = 每年的运营成本机器数年后的利息直至 25 年对于这一项，待计算的利息从第二年底开始（第一年为建设工作，没有运营成本），第二年为 23 年，第三年为 22 年，以此类推，直至没有利息的第 25 年。实际上不用把每年的数值加起来，而是可以采用下面的公式［见本章关于“分期还款计算”的文本框中的式（3）］

$$100000 \times [(1.07)^{24} - 1]/0.07 = (100000)(58.17667) = 5817667 \text{（美元）}$$

3）收入的计算：

$$\text{每年的收入} = 0.4 \times 2000\text{kW} \times 365 \times 24 \times 0.04 = 280320 \text{（美元，不考虑税收）}$$

这是每年的收入金额，其计算依据是平均发电量为每天 2MW 的 40%。每年收入的利息必须相应地计算出来并加到这个金额上。跟成本类似，利息也是从第二年年底开始算起。于是，第二年为 23 年，第三年为 22 年，以此类推。

采用与上述相同的公式：

$$\text{24 年后累计收入} = 280320 \times [(1.07)^{24} - 1]/0.07 =$$

$$(280320)(58.17667)=16308084(\text{美元})$$

$$25\text{ 年后的净利润}=16308084\text{ 美元}-10854865\text{ 美元}-5817667\text{ 美元}=-364448\text{ 美元}(\text{为负数})$$

图 14.5 描述了上述数值以及成本和收入是什么样的关系。

不过，要知道我们可以从收入中减去每年的成本，并用相同的公式算出差值，这就是每年的净利润。之所以要分别进行计算，是因为我们可能想知道是否要以不同的价格售电，以及收入将是多少。例如，考虑每千瓦时的售价不是 4 美分，而是 5 美分。那么售电的收入将为（不考虑税收或免税）

$$\text{每年的收入}=0.4\times2000\text{kW}\times365\times24\times0.05=350400(\text{美元})$$

$$25\text{ 年后的收入}=20385105(\text{美元})$$

$$25\text{ 年后的利润}=20385105-10854865-5817667=3712573(\text{美元，盈利})$$

相应的曲线如图 14.6 所示。

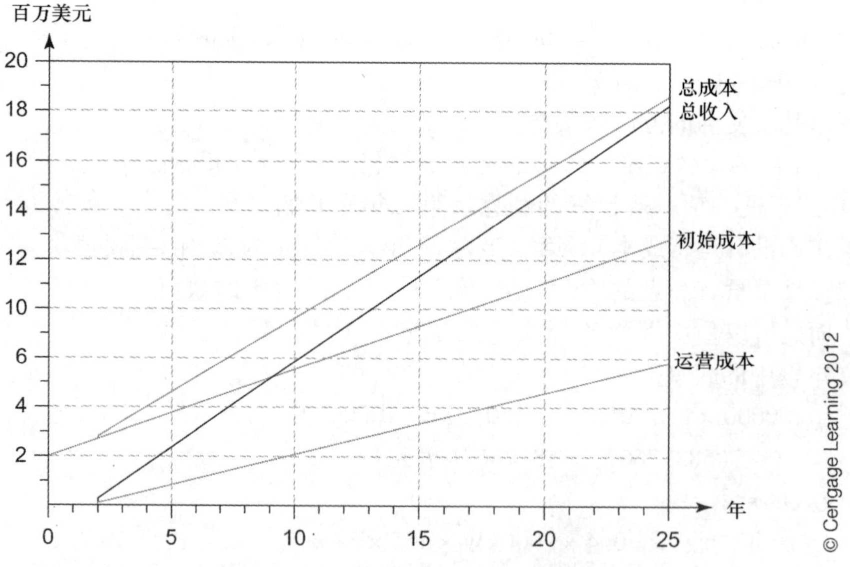

图 14.5 项目在 25 年中的成本和收入（电力的价格为 4 美分/kWh）

无需算出 25 年后投资和净收入的数值，可以基于它们的现值进行计算。通过这种方法，可以算出净现值。这是基于钱在今天的价值来进行计算的另一种方法。算出的结果可以得到相同的结论，即 4 美分/kWh 时是亏本的，而 5 美分/kWh 时是盈利的。

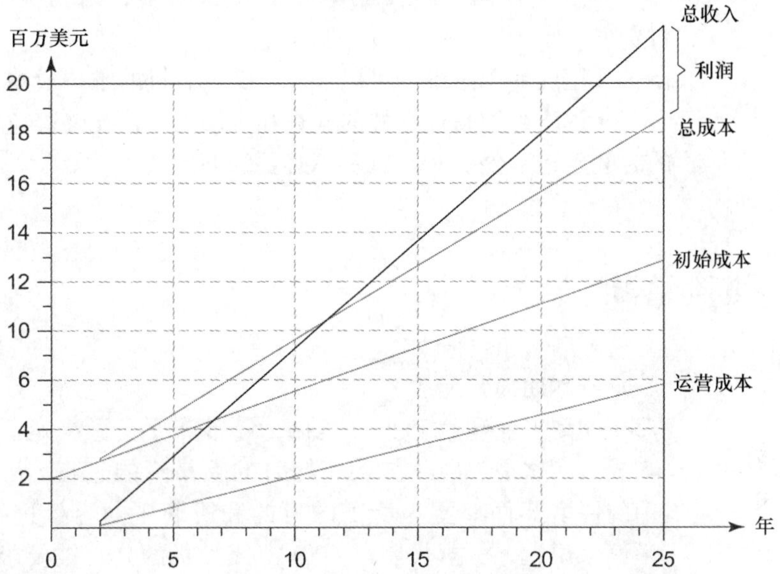

图 14.6 项目财务的详细描述（电力的价格为 5 美分/kWh）

本章小结 14.7

• 钱的价值不是恒定的，它随着时间变化。今天的钱要比未来同样多的钱更有价值。

• 为了评估一个投资项目，必须计算该项目在可用寿命后的净收入。计算的方法可以用钱的现值来反应未来的全部收入和成本，也可以用钱的未来价值来反应所有的收入、成本和投资。通常，要在该项目已经完成并废弃时进行计算。

• 钱的未来价值有赖于利率。

• 如果有利可图，开发商才会决定投资风电场。

• 风电场的开发成本与其他大型项目类似，由初始成本和运营成本构成。

• 初始成本是必须先期支付的采购、运输、建设和风力机并网的费用。

• 运营成本是维护和运行发电以及送电设备所需的年度开支。

• 与其他类型的发电厂相比，风力机运行的初始成本相对要高得多。

• 另一方面，运营成本相对要低得多，因为无需为燃料付费。

• 正确的预防维护可以显著降低风力机的维护成本。

• 预防维护是计划好的检查和维修工作，能够避免或减少长的时间延迟、停机时间以及不必要的额外成本。

进阶学习

成本建模和缩放

对于大型工业项目和大型机械，经常需要在做决定前先估计其成本，这是一项乏味的、耗时的且昂贵的过程，因为项目中的许多部件都要为所需的目的和所期望的容量进行设计。举例来说，一个擅长制造 600kW 风力机的公司被要求投标一个有 20 台 2MW 功率的风力机的建设项目，该公司想知道，基于 600kW 风力机的成本，2MW 风力机近似成本是多少。该公司只能对主要部件进行计算，而且只能是估算。

下述公式可以基于另一个规模不同的项目，来估计某个部件的成本：关于某机械或项目的过去的全部数据都是已知的，称为“基准”。

$$C(x)=C_{\mathrm{B}}\left(\mu\frac{m(x)}{m_{\mathrm{B}}}+(1-\mu)\right)$$

式中 $C(x)$——对新部件/机械价格的估计；

C_{B}——基准（之前的且已知）价格；

$m(x)$——设计参数取值为 x 时的质量；

m_{B}——基准质量值；

μ——随质量变化的成本比例。

举例来说，考虑如前所述的风力机的案例。为了估计发电机的成本，假设发电机成本中有 40% 是与材料有关的，而其余的是人工，于是更大的发电机需要更多的材料来制造。因此，μ 的值为 0. 40，x 的值在本例中很简单，于是 $m(x)/m_{\mathrm{B}}$ 的比值为 2000000/600000 = 20/6 = 3. 34。代入这些值，得到

新发电机的成本 = 之前的成本 ×（0. 4 × 3. 34 + 0. 6）= 1. 936 × 之前的成本

所以，虽然尺寸变大了 3. 34 倍，但是成本却大约仅有 2 倍。

复习题

1. 为什么风力机的经济性很重要？
2. 什么是钱的未来价值？
3. 钱的未来价值和现值之间有何区别？
4. 如果利率为零，那么钱的未来价值会发生什么变化？
5. 描述风力机项目的两类成本。
6. 说出与风力机初始成本相关的各项支出。
7. 是什么使得一个项目在财务上具有吸引力？
8. 在为风能项目和其他类型的发电厂进行财务分析时，有什么区别？
9. 是什么使得风能项目在初始成本比其他类型的能源高得多的情况下还具有竞争力？
10. 如何能够降低维护成本？
11. 如果风力机的维护工作很差，对成本会有什么影响？
12. 计划维护是什么意思？
13. 什么是预防维护？

应用题

1. 如果年利率为 6% 且基于年复利，那么 100 万美元在 1 年和 2 年后的总利息与资金是多少？

2. 如果利息每 6 个月复利一次，再算出问题 1 中的那些数值。

3. 年利率在 5 年内固定为 6%，如果在 5 年后支付给你 5000 美元，那么这笔钱现在值多少？

4. 如果利率保持在 6% 不变，那么请说明现在有 10000 美元要好过 6 年后有 14000 美元。

5. 如果您以 8% 的利率借款 2 万美元，并且想 4 年后一次还请，那么您要还多少钱？

6. 一家保险公司必须从现在开始支付给你 5 笔 10000 美元的年度还款。他们还允许您选择替代方案，即在第一年取走总额 40000 美元。如果现在借款的年利率为 7.5%，而存款利率为 4%，那么您会接受这个选择吗？

7. 一个项目的初始成本为 2000 万美元。10 年内的预期收入为从第二年开始每年 220 万美元。该项目的借款年利率为 5%。过了这个期限后，该项目可以卖 500 万美元。请确定该项目是否盈利。

项目

一个小型风电场的成本为 2700 万美元，预期经营 20 年。现行利率为 7.5%。在 5 年后，利率会降到 5%，但再过 6 年又会升到 8% 并在剩余的项目周期内保持不变。装机容量为 16MW，在该地区每月发电量的变化与图 7.8 中的模式相同。请确定，要想使得该项目的投资至少有 15% 的净回报，每千瓦时的电能售价应是多少？

第15章 环境问题

关键术语

闪烁
闪变
高压直流 (HVDC)
次声
离岸
岸上
盛行风
阴影闪烁
圆筒平台
张力腿平台（TLP）

目标

学习过本章之后，您应该能够：

- 解释风力机可能对环境的影响。
- 更注意环境。
- 描述岸上和离岸风电场的区别。
- 知道为何老式风力机的噪声更大。
- 理解噪声会是各种频率的，有一些我们听不到。
- 解释当风力机距离足够远而听不到它的声音时，它对临近环境就没有负面的声音影响。
- 认识到对于风电场的开发，必须考虑社区认同。
- 知道并非每个人都喜欢在视野里出现一个新的风电场。
- 描述为什么较新的风力机比老式的对人的干扰更少。
- 理解闪烁和闪变的意思。
- 认识到鸟类和蝙蝠会被风力机杀死。
- 解释关于所有的环境问题，已经开展了以科学调查为目的的研究工作。
- 认识到被许多其他人造建筑物和机械杀死的鸟类要多得多。
- 认识到风力机也会干涉通信。
- 知道高压直流对离岸风力机更适用。
- 认识到离岸风力机可以有固定塔筒或者漂浮塔筒。
- 若不考虑成本，描述我们为什么要有离岸风电场。

15.0　引言

风力机的对立面之一是它对环境的影响。视角不同的人对事物的看法也不同，甚至有时有些说法所根据的是并不充分的实验性测量和知识支撑。读者有必要熟悉风力机对环境的各种影响。本章将讲述这些影响，但不与其他的发电方式做任何比较。

关于其中的一些问题，过去已经进行了大量的研究，即便还没有得到令人满意的结果，必要的调查工作依然在进行，直至今日。

离岸
在湖上、海上或大洋上的，离开陆地。

岸上
在土地上。

风电场主要分为两类：岸上的和离岸的。顾名思义，**离岸**风电场是那些安装在水中的，离开了陆地。离岸风力机的成本要高得多。建设离岸风电场的原因是多种多样的，其中一个原因是在某些地区可用的土地是有限的。其他原因，比如噪声和对风景的视觉感受也在起作用，尤其是老式风力机的噪声级别较高，而且其颜色与天空的反差比较大。此外，海上有更多的风力，风力也更稳定，**岸上**风力机安装在地上。本章将会讲到，这两类风电场的环境问题有一些区别。

我们的责任要求我们保持环境清洁，这就意味着我们要以负责任的方式利用土地，不能过度开发而破坏自然，即使是要安装风力机。

15.1　岸上风电场

离岸风电场进入海中很远，有时达到50km（31mile），所以与岸上风力机相比，人们看不到它们。有些人看到大量的旋转叶片会觉得受到干扰。除了这个因素外，今天的风力机的其他区别是，岸上风力机占用土地以及从每台风力机到汇流站要有地下电缆，还有离岸风力机做得更大。显然，从成本和维护的角度看，岸上风力机比离岸风力机更受欢迎。

噪声 15.2

与声音和音乐相反，无论噪声的源是什么，它都会被看作一种污染。实际上，噪声是不希望出现的声音，让人的耳朵感到不舒服。它也可能是音乐或声音，当不希望它们出现时，或者当它们达到了某个烦扰的程度时。

机场和机场附近、铁路附近和高速公路上，噪声级别都很高。不过，在现代社会和工业化区域（工厂），众多的人暴露在这种污染之下。噪声也可以是低等级的，但烦扰来自于其持续性，比如来自空调、冰箱等类似设备的噪声。还有其他的例子，比如听到其他人相互谈话或者打电话、演奏音乐以及听音乐等会感到很烦。

与风能相关的问题之一是来自风力机的噪声，这个问题已经受到了重视。即便今天是不现实的，这个问题从早期的风力机就开始了。旧式风力机的转速更快，而且叶片没有优化设计，所以它们比今天的风力机噪声更大。现在的风力机角速度较低，特别是叶片经过了更好的空气动力设计⊖。老式风力机比较小，机舱离地面较近，所以在附近可以听到从齿轮箱发出的声音。因为塔筒是金属结构，所以这种声音很容易传递到底部。相反，新型风力机更高，所以机舱和齿轮箱的噪声距离地面更远。在现代风力机中，地面上的人很难听到来自齿轮箱的声音。

声音是以不同的频率发出的，但人的耳朵只对 100 ~ 10000Hz 的频率比较敏感（不是所有的人都一样）。然而，更低频率的声音也是存在的，虽然人听不到它们。低于可听水平的声音叫做**次声**。极低频率（即 1 ~ 3Hz）的声音的作用表现为振动，因为声音就是因振动产生的，它可以通过任何介质传播，包括空气。实际上，这种低频声音是通过建筑物和地面传播的结构性振动。因此，有些人就曾经提出这样的问题，说风力机产生低频的声音，导致头疼和其他身体疾病。

次声
具有低于人类听觉门槛值的频率的声音，人类听不到这种声音。

居住在风力机附近的人们起初曾提出过这种抱怨，但是之后

⊖ 请注意，虽然新式风力机的转速较低，但是风力机叶片某些部分的相对速度却更高，因为叶片的尺寸更大了。

这被用作反对风电场建设的武器。显然，对于风电场附近的一些居民来说，虽说构不成健康危害，但风力机可能是一种骚扰因素。不过，风力机噪声的问题并不是众所皆知的，所以会被许多人误导。

基本（单频率）声音由两种因素来刻画：频率和强度。强度（或者说对听者的响度）超过可承受的水平时，无论这个声音本来是多么希望出现的，都会成为明显导致烦躁和烦扰的因素。声强有赖于到生源的距离，它减弱的速度与该距离的平方成正比。另外，对风力机来说，风向也起到很重要的作用，看风是把可听到的声音带给人还是吹走。当听到一个声音时，其响度还有赖于其他条件，比如反射。所以，风电场中的现代风力机发出的噪声确实要弱于穿过田地和树木的风噪。

本章末尾的表 15.1 给出了各种声源的噪声级别对比。现在，已经有针对城市中各种地区（居民区、工业区）日间和夜间的允许噪声级别的政府条例。相应的，也有关于距离居民区多远或多近才允许建设风电场的条例。这些都基于此领域的大量研究，科学研究的结论如下：

1）至于听不到的风力机的噪声，没有与声音有关的会伤害人身的潜在因素。如果风力机发出的噪声可以听到，但是不足以让人感到烦躁，那么就不会有能达到伤害人体水平的次声。

2）如果风力机距离居民区足够远，人们听不到它们，那么即使能看到它们，也不会有与声音相关的骚扰和刺激。

15.3 视野

风电场无疑会给风景带来视野的改变。在许多地区，风力机还是比较新的邻居。因为“变化”对人类来说往往难以接受，所以对某些人来说，这种视野上的变化会引起一些烦躁，尤其是在刚出现的时候。不过，跟很多其他变化发生的情况一样，这些新的建筑物在一个地区出现后，人们会逐渐习惯它们。对于那些远离风力机或者风电场的人们来说，这个话题就没有实质意义了。

如果一个人向窗外望去，看到的是一台或很多风力机，而不是之前的自然景色，就会有烦恼的感觉，至少在一段时间内会这样。事实上，① 这种感觉会逐渐减弱消失；② 许多情况下，几乎没有哪个人会这样[⊖]。对于在远郊区的风电场，视觉不是主要的问题，但风力机安装在距离居民区较近的地方时，人们的权益必须受到尊重，风电场不能干扰人们的生活。

更理性地看待这个问题，我们知道风力是一种充裕的清洁能源，随着不断增长的能源需求，其利大于弊。毫无疑问，我们的责任要求我们保持环境的清洁，也就意味着我们要以负责任的方式利用土地，不要因过度开发而破坏自然，即使是用来安装风力机。

与旧式风力机相比，新式的风力机所涂的颜色与天空的对比没那么强烈。这样，运行时对观察者的干扰就弱一些。此外，有的人对视野中出现风力机比较敏感，还有的人每天都能看到风力机，有研究表明，三叶片风力机比两叶片和单叶片风力机对人们的负面影响要小一些。

> 噪声比挡住视线或不希望出现的景观更令人烦躁，因为只要存在噪声，人们就能听到，人们要看到某样东西却必须要朝特定方向看过去才行。

15.3.1

闪烁和闪变

如果风力机安装得距离居民区很近，那么除了对视野有影响，还会有其他干扰作用。风力机运行时，在某些特定条件下（白天阳光的方向与视野的方向呈特定的角度）叶片可能会反射阳光。这叫做**闪烁**，会持续较长的时间，直到阳光发生了足够的变化。采用现代风力机，闪烁的可能性较低，因为颜色改变了。有些旧式风力机的叶片还带有较亮的颜色。

闪烁
风力机叶片重复反射阳光，会干扰到观察者。

闪变的发生是因为旋转叶片的阴影以圆周运动的方式重复落在周围的地面或建筑物上。风力机叶片不小，所以其阴影能够覆盖很大一片面积，这也和一天中的时间有关。在距离风力机较近的地方，**阴影闪变**的影响更显著。市政和管理部门现在出台的一些条例比以前考虑了更多的因素，包括风力机阴影闪变。

闪变
旋转叶片的重复性阴影作用（也可以参考阴影闪变）。

风力机叶片阴影的大小和位置是变化的，与一天中的时间和一年中的时间有关。在每个时刻，阴影取决于太阳的方向。图15.1给出了一种可能情况下的阴影。阴影的大小可能会大于

阴影闪变
旋转叶片投出的移动阴影。

⊖ 在风电场建设之前，已寻求附近居民的认可/或支持。这个过程要花费很长的时间，其结果会得到法庭裁决。如果一个项目已经以多数投票或者法庭裁决的形式通过是/否决策，那么个人对此也做不了什么。

或小于风力机叶片的实际大小。叶片阴影总是在一个椭圆内移动，图中给出了这些椭圆的例子，叶尖沿着椭圆的圆周运动。比如，在图中右侧的情况中，阴影会扫过用 $AMBN$、AM_1BN_1、AM_2BN_2等所表示的椭圆。可以看到，这些椭圆会很窄。在特定时刻，阴影会只沿着直线 AB 运动。

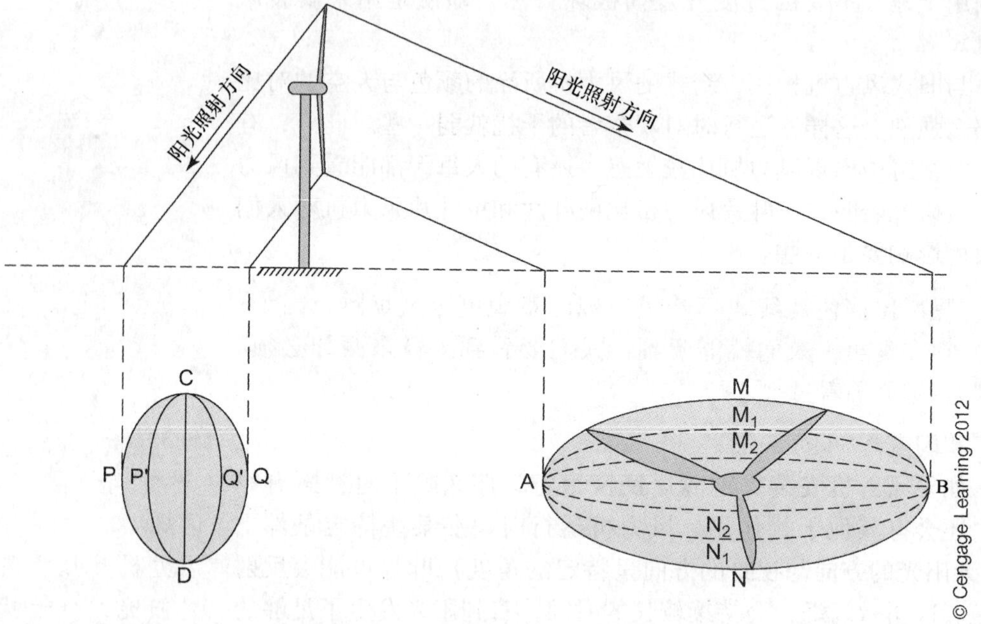

图 15.1 风力机在特定时刻可能出现的阴影

在图 15.1 左侧的情况中，CPDQ 和 CP′DQ′描述了阴影可能扫过的许多椭圆中的两种。在特定时刻，阴影只扫过直线 CD。阴影闪变和闪烁对房屋距离风力机较近的居民来说干扰很大。风电场到居民区的最小距离必须考虑这个因素。

阴影闪变和闪烁对房屋距离风力机较近的居民来说干扰很大。风电场到居民区的最小距离必须考虑这个因素。

15.4 景观

一般的，一个风电场由很多风力机组成，其数目可能小到 5 或 6，也可能超过 100。不过，在某些地区有时也能看到一两台孤立的风力机。一两台风力机对风景的影响不像成群的风力机那样。就像多数其他的因素一样，对风景以及风力机影响的考虑始于欧洲，因为那里的土地比北美更稀少。

但是即使北美多数现有的风电场很偏远，在居民区是看不到的，但最终随着其数量的增长，人们会更多地看到它们，至少在旅行时会看得到。风力机已然变成了景观中实实在在的一部分，就像树木和草地一样。实际情况也是这样，人们能够在田野上看到风力机以及牛、羊或者其他吃草的动物，或者看到风力机以及麦田、玉米地等。

还没有见过这种景象的人，以后会看到。风力机是为了我们所需的能源，这是从风中获取能源的方式。经过很长时间之后，甚至会发生这样的情况，我们全部的电能需求由某个多风的地方发出，即使是距离非常遥远。

风力机在风电场中的布置是根据土地的地势以及风向的变化进行的。风力机可以沿着风向排成一行，或者一列。更普遍的情况是，它们被摆成一个阵列（或者矩阵形），如图 15. 2 和图 15. 3 所示。

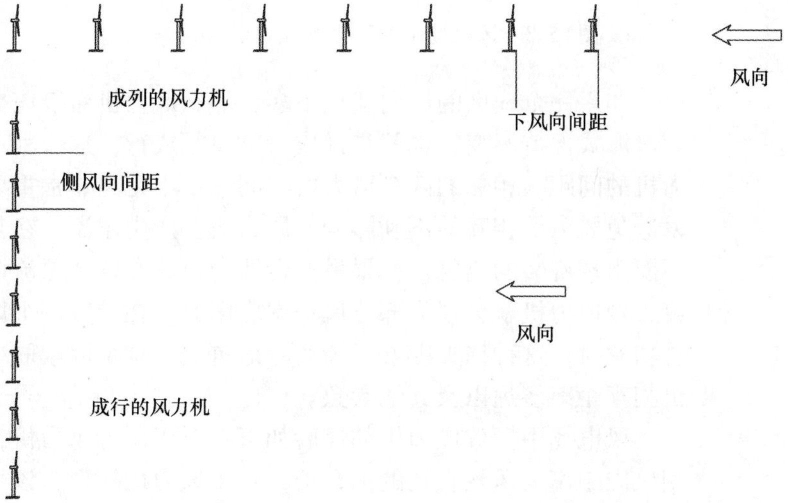

图 15. 2　风电场中风力机的行列布置

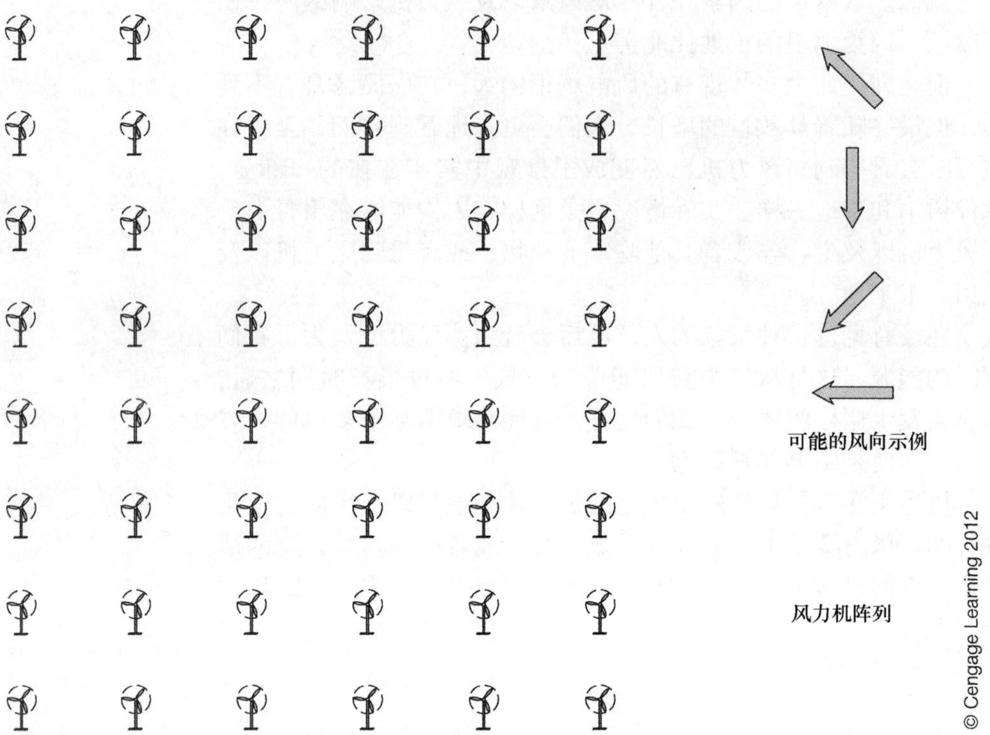

图 15.3 风电场中的风力机阵列

盛行风
最经常刮的风。

如果一个地区的风向变化不多，那么风力机对于该**盛行风**的相对形式保持不变，也就是说成行就总是成行，这有利于确定风力机的间距。相邻的两个风力机之间的最小距离非常重要，它可以避免风力机相互的不利影响。风力机会产生尾流，在其周围和后面出现旋转的空气。如果另一台风力机放在这个尾流中，那么第二台风力机就会损失部分风功率。因此，在计算一个风电场的总功率时，这种损失因素必须要考虑进去。这个因素取决于风力机相互距离多远以及其他参数。

风电场中摆放风力机的经验如下：对于单行风力机，最小的侧风向距离为风轮直径的 1.5 倍；对于风力机阵列，该最小间距必须增加到直径的 2.5 倍。对于成列布置的情况，最小的下风向间距为风轮直径的 10 倍。这些数字是最小值，并且是在当地有盛行风的情况下才有效。图 15.4 给出了一个有盛行风的风电场，其中有两行风力机。

图 15.4　有盛行风的风电场

对鸟类的影响　15.5

受到关注最多的那些主要的批评性问题之一，即来自环保人士对风力机杀死鸟类、蝙蝠和其他飞行生物的投诉，它们会被风力机的叶片击中。对于这个问题，已经开展了可观数量的研究。对那些被风力机叶片随机击中杀死或被撞击的鸟类和蝙蝠，以及可能进入风电场并受到旋转叶片影响的候鸟，已经分别开展了相关研究。

对于第一种情况，研究表明，被风力机杀死的鸟类要比撞击楼宇、汽车等死掉的少得多。这是对的，因为目前汽车和楼宇的数量要比风力机多得多。不过，除了不断增大的数量，还有其他不可忽视的因素，参见相关研究㊀。

1）鸟类中的死亡事件的最大原因包括由于人类侵入其栖息地、环境开发以及和人造物体相抵触。除了楼宇和汽车外，导致鸟类死亡的其他人造物体包括：

① 输配电线路。

② 通信杆塔机器牵索。

㊀ 在 http：//www. awea. org/faq/sagrillo/swbirds. html 上可以找到一份不错的报告。

③ 桥梁和烟囱。

④ 农业杀虫剂。

⑤ 其他人类引起的污染，比如石油泄漏等。

其他的自然原因有其他动物（猫和猛禽）和树木。

2）旧式风力机大多会安装在桁架式塔架上。桁架式塔架为鸟类提供了理想的筑巢地点，这就增加了鸟类在风力机附近出现的概率，于是被风力机叶片击中的几率也增大了。

对于候鸟的情况，虽然研究已经表明鸟群会调整其飞行路径，绕开风电场，但是在风力机选址时仍要考虑的问题之一是风电场不应该在威胁生态系统的地方开发，包括干涉候鸟的飞行路线。

迄今为止的研究已经表明，在美国，人类设施和工业活动会造成每天 100 万 ~400 万只鸟的死亡！这其中，商业风力机所直接引起的鸟类死亡仅占被人造建筑和活动杀死的数量的 0.01% ~0.02%。

研究已经表明，在美国，人类设施和工业活动会造成每天 100 万 ~400 万只鸟的死亡！商业风力机是其中 0.01% ~ 0.02% 的原因。

15.6 RF 干扰与对通信的影响

在所有 RF（射频）广播和通信中，如电视、收音机以及导航和气象雷达，在无线电发射装置与接收装置之间的固态物体将引起信号损失，而且发射装置发射的信号会被处于发射装置和接收装置间路径附近区域（称为菲涅耳带）的任何物体反射。这种反射会使得接收装置收到多个信号，导致各种不利的输出，如在模拟广播时对主信号的遮蔽以及在数字通信时信号的损失或扰动。

对通信信号的阻碍和反射会由所有人造和自然的物体引起，比如楼宇、桥梁、输电线塔、树木、山川等。产生的干扰则与材料有关，金属具有较强的作用。所导致的畸变是不希望出现的，但是无法避免。风力机和上述物体的差别在于，它们是静止的，而风力机叶片不是。不利的后果表现为畸变的不一致性。虽然对于因高楼、烟囱等引起的不变的畸变和阻碍能够找到弥补性的解决方案，但是要处理不一致的影响，技术实现上要难得多。

虽然风力机叶片是由复合材料制成的，但是用于雷击保护的金属带会有显著的影响。最新的风力机叶片能够达到 150m (492ft) 的高度，扫风面积有 $7854m^2$ ($84496ft^2$) 那么大，这已经很普遍了，所以对附近所有的通信信号的影响也是很明显的。这种风力机能够完全阻断一条点对点的微波线路，包含多台风力机对风电场的影响，则会增大多倍。

任意的单台风力机或风电场是否对广播和通信活动有上述的负面影响，要看其特有的情况以及通信中继站的位置距离风电场有多远或多近。如果比较近，或者风电场就在某个天线的直线路径上，那么影响就是必然的。还要知道，如果风力机处于一个高功率 AM 广播站方圆 1.5mile 的范围内，那么它会使得该区域内的维护/施工人员遭受电击的危害。

可以看到，风力机或风电场如果没有直接处于信号通道上，那么其负面影响与其他人造建筑物类似。它会阻碍信号到达目的地区，或者使得某种信号畸变，但是不会对全部地区和全部信号都有影响。

风电场对广播和通信信号有畸变的作用，这要看每个具体情况下的相对地理位置。这种影响不会对风电场周边的所有通信都有作用。

15.7 离岸风电场

离岸风电场会进入海洋许多英里。虽然在北美还没有这么做，但是在欧洲离岸超过 30mile 的风电场已经是很平常的了。显然，它们的安装成本更高，维护成本也更高。最初把风电场挪到海上的动机是因为缺乏足够的土地以及避免诸如视野、噪声等问题。虽然它们的成本更高，而且因为潮湿和盐雾会导致机械问题增加，但它们也受益于更稳定的风力和更高的风速。可是发出的电能必须通过电缆传输到陆上，这是与岸上风电场相比又多出来的一笔开支，并且会导致因高电压引起的一些问题。可以想象，一条高压线路躺在不平的海床上，还要承受盐水以及所有的微生物。

根据海洋的深度，离岸风力机要么安装在固定在海床的基础上，要么就会有一个漂浮基础。漂浮基础必须用牵索锚在海床上，这样就不会漂走。在水不深的地方（即约 20ft 或 6m），可以采用固定式基础。水更深的话，漂浮基础则更为经济。

张力腿平台（TLP）
一种漂浮平台，通过固定在海床上的牵索保持在原地。牵索有一定的张力，从而防止平台随水移动。

圆筒平台
直立圆柱体形式的一种平台，圆柱体的顶上可以安装风力机。圆柱体是中空的，但是一部分空间填充了砂石从而达到很沉的重量。它必须保持漂浮状态并保持垂直。有一些牵索用来限制其在水上的水平位移。

离岸风力机采用与离岸石油和天然气深水漂浮平台相同的技术。石油和天然气领域有很多种漂浮平台，但是用于风力机的要么是**张力腿平台**（TLP），要么是圆筒平台。两种情况下，平台和风力机的重量必须保证它们不会下沉。还有，整个组件必须能保持稳定，风力和海浪载荷不会推翻风力机。在 TLP 中，漂浮平台利用牵索固定在自己的位置上，牵索有一定的张力并固定在海床上。**圆筒平台**由一个或多个能漂浮的圆柱体组成，圆柱体的一部分填充了砂石（其余部分为空气）。每个圆筒的质心尽可能得低，这样就能保持直立。每个圆筒都被固定在海床上的牵索束缚住，限制其水平移动。图 15.5 给出了离岸风力机基础的三种形式。

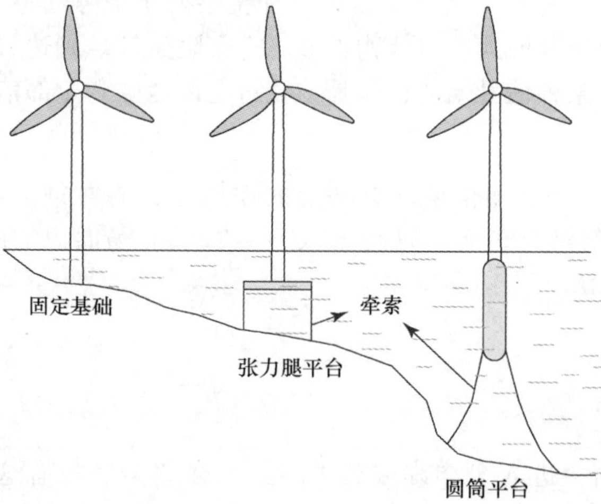

图 15.5 离岸风力机的结构

岸上风力机的输电线主要是架空线，与之不同，离岸风力机采用敷在海床上的电缆把电能送到岸上。通常采用三芯电缆，这样三相交流的导体相互很近。所有的交流线路都沿着其长度方向表现为电容器，因此由于容性效应交流线路总是有一些损耗。电缆的容性效应远超过架空线路。

由于容性损耗，交流电缆是有长度限制的。另外，交流环境下，导体上还有趋肤效应。虽然趋肤效应在低频时较弱，但对于长导体却无法忽略。由于所有这些原因，采用直流输送离岸风电场发出的电能比交流更有优势。直流承受的电能损失更少，采用直流时电缆中只有两根导体而不是三根，于是成本也较低。可以说，对于同样的电缆，直流能传输比交流更多的功率。

对于远距离传输直流电，要用到**高压直流**（HVDC）这个术语，指的是电压很高的直流电，比如 250000V。这要求在输电前，要先把电能抬高到这个电压水平，输电后再转换回交流电，从而与电网相连。

高压直流（HVDC）输电的一种方法，采用很高电压的直流（如 300kV），而非交流。

完成这两种转换并不容易，也不便宜。尽管前面提到了高压直流的优点，但其成本却十分昂贵。在一个项目中采用 HVDC 的性价比必须认真研究，如高压交流架空线路的成本大约是 100 万美元/mile，而若将 HVDC 线路两端的换流器成本考虑在内，其成本为大约 1000 万美元/mile。

虽然离岸风力机在视野外，但是还有一些其他问题如抛冰（如果有这个可能）。这个问题必须要替渔船考虑，因为它们有时会接近风电场。还有，风力机机体与部件上的盐雾效应也不容忽视。

15.8 对鸟类和海洋动物的影响

离岸风电场的所有不利方面在于它们对鸟类，特别是候鸟，以及海洋动物的影响。这些影响可以分成短期的和长期的。短期指的是建设阶段，长期则指的是离岸风电场的寿命周期，可能为 20 年或更长。建造过程中的影响对自然结构来说显然是一种扰动，于是也影响到海中的哺乳动物。另外，轮船、直升机和建造施工发出的噪声很大，而哺乳动物又非常依赖于它们的听觉，用于多个用途，包括通信。但是，这是相对短的时期，有 6 个月到 1 年。

关于离岸风力机对海洋物种生态的长期影响研究得相当少，载有高电压的交流或直流电缆也从这些海洋物种身边经过。风力机发出的噪声也会传到海中，与轮船和其他人造机器所发出的噪声叠加到一起。

对候鸟的研究发现，它们会调整其飞行路径以避开干扰，以及改变路线以绕开风电场。能见度低时，与风力机相撞的风险较高。更具体地来说，对于岸上和离岸塔架（也包含通信塔），在夜间采用连续灯光比采用间歇闪烁的灯光会造成更多的意外事故。

另外，最近的研究表明，风力机塔架处于浅水下的基础以及围绕它放置的砾石构成坚硬的表面，称为海床上的暗礁，这使得鱼类和其他物种更喜欢到这里躲避和居住。

15.9 本章小结

• 知道风力机会对环境有影响是很重要的。

• 建设离岸风电场的主要原因是环境问题以及某些地区缺乏足够的土地。

• 旧式风力机噪声更大，主要是因为其设计。它们转速也更快，距离地面更近。

• 声音可以用频率来刻画。它是多种频率混合而成的，其中有一些我们听不到。

• 噪声是不希望出现的声音。

• 次声是具有很低频率的声音或噪声，人类听不到。

• 如果风力机距离我们足够远，我们听不到它，那么对我们就没有不利的声音影响。

• 并非每个人都喜欢风力机。有的人不喜欢在视野里出现风力机。

• 新式风力机因为其塔筒和颜色而更受人们的欢迎。此外，三叶片风力机产生的干扰比两叶片和单叶片（仍有一些）的要弱。

• 闪烁是风力机叶片在转动过程中对阳光的周期性反射。

• 闪变是风力机叶片在建筑物或地面上投下的循环运动的阴影，叫做阴影闪变。

• 因为塔架和巨大的结构，某些鸟类和蝙蝠会被风力机撞击而死掉。

• 每天，大量的鸟类因撞击楼宇、桥梁、塔架等而死亡。

• 风电场必须在自然生态系统允许被干扰的地方开发。

• 风力机也会干扰通信，这也有赖于风力机和通信发射装置的位置。

• 离岸风力机会进入海中 30 ~ 40mile。

• 它们发出的电能要通过安装在海床下的电缆送到岸上。

• HVDC 表示高压直流。HVDC 更适合用于离岸风电场，但它比高压交流昂贵得多。

• 浅水中的风力机有固定的塔架，矗立在海床上，而深水中的则具有漂浮塔架。

进阶学习

声级的测量

经常需要测量或比较声音或噪声的级别。这里将简要地讲解这是如何实现的，而不深入讨论声音的理论和特性。因为是一种压强的变化（在载有声波的空气或者其他介质中），所以可以用传声器或者类似的设备来测量，这些设备的工作方式与耳朵感觉到声音的机理相同。

通常，用响度来比较和判断声音。但是，人类对声音响度的感知并非仅仅是测量声音的级别。我们感知到的是大的声音还是小的声音，不仅取决于像从周围环境反射这样的因素，还取决于频率和持续时间。这是因为我们身体中感官系统的工作机理。我们无法说一个声音很大，除非它最少持续 0.6 ~ 1s，还要看其频率有多高。

不管那些从墙反射回来之类的额外作用，只考虑在开放的环境中，声音的级别就取决于与声源的距离。远离声源，声级就会下降；取向声源，就会增强。我们需要用合适的数字和单位来表述这个情况。声音和噪声级别用分贝（dB）来计量。声音可以从最低级别的 0dB 到非常吵的级别，即 130dB，这对应着从 50ft 之外听军用飞机起飞的声音。0dB 对应着灵敏的人耳几乎听不到的声音，即人类听觉的下限。

容易理解，声音（和噪声）级别与响度有赖于距离声源有多远。离开一定的距离后，几乎听不到军用飞机发出的噪声。因此，为声级分配的数值要基于与已知声级值的相对关系。举例来说，已知距离飞机 50ft 的地方声级为 130dB，可以依此来算出其他距离处的声级，比如 100ft 的地方。下面我们先集中考虑这个问题。

分贝测量的是两个数值的比值，定义为

$$\text{dB} = 10\log\left(\frac{\text{数值 }2}{\text{数值 }1}\right) \tag{1}$$

式中　log——对数算法。

所以，它表示的是大小的变化，于是有

$$\text{声级的变化(dB)} = 10\log\left(\frac{\text{声强 }2}{\text{声强 }1}\right) \tag{2}$$

给定的声音在不同距离处的声级可以基于下述内容得到：

1）声音是通过空气中的压力波产生的。

2）声强与声音的功率（强度）成正比。

3）因距离变化而导致的声音功率的变化与声音压缩比的平方成正比。

4）声波的压强变化与距离的比值成反比。

于是，有

$$\log(P_2/P_1) = \log(p_2/p_1)^2 = \log(d_1/d_2)^2 = 2\log(d_1/d_2) \quad (3)$$

式中　P——功率；

p——压强；

d——距离。

例如，一架喷气式战斗机的声级为在50ft处130dB，那么在100ft处为

$$130 + 20\log(50/100) = 130 + 20(-0.03) = 130 - 6 = 124(\mathrm{dB})$$

实际上，6dB是任何声音在两倍距离时的变化。换句话说，如果到声源的距离加倍，那么声级就会降低6dB。相反，如果距离减半，那么声级就会增加6dB。

在式（1）中，如果“数值1”选为参考声音，其声级为0dB，那么就可以确定其他任何声音的声级，只要强度比值已知或可测即可。表15.1给出了某些常见噪声的声级。

表15.1　声级和相对响度

dB	响　度	示　例
0	听力门槛值	
10	刚刚能听到	
30	微弱	安静的图书馆，安静的卧室（35dB）
40	城市环境的最低级别	起居室，鸟鸣（44dB）
50	安静	安静的办公室，轻度堵车
60	嘈杂	对话（60dB），忙碌的办公室（60dB），离洗碗机（Rinse）10ft，缝纫机
70	一般响	收音机或电视扬声器，吸尘器（70dB），起居室音乐（76dB），距离速度为65mile/h的客车25ft（77dB）
80	响	嘈杂的办公室，垃圾处理（80dB），距离速度为45mile/h的柴油火车100ft（83dB），食品搅拌器（88dB），螺旋桨飞机在1000ft的高度飞过（88dB）

（续）

dB	响　度	示　例
90	很响	距离摩托车 25ft（90dB），城市交通（95dB），在波音 737 或者 DC－9 飞机着陆前且距离 1n mile（6080ft）（97dB）
100	非常响	空气钻，距离贝尔 J-2A 直升机 100ft（100dB），喷气式飞机在 1000ft 的高度飞过（103dB），在波音 707 或 DC-8 飞机着陆前且距离 1n mile（6080ft）（106dB）
110	极响	铆接机（110dB），涡流送风飞机处于起飞的功率且距离 200ft（118dB）
120	令人不适的响	喷气式飞机起飞且距离 200ft，氧气焊炬（121dB），霹雳，军用喷气式飞机从具有后助喷燃的航母上起飞且距离 50ft（130dB）

评估声音的响度要比声级复杂，因为它有赖于多个其他因素，如前所述。简单起见，一条经验是“如果声级增加 10dB，那么感知到的响度加倍。”对于具有相同频率的声音来说，这个说法更确切一些。但是，因为它毕竟不太精确，所以不能用在所有的情况下。根据式（1），这条经验会说，十把小提琴听起来比一把小提琴响两倍。

复习题

1. 为什么知道风力机对环境有影响是很重要的？
2. 为什么风力机对环境没有不利影响是非常重要的？
3. 什么是岸上和离岸风电场？
4. 开发离岸风电场更便宜吗？
5. 我们为什么需要离岸风电场？
6. 旧式风力机的噪声更大，还是新的较大型的风力机噪声更大？为什么？
7. 声音和噪声的区别是什么？
8. 频率低于我们听觉门槛的声音叫什么名字？
9. 如果风力机距离足够远，您听不到它，它对您有什么不利影响？
10. 为什么开发风电场时考虑社区认同是很重要的？
11. 您喜欢在您住地的周围看到风力机吗？为什么或者为什

么不？

12. 描述新型风力机和老式风力机之间的几个区别。
13. 闪烁是什么意思？
14. 阴影闪变是什么？
15. 如果鸟类和蝙蝠撞击到风力机，会发生什么？
16. 处理风力机带来的环境问题是谁的责任？
17. 风力机杀死的鸟类比其他人造建筑要多吗？
18. 为什么风力机会干扰通信？
19. 什么是 HVDC？
20. 说出几个 HVDC 比高压交流埋地电缆的优点。
21. 离岸风力机基础的两种建造方法是什么？
22. 离岸风力机的优点是什么？
23. 离岸风力机的缺点是什么？

第 16 章 安全及其他问题

关键术语

电弧闪光
闪电霹雳
OSHA
斜风

目标

学习过本章之后，您应该能够：

- 描述风力机运行中安全的重要性。
- 解释要面对来自风力机的什么危险。
- 举出安全问题的例子。
- 定义风力机运行的条件。
- 理解大自然对风力机的影响。
- 认识到风力机对周围区域的影响。
- 解释闪电可能造成的损坏。
- 认识到在寒冷天气时的潜在危险。
- 描述在风力机在居民区的应用潜力。

16.0 引言

与任何其他设备或机械一样，风力机必须以安全的方式运行，即对运行人员是安全的，对周围的人、建筑和环境是安全的，对其自身也是安全的。风力机的不安全运行是绝不能接受的。第一类，运行人员的安全，风力机的情况与许多其他机械不同，因为没有运行人员在风力机上工作，这与其他制造机械是有区别的，所以运行人员的安全只是在修理和维护时才会出现。这方面的内容将在第 17 章更详细地讲述。

本章将讨论一些与风力机安全运行相关的问题，这些问题在前面的章节中未曾提及，但一个熟悉或者做风力机方面工作的人应该注意这些问题。它们都是与风力机及周边区域的安全相关的。此外，城区中的风力机问题是许多人要碰到的一个概念，也会在本章讨论。

16.1 安全与从事风力机工作

OSHA
美国职业安全与健康管理局。

电弧闪光
导体外部（在空气中）的一股电流，由短路引起，会在空气中产生高压和高温。

从事风力机工作时，安全是首要原则。技术人员必须知道并遵守美国职业安全与健康管理局（**OSHA**）标准中的一系列守则以及由其他国家类似的公共机构制定的守则。风力机技术人员要应对电力、高度、有限的空间以及机械设备和工具，所有这些都有潜在的危险，即使发生的概率会很低，但决不应该抱有侥幸心理和冒险。

触电、高电压致死、**电弧闪光**[⊖]、火灾和高压液体这些可能出现的危险是技术人员必须警惕的，要知道如何预防以及学习如果发生上述情况时如何应对。此外，必须知道正确的着装与如何穿着以及恰当的工具与如何使用。

对风力机技术人员来说，还必须经过救援操作培训，以备救援在事故中受伤或者处于危险境地的同事。上述的所有内容都包含在安全守则中，从事风力机工作时，安全守则具有最高优先级。适当的每过一段时间，必须再次对技术人员进行安全培训，比如每年或者隔年（在第 17 章中可以看到更多关于安全的内

⊖ 电弧闪光是发生在开关开合时的一种闪光。在较高电压和电流时，这种闪光很大，能够烧伤人的脸和手。恰当的防护是必需的。

容）。

从事风力机工作时，安全是首要原则。

温度效应与环境变化　16.2

风力机安装在地理位置分散的不同地区，其环境条件迥异，从湿冷的地方（离岸）到干热的地方。而且，因为是户外机械，所以它们还要承受天气的变化，从夏天到冬天完全不同的天气。

温度变化对于风力机的运行有许多影响。比如，容易想到的一个问题是齿轮箱油的选择以及轴承等润滑脂的选择。经过季节变化，同一台风力机会面临新的条件。通常，对于在特定地区安装的风力机，制造商会推荐恰当等级的机油和油脂，因此制造商必须留意环境条件的变化。

风力机的机舱通常安装了风扇、吹风机和加热器，用于在夏天散热以及在冬天加热。夏天，发电机和齿轮箱发出的全部热量必须被散走。吹风机的作用就是将外部的空气循环到机舱内部。

冬天，如果发电机和齿轮箱产生的热量还不够，那么加热器就会启动并为机舱提供更多热量，使之维持在所需的最低温度之上。不过，长期停机时，齿轮箱油的温度会降至环境温度。

某些地区，从夏天到冬天的温度变化是不同寻常的，比如从38℃（100℉）到 -25℃（-13℉）。虽然从夏天到冬天时（或者相反）没有必要更换齿轮箱油，还是要确保所选的机油在这两种条件下都有合适的特性。否则，风力机会面临某些难题，就像汽车在冬天遇到发动的问题一样。

温度变化不仅仅影响到润滑材料。降雪和冻雨会使得所有维护工作开展的慢得多，消耗更多的时间。还有一个不能忽视的，就是对风速计的影响。帽式风速计有一个转轴，虽然里面装了一个小型加热器，但遭受冻雨时，还是会停止工作。这种情况下，风力机控制器从风速计读回的数据为风速等于零。相应的，风力机控制器会根据无风条件设定所有的自动动作。这种情况下，会损失几天的发电量，直至风速计重新开始工作。

对离岸和沿海的装机，要考虑海盐对各种部件的影响，而岸上风电场则不会受到这方面的影响。此外，在粉尘较大的地区，风力机最终会变得很脏。虽然清洗叶片和塔架很昂贵，但是这样可以延长使用寿命以及提高风力机的运行效率。事实上，在风力机机舱、轮毂和塔筒内部，必须一直保持清洁，避免漏油、油脂的污染，以及用于风力机或者维护工作的其他东西。运行人员有责任确保在维护工作结束后，一切都恢复原貌，不要落下几件工具或者多余的什么东西。

运行人员有责任确保在维护工作结束后，风力机环境恢复原貌，不要落下工具、多余的材料、部件、仪器设备等。

16.3 闪电防护

闪电霹雳
打闪时极高的电压和明亮的弧光。

闪电是几百万伏的静电在云层与地面之间放电的现象。**闪电霹雳**中所有的电子都要在零点几秒内跑到地面上，这就是为什么会伴随着强光、雷声和很多破坏力。

随着风力机越来越大，叶尖会在空中达到更高的高度。已经能够看到，每年都有一定数量的风力机叶片被闪电损坏。闪电能够在出现的瞬间，击中任何突出的金属的或非金属的物体。所有的高层建筑的顶上都有一根避雷针，用来捕捉高压放电（霹雳），并将其短接到大地。用这种方法，闪电的放电电压不会损坏建筑物，否则建筑物的某些部分会被破坏掉。对风力机来说也是一样的。图 16.1 给出了一台未受保护的风力机叶片受损的样子。

今天，所有风力机叶片都有了避雷针，沿着叶片嵌在其中。它是一根铜线或者铜带，通过轮毂和机舱中的连接线，最终与塔筒的主体相连。避雷针在靠近叶尖的地方暴露到外面，如果被闪电击中，避雷针就会捕捉到放电。塔筒是金属的，会把全部的电荷传到地上。

叶片内的避雷针是一种保护装置。出现闪电时，没有避雷针的叶片更容易被损坏。不过，即使闪电击中的是有避雷针的叶片，也不能100%保证它就会到达暴露在外面的金属针的地方。虽然这个概率较小，但是闪电仍有可能损坏叶片，只是概率降低到了很低的程度。

今天，所有风力机叶片都有了避雷针，沿着叶片嵌在其中。

UpWind Blade Solutions公司

图16.1 闪电对无保护的风力机叶片的损坏

16.4 叶片覆冰

在有冻雨的寒冷地区，不太明显的现象之一是叶片上结冰。叶片上结冰的规模不同。当环境温度很低，比冰点高一点但又高得不多时，经过叶片边沿的空气的温度会降低到冰点。这种情况下，雨滴或者空气中的潮气会凝结，在叶片边沿上结成一层冰，导致翼型轮廓发生改变，也就改变了阻力和升力系数。结果，叶片的功率捕获能力被降低了，从风中获得的功率变少了。这种情况下的冰层不太厚。除了功率系数的下降，叶片的重量也因受影响区域上的冰而增大，于是叶片本身就要消耗更多的能量。

在冻雨过程中，会在风力机叶片的整个本体上形成厚的冰层，其影响比前述的情况严苛得多。除了因为覆冰造成的重量明显变化外，翼型的升力和阻力系数也大大被恶化，风力机的功率捕获也大大下降。而且，这种情况下还有另一个重要的问题。当风力机叶片上的冰层开始融化时，或者当它们出现突然的晃动（如让风力机停机）时，会有冰块飞出。这是很危险的，在这些大冰块能够飞到的区域里，人、动物、建筑等都是不安全的。

如果要维修风力机，发现之前已经结冰，那么在停运风力机时就要格外当心。周围地带不能有人，否则可能会被飞出来的冰块击中。

为了对因结冰造成的叶片重量增加有一定的概念，请考虑下述的例子。注意叶片的两面都会结冰。

叶片结冰的后果是，风力机的功率捕获能力下降，从风中得到的功率减少。

例：

Vestas V82 风力机的每个叶片长 40m（131ft），最大弦为 3m（10ft），重 7.5t（16556lb），叶片投影的面积为 $86m^2$（$925.7ft^2$），扭转角为 20°。如果叶片上结了一层 6.4mm（1/4in）的冰，那么其重量是多少？冰的密度为 $920kg/m^3$（$57.36lb/ft^3$）。

解：我们将用公制和英制计量系统来解答这个问题。因为叶片是扭转的，叶片的实际表面积要大于已给出的数据。不过，扭转并非是在整个长度上都有的，也即并非所有面积都有 20°的倾斜。叶根的扭转为零，而叶尖为 20°。假设扭转是在叶片上线性分布的，那么在计算实际表面积时，我们认为平均的扭转为 10°。所以，该计算是近似的。不过，这样也可以达到本例的目的。要注意，因为忽略掉了误差以及公制和美制单位之间的近似转换，我们不能期望两者的结果完全一致。

根据几何学知识，我们能得到：

$$实际表面积 = 投影表面积 \div \cos(扭转角度)$$

1. 公制系统

$$实际表面积 = 86 \div \cos(10) = 86/0.985 = 87.33(m^2)$$

$$冰的体积 = (2)(87.33)(0.0064) = 1.12(m^3)$$

$$冰的质量 = (1.12)(920) = 1028(kg)$$

所以，每个叶片的重量增加了 1028/7500 或 13.7%。

2. 美制系统

$$实际表面积 = 925.7/0.985 = 940(ft^2)$$

$$冰的体积 = (2)(940)(0.25/12) = 39.16(ft^3)$$

$$冰的重量 = (39.16)(57.36) = 2246(lb)$$

这就得到，每个叶片增加了 13.57%。

请注意从一个系统转换为另一个时并非精确的，所以计算的最终数值不是精确相等的。

16.5 城区的风能

风总在吹，而且是免费的，那么为什么不在能用的地方都用上？这是许多人的一个问题。是这样，风是清洁而免费的能源。下面我们将讲述这样的想法是否可行，或者再进一步，如何才能可行。我们将迄今您已掌握的信息汇集到一起，看看如何才能在城区里利用风能。的确，采用这种方式，能先排除各种原本貌似不错的一些选择，只留下几种可能。

先要清楚地认识 4 个问题：

1）安全。

2）环保方面（噪声、视野等）。

3）经济性。

4）技术可行性和实际可行性的问题。

在继续之前，最好要记得，除了我们到目前位置主要学习的风力机外，还有其他类型的风力机（见第 4 章），而且将风力机输出的电能接入电网并非利用风能的惟一方式。这意味着风力机的出力可以以其他方式加以利用，比如水和空间加热。

城区由住宅、公寓楼、办公楼、高层建筑等构成，通常没有免费土地或者未开发的空间。这样，能够安装风力机的地点只能是建筑的顶上。实际上，在多风地区，高层建筑的顶上的风力很大。此外，所有屋顶安装式的风力机都要比风电场中的小得多。在城市里，因为建筑物和楼宇对风有阻挡作用，所以风速比开放地带的要低（见第 1 章）。因此，这里用到的风力机必须能够捕获和利用低风速，这就意味着起动转矩要大，而并非所有类型的风力机都是这样。而且，在高层建筑的楼顶边缘，还会有向上的风。这种风没有与楼顶平行的气流，叫做**斜风**，不适合螺旋桨型的风力机，但能用于其他类型的风力机。

斜风
方向偏离水平方向很远的风。

> 风能能用于加热水或者给建筑内部空间加热。

16.5.1 安全

曾经讲过，安全是要考虑的首要问题。这里指的是对周边区域及其居民的安全，以及风力机所安装的建筑物的安全，还有与电力线路和电气安全法案相关的安全问题。

根据 16.3 节的讨论，不能采用螺旋桨型风力机，原因如下：

1）相对较高的运行速度和抛出冰块或碎片的潜在危险，尤其是在寒冷地区。

2）以塔架基础上的力矩的形式，给建筑物结构施加了很大的载荷。这很容易损坏建筑物。塔架越高，风力的力矩越大。我们知道，螺旋桨型的风力机不能没有支撑杆塔。对于发电机和齿轮箱置于塔架基础底部的小型风力机来说是可行的，但是风力产生的力矩还是会很大。

3）诸如噪声和视野等的其他判据也阻止了螺旋桨型风力机安装在建筑物顶上。

有一些在低层和高层建筑上安装螺旋桨型风力机的零散案例，但结果都是负面的和不利的。

在各种风力机中，只有那些无需杆塔的低速风力机可以用于屋顶安装，这就把选择范围缩小到只有萨沃纽斯风轮（见第 4 章）。到现在为止，这还只是出于安全的考虑。图 16.2 给出了一种用于屋顶的风力机的可能的设计方案。

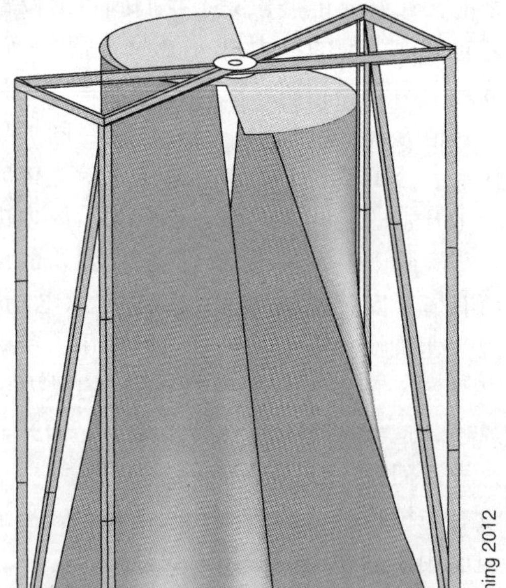

图 16.2　改进的萨沃纽斯风力机（屋顶风力机的一种可能的设计方案）

如果风力机安装在居民区，那么风力机的安全运行是指对人的安全、对周围区域的安全、对建筑物的安全。

环境问题

16.5.2

从环保的立场看，噪声和视野成为非常重要的问题。用于城区的风力机一定不能发出任何噪声，或者噪声一定要很低，不会干扰到任何临近的人。它也不能出于直视的视野中以及/或者阻挡人们的视野。从这个角度考虑，高层建筑的屋顶是合适的，因为通常没有人能看到在屋顶上有什么，或者风力机跟那里已有的设备不会有太大差别，比如取暖和制冷以及类似的设备。

萨沃纽斯风轮或类似的设计通常速度很低，所以可能它的噪声也会在可承受的范围内，特别是它们处于高楼顶上时。而且，萨沃纽斯风轮能够利用从下面吹来的斜风。还有，由于其设计高度低得接近房顶，而且转速也低，所以它运转时对建筑的摇晃也比较少。如果建筑物边缘有盛行的斜风，那么可以以水平轴的方式安装萨沃纽斯风轮，而不用垂直轴。

回顾第 4 章我们知道，与螺旋桨型和达里厄风力机相比，萨沃纽斯风轮体积大且效率较低，但是对于屋顶安装方式，它是惟一的选择。如果屋顶风力机成为现实，那么进行优化设计以及采用轻质材料可以稍稍弥补这些缺点。

环境问题包括风力机发出的噪声和临近的视野。

经济性

16.5.3

第 14 章曾讲过，从投资的角度看，对于商业化风力机来说，一个项目的经济性必须是合理的。除非有其他问题超过了风力项目经济性的重要程度，比如健康、清洁的环境以及迫切需要，否则经济性问题总是会在决策时起作用。无论是针对大型建筑的项目，业主为大型公司，还是针对居民住宅的小项目，要由房主付费，先期投资和提供初始成本都会是一个问题，这些钱要用风力发电来逐渐偿还。

与燃气轮机和汽轮机类等许多其他设备似，风力机越小，单位发电成本（每千瓦时电能的成本）越高。这样，就需要更长的时间达到收支平衡（收回初始成本）。从经济角度看，虽然风能项目意味着清洁和免费的能源，但是它会因为比从电网购电更贵而终止。不过，这要看电能成本，还要看当地的风速和设备的总成本。所以，每个项目都要单独评估，无法对所有的情况给出一个通用的结论。

无论风力机尺寸多大，对为之投入的资金来说，它都要在经济上是可行的。

16.5.4 技术可行性和实际可行性问题

到目前为止，我们已经讲过一台风力机要么用作孤立运行要么接入电网。无论尺寸多大，都是这样。现在假设我们考虑一台风力机，它装在楼顶上，能够捕获很多风能，也没有任何问题，所以从经济性的角度看，该风力机的成本是可以接受的。那么，我们如何利用所获得的能量？

假设这是一台相对小型的风力机，发电机是单相交流发电机或者是一台直流发电机。考虑到，风并不一定是在需要电能时才刮，而且发电速度既不恒定也不均匀，所以，获得的能量可以通过以下方式加以利用：

1）把风力机的输出接到大楼的供电线路；

2）为所发电能采用单独的线路；

3）用得到的能量在冬天给水加热或者给空间加热；

4）把电能储存起来，需要时再用，比如夜间照明；

5）结合2）和3）；

6）结合2）和4）。

1. 把风力机的输出接到大楼的供电线路

这是最佳也是最受欢迎的选择，但是可能也是最贵的方式。这种方式下，发电的电压和频率必须与主电路（大楼的电源）匹配。同样重要的是，风力机输出的电能必须与主电路完全同步。这些条件与讲过的风电场中的大型系统类似。为了满足和维持这些条件所需的设备会提高风力机的价格。

2. 为所发电能采用单独的线路

如果为风力机所发的电能提供单独的线路，且只是为了照明，那么就不再需要严格遵守前面提到的三个条件了。照明对频率和电压的变化不敏感，更重要的是，不再需要同步了。举例来说，考虑一个宾馆，其门廊和公共区域的一些照明由屋顶上的风力机供电。不过不是所有的照明都通过这种方式供电，否则如果没有风，照明也就没有了。这种情况下，对于一个小型建筑，这个独立线路的电压会与主线路电压完全不同，比如12V或者24V，与卤素灯一致。

3. 用得到的能量在冬天给水加热或者给空间加热

这种情况对普通住宅有益。因为能量用于取暖设备，对电压和频率的限制条件就更少，所以这就成了最简单/最便宜的情况。交流或直流都可以使用，发电的速率也随着风力的波动而变化。可以用开关系统在取暖器和热水器之间切换。

4. 把电能储存起来，需要时再用，比如夜间照明

这种情况需要一个储能系统。不过，只有情况 1. 、2. 或 3. 可以添加储能系统。电能储存必然要求用直流发电或者把交流转换为直流。根据需要，所储存的能量可能还要再转换回交流。这种应用场合要求有跟 2. 和 3. 中一样的独立电路，或者像 1. 一样，接至建筑的电源，但这样为什么还要储能呢？总之，这种情况比前面的几种要更贵一些。

5. 结合 2. 和 3.

结合 2. 和 3. 两种情况会获得更好的通用性，因为发的电可以根据需要用于照明或者取暖。手动的或时钟控制的开关可以根据发电量和用电量决定在什么时候给哪一种应用场合供电，如图 16. 3 所示。

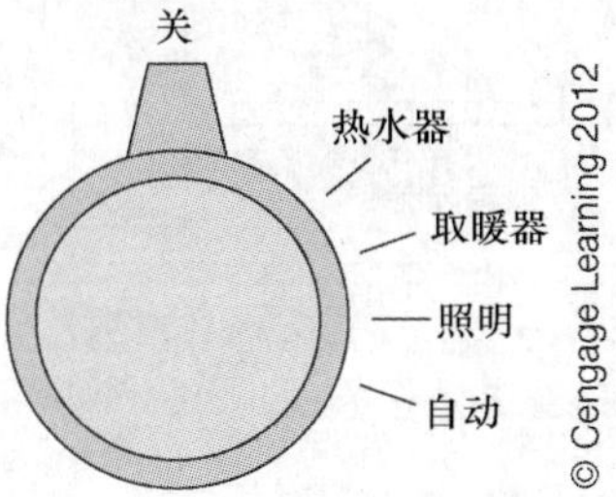

图 16. 3　为风力机的输出定向的选择开关

6. 结合 2. 和 4.

这种组合方式已经在 4. 中讨论了（见上）。

进阶学习

结冰对风轮的影响

已经讲过，风力机叶片上结冰会改变翼型的空气动力特性，并增加叶片的重量。下面，将从机械和功率捕获的角度，讲述更多关于因冰层导致重量增加而对风力机运行的影响。第 2 章曾讲过，运动物体的动能是

$$运动物体的动能 = \frac{1}{2}m\,v^2$$

式中　m——质量；

v——物体的速度。

对于集中的质量，比如一只旋转运动的高尔夫球，可以写出

$$旋转物体的动能 = \frac{1}{2}m v^2 = \frac{1}{2}m(r\omega)^2 = \frac{1}{2}m r^2\omega^2$$

对于一只高尔夫球，可以假设所有的质量都集中在距离旋转中心距离为 r 的一个点上。ω 是角速度（见第7章）。

对于风力机叶片，与一个小球相反，其质量沿着叶片的长度方向分布，因此，我们把叶片分成多个窄条，每个的质量不同，到旋转轴线的距离也不同（见图16.4）。如果每个窄条用编号 i 表示，其质量和半径（到轴线的距离）分别表示为 m_i 和 r_i，那么叶片的动能可以写成（注意所有窄条的 ω 相等）

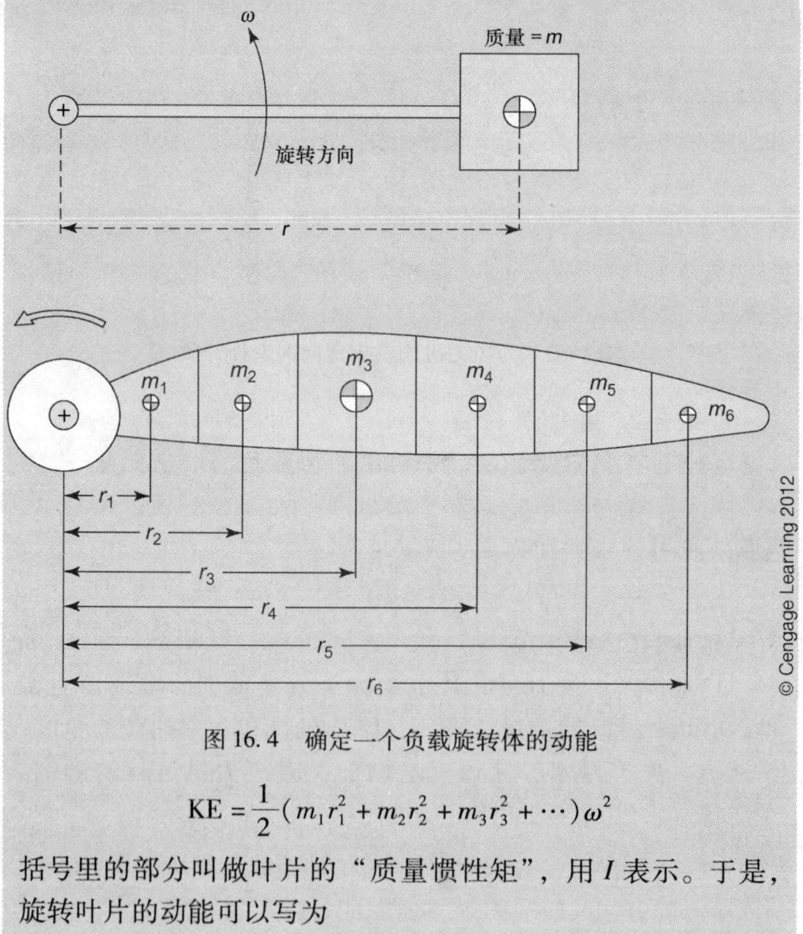

图16.4 确定一个负载旋转体的动能

$$KE = \frac{1}{2}(m_1 r_1^2 + m_2 r_2^2 + m_3 r_3^2 + \cdots)\omega^2$$

括号里的部分叫做叶片的“质量惯性矩”，用 I 表示。于是，旋转叶片的动能可以写为

$$KE = \frac{1}{2}I\omega^2$$

如果叶片的质量和形状（任何旋转物体都是这样）不变，那么 I 就保持不变。但是，如果因为冰的存在而导致质量增加，那么 I 的大小就改变了。

风力机开始转动之前，其动能为零。加速过程中，动能逐渐增大。在此过程中，风的能量被用来为风轮增加动能。风轮达到运行速度后，其动能就保持不变。不再需要风能来增大 ω（和增大 KE）。但是，为了克服轴承中的摩擦和维持转速，风轮还要消耗掉一部分风能。风轮捕获风能的其余部分被传递到齿轮箱，再传递到发电机。

如果叶片上的冰导致风轮的重量增加，那么每个叶片的惯性矩就相应增大。由于轴承必须支撑更沉重的载荷，各个部件（滚珠或滚轴）上的作用力也增大了，所以需要更多的能量才能把风轮加速到运行速度，也需要更多的能量维持恒定的转速。为了更好地理解这个问题，您可以想象转动一个轻的轮子和一个重的轮子并让它们维持转动所要出的力。

现在想象一下，在常规条件下推动风力机转动的风力，现在却要在重量增大时，仍推动它达到所需的速度。首先，风力机可能会难以起动，旋转起来也会很勉强。假设它起动起来了，也转动起来了，那么有更大部分的风能被用来保持风力机运转，之后剩余的部分才被传送给齿轮箱。于是，风力机的出力降低了。

还有，叶片部分失去了捕获风能的空气动力特性，所以风力机的出力会少得多。上述这些，要看冰层有多厚。

16.6　本章小结

- 与任何机械一样，风力机必须一直处于安全运行状态，包括对人的安全、对周边区域和建筑物的安全以及对机器自身的安全。
- 安全工作包括清除所有的灰尘、机油和维护工作之后落下的任何东西。
- 风力机面临着被闪电击中，被闪电击中的叶片会受到严重的结构性损坏。
- 今天的风力机叶片配置了避雷针，这是一块嵌在叶片结构内部的铜条，从叶尖到叶根，在叶根的地方它会通过轮毂和机舱提供的接头再连接到塔筒。

• 对于风力机及其运行来说，必须考虑从夏天到冬天以及从温暖地区到寒冷地区的温度变化。这会影响风力机的性能、维护以及成本。温度变化影响到的第一个部件就是齿轮箱及其润滑油。

• 寒冷天气导致的次要影响，是叶片上结冰。这不仅会改变叶片的特性，还会带来一些危害。当冰开始融化时，冰块会从叶片飞向周围的地方。

• 当风力机要停机或者起动时，抛出冰块的可能性更大，因为这两种操作都会给在叶片加速（减速）运动过程中带来突然的变化。

• 风力机可能会用于城区和居民区。安装在楼顶上更合理，而不是用塔架。

• 螺旋桨型风力机不适用于城区。

• 用于城区的风力机必须安全、安静并且不破坏人们的视野。

• 首要的是，这种风力机对周边的人、邻近的建筑和它安装所在的建筑来说，必须是安全的。

• 与大型风力机类似，用于居民区的风力机在经济上必须是可行的，值得付出那么多成本和努力。

• 可以用几种方法使得孤立风力机接入或接近一所居民建筑。

复习题

1. 在正常的运行条件下，风力机危险吗？
2. 运行中的风力机有什么危害？
3. 停运的风力机有什么危害？
4. 是什么使得在机舱里工作面临的风险更大？
5. 温度变化对风力机最重要的影响是什么？
6. 高温对风力机有不利影响吗？
7. 冻雨以什么方式影响风力机？
8. 风力机以什么方式影响周围的区域？
9. 闪电可能引起什么损伤？
10. 雪对风力机有什么不利影响吗？
11. 大型风力机能安装在居民区吗？
12. 为什么螺旋桨型风力机不能安装在房顶上？
13. 在居民区里使用风力机时，要考虑哪些方面？

14. 在房顶上使用风力机时，要考虑哪些方面？

15. 为什么我们不能把风力机往房顶上一装就得到免费的电能？

16. 如果我们树立一台风力机并将其发电机的输出直接接到住宅里的电线上，会有什么不对的地方？

应用题

1. 一台风力机的叶片长 85ft，最宽弦线（见第 3 章）为 6ft。假设叶片是由（两个）三角形（见图 16.5）构成的，且扭转角度为 25°，那么，如果冰的厚度为 3/8in，算出叶片上冰的重量。冰的密度为 57.5lb/ft^3。

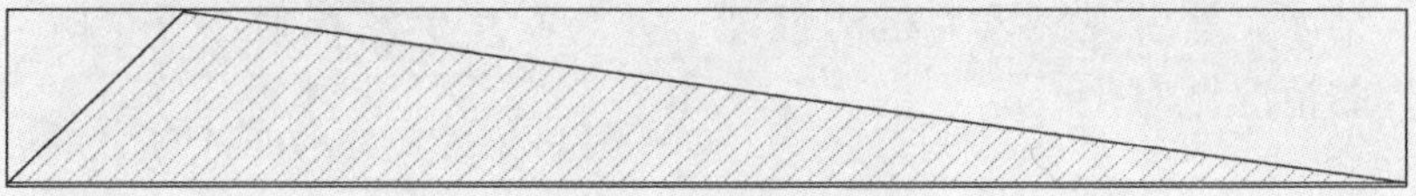

图 16.5 三角形

2. 把问题 1 中的所有数字转换成公制。

3. 再求解问题 1，但这次采用公制数字。

4. 基于第 2 章的式（2.1），计算一块冰的能量，单位为 ft · lb和 J。这块冰重 2lb，以 196ft/s 的速度被抛出去（利用本书开头的转换表格）。

5. 风力机的叶尖速为 196ft/s，确定这是多少 mile/h。

6. 为了对问题 4 中冰块的能量有更到位的感觉，假设一辆摩托车及其乘客的总重为 900lb，如果其动能与问题 4 的结果相等，那么其速度是多少 mile/h？

7. 问题 4 中的风力机有两个速度。在较低的速度下，如果一个冰块（相同大小）从叶片中间部位被抛出，其速度为 67ft/s。请对比其能量与问题 4 的计算结果。

项目

这是一个团队项目，需要几个学生的合作。这可以看作完成本课程时的最终项目。所以，与之前的项目相比，它会花费更多的时间和精力。

本项目中，请您制作一台风力机并运转一台发电机。发电机的输出通过开关接至加热设备。风力机叶片的形状和大小由您来设计。发电机可以是直流的也可以是交流的。直流电机会容易一些，也简单一些，因为任何的直流电动机都可以用作发电机，而要把交流电机作为发电机起动起来会比较困难。因为输出接到了阻性元件，所以其实无所谓是直流还是交流。如果不用加热设备，您也可以用灯泡。开关可以帮助您来观察当加上负载时风力机运行和速度的变化。首先，先吹风让风力机开始转动，开关断开。然后合上开关，您会看到明显的变化。

通过这个项目，您还可以看到结冰对叶片的影响。为此，您可以把硬纸板或其他一些重的材料黏到叶片表面上，表示结冰。然后观察风力机的性能，并与叶片上没有附加重量时的情况做对比。

第 17 章 从事风力机工作与运行人员的安全

关键术语

缆绳夹
防坠落
安全背带
系索
封锁
个人防护装备 (PPE)
挂签

目标

学习过本章之后，您应该能够：

- 解释各种与从事风力机工作有关的安全问题。
- 对从事风力机工作的各种潜在危害分类。
- 描述为什么有安全守则是重要的。
- 定义与风力机有关的多数意外事故的共同因素。
- 描述风力机工作者应遵守的常识性安全守则。
- 知道在各国由管理部门将守则标准化。
- 知道在美国每个工业作业环境必须符合 OSHA 的要求。
- 辨识在机舱中工作时的危害和风险。
- 描述 PPE 是什么意思。
- 认识到 PPE 对于不同工种来说也是不同的。
- 解释用于风力机攀爬和作业的 PPE。
- 熟悉与风力机攀爬装置有关的术语。
- 知道锁定和挂签的意思。
- 描述安全和救援的两条基本守则。
- 更加关心安全，并认识到什么东西都会出故障。

17.0 引言

在与设备和机械打交道的所有岗位上，运行人员在工作时的安全具有最高优先级。雇主有责任为工作人员提供安全的工作环境，同等的，雇员也有责任了解并重视工作中所有的危险和安全问题。

基于多年的经验、观察和分析，管理部门已经提出了一些安全守则，任何工作环境中的雇主和雇员都必须遵守。这是为了把风险降到最低，这些风险可能危及工作人员的生命和健康。如果不顾这些守则，一些错误或者特殊条件每年都会导致许多意外事故。每个人都有责任始终遵守这些安全守则。

从事风力机工作面临着很多危险。有知识的技术人员会挽救自己或者同事的生命，而不懂的技术人员会威胁到自己或者同事的生命和健康。本章谈到的内容是一般性安全事项的基本概览，技术人员都要知道。通常，在工作人员投入岗位工作之前，雇主要确保他们对危险有足够的警惕心，在发生意外事故时具备必要的知识来采取恰当的行动和救援工作，因此开展安全课程是对要去风力机上从事维护工作的工作人员和技术人员进行培训的至关重要的部分。这些课程大多是由风电公司和风力机制造商开办的。

本章为您提供一些关于安全的初步常识。对于那些有意参与风电工业的工作以及要到风力机上工作的人来说，还要学习多得多的内容。每个人都要认识到，对自己的安全负有最大责任的人就是自己。遵守安全守则可以挽救您的生命。

始终遵守安全守则是每个人的责任。

17.1 工作环境

从事风力机作业时，技术人员通常要在机舱内或机舱外以及轮毂里开展工作。除了天气决定的一些条件外，工作环境指的是：① 在一定的高度；② 有限的空间和可操作性；③ 地板和设备可能会沾满油污和油脂；④ 周围都是电气设备，可能会触电；⑤ 包含一些容易活动的机械设备。对应着每个条件，都会有危险。比如，在高处工作就有坠落的危险。

坠落可能会发生在各种高度。一个人可能会从诸如房顶或梯子这样的高处坠落，或者梯子本身会倒掉。一个人在高处作业时，其他重物和/或尖锐物体也可能会坠落。发生坠落时，在高处工作的人以及附近地面上的人都有危险。发生这些事件时，视所处的高度不同，后果可能是比较小或者比较大的，伤害甚至是致命的。比如，美国在 2008 年由于高空坠落导致的与工作相关的致命职业伤害的人数为 700[㊀]。

在高处工作的另一个问题是，由于其他危险导致意外情况发生时。举例来说，如果塔筒内失火，或者某个人从风力机顶滑落并悬在半空（被安全装置拽住），那么从惊慌中回过神来，救援受伤的人，或者接受帮助，都不是容易的事（与这些意外在地面上发生时相比）。

空间限制带来一些困难，拉长了工作时间。如果发生意外，有限的空间还会导致恐慌。电力自身就有危险。因为处于电气环境附近以及设备可能带电，就要求技术人员知道电气的危害以及要遵循的规程，比如挂好警示标识以及用标签封锁设备并禁止进入。

所有这些危险对风力机来讲格外引人注意，因为它们相互结合在一起。这并不是说从事风力机工作是一项很危险的任务、不能去。实际上，还有其他更加危险的工作环境，存在易燃气体或者有毒气体、缺氧等。这就强调要更加严格地遵守安全条例。

对自己的安全负有最大责任的人就是自己。遵守安全守则可以挽救您的生命。

与多数意外事故相关的共同因素包括没有做到以下这些事情：

- 承认已经存在问题。
- 确保工作环境提供了用于作业的安全系统。
- 遵守条例。

㊀ 来源：美国劳工部。

• 采用恰当的设备。
• 具备足够的指导或培训。
• 当某件事不受控时，具有或能提供可供遵循的安全规程。

17.2 可能的危害

说到运行人员或工作人员（即不是说风力机在运行中出了什么事，比如加速、叶片失效和破裂、塔架倒塌、风力机失火等），他们在风力机上工作的危险可以根据原因分成：

1）高度。
2）电力。
3）机械问题。
4）设备。
5）环境。
6）人员以及人际交互。

上述这些可以列在一张表里，见表17.1。

表17.1 风力机中的潜在危险

高度	电力	机械问题和设备	环境	人际交互
从房顶坠落	触电	设备故障	温度	错误的工具
物品坠落	静电/余电	工具故障	狭窄的空间	错误的情绪/压力
从梯子上坠落	弧光电势 不正确的接线	物理障碍	漏油 地板不平 照明条件 天气	错误的指导 错误的评估 错误的信息 冒险/没有遵循安全守则

对于从事风力机工作的人来说，绝对有必要了解要应对的设备和工作环境以及各种可能的危险。前面几章讲到的关于电力、齿轮箱等的知识能帮助更好地理解危险的严重性和遵守安全守则的重要性。表17.2给出了电流对人体的影响。电流的大小取决于电压和人体电阻。人体电阻要看触电的位置、皮肤以及皮肤有多潮湿、触电位置的衣服，如果触电位置之一是大地，那也包括鞋。如果电流没有经过心脏，那么会导致局部烧伤和不可恢复的身体损伤；如果电流流经心脏，那么会致人死亡。

表 17.2　电流流经人体的影响

电流/mA	影　响
小于 1	没有感觉
小于 3	轻微的感觉，可能会有突然的电击
3～10	疼痛的电击，对大多数人来说是不敢碰的电流
10～15	局部肌肉收缩，有些人的手会吸附在导体上
15～50	失去肌肉控制力，吸附在导体上，烧伤
50～100	呼吸困难，倒地，失去意识。长时间触电会致死
100～200	心脏出问题（心室纤维性颤动），如果超过 1/4s 则会致死
超过 200	心脏停跳，呼吸麻痹，如果电流不停则致死

17.3 常识性的安全守则

在所有需要安全措施的工作中，如果没有书面的或者规定的规程，那么最重要的事项之一是采用常识性的守则。如果出现了潜在的威胁，那么必须估评当时的情况以及可能的风险。有的事情可能是一个简单的问题，或者看起来像是这样，但是会引起意外事故（比如，乱扔烟头曾引发火灾）。第一条守则就是，如果出现潜在的威胁或者设备故障，永远不要冒险。切记“会出问题的地方就一定会出问题”。比如说用梯子时，如果不安全或者不牢靠，先把它修好再说。第二条守则是，“如果你必须要去做一件事却对某些风险心里没底，那么要问一问。”

在风力机上工作时，务必要遵守下列常识性守则：

- 从不单独攀爬或在风力机上工作。
- 两个人从不在同一段塔筒（在两个关闭的舱门之间）上攀爬或下降。
- 始终关闭两端塔筒的舱门。
- 除非绝对的必要，不要在带电回路上工作。
- 花点时间，以正确的方式做事情（不要赶着完成某项工作）。
- （在攀爬之前）先检查工具，确保其都没错且处于正常工作状态。
- 在穿戴攀爬装置（见 17.4 节）之前，先对其进行检查。
- 每次使用之后，都定期对攀爬装置进行检查。
- 带上一部对讲机和/或手机，用于通信。

• 不要把服务车辆的钥匙带到塔上去。

• 根据天气和温度，穿着合适的衣服。

• 不要佩戴金属首饰，尤其是在对电气系统作业时。

• 在对设备作业之前，先给电容器放电并释放电力线路上的余电。虽然电被断掉了，但是电容器还有一些电荷。输电线路也表现为电容器，所以即使断掉了电源，它们仍有一定的电压，要用一根线将它们连接到大地来中和上面的电荷。

第一条守则就是，如果出现潜在的威胁或者设备故障，永远不要冒险。

17.4 标准化的安全守则和官方条例

今天的安全操作守则都已经被条例化、标准化，并由各个国家的管理部门实施管理。在美国，是由安全标准石油职业安全与OSHA来设定和监管的。在加拿大，加拿大标准协会（CSA）的一个分支机构负责职业健康和安全（OHS）事务。OSHA 和 CSA 都开发职业健康与安全导则和规程。这些文件都写成了正规的文档，有印刷版的和电子版的，可以买得到。

由 OSHA、CSA 和其他国家的类似机构制定的安全标准详细描述了所用到的设备、测试设备的步骤和/或程序以及用来警示缺陷与危险的标识和标志的摆放等。用守则编号（代码）来区分和辨别所有的这些守则，比如可以找到下述这些类别：

• 建筑安全。

• 电气安全。

• 设备和机械安全。

• 人体工学和人为因素的安全。

• 一般工作场所的安全。

• 应急预案。

• 职业健康与安全管理系统。

这大类还可以被分成多个小类。并非所有这些条文在所有的职业中都要用到。举例来说，造船厂的安全守则所包含的内容跟离岸风电场就没什么关系（反之亦然）；再有，在检修孔中作业跟在机舱中作业也是有区别的。

OSHA 是美国安全与健康公共管理机构之一，还有很多其他组织为程序、测试、设备校准、机械零件的最小强度、电气部件的最大容差和最大值以及许多实际中会发生的相关事件和情况进行管理条例的标准化和制定工作。OSHA 制定的条例会参考其他的标准以及其他的机构，比如：

1）ANSI：美国国家标准协会。

2）CSA：加拿大标准协会。

3）ISO：国际标准化组织。

4）IEEE：电气与电子工程师协会。

5）ASME：美国机械工程师协会。

17.5 攀爬装置

为了保护一个人免受工作环境中潜在威胁的伤害，除了注意危险控制外，穿着**个人防护装备**（PPE）也是在安全标准和条例中规定的必要的和强制性的一项。危险控制指的是通过恰当的手段将潜在风险降低到最小。举例来说，如果地上有一个洞或者某个地方人容易坠落，类似于从房顶坠落的情况，那么就要在这个洞附近或者房顶上放置护栏，可能还会用到警示标志和闪烁的黄灯。

个人防护装备（PPE）用来保护处于危险工作环境中的人的设备。并非所有场合下的 PPE 都一样，而是要看工种及其环境。

个人防护装备指的是，在一个人遇到意外时用来使他避免或减少受伤风险的服装和设备。因为存在许多不同的威胁，所以为每个人准备的相应的服装和设备并不是完全相同的。例如，在化学实验室工作时所需的 PPE 与在风力机上作业或者在有污水的船舶上作业时所需的就不一样。

对比一下在风力机的机舱里工作和在轮毂中工作的风险可以知道，两者在高空坠落方面是最类似的，会发生在攀爬、下降过程中，或者在对机舱顶上的某个设备作业时，以及对许多风力机来说，要从机舱顶上走到轮毂那里的时候。因此，工作人员在风力机上作业时，绝对有必要配备一套装置（着装和设备）。正确的着装应该是长袖上衣和长裤、安全帽、安全护目镜以及防滑钢头鞋。风力机工作人员所用的攀爬装置是**防坠落**设备。手套虽然不是防坠落 PPE 的一部分，但在用梯子时它还是有帮助的。如果还有其他危险，那么就要相应地应对那些情况。比如，如果可能发生电弧闪光，那么除了上述措施外，还要有针对电弧闪光的着装和面部保护。在任何有失火风险的地方，工作人员必须穿着耐火棉制成的衣服。

防坠落
阻止从高处坠下。

电弧闪光是电流流过空气时发生的，而不是流过导体。短路时引发的大电流和火花，会导致这种情况的发生。短路以爆炸的形式释放出失控的能量，伴随着大量的热和很强的压力。造成短路的原因，可能是人在带电线路或设备附近工作时触电，也可能是不小心把工具碰到了电路的不同部分或正在运行的线路。如果工作人员的部分身体暴露在电弧闪光附近，就会非常危险。如果一个人的着装不正确，就会更加危险，因为错误的着装会着火。在运行的电力线路和设备上作业时，有可能发生电弧闪光，此时正确的个人防护设备是很有必要的，比如面罩和橡胶手套。

在任何有失火风险的地方，工作人员必须穿着耐火棉制成的衣服。

防坠落设备包括全身安全**背带**、**系索**、**缆绳夹**和带锁**扣环**，不同的制造商做出的形式也多种多样。重要的是，它们要依据美国 OSHA、加拿大 CSA 和其他国家类似机构认可的标准进行制造。防坠落设备在阻止一个人坠落的过程中，在下滑距离结束时不会对这个人产生突然的作用力，否则会伤害到这个人[⊖]。出于这个考虑，它必须像弹簧一样。系索起到了像弹簧一样的作用，满足了这个需求。OSHA 要求，设备（系索）对人施加的作用力不能超过 1800lb（8000N），坠落人员的自由落体距离限制在 6ft（1.5m）之内。整个坠落的减速部分不能超过 42in（1.07m）。一个系索一旦完成了对人员坠落的阻止，就必须废弃掉，不能再次使用。

图 17.1 和图 17.2 给出了一种常见的交叉式全身背带和系索。全身背带由一条腰带、两条腿带和一条肩带组成，它们都有用于开合的简便锁扣。穿戴之前，要先进行外观检查，看看是否有撕裂或磨损的痕迹。如果看到任何撕裂或磨损的痕迹，就必须废弃这套设备，不再使用。所有的带子都要调整到能足够紧地系在身上，当然要舒适一些。胸带和前面的 D 形环必须位于胸骨中间附近，后面的 D 形环应该在脖子以下和两肩之间。

系索有一个小的弹簧扣，用来扣到背带上，另外两个大一些的弹簧扣是用来扣到某个安全点上的，比如工作时的平台、梯子之类的。如果没有扣到任何外部的点上（比如行走时），就把它们扣到背带的侧环上，如图 17.2 所示。图 17.3 给出了典型系索弹簧扣的样子。按下弹簧扣舌头时，是打不开的，因为舌头被锁止机构锁定了。所以，即使弹簧扣的舌头碰到了外部物体，也不

背带
个人防护设备的一个部分，攀爬风力机时必须穿戴。

系索
个人防护设备的一个部分，攀爬风力机时必须用到。系索用于把人挂在一个安全的点上，阻止坠落。它包含一段像弹簧一样的部分，用来减少坠落突然停止时对人体的冲击。

缆绳夹
攀爬设备中的一件，扣在缆绳上。它可以沿着缆绳单向滑动，但会阻止相反方向的运动（阻止坠落）。

扣环
攀爬装置中的一个金属零件，用作闭合的钩子，可以可靠地连接两个环。要攀爬风力机，只能采用具有安全锁的扣环。

⊖ 考虑拴在一根绳子上坠落。当绳子到头时，身体会受到很大冲击，导致骨折，使人严重受伤。

会被意外打开。

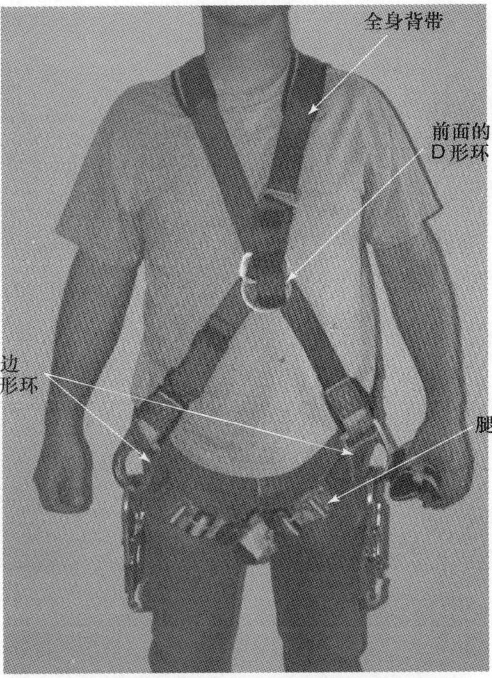

图 17.1　全身背带的前面

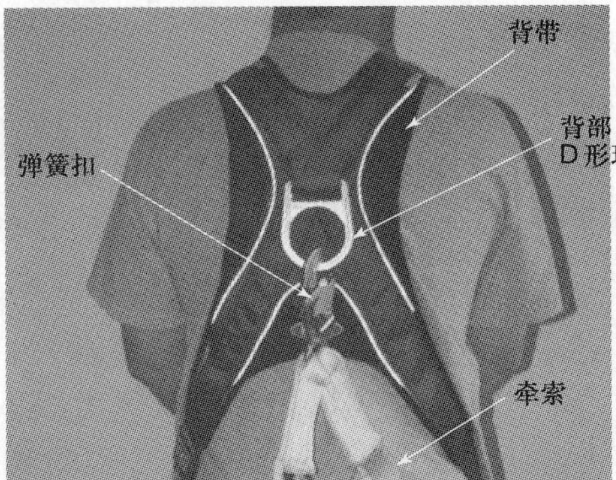

图 17.2　从后面看的全身背带和系索

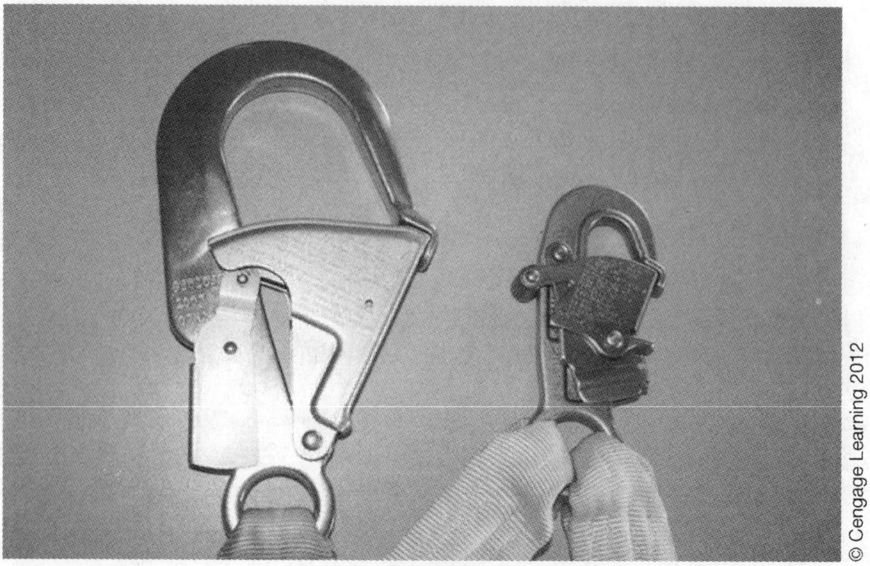

图 17.3 典型系索的弹簧扣

所有的攀爬装置和 PPE 都应该在使用前进行检查，以确保在上次用过之后其状况没有发生变化。

每次穿戴攀爬装置之前，都要进行外观检查，确保其处于最佳状态。必须爱惜攀爬装置，因为您的生命安全就靠它了。

图 17.4 描述了一个缆绳夹（也叫做缆绳套管、钢缆抓手或绳子抓手）和一个扣环。要爬风力机或从风力机下来，扣环挂在背带前面的 D 形环上，缆绳夹卡在沿着塔筒梯子的缆绳上（请看图 5.4 中梯子后面的钢缆）。万一攀爬者突然失去控制并从梯子上坠落，那么缆绳夹的作用是锁定到钢缆上，使得他/她不再下滑，保持在原有位置不动。只要攀爬者维持其控制力，缆绳夹就会在钢缆上滑动，使得攀爬者能够在梯子上上来下去。能用的扣环是带锁的那种，其锁舌意外碰到什么东西不会被打开。图 17.5 说明了缆绳夹是怎么夹住钢缆的。

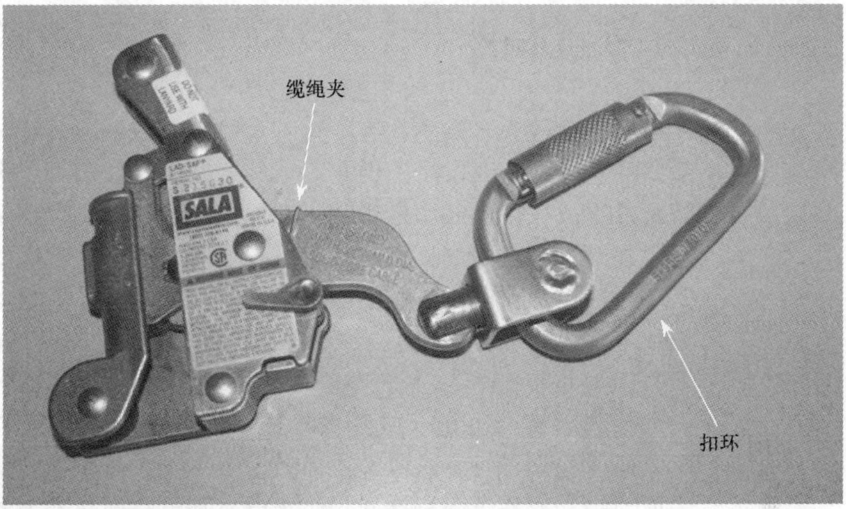

图 17.4　缆绳夹和扣环

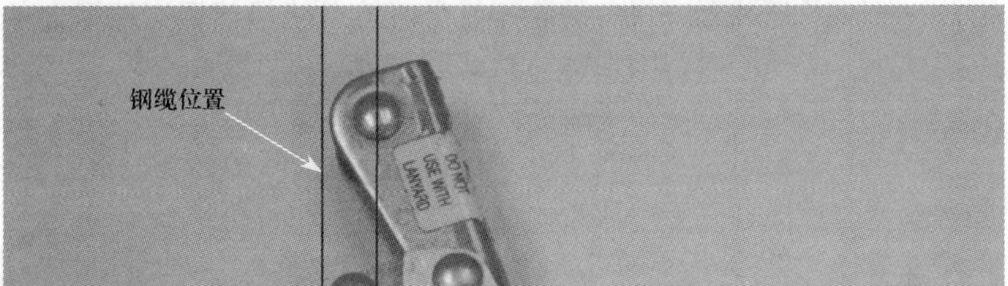

图 17.5　缆绳夹和钢缆被夹住时的位置

17.6 风险最小化

意外事故大多发生在有不止一个原因导致风险的情况下。尽管我们企图防止其发生，但它们依然会发生。我们可以做的，是将意外事故发生的几率最小化，即便发生了，损坏也要最小化。

在有潜在危险的机械和设备上作业时，一个非常重要的问题是防止其他工作人员不明情况就进入危险区域，或者起动正在维修或者有人正在上面作业的机械或电路。这是很有可能发生的事，因为并非每个人对工作场所当时发生的事情都有所警觉。有的人想起动某台电机，或者操作照明开关，或者给某条线路上电，而这些设备已经被停掉了，另一个工作人员正在维修。必须采取**封锁**和**挂签**这两种措施，防止电机和电路被意外通电。封锁指的是不安全的设备或者有危险的装置、包含这种装置的地方以及该装置或设备的通道或坐落地点的门被切实地锁上了。并且，必须同时清晰地标明是谁锁上的以及谁是委托联系人。受委托的雇员可以是从事服务或维护的人，也可以是这个人的上司。挂签的意思是在装置或设备上放置一个清晰的标签，指明这里有危险情况，并给出放置该标签的委托人姓名和联系方式。

封锁
锁上某个危险区域或装置的措施，限制进入。

挂签
在装置上或危险地点的入口处放置提示牌来警示别人的措施。

意外发生时，必须以最佳方式应对，从而最小化其损害。从事风力机工作的人，除了遵守安全守则外，还必须要学习如何脱离危险地带以及如何救援遭受意外或者面临威胁的同事。自救和救助他人需要专门的培训，所有从事风力机工作的人员都要接受这方面的训练。雇主必须提供这些培训活动所需的额外设备。

因为当塔筒中失火或冒烟时，梯子和升降机可能无法使用，所以风力机工作人员必须学习如何在不用梯子（在最新的塔筒中是升降机）的情况下，利用这些设备从机舱回到地面。机舱地板上有个地方有一个专门的舱门，打开之后能够通到外面。这个开口是用来逃离机舱到达塔筒之外。

风力机工作人员还必须学习如何救援遇到意外或者因健康问题而需要帮助的同事。这种情况下，首要的安全守则是“不要拿你自己的安全冒险。”否则，会使问题更麻烦，而不是提供解决措施，而且不是一个人受伤，是更多的人需要救助。如果遇到这种情况，那么要做的第一件事就是请求支援以及医疗帮助。受伤的人必须被带到塔下，可以从塔内也可以从塔外，这要视情况而定，但是都要用恰当的专用设备。请求支援之后，应该评估当时的情况，做出正确的决定和行动。

关于安全事项和救援措施的更多内容，超出了本书的范围，需要进行这方面的专门培训。总之，应当始终切记“不要抱侥幸心理。把任何危害的风险都降到最低。”

救援别人时，首要的安全守则是“不要拿你自己的安全冒险。”

进阶学习

在 17.5 节的讨论中曾经讲过，牵索用起来必须像弹簧一样。实际上，牵索包含了一个弹性零件，用起来与弹簧类似，这样可以使阻止坠落时的停止动作变得平滑。那里给出的可接受的数据，是根据计算得来的。

考虑一根绳子（而非弹簧），一端拴在固定的点上，另一端拴着一个重块。重块放在搁板上，绳子是松的（没有拉紧），没有承受重块的重量。如果把重块推下去，绳子会阻止它掉到地上。这个过程中，绳子会被及时拽到最大长度，达到某个点。此时，重块和绳子都经受着很大的力。重物的惯性力向下拉绳子，在绳子上产生拉力。同时，绳子向上拉重块，使之停止。这两个相等的力（重块的惯性力和绳子的拉力）的大小取决于绳子的长度，或者说重物下落的高度。绳子越长，力越大。

为了做对比，现在假设在绳子上加一个弹簧，那么绳子变短了，但整个长度不变。如果重块此时落下，在某个点时将惯性力施加给弹簧，弹簧就会被拉长。同时，弹簧会给重块施加一个向上的力，力的大小取决于它被拉长了多少（拉长的长度是逐渐增加的）。

后一种情况与前一种情况有两个不同：一个是，施加给重块的向上的力从零开始，逐步增大到最大值，这样重块不会受到冲击（在零点几秒内施加一个很大的力）；还有一个是，力的最大值比前一种情况的要小。

弹簧的选择非常重要。如果太硬，那么力就会很大。极端情况下，就跟没有弹簧差不多。如果太软，那么弹簧拉伸（坠落减速的部分）就太多。

17.5 节中的两个数字（1800lb 和 42in）相互制约。利用这个问题的数学公式，可以确定这些值，并算出弹簧的弹性（或刚性）。给出的数值为，一个用牵索的人最重可以是 300lb（136kg）。

17.7 本章小结

- 在风力机上作业时，技术人员和工作人员都面临着多种危险。这些危险主要是由于高空、狭窄的环境、电气设备和风力机可能的晃动。
- 从高空坠落是最严重的危害。美国在 2008 年由于高空坠落导致的与工作相关的致命的职业伤害的人数为 700。
- 人为失误或缺乏知识和忽视安全守则在意外事故的原因中比较突出。
- 技术人员一定要学习安全守则并认真遵守。雇主会为工作人员提供安全和救援方面的培训。
- 雇主有责任为工作人员提供安全的环境。此外，因为从事风力机工作的危险性质，工作人员也有责任保证好自身的安全和其他工作人员的安全。
- 安全条例是由各国管理部门制定和监管的。在美国，这些条例是由 OSHA 制定的。
- 好的技术人员应该有的心态是"安全是第一位的，无论何时。"
- 对于有危险的任何工作，要采用 PPE 从而减少发生意外的风险。并非所有工种的 PPE 都一样，要看该工种风险的性质以及工作环境。
- 对于在风力机上的工作，PPE 包括攀爬装置、安全帽和防坠落设备。最简单的情况是，攀爬装置包括要穿在身上的安全背带、缆绳夹和带锁扣环。防坠落装置是一套系索，工作人员可以在工作时靠它把自己挂在一个安全的点上。
- 风力机工作人员要切记，穿着长袖上衣和长裤、身上（或口袋里）不佩戴首饰或者不必要的东西是正确着装的一部分内容。在爬梯子时，手套是很有用的。
- 每次使用之前，都必须检查 PPE，确保其处于完好的状态。还有必要对其进行定期检查，比如年度检查，这要看使用的频率。

• 工作时遵守挂签和封锁行为是好的安全措施。挂签是指在装置或设备上放置标签，通知其他人这里有危险。封锁指的是切实锁住设备或装置、或者包含该装置的地点，防止他人进入。

• 除了安全培训，从事风力机工作的技术人员要接受自救培训，以备万一要在不适用塔筒内梯子的情况下逃离风力机。

• 工作人员还必须学习如何救援可能身陷意外的同事。首先要遵守的原则是，在救援行动中，他或她不能拿自己的安全去冒险。

复习题

1. 从事风力机工作时，为什么安全如此重要？
2. 从事风力机工作时，有什么潜在危险？
3. 高空作业的风险是什么？
4. 列出多数意外事故的共同原因。
5. 常识性的安全守则是什么意思？
6. 为何两个人不能在同一时间攀爬风力机塔筒的同一段？
7. 如果风力机塔筒两段之间的舱门一直开着，有什么风险？
8. OSHA 代表什么？
9. PPE 代表什么？
10. 从事风力机工作时，什么是最重要的风险？
11. 攀爬风力机时，什么是正确的 PPE？
12. 牵索的重要性是什么？
13. 封锁包括什么？
14. 封锁和挂签有何区别？
15. 对您的安全负有最大责任的是谁？
16. 最重要的安全守则是什么？
17. 救援工作中，什么是首要的教训（或原则）？

附 录

附录 A 不同温度下的空气密度

空气密度跟其他任何气体一样，依赖于温度和压强。表 A.1 ~ 表 A.4 给出了与风力机相关的一系列条件下的空气密度。温度变化可以代表从寒冬到炎夏的转变。因为气压随着高度（距离地面的高度）变化，所以计算时采用了不断增加的高度。表 A.1 和表 A.2 对应着风力机运行区域内高度的变化，风力机大约处于海平面的高度。表 A.3 和表 A.4 则给出了处于较高地面时的数据。

这些表格用于干燥的空气。空气里的潮气也会改变密度，相应的数据要看湿度的大小。

表 A.1 在不同温度和压强下在海平面附近空气密度的变化（单位：lb/ft^3，英制单位）

高度/ft	压强/Pa	压强/psi	−50℉	−40℉	−30℉	−20℉	−10℉	0℉	10℉	20℉	30℉	32℉
海平面	101325.0	14.69213	0.096720	0.094415	0.092218	0.090120	0.088116	0.086199	0.084364	0.082605	0.080918	0.080589
30	101215.2	14.67621	0.096615	0.094313	0.092118	0.090023	0.088021	0.086106	0.084272	0.082516	0.080830	0.080502
60	101105.5	14.66030	0.096510	0.094211	0.092018	0.089925	0.087925	0.086013	0.084181	0.082426	0.080743	0.080414
90	100996.0	14.64442	0.096406	0.094109	0.091918	0.089828	0.087830	0.085919	0.084090	0.082337	0.080655	0.080327
120	100886.6	14.62855	0.096301	0.094007	0.091819	0.089730	0.087735	0.085826	0.083999	0.082248	0.080568	0.080240
150	100777.2	14.61270	0.096197	0.093905	0.091719	0.089633	0.087640	0.085733	0.083908	0.082159	0.080481	0.080153
180	100668.0	14.59687	0.096093	0.093803	0.091620	0.089536	0.087545	0.085640	0.083817	0.082070	0.080394	0.080066
210	100559.0	14.58105	0.095989	0.093701	0.091521	0.089439	0.087450	0.085548	0.083726	0.081981	0.080306	0.079980
240	100450.0	14.56525	0.095885	0.093600	0.091421	0.089342	0.087355	0.085455	0.083635	0.081892	0.080219	0.079893
270	100341.2	14.54947	0.095781	0.093498	0.091322	0.089245	0.087261	0.085362	0.083545	0.081803	0.080132	0.079806
300	100232.4	14.53370	0.095677	0.093397	0.091223	0.089149	0.087166	0.085270	0.083454	0.081714	0.080046	0.079720
330	100123.8	14.51795	0.095573	0.093296	0.091125	0.089052	0.087072	0.085177	0.083364	0.081626	0.079959	0.079634
360	100015.3	14.50222	0.095470	0.093195	0.091026	0.088955	0.086977	0.085085	0.083273	0.081537	0.079872	0.079547
390	99907.0	14.48651	0.095366	0.093094	0.090927	0.088859	0.086883	0.084993	0.083183	0.081449	0.079786	0.079461
420	99798.7	14.47081	0.095263	0.092993	0.090829	0.088763	0.086789	0.084901	0.083093	0.081361	0.079699	0.079375
450	99690.6	14.45513	0.095160	0.092892	0.090730	0.088667	0.086695	0.084809	0.083003	0.081273	0.079613	0.079289

高度/ft	压强/Pa	压强/psi	40℉	50℉	60℉	70℉	80℉	90℉	100℉	高度/ft
海平面	101325.0	14.69213	0.079299	0.077743	0.076247	0.074807	0.073421	0.072085	0.070797	0
30	101215.2	14.67621	0.079213	0.077659	0.076164	0.074726	0.073342	0.072007	0.070721	30
60	101105.5	14.66030	0.079127	0.077574	0.076082	0.074645	0.073262	0.071929	0.070644	60
90	100996.0	14.64442	0.079041	0.077490	0.075999	0.074564	0.073183	0.071851	0.070568	90
120	100886.6	14.62855	0.078956	0.077406	0.075917	0.074484	0.073103	0.071773	0.070491	120
150	100777.2	14.61270	0.078870	0.077323	0.075835	0.074403	0.073024	0.071696	0.070415	150
180	100668.0	14.59687	0.078785	0.077239	0.075752	0.074322	0.072945	0.071618	0.070338	180

（续）

高度/ft	压强/Pa	压强/psi	40℉	50℉	60℉	70℉	80℉	90℉	100℉	高度/ft
海平面	101325.0	14.69213	0.079299	0.077743	0.076247	0.074807	0.073421	0.072085	0.070797	0
210	100559.0	14.58105	0.078699	0.077155	0.075670	0.074242	0.072866	0.071540	0.070262	210
240	100450.0	14.56525	0.078614	0.077071	0.075588	0.074161	0.072787	0.071463	0.070186	240
270	100341.2	14.54947	0.078529	0.076988	0.075506	0.074081	0.072708	0.071385	0.070110	270
300	100232.4	14.53370	0.078444	0.076905	0.075425	0.074001	0.072629	0.071308	0.070034	300
330	100123.8	14.51795	0.078359	0.076821	0.075343	0.073921	0.072551	0.071231	0.069958	330
360	100015.3	14.50222	0.078274	0.076738	0.075261	0.073840	0.072472	0.071154	0.069882	360
390	99907.0	14.48651	0.078189	0.076655	0.075180	0.073760	0.072394	0.071077	0.069807	390
420	99798.7	14.47081	0.078104	0.076572	0.075098	0.073680	0.072315	0.071000	0.069731	420
450	99690.6	14.45513	0.078020	0.076489	0.075017	0.073601	0.072237	0.070923	0.069655	450

表 A.2 在不同温度和压强下在海平面附近空气密度的变化（单位：kg/m^3，公制单位）

高度/m	压强/Pa	-50℃	-40℃	-30℃	-20℃	-10℃	0℃	10℃	15℃	20℃	30℃	40℃	50℃	高度/m
海平面	101325.0	1.58180	1.51396	1.45169	1.39435	1.34136	1.29225	1.24661	1.22498	1.20409	1.16437	1.12719	1.09231	0
10	101204.9	1.57993	1.51216	1.44997	1.39269	1.33977	1.29072	1.24514	1.22353	1.20266	1.16299	1.12585	1.09101	10
20	101085.0	1.57805	1.51037	1.44825	1.39104	1.33818	1.28919	1.24366	1.22208	1.20124	1.16161	1.12452	1.08972	20
30	100965.2	1.57618	1.50858	1.44654	1.38940	1.33660	1.28766	1.24219	1.22063	1.19981	1.16024	1.12319	1.08843	30
40	100845.6	1.57432	1.50679	1.44482	1.38775	1.33501	1.28614	1.24072	1.21919	1.19839	1.15886	1.12185	1.08714	40
50	100726.1	1.57245	1.50501	1.44311	1.38610	1.33343	1.28461	1.23925	1.21774	1.19697	1.15749	1.12052	1.08585	50
60	100606.8	1.57059	1.50322	1.44140	1.38446	1.33185	1.28309	1.23778	1.21630	1.19555	1.15612	1.11920	1.08456	60
70	100487.5	1.56873	1.50144	1.43969	1.38282	1.33027	1.28157	1.23631	1.21486	1.19414	1.15475	1.11787	1.08328	70
80	100368.5	1.56687	1.49966	1.43799	1.38118	1.32870	1.28005	1.23485	1.21342	1.19272	1.15338	1.11655	1.08199	80
90	100249.5	1.56501	1.49789	1.43628	1.37955	1.32712	1.27854	1.23338	1.21198	1.19131	1.15201	1.11522	1.08071	90
100	100130.8	1.56316	1.49611	1.43458	1.37791	1.32555	1.27702	1.23192	1.21054	1.18990	1.15065	1.11390	1.07943	100
110	100012.1	1.56130	1.49434	1.43288	1.37628	1.32398	1.27551	1.23046	1.20911	1.18849	1.14928	1.11258	1.07815	110
120	99893.6	1.55945	1.49257	1.43118	1.37465	1.32241	1.27400	1.22900	1.20768	1.18708	1.14792	1.11126	1.07688	120
130	99775.2	1.55761	1.49080	1.42949	1.37302	1.32084	1.27249	1.22755	1.20625	1.18567	1.14656	1.10995	1.07560	130
140	99657.0	1.55576	1.48903	1.42779	1.37139	1.31928	1.27098	1.22609	1.20482	1.18427	1.14520	1.10863	1.07432	140
150	99538.9	1.55392	1.48727	1.42610	1.36977	1.31771	1.26947	1.22464	1.20339	1.18286	1.14385	1.10732	1.07305	150
160	99421.0	1.55208	1.48551	1.42441	1.36814	1.31615	1.26797	1.22319	1.20196	1.18146	1.14249	1.10601	1.07178	160
170	99303.2	1.55024	1.48375	1.42272	1.36652	1.31459	1.26647	1.22174	1.20054	1.18006	1.14114	1.10470	1.07051	170
180	99185.5	1.54840	1.48199	1.42104	1.36490	1.31304	1.26497	1.22029	1.19912	1.17866	1.13978	1.10339	1.06924	180
190	99068.0	1.54657	1.48023	1.41935	1.36329	1.31148	1.26347	1.21885	1.19770	1.17727	1.13843	1.10208	1.06797	190
200	98950.6	1.54473	1.47848	1.41767	1.36167	1.30993	1.26197	1.21740	1.19628	1.17587	1.13708	1.10077	1.06671	200

表 A.3 在不同温度和压强下在地面附近不同高度处空气密度的变化（单位：lb/ft^3，英制单位）

高度/ft	压强/Pa	压强/psi	-50℉	-40℉	-30℉	-20℉	-10℉	0℉	10℉	20℉	30℉	32℉
0	101325.0	14.69213	0.096720	0.094415	0.092218	0.090120	0.088116	0.086199	0.084364	0.082605	0.080918	0.080589
1000	97728.7	14.17066	0.093287	0.091064	0.088945	0.086922	0.084989	0.083140	0.081370	0.079673	0.078046	0.077729
2000	94260.0	13.66771	0.089976	0.087832	0.085788	0.083837	0.081972	0.080189	0.078482	0.076845	0.075276	0.074970
3000	90914.5	13.18260	0.086782	0.084715	0.082743	0.080861	0.079063	0.077343	0.075696	0.074118	0.072604	0.072309

（续）

高度/ft	压强/Pa	压强/psi	−50°F	−40°F	−30°F	−20°F	−10°F	0°F	10°F	20°F	30°F	32°F
4000	87687.7	12.71472	0.083702	0.081708	0.079806	0.077991	0.076257	0.074598	0.073009	0.071487	0.070027	0.069743
5000	84575.4	12.26344	0.080731	0.078808	0.076974	0.075223	0.073550	0.071950	0.070418	0.068950	0.067542	0.067267
6000	81573.6	11.82818	0.077866	0.076011	0.074242	0.072553	0.070940	0.069396	0.067919	0.066503	0.065145	0.064880
7000	78678.4	11.40836	0.075102	0.073313	0.071607	0.069978	0.068422	0.066933	0.065508	0.064142	0.062833	0.062577
8000	75885.9	11.00345	0.072437	0.070711	0.069065	0.067494	0.065993	0.064558	0.063183	0.061866	0.060602	0.060356
9000	73192.5	10.61291	0.069866	0.068201	0.066614	0.065099	0.063651	0.062266	0.060941	0.059670	0.058452	0.058214
10000	70594.7	10.23623	0.067386	0.065780	0.064249	0.062788	0.061392	0.060056	0.058778	0.057552	0.056377	0.056148
11000	68089.1	9.87291	0.064994	0.063446	0.061969	0.060560	0.059213	0.057925	0.056691	0.055510	0.054376	0.054155
12000	65672.4	9.52250	0.062688	0.061194	0.059770	0.058410	0.057111	0.055869	0.054679	0.053539	0.052446	0.052233
13000	63341.5	9.18452	0.060463	0.059022	0.057648	0.056337	0.055084	0.053886	0.052739	0.051639	0.050585	0.050379
14000	61093.4	8.85854	0.058317	0.056927	0.055602	0.054338	0.053129	0.051973	0.050867	0.049806	0.048789	0.048591
15000	58925.0	8.54412	0.056247	0.054907	0.053629	0.052409	0.051243	0.050129	0.049061	0.048039	0.047057	0.046866

高度/ft	压强/Pa	压强/psi	40°F	50°F	60°F	70°F	80°F	90°F	100°F	高度/ft
0	101325.0	14.69213	0.079299	0.077743	0.076247	0.074807	0.073421	0.072085	0.070797	0
1000	97728.7	14.17066	0.076484	0.074984	0.073541	0.072152	0.070815	0.069527	0.068285	1000
2000	94260.0	13.66771	0.073770	0.072322	0.070930	0.069591	0.068302	0.067059	0.065861	2000
3000	90914.5	13.18260	0.071151	0.069755	0.068413	0.067121	0.065878	0.064679	0.063523	3000
4000	87687.7	12.71472	0.068626	0.067279	0.065985	0.064739	0.063539	0.062383	0.061269	4000
5000	84575.4	12.26344	0.066190	0.064892	0.063643	0.062441	0.061284	0.060169	0.059094	5000
6000	81573.6	11.82818	0.063841	0.062588	0.061384	0.060225	0.059109	0.058034	0.056997	6000
7000	78678.4	11.40836	0.061575	0.060367	0.059205	0.058088	0.057011	0.055974	0.054974	7000
8000	75885.9	11.00345	0.059390	0.058224	0.057104	0.056026	0.054988	0.053987	0.053023	8000
9000	73192.5	10.61291	0.057282	0.056158	0.055077	0.054037	0.053036	0.052071	0.051141	9000
10000	70594.7	10.23623	0.055249	0.054165	0.053122	0.052119	0.051154	0.050223	0.049326	10000
11000	68089.1	9.87291	0.053288	0.052242	0.051237	0.050270	0.049338	0.048440	0.047575	11000
12000	65672.4	9.52250	0.051396	0.050388	0.049418	0.048485	0.047587	0.046721	0.045886	12000
13000	63341.5	9.18452	0.049572	0.048600	0.047664	0.046764	0.045898	0.045063	0.044258	13000
14000	61093.4	8.85854	0.047813	0.046875	0.045973	0.045105	0.044269	0.043464	0.042687	14000
15000	58925.0	8.54412	0.046116	0.045211	0.044341	0.043504	0.042698	0.041921	0.041172	15000

表 A.4　在不同温度和压强下在地面附近不同高度处空气密度的变化（单位：kg/m^3，公制单位）

高度/m	压强/Pa	−50℃	−40℃	−30℃	−20℃	−10℃	0℃	10℃	15℃	20℃	30℃	40℃	50℃	高度/m
海平面	101325.0	1.58180	1.51396	1.45169	1.39435	1.34136	1.29225	1.24661	1.22498	1.20409	1.164137	1.12719	1.09231	0
250	98365.7	1.53560	1.46974	1.40929	1.35362	1.30218	1.25451	1.21021	1.18921	1.16892	1.13036	1.09427	1.06040	250
500	95492.9	1.49075	1.42681	1.36813	1.31409	1.26415	1.21787	1.17486	1.15447	1.13478	1.09735	1.06231	1.02943	500
750	92704.0	1.44722	1.38514	1.32818	1.27571	1.22723	1.18230	1.14055	1.12076	1.10164	1.06530	1.03128	0.99937	750
1000	89996.5	1.40495	1.34469	1.28939	1.23845	1.19139	1.14777	1.10724	1.08802	1.06947	1.03419	1.00116	0.97018	1000
1250	87368.1	1.36392	1.30542	1.25173	1.20228	1.15659	1.11425	1.07490	1.05625	1.03823	1.00398	0.97192	0.94185	1250
1500	84816.4	1.32408	1.26729	1.21517	1.16717	1.12282	1.08171	1.04351	1.02540	1.00791	0.97466	0.94354	0.91434	1500
1750	82339.3	1.28541	1.23028	1.17968	1.13308	1.09002	1.05012	1.01303	0.99545	0.97847	0.94620	0.91598	0.88764	1750
2000	79934.5	1.24787	1.19435	1.14523	1.09999	1.05819	1.01945	0.98344	0.96638	0.94990	0.91856	0.88923	0.86171	2000

（续）

高度/m	压强/Pa	-50℃	-40℃	-30℃	-20℃	-10℃	0℃	10℃	15℃	20℃	30℃	40℃	50℃	高度/m
海平面	101325.0	1.58180	1.51396	1.45169	1.39435	1.34136	1.29225	1.24661	1.22498	1.20409	1.164137	1.12719	1.09231	0
2250	77600.0	1.21143	1.15947	1.11178	1.06786	1.02728	0.98967	0.95472	0.93816	0.92215	0.89174	0.86326	0.83655	2250
2500	75333.6	1.17604	1.12560	1.07931	1.03668	0.99728	0.96077	0.92684	0.91076	0.89522	0.86569	0.83805	0.81211	2500
2750	73133.5	1.14170	1.09273	1.04779	1.00640	0.96815	0.93271	0.89977	0.88416	0.86908	0.84041	0.81357	0.78840	2750
3000	70997.6	1.10835	1.06082	1.01719	0.97701	0.93988	0.90547	0.87349	0.85833	0.84369	0.81586	0.78981	0.76537	3000
3250	68924.0	1.07598	1.02983	0.98748	0.94847	0.91243	0.87903	0.84798	0.83327	0.81905	0.79204	0.76674	0.74302	3250
3500	66911.1	1.04456	0.99976	0.95864	0.92077	0.88578	0.85335	0.82321	0.80893	0.79513	0.76890	0.74435	0.72132	3500
3750	64956.9	1.01405	0.97056	0.93064	0.89388	0.85991	0.82843	0.79917	0.78531	0.77191	0.74645	0.72261	0.70025	3750
4000	63059.8	0.98444	0.94221	0.90346	0.86777	0.83480	0.80424	0.77583	0.76237	0.74937	0.72465	0.70151	0.67980	4000
4250	61218.1	0.95568	0.91469	0.87708	0.84243	0.81042	0.78075	0.75317	0.74010	0.72748	0.70348	0.68102	0.65994	4250
4500	59430.2	0.92777	0.88798	0.85146	0.81783	0.78675	0.75794	0.73118	0.71849	0.70623	0.68294	0.66113	0.64067	4500
4750	57694.5	0.90068	0.86205	0.82659	0.79394	0.76377	0.73581	0.70982	0.69750	0.68561	0.66299	0.64182	0.62196	4750
5000	56009.4	0.87437	0.83687	0.80245	0.77075	0.74146	0.71432	0.68909	0.67713	0.66558	0.64363	0.62308	0.60379	5000

附录 B　不同形状的阻力系数

不同形状的阻力系数如图 B.1 所示。为了分析相对阻力，所有物体必须具有相等的前向面积。

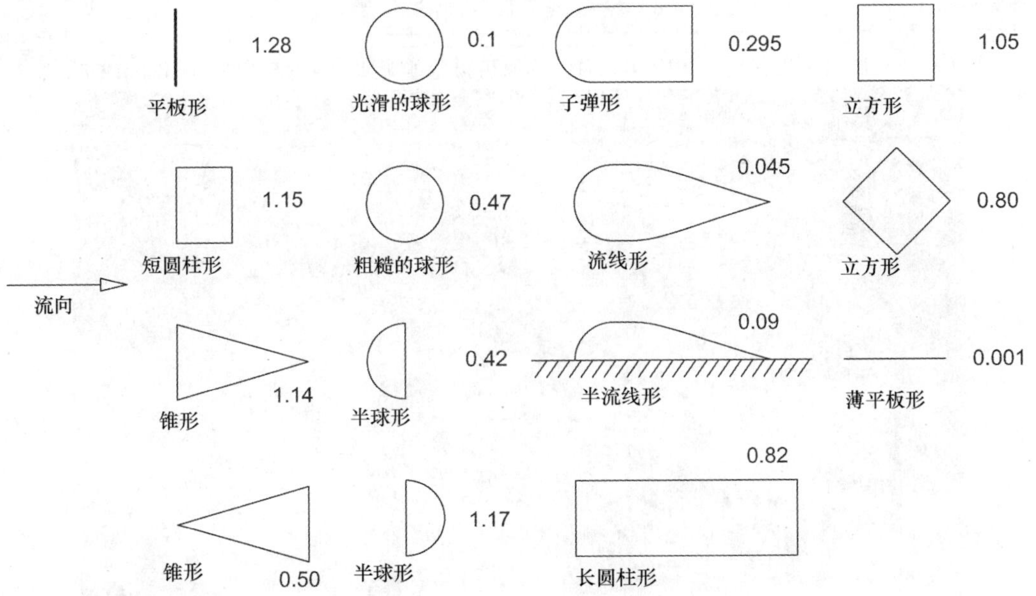

图 B.1　不同形状的阻力系数

附录 C　至 2010 年春美国和加拿大的装机容量

美国和加拿大的装机容量如图 C.1 和图 C.2 所示。

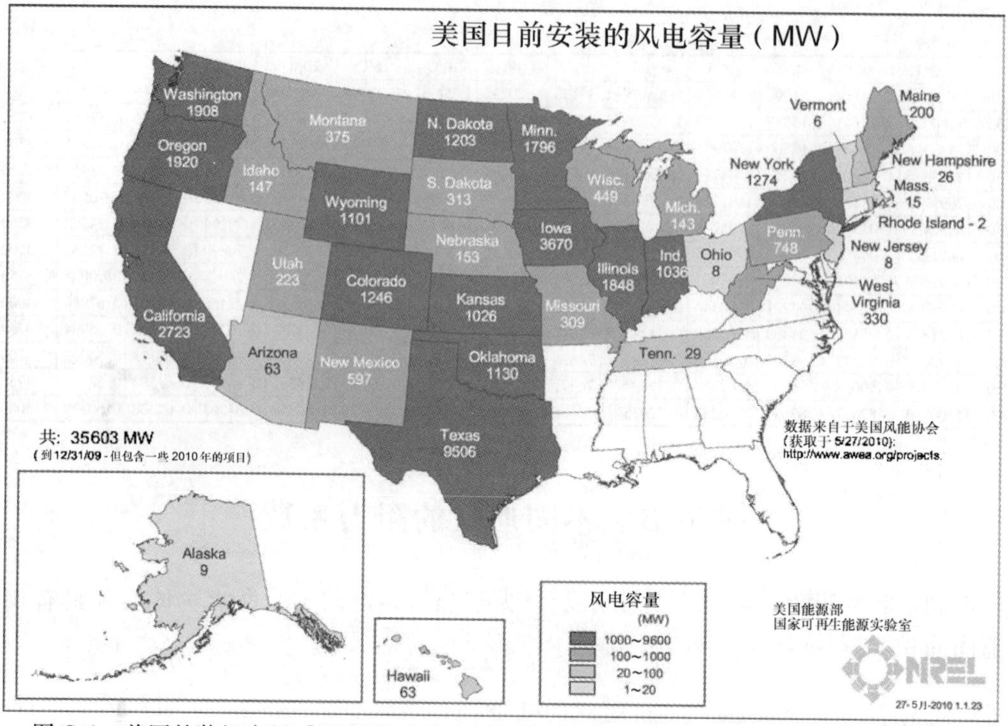

图 C.1 美国的装机容量［2010 年 5 月，国家可再生能源实验室/能源部（NREL/DOE）］

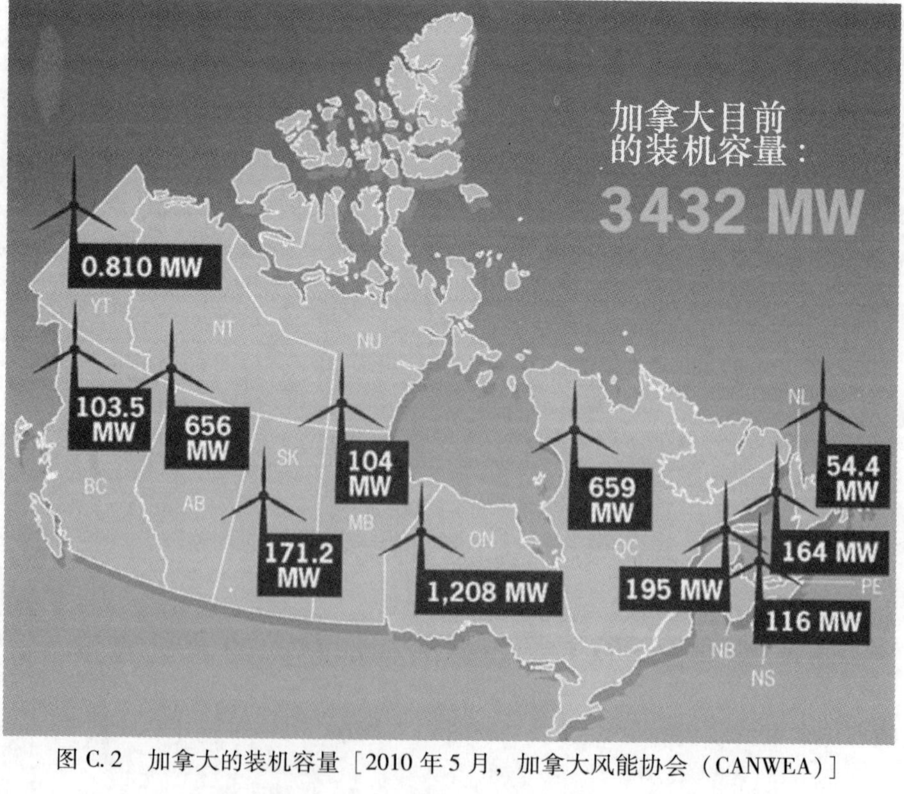

图 C.2 加拿大的装机容量［2010 年 5 月，加拿大风能协会（CANWEA）］

附录D　术　语　表

A

磨损

机械部件的耗损，这些部件中两个匹配的部分会相互研磨。

主动偏航

可控的偏航运动，可借助偏航电动机将风力机朝向风向，与风力调节的偏航运动相对。

空气动力

由运动的空气或其他任何气体施加给在气流中的物体上的力。

翼型

机翼或者风力机叶片的外部轮廓的剖面形状，特性表现为具有大的升力系数和很小的阻力系数。

轴对齐

使得各个（例如两根轴的）轴线沿着同一条直线。

交变电流（交流）

电的一种形式，电子的流动不是同一个方向。这种电子流叫做电流，连续改变方向。

交流发电机

发出交流电流的发电机。

幅度

周期性振动的瞬时值在最大值和最小值之间随着时间变化。

风速计

用于测量风速的部件。

攻角

翼或者薄板与气流之间所形成的夹角。

角速度

物体围绕一个轴线转动的旋转速度，单位为r/min、°/s以及rad/s。

ANSI

美国国家标准协会。

电弧闪光

导体外部（在空气中）的一股电力流，由短路引起，会在空气中产生高压和高温。

臂

行星齿轮的一个部件，把行星轮抓在一起，也叫做承载器。

ASME

美国机械工程师协会。

异步发电机

感应发电机的另一种叫法，不是一种同步发电机，且工作原理也与之不同。

异步电机

涵盖异步电动机和异步发电机的通用名称。

自耦变压器

这种变压器中，一次和二次绕组属于同一绕组的一部分。一次和二次绕组在电气上是不隔离的。

AWEA

美国风能协会。

B

游移

由于两个啮合齿轮的齿之间存在非接触的自由空间，导致它们之间自由运动。

平衡负载

在三相电气系统中，三个负载具有相同的值。

机座

机舱中的主要结构件，所有的零部件都安装或固定在这上面。

贝兹极限

风力机功率系数的最大值，为 16/27 或 0.59。

锥齿轮

对于这种类型，一对齿轮的轴线呈 90°。

叶片的桨距控制

推动风力机叶片围绕其轴线相对于轮毂转动的能力，这样可以改变叶片的桨距角。

叶根

叶片被固定在轮毂上的那一端。

叶尖

叶片的自由端，运动时划出最大的圆周。

桥式整流器

一种全波整流器，两组二极管交替导通。交流电的全电压被变换为直流。

电刷

电机中由碳制成的一个部件，它在导体上滑动，从而让电能从运动部件传送到静止部件上。

C

缆绳夹

攀爬设备中的一件，扣在缆绳上。它可以沿着缆绳单向滑动，但会阻止相反方向的运动（阻止坠落）。

容抗

电容器在交变电流电路中表现出的对电流的阻力（限制电流）。

扣环

攀爬装置中的一个金属零件，用作闭合的钩子，可以可靠地连接两个环。要攀爬风力机的话，只能采用具有安全锁的扣环。

承载器

行星齿轮的一个部件，把行星轮抓在一起，也叫做臂。

空穴作用

金属性旋转零件和某种液体之间的反应，比如在齿轮箱或泵中的情况，这种反应会导致金属被侵蚀并形成空穴。

离心力

在旋转物体内向外的力，它趋向于脱离该物体。

特性曲线

呈现某种关系的曲线，而该关系对应着某台电机或设备的主要特征，这些特征则用某个主要参数的变化来描述。

特性图

特性曲线的另一种说法。

弦

翼的前缘与后缘之间的距离。

弦线

翼中连接前缘与后缘的直线。

汇集站

是风电场中所有机组输出的共同接入点，并进一步通过一台变压器接入电网。

复利

经济学用语，是指资金的利息循环叠加在资金上，从而增加资金。

圆锥角

风力机的叶片与垂直于旋转轴线的平面之间的夹角。

检修维护

零部件损坏后进行修理（如果还能运行，就不修理）的一种维护方式，与预防维护相对。

资金成本

为了给投资活动或给某个项目支付费用来提供资金，必须花费的钱（以百分比表示）。

撬棒

一套电阻器，仅在发电机从电网脱开、其负载小时的情况下投入运行。这些电阻器形成了发电机的临时负载，所以风力机不会超速。

CSA

加拿大标准协会。

电流

电力流动的密度，单位为安培。

交变电流

电的一种形式，电子流连续的改变方向。

直流电流

电的一种形式，电子始终沿同一方向流动。

线电流

三相电力系统中供电线的电流。

相电流

经过连接于三相系统任两线之间的负荷电流。

电流方向

电子流动的方向。从物理上讲，在电池的外部，这个方向是从负极端子指向正极端子。不过按照惯例，这个方向被认为是从正极端子指向负极端子。

切入速度

等同于切入风速。

切入风速

风速的一种，风力机设计为低于该风速时不发电并从电网中切除。风力机处于自由状态，直到风速超过这个速度并维持某个最短的时间长度。

切出速度

等同于切出风速。

切出风速

速度的一种，风力机设计为高于该风速时不运行，或者说不能安全运行。风力机停机并从电网断开，叶片都转到顺桨位置，并且实施制动。

D

达里厄风力机

一种垂直轴的风力机，看起来像打蛋器。

△联结

将三相电接到负载的一种连接方法，负载中三个单独的负载形成一个三角形。

DFIG

双馈感应发电机。

二极管

具有两个端子的半导体，正常情况下只允许电流单向流动。

直流电流

电的一种形式，电子总是沿着一个方向流动，与交变电流相对。

直驱模式

风力机直接与发电机相连，两者之间没有齿轮箱。

贴现率

经济学用语，是指能以这样的比率借钱（实际中它与利率是一样的）。

调度系统

一套通信系统，借助这套系统把运行情况告知所有的参与者。最常见的例子就是城市出租车公司用的系统。

分布式发电系统

包含不止一个发电厂的发电系统。

顺风风力机

对于这种风力机的风轮，风在到达叶片之前会先碰到塔架。

驱动齿轮

也叫做主动齿轮，是向其啮合齿轮传递能量的齿轮。

双馈感应发电机（DFIG）

一种感应发电机，其转子用绕组制成，并且需要借助集电环通电。

阻力

空气动力中沿风向方向的分量。

阻力系数

阻力与引起这个阻力的空气动力之间的比值，取决于物体的轮廓而非尺寸。对于某些一致形状的阻力系数，可参见附录B。

阻力型风力机

基于叶片上的阻力运行的风力机。

E

效率

当修改能量的某个参数时，用于测量给到设备或机械的这个能量有多少被消耗掉用于发挥功能。效率是输出能量对输入能量的比值。

电路

有电源供电的一套电气元器件。

电流

电力流动的强度，测量单位为安培。

发电机

发出电能的机器。

电气负载

当置于电路中时，是一个电能的消耗者，也就是用电设备。

电阻性负载

对电流仅呈现阻性的负载。

电容性负载

由电容器构成的负载。

电感性负载

含有电动机和电气绕组的负载。

电源

提供电能的蓄电池或者发电机。

电磁体

由线圈（绕组）和线圈中的铁磁材料的心制成。通电与否就可以起动或关闭这种磁体。

机电系统

具有运动的机械部件且利用电能来运行的任何部件或设备，比如电动机。

能量

做功的潜力。

周转齿轮

行星齿轮的另一种叫法。

F

防坠落

阻止从高处坠下。

疲劳

承受重复性的拉伸和挤压应力交替。

疲劳失效

由于疲劳导致的失效。

疲劳应力

承受重复的、交变的拉伸和挤压应力。

顺桨

风力机叶片的一个特定位置（相对于风向），具有最小的升力和最大的阻力，或者说最小的气动力。

铁质的

属于或者与铁族金属有关。

定速模式

风力机的一种运行模式，风力机的速度必须保持恒定。

闪烁

风力机叶片重复的反射阳光，会干扰到观察者。

电压闪变

投入或切除大负载所导致的电力线路上非常短时的电压变动。

闪变

旋转叶片的重复性阴影作用（也可以参考阴影闪变）。

颤振

风力机叶片围绕其自身轴线的一种振动。

基础

风力机底部被土覆盖的一大块混凝土，利用螺栓把塔架固定在上面。

空转

当风力不足够推动风力机旋转时，风力机的待机状态。

频率

对于循环性现象，1s 内重复的次数。

变频器

该设备以给定频率的交流电为输入，而输出所需（不同）频率的交流电。

全波整流器

一种交流-直流整流器，两个二极管交替导通，每个二极管将单周交流电变换为直流电。这样，交流的全波都被转换为直流。

熔丝

所有电路中的一种保护元件，当发生过电流时会因过热而使得电路断开。

未来价值

经济学术语，表示一笔钱在给定的未来时间时的价值。

G

齿轮箱

一种机械设备，由一个密闭空间中的各种齿轮组成，用于将输入轴上的旋转速度转换成输出轴上不同的旋转速度。

齿轮（机械的）

传动系统或者齿轮箱的单个部件。

臂

行星齿轮的一个部件，把行星轮抓在一起，也叫做承载器。

锥齿轮

对于这种类型，一对齿轮的轴线呈 90°。

从动齿轮

从其啮合齿轮接收能量的齿轮。

主动齿轮

驱动齿轮，为其啮合齿轮提供能量的齿轮。

周转齿轮

行星齿轮的另一种叫法。

斜齿轮

齿相对于轴线呈一定的角度的齿轮，与正齿轮相比，可以减小齿轮间隙。

换向齿轮

位于两个主齿轮之间的齿轮，它的作用是改变旋转方向，以及填补间隙。

内齿轮

环形齿轮，其齿在内侧，而不是在外侧。

行星齿轮

见行星齿轮。

小齿轮

一对齿轮中较小的那个或者驱动系统中的输出齿轮。

环形齿轮

具有环形形状和内齿的齿轮，在行星齿轮中与行星轮相咬合。

正齿轮

齿与旋转轴线平行的齿轮。

太阳轮

行星齿轮中最里面的一个齿轮，行星轮围绕它转动。

蜗轮

具有高传动比的一对齿轮，只用于降低速度。其轴线呈 90°。蜗轮的特性是，从动齿轮不可能推动主动齿轮旋转，所以主动齿轮停止运动时就会锁止从动齿轮。

传动比

一对或一套齿轮或齿轮箱的输出和输入转速的比值。

齿轮系

配置在一起的一套齿轮，用于获得所期望的传动比。

发电机

产生电能的电机，通常在旋转时将机械能转换为电能。

电枢

电动机中的旋转部分，由一个或多个绕组组成。

电刷

电机中由碳制成的一个部件，它在导体上滑动，从而让电能从运动部件传送到静止部件上。

转子

电机的旋转部分。

定子

交流电机的静止绕组。

电网

电力网络。

H

半波整流器

最简单的交流-直流整流器，由一个嵌入交流电路中的二极管组成。

谐波

电路中包含二次、三次、四次等频率的交流信号，与基础交流信号（基本频率）混合在一起。

背带

个人防护设备的一个部分，攀爬风力机时必须穿戴。

捕获

利用风力机获取风能。

HAWT

水平轴风力机。

高速轴

风力机齿轮箱的输出轴，必定与发电机轴对齐且耦合在一起。

高压直流（HVDC）

输电的一种方法，采用很高电压的直流（如300kV），而非交流。

水平轴

旋转轴线接近水平。

水平轴风力机（HAWT）

风力机的旋转轴线是水平的或者接近水平。

轮毂

HAWT 风力机的一个部件，叶片均连接于此

HVDC

高压直流。

I

理想变压器

假设所有损耗为零，也即效率为100%的变压器。

IEEE

电气与电子工程师协会。

感应发电机

一种交流发电机，其转子电流是感应产生的，而不像同步发电机那样是通电的。

感应电机

包含感应发电机和感应电动机的一个术语。

电抗

电感器在交变电流电路中表现出的对电流的阻力（限制电流）。

惯性力

物体加速或减速所必需的力。

次声

具有低于人类听觉门槛值的频率的声音，人类听不到这种声音。

初始成本

在项目的开始阶段，为了支付设备、运输和安装等所必需的资金。

内齿轮

环形齿轮，其齿在内侧，而不是在外侧。

逆变器

用直流电源产生交流电的电子设备。

孤岛效应

交流电网中的一部分与其他部分分离，可能导致运行时频率和电压漂移。

ISO

国际标准化组织。

隔离变压器

主要功能不是改变电压，而是从电气上将电气设备与供电电路孤立（隔离），或是将一部分电路与其他部分孤立。

K

千瓦

一千瓦特，测量功率的单位，大多用于电气设备和电路。

千瓦时

计量电能消耗的最常用的单位。也可用于测量功和其他类型的能量。

动能

与运动的物体相关的一种机械能；其大小取决于该物体的质量和速度。

L

滞后

描述交流电路中电流落后于电压（一个周期中，电压比电流先达到其最大值）时功率因数的术语。

系索

个人防护设备的一个部分，攀爬风力机时必须用到。牵索用于把人挂在一个安全的点上，阻止坠落。它包含一段像弹簧一样的部分，用来减少坠落突然停止时对人体的冲击。

桁架式塔架

许多小的金属杆通过焊接或紧固件连接到一起所制成的塔架。

超前

描述交流电路中功率因数的术语，当电流领先于电压时，电路具有超前功率因数，与滞后功率因数相反（参看滞后）。

升力

垂直于气流方向的力，由处于气流中薄物体（或翼型）两侧的压力差引起。

升力系数

升力与引起这个升力的空气动力之间的比值，取决于物体的轮廓而非尺寸。

升力

处于气流中物体两侧的压力差所产生的垂直于气流方向的力。

升力型风力机

这种风力机基于叶片上的升力从风中捕获功率，与阻力型风力机相对。

闪电霹雳

打闪时极高的电压和明亮的弧光。

线电流

三相电力系统中供电线的电流。

负载（电气）

当置于电路中时，是一个电能的消耗者，也就是用电设备。

封锁

锁上某个危险区域或装置的措施，限制进入。

封锁和挂签

锁上某个危险区域或装置限制进入并放置提示牌警示别人不要触碰的措施。

查询表

变量计算值的表格，可以用来确定某个数值而无需进行计算。用这种表格可以更快。

洛伦兹力

载有电流的导线处于磁场之中时所被施加的力。

M

磁场

磁体两极之间的区域，也是磁力存在的区域。磁场是有方向的，在磁体外部，磁场方向为从北极指向南极。

主轴

风力机齿轮箱的低速轴，与风轮相连。

维护

用以下的某种方式保持运行、机械或设备满足运行条件：

检修维护

零部件损坏后进行修理（如果还能运行，就不修理）的一种维护方式，与预防维护相对。

预防维护

系统性的修理和维护工作，目的是在故障或失效发生之前就能防止它们。

计划检修

定期有计划的维修和维护工作，是预防维护的一部分。

质心

物体上的一个点，可以假设其全部质量都集中在该点。

兆瓦

比瓦大的单位，经常用于计量电功率，等于一百万瓦。

兆瓦时

比瓦秒大的单位，用于测量功和能量。1Ws 等于 1J，1MWh 等于 3600000000J。

气象塔

装有研究风和气候的仪器的塔。

轴倾斜

本应必须对齐的两个匹配的轴或齿轮（也就是说，它们的轴线呈一条直线）没有被对齐的情形。

电动机

将电能转换为机械能的机器。

转子

转动的部分。

定子

静止的部分。

N

机舱

风力机塔架顶端的一个空间，内有齿轮箱、发电机和其他设备。

自然频率

任何柔性物体、机械部件或结构的固有频率（对于更复杂的系统，有多个频率），不论它们以何种方式振动。如果物体受到一个冲击或者脉动力，就会以某个频率振动，该频率等于其自然频率。

净现值

经济学用语，表示所有收入减去投资的钱和所有在项目生命周期内的成本，然后转换为今天的钱。今天的钱比明天的钱更有价值。所以，当用今天的钱来表达时，数字会变得更小。

O

离岸

在湖上、海上或大洋的，离开陆地。

岸上

在土地上。

运营成本

运行业务、制造产品或者生产货物时持续的费用，比如薪水、权属的租金、原材料的采购、维护开支、保险等。它是与购买土地、机械、专利等的一次性成本相对而言的。

运行速度

电机正常工作时的速度。

OSHA

职业安全与健康管理局。

输出

机器、系统等运转过程的产出或结果。例如，齿轮箱的输出是具有所需速度和转矩的旋转运动。

超速

速度增加且达到超过了设计值的速度。

P

平板安装型（变压器）

适合于在平整的混凝土厚板上安装的变压器。

平板变压器

平板安装型变压器。

峰值小时

24h 中用电量最大的那些时段（通常就几小时）。

性能曲线

根据某个主要参数的变化显示某种关系的曲线，与某个部件、电机或设备的性能有关。性能曲线和特性曲线这两个术语经常可以相互替换。

永磁体

具有连续、恒定磁性的磁体，与能够起动和关闭的电磁体相对。

个人防护装备（PPE）

用来保护处于危险工作环境中的人的设备。并非所有场合下的 PPE 都一样，而是要看工种及其环境。

相角（电气）

交流电路中电压波形和电流波形之间的角度差。其物理意义可表示为两个电路波形之间的时间延迟。

相电流

经过连接于三相系统任两线之间的负荷电流。相电流和线电流之间的关系取决于采用的连接方法（△联结或是Y联结）。

相电压

接入三相系统的单个负荷的电压。相电压和线电压的关系取决于采用的连接方法（△联结或是Y联结）。

小齿轮

一对齿轮中较小的那个或者驱动系统中的输出齿轮。

桨距

用于机械的一个属于，目的有多种。对于风力机和齿轮箱的应用场合，参见下面的文字。

桨距角

叶片围绕自身的轴线旋转时，从参考点开始计算的一个角度。改变风力机叶片的桨距角就改变了攻角，于是也就改变了叶片的风功率容量。

节距圆

在表示齿轮尺寸时虚构一个的圆。如果用两个橡胶圆柱体替换两个齿轮，它们相互辗动并以相同的传动比传递运动，那么表示每个圆柱体的圆就是该齿轮的节距圆。对于两个啮合的齿轮，它们的节距圆相切。

桨距控制

控制风力机叶片桨距角的动作，目的是改变风力机的性能。

节距直径

节距圆的直径。

行星轮

行星齿轮中位于太阳轮和环形齿轮之间的任何齿轮。

行星齿轮

一套按照特殊形式组合的齿轮，由中间的太阳轮和一些（往往是3个）行星轮组成。行星轮与太阳轮相啮合，且环形齿轮具有内齿。行星轮安装在一个能够独立转动的托架上，该托架叫做臂。一套行星齿轮能接受两个输入速度。行星齿轮也称为周转齿轮。

杆上安装型变压器

能够安装在配电杆上的变压器。

功率

电动机、发动机等机械在1s内做功的多少。在交流电路中，对应功率的有下列术语：

有功功率

转化成热或功的净功率。

无功功率

一定量的功率，前一个半周波内会被储存到电容或电感中，接着在下一个半周波内回馈到电路中。举例来说，这个功率在电动机中用于励磁。

视在功率

发电机必须提供的功率，用以替代电路中消耗的有功功率和无功功率。由于存在相位差，视在功率不等于两者的代数和。

功率系数

一个永远小于0.59的数，决定了风力机从气流中捕获了百分之多少的功率。

功率曲线

关于风力机运行的一条曲线，表示相对于风速的风力机预期功率。

功率因数

有功功率和视在功率的比值，该比值小于1。

功率因数校正

通过在交流电路中引入一些电容器，提高功率因数。

电厂

产生电能的工业单位。

电能质量

电力参数对预期要求的一致程度，如频率在50Hz或60Hz的稳定性。

PPE

个人防护装备。

资金的现值

用今天的钱来表达对于未来某个时间（比如之后10年）一笔钱的价值，也就是说，减去该区间所对应的利息之后，得到的较小的一个钱数。

盛行风

最经常刮的风。

预防维护

见维护。

原动机

推动发电机的机械功率源。

螺旋桨型风力机

风力机的叶片与螺旋桨类似，是应用最普遍的风力机。

R

整流器

将交流电转换为直流电的电子设备。

可再生能源（RE）

来自自然资源的能量，不会污染环境。

磁阻力

电磁体企图缩短磁场路径的一种力。

环形齿轮

具有环形形状和内齿的齿轮，在行星齿轮中与行星轮相咬合。

纹波

电压在直流电压的标称值附近的（不希望的）快速波动。

叶根

叶片被固定在轮毂上的那一端。

旋转磁场

围绕某个轴线旋转的磁场。它存在于交流电动机的定子内部并构成其运行的基础。

转子

电机的旋转部分。

风轮（风力机）

风力机的旋转部分，由轮毂和叶片组成。

S

萨伏纽斯风轮

一种阻力型风力机，基本的组成是两个半圆柱拼在一起形成字母S形。

计划检修

见检修。

胶合

从齿上剥落的一些金属粒子，被传递到另一个齿，并通过焊接（由于热和压力）作用黏到这个齿上。

阴影闪变

旋转叶片投出的移动阴影。

剪切应力

因剪切力而导致的一种应力。剪刀的力会在被剪切的物体上引起剪切应力。

正弦波

变化形式与正弦函数一致的一种波形。

单相

交流电的最简形式，用两根线传输。它与三相相对应，三相需要三根或四根线传输。

正弦的波形

等同于正弦波。

斜风

方向偏离水平方向很远的风。

转差

感应电动机和发电机未以同步转速转动时的表现。

集电环

某些类型的交流电机的转子上的一个金属环，电刷在集电环上滑动，实现电流的传输。

转差速度

感应电动机或发电机的实际转速与相应的同步转速之间的差。转差速度不是恒定的，而是随着电机轴上的负载变化的。

智能电网

具有附加智能能力（测量部件、控制部件、开关部件等）的电网。

刚性

用来计量在风力机转子所划出的圆中刚性面积所占的百分比；例如，一台四叶片风力机的刚性比一台三叶片风力机的要高。

圆筒平台

直立圆柱体形式的一种平台，圆柱体的顶上可以安装风力机。圆柱体是中空的，但是一部分空间填充了砂石从而达到很沉的重量。它必须保持漂浮状态并保持垂直。有一些牵索用来限制其在水上的水平位移。

正齿轮

齿与旋转轴线平行的齿轮。

方波

一种波形，每个周期由两个相等的矩形组成，一个矩形在正边，随后的另一个为负。

笼型电动机

一种感应电动机的类型，转子上没有绕组。转子不是由绕组构成，而是由粗的铜（或铝）条构成，所有铜条的两端分别通过两个圆环短接到一起，这些金属条形成了一个笼型结构。转子不通电。

失速

当机翼和风力机叶片的攻角增大时，升力随之减小的一种效应。它发生在某些较大的攻角值的时候。在失速发生之前，升力随着攻角的增大而增大。

失速控制

在较高的风速时减小风功率捕获的作用，这是一种调节机制，能够防止风力机发生超速或过载。采用这种特性的风力机不采用叶片的桨距控制，于是叫做失速控制型风力机。

星形联结

三相负载的一种接线方法，三条线接成Y的形状，与△形相对。

定子

电机的静止绕组。

降压变压器

用于降低电压的变压器。

升压变压器

用于升高电压的变压器。

变电站

由若干变压器和其他设备组成的电气设施，用以提高或降低并且调节输入的三相电气系统电压。

太阳轮

行星齿轮中最里面的一个齿轮，行星轮围绕它转动。

同步发电机

一种交流发电机，其转子上有一块或者多块磁体。当转子转动时，定子发出电能。转子必须以恒定的速度旋转，从而发出的电能具有固定的频率。

同步电机

同步电动机或发电机。

同步电动机

一种交流电动机，其转子处于旋转磁场中，依靠转子上的一个或多个磁体实现运转。磁力使得转子跟随旋转磁场转动。同步电动机以恒定速度运行。它需要附加措施才能起动。

同步转速

同步电机的恒定速度。该速度依赖于供电的频率。

T

挂签

在装置上或危险地点的入口处放置提示牌来警示别人的措施。

张力腿平台（TLP）

一种漂浮平台，通过固定在海床上的牵索保持在原地。牵索有一定的张力，从而防止平台随谁移动。

三相系统

三相电。传输这种交流电需要至少三根线。每两根线之间的电压具有正弦的波形、相同的频率和最大的幅值，但是三个电压达到各自最大值的时刻之间有固定的延时。

晶闸管

一种晶体管，用于可控整流器和逆变器。

叶尖速

风力机的叶片尖端的速度。

叶尖速比

风力机叶片尖端的速度与风速的比值。

TLP

张力腿平台。

力矩

力使得物体围绕一个点转动的作用，该作用使得物体远离施加力的那条线，这也叫做力对点的矩。

塔架

螺旋桨型风力机的一个必要部件，作用是支撑风轮和机舱，并承受来自于它们的作用力。

桁架式塔架

见桁架式塔架。

塔筒

具有圆形结构的塔架，呈圆柱形或者略微倾斜的圆锥形。

变压器

一种升高或降低交流电电压的电气部件。其最简形式是，有一个一次绕组与供电电源相接，还有一个二次绕组作为输出端。

自耦变压器

见自耦变压器。

理想变压器

假设所有损耗为零，即效率为100%的变压器。

隔离变压器

主要功能不是改变电压，而是从电气上将电气设备与供电电路孤立（隔离），或是将一部分电路与其他部分孤立。

平板安装变压器

一种能够安装在平板底座上的变压器。

杆上变压器

一种适合安装在配电线杆上的变压器，通常为圆形结构。

升压变压器

用于提高电压的变压器。

降压变压器

用于降低电压的变压器。

塔筒

具有圆形结构的塔架，呈圆柱形或者略微倾斜的圆锥形。

风力机

不同形式能量向旋转的机械能的变换器。例子包括燃气轮机、汽轮机、水轮机和风力机。

达里厄风力机

一种垂直轴的风力机，看起来像打蛋器。

螺旋桨型风力机

风力机的叶片与螺旋桨类似，是应用最普遍的风力机。

萨伏纽斯风轮

一种阻力型风力机，基本的组成是两个半圆柱拼在一起形成字母S形。

匝数比

变压器一次和二次绕组匝数的比值。

U

通用电动机

一种既能依靠直流电工作又能依靠单相交流电工作的电动机。

逆风风力机

风力机在其塔架上是这样安装的，叶片在塔架的前面，风在到达塔架之前先到达叶片，这与顺风风力机相反。

V

变转差模式

采用感应发电机并网的风力机的一种运行控制方式。这种模式下，用到绕线转子感应发电机，要从转子绕组上抽取一些功率。这种风力机必须具有近乎恒定的转速。

变速模式

并网风力机的一种运行控制模式。这种模式采用同步发电机，但不要求风力机以恒定转速运转，这与定速模式不同。

VAWT

垂直轴风力机。

矢量

既有大小又有方向的物理量，比如力。矢量与标量相对，标量只有大小，比如温度。

垂直轴

具有垂直的旋转轴线。

垂直轴风力机（VAWT）

风力机的旋转轴线是垂直。垂直轴风力机对风向变化不敏感。

振动

机械系统中的物理振荡。系统标称值附近的一种连续的、周期性的振动。

幅度

振动元件在每个时刻偏移的量。在振动系统中，该量在最大值和最小值之间变化。

频率

对于循环性现象，1s 内重复的次数。

周期

在振动行为中，完成一个循环所持续的时间。

伏特

电压和电势差的测量单位。

伏特—安培（VA）

交流电力系统中电功率的单位。通常用于表达视在功率。

var

交流电力系统中无功功率的单位。在包含电感（线圈、磁体和电动机）和电容器的电路中存在无功功率。

电压

电势差或者电动力（电荷的激活能级，当有路径存在时则推动电子流动）。

W

瓦特

计量功率的单位。1W = 1J/s。

瓦时

计量能量和功的单位。1Wh 是 3600Ws，或 3600J。它是 0.001kWh。

风力资料

包含某个地区风力的统计数据（速度、频次、持续时间、方向等）。

风电场

一块安装了一定数量的风力发电机并产生电能的区域，也叫做风电站。

风能捕获

利用风力机获取风能。

风速

某一时刻风吹动的速度。

风力机功率曲线

风力机的一条特定曲线，决定了相对于风速的输出功率。风力机控制器用这条曲线在运行过程中调整叶片的桨距。

风向标

一种确定风向的装置。

功

消耗能量的结果。功可以是机械的或电气的，或者可以转换成热。机械功比较容易感受到。当提起重物时，就会做功。将 1lb 的重物提起 1ft，就做了 1ft · lb 的功。

蜗轮

具有高传动比的一对齿轮，只用于降低速度。其轴线呈 90°。蜗轮的特性是，从动齿轮不可能推动主动齿轮旋转，所以主动齿轮停止运动时就会锁止从动齿轮。

绕线转子感应电机（WRIM）

一种感应电动机或发电机，其转子上有绕组，与笼型电机相对，后者的转子上没有绕组。

绕线转子感应电动机（WRIM）

一种具有绕线转子的感应电动机（不是发电机）。

WRIM

绕线转子感应电机和绕线转子感应电动机的缩写。

Y联结

也叫做星形联结。将三相负载端子接至电源线的一种方法。三相负载有六个端子。如果其中的三个接到一起，而另三个接到供电电压上，就形成了Y联结。选择端子的次序是很重要的。

Y

偏航

将风力机对准风向的动作。

偏航齿轮

用于转动风力机实现偏航运动的齿轮系统。

偏航系统

风力机的偏航运动所用到的整套齿轮和电机。

[Wind Turbine Technology]
[Ahmad Hemami]
张春朋 戚庆茹 等译

978-7-111-42396-6

Cengage LearningAsia Pte. Ltd.
5 Shenton Way, # 01-01 UIC Building, Singapore 068808

本书封面贴有 Cengage Learning 防伪标签，无标签者不得销售。
本书版权登记号：图字：01-2012-0577 号

图书在版编目（CIP）数据

风力发电机组技术与应用/（美）荷玛密（Hemami, A.）编著；张春朋等译．—北京：机械工业出版社，2013.6
（国际电气工程先进技术译丛）
书名原文：Wind Turbine Technology
ISBN 978-7-111-42396-6

Ⅰ.①风…　Ⅱ.①荷…　②张…　Ⅲ.①风力发电机－发电机组　Ⅳ.①TM315

中国版本图书馆 CIP 数据核字（2013）第 093002 号

机械工业出版社（北京市百万庄大街 22 号　邮政编码 100037）
策划编辑：张俊红　责任编辑：顾　谦
版式设计：常天培　责任校对：闫玥红
封面设计：马精明　责任印制：乔　宇
北京机工印刷厂印刷（三河市南杨庄国丰装订厂装订）
2013 年 7 月第 1 版第 1 次印刷
169mm×239mm · 25 印张 · 516 千字
0 001—4 000 册
标准书号：ISBN 978-7-111-42396-6
定价：68.00 元

凡购本书，如有缺页、倒页、脱页，由本社发行部调换

电话服务	网络服务
社服务中心：(010)88361066	教材网：http://www.cmpedu.com
销售一部：(010)68326294	机工官网：http://www.cmpbook.com
销售二部：(010)88379649	机工官博：http://weibo.com/cmp1952
读者购书热线：(010)88379203	**封面无防伪标均为盗版**